国家“双高计划”水利水电建筑工程专业群系列教材

建筑结构与识图

主　编　李有香　于文静

副主编　曲恒绪　梅冬生　王来玮

电子课件
（仅限教师）

中国·武汉

内 容 简 介

本书根据《混凝土结构设计规范》(GB 50010—2010)(2015 年版)、《建筑结构荷载规范》(GB 50009—2012)、《建筑结构可靠性设计统一标准》(GB 50068—2018)、《钢结构设计标准》(GB 50017—2017)、《建筑结构制图标准》(GB/T 50105—2010)等现行国家标准编写而成。本书共 8 个项目,主要内容包括建筑结构设计基本原理、钢筋混凝土结构与钢结构材料、钢筋混凝土受弯构件、钢筋混凝土受压构件、钢筋混凝土梁板结构、钢结构的连接、钢结构构件、钢筋混凝土结构平法识图。同时,依据教学内容、进度和环节,本书提供了相应的工程设计计算实例和大量习题。

本书注重工学结合,突出职业能力培养,具有较强的实用性和通用性,可作为高职高专的建筑工程技术专业、建筑工程管理专业、工程造价专业、智能建造技术专业等相关专业的教材,也可作为土木工程技术人员的参考书以及备考职业资格证书的学习用书。

为了方便教学,本书还配有电子课件等资料,任课教师可以发邮件至 husttujian@163.com 索取。

图书在版编目(CIP)数据

建筑结构与识图/李有香,于文静主编.—武汉:华中科技大学出版社,2023.8(2024.2 重印)
ISBN 978-7-5680-9958-5

Ⅰ.①建… Ⅱ.①李… ②于… Ⅲ.①建筑结构-高等职业教育-教材 ②建筑结构-建筑制图-识图-高等职业教育-教材 Ⅳ.①TU3 ②TU204.21

中国国家版本馆 CIP 数据核字(2023)第 164228 号

建筑结构与识图
Jianzhu Jiegou yu Shitu

李有香　于文静　主编

策划编辑:康　序
责任编辑:李曜男
封面设计:孢　子
责任监印:曾　婷
出版发行:华中科技大学出版社(中国·武汉)　电话:(027)81321913
武汉市东湖新技术开发区华工科技园　邮编:430223
录　　排:武汉正风天下文化发展有限公司
印　　刷:武汉市洪林印务有限公司
开　　本:787mm×1092mm　1/16
印　　张:18.25
字　　数:456 千字
版　　次:2024 年 2 月第 1 版第 2 次印刷
定　　价:48.00 元

前言 Preface

建筑结构与识图是土木工程专业的一门主要基础课，对培养土木工程专业学生的职业技能具有关键作用。本书以现行的有关标准、规范及全国高职高专教育土建类专业教学指导委员会制定的建筑工程技术专业人才培养方案为依据，从高等职业教育的特点和培养高技能人才的实际出发，按高职高专建筑工程、建筑工程管理等专业的建筑结构与识图课程的教学要求编写而成。

建筑结构与识图课程的前导课程有工程制图与识图、工程力学、建筑材料、建筑构造与识图等基础课程。建筑结构与识图课程的教学目标是培养学生解决建筑结构工程中的构造和设计问题的能力，培养学生科学的思维方法和工作方法，从而培养出能从事建筑施工、管理的高素质技术技能型人才。建筑结构与识图课程的教学任务是使学生掌握结构设计的功能要求，掌握结构构件的构造和承载力计算方法，正确识读结构施工图，为学习后续专业课程和继续深造打下良好的基础。

本书着重介绍了钢筋混凝土结构和钢结构的基本理论和构造要求，以及钢筋混凝土结构中柱、梁、板构件的平法制图规则和识图方法。本书在内容编排上循序渐进，在内容组织上本着“理论适度，应用为主”的理念，删去了一些理论推导，注重实际应用能力的培养。建筑结构与识图课程的实践性很强，因此，学生要加强对课程作业、课程实训和毕业综合实训等实践性教学环节的学习，在学习中逐步熟悉和正确运用有关规范和规程。

本书由安徽水利水电职业技术学院李有香、于文静担任主编。具体编写分工如下：安徽水利水电职业技术学院李有香编写学习项目 1、学习项目 3；安徽水利水电职业技术学院曲恒绪编写学习项目 6、学习项目 7；安徽水利水电职业技术学院于文静编写学习项目 4、学习项目 8；安徽水利水电职业技术学院梅冬生编写学习项目 2、学习项目 5；安徽水利水电职业技术学院王来玮绘制图表和编写附表。本书在编写过程中得到了中天建设集团有限公司安徽分公司高级工程

师王博文的支持与帮助，在此表示衷心的感谢！

为了方便教学，本书还配有电子课件等资料，任课教师可以发邮件至 husttujian@163.com 索取。

由于时间仓促且编者水平有限，书中难免存在不足之处，恳请各位同仁和读者批评指正。

编　者

2023 年 6 月

目录

Contents

学习项目1

建筑结构设计基本原理

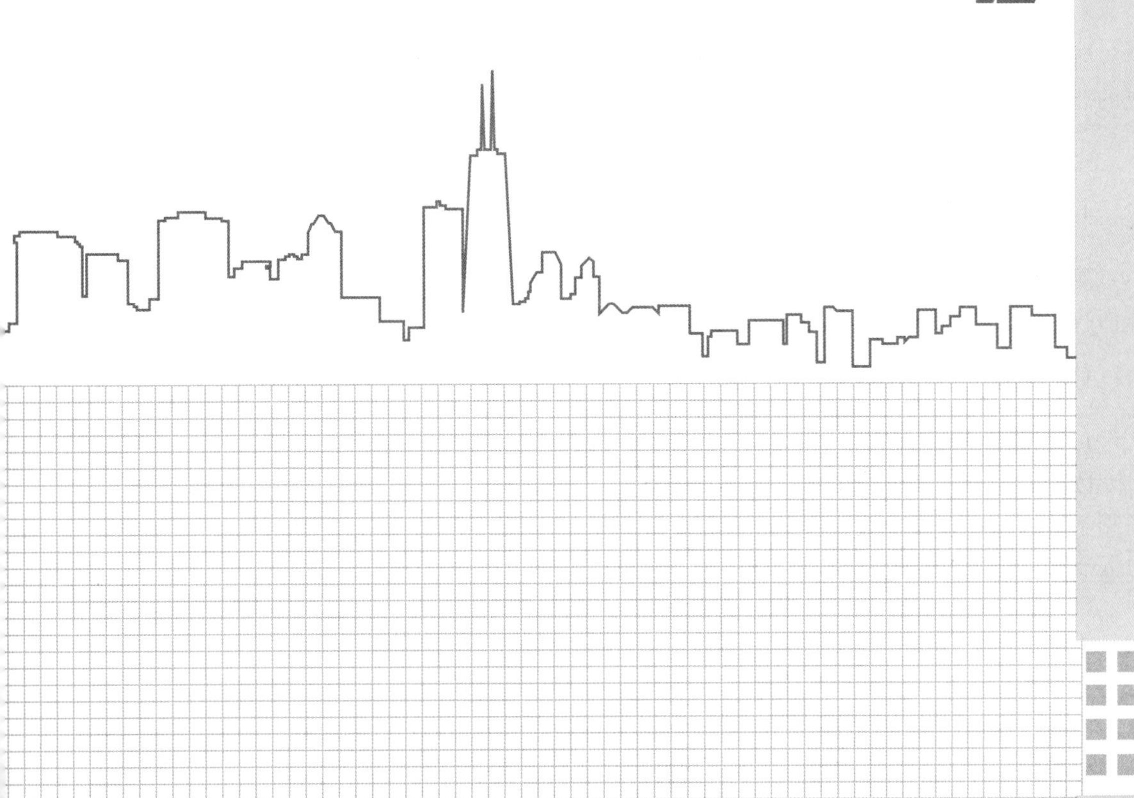

学习目标

(1) 知识目标：了解结构设计的基本功能要求，熟悉建筑结构的分类，掌握两种极限状态下的荷载效应计算方法。

(2) 能力目标：具有计算两种极限状态设计下荷载的作用效应的能力。

(3) 思政目标：具有质量意识、安全意识和科学精神。

1.1 建筑结构的概念和分类

1.1.1 建筑结构的概念

建筑物是指为了供人们生活、工作、学习、娱乐和从事生产等而建成的空间结构。土木工程中的各类建筑物（房屋、桥梁等），在建造及使用过程中都要承受各种荷载，如房屋建筑中的楼板要承受自重、人员、家具和设备的重量，梁要承受自重及楼板传来的荷载，墙或柱要承受自重及梁传来的荷载，基础要承受自重及墙或柱传来的荷载。梁、板、柱、墙、基础等在建筑物中能承受荷载和传递荷载，相当于建筑物的骨架，这个骨架就被称为结构，组成骨架的各个部分叫作构件。所以房屋结构中的梁、板、柱、墙、基础等是构件，这些基本构件通过正确的连接方式组成的能够承受并传递荷载的骨架就叫作建筑结构。

建筑结构的概念和分类

1.1.2 建筑结构的分类

建筑结构有多种分类方法，常用的有根据结构使用材料、承重结构类型、施工方法、结构几何特征等分类方法。

1.1.2.1 按结构使用材料分类

1. 混凝土结构

以混凝土为主制成的结构称为混凝土结构。混凝土结构广泛应用于土木工程建设中。混凝土结构包括素混凝土结构、钢筋混凝土结构、型钢混凝土结构、钢管混凝土结构和预应力混凝土结构等，如图 1.1 所示。

(1) 素混凝土结构。素混凝土结构是指由无筋或不配置受力钢筋的混凝土制成的结构。它承载力低、抗裂能力差、易脆性破坏，现在很少用于受力结构中。

(2) 钢筋混凝土结构。钢筋混凝土结构是指由配置受力的普通钢筋、钢筋网或钢筋骨架的混凝土制成的结构，混凝土主要承受压力，钢筋主要承受拉力，这两种材料各自发挥自己的优势，共同工作，是有很好工作性能的结构。

(3) 型钢混凝土结构。型钢混凝土结构是指将用型钢板焊成的钢骨架作为配筋的混凝土结构，其承载力高、抗震性好。

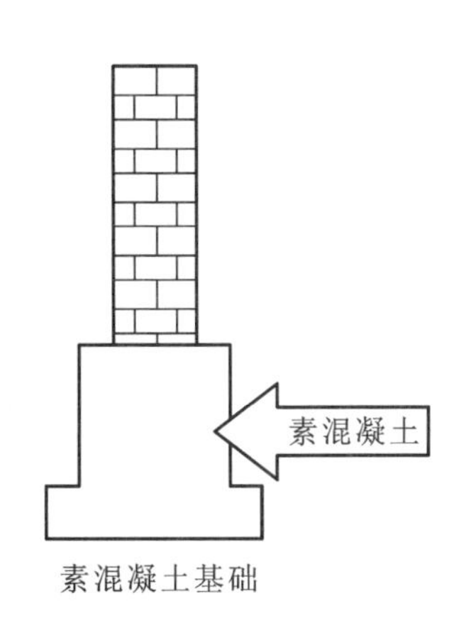

(a) 素混凝土结构

(b) 钢筋混凝土结构

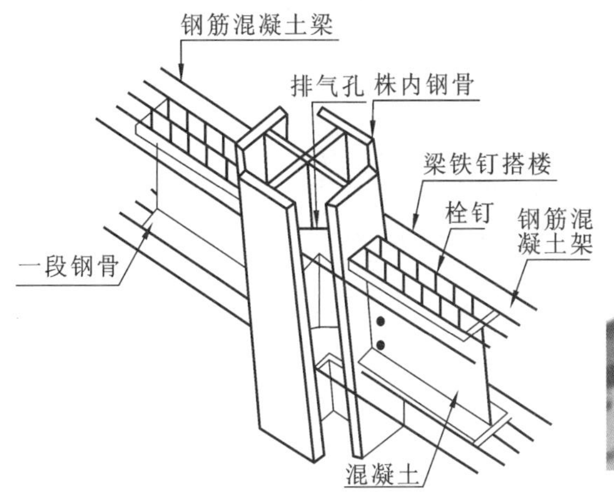

(c) 型钢混凝土结构

(d) 钢管混凝土结构

(e) 预应力混凝土结构

图 1.1　混凝土结构类型

(4) 钢管混凝土结构。钢管混凝土结构是指在钢管内浇捣混凝土制成的结构。这种结构承载力大、塑性和抗震性能好,但其使用范围有限,仅用于柱、桥墩等,并且其钢管的制作和安装要求较高，具有一定的施工难度。

(5) 预应力混凝土结构。在结构构件受荷前，预先对混凝土受拉区施加压应力，用预压应力减少或抵消使用中的拉应力的结构，称为预应力混凝土结构。预应力混凝土结构可延缓混凝土构件的开裂，提高构件的抗裂性和抗渗性，改善结构的耐久性；其构造、施工和计算都比较复杂，延性较差。

在以上的混凝土结构中，钢筋混凝土结构应用最为广泛。其主要优点是强度高、整体性好，具有较好的耐久性和耐火性，易于就地取材，可模性好等优点。主要缺点是自重大，抗裂性差、费工大、模板用料多、施工周期长。

2. 钢结构

钢结构是由钢板、型钢等钢材通过焊接连接、螺栓连接等连接方式形成的结构，广泛应用于工业建筑及高层建筑结构中，如图 1.2 所示。与其他结构相比，钢结构具有强度高、自重小、材质均匀、塑性和韧性好、工业化生产程度高、拆迁方便等优点，主要缺点是耐腐蚀性差、耐火性能差。

图 1.2 钢结构

3. 砌体结构

砌体结构是将由块材和砂浆砌筑而成的墙、柱作为建筑物主要受力构件的结构，有砖砌体结构、石砌体结构和砌块砌体结构，主要用于低层和多层民用建筑，如图 1.3 所示。主要优点是易于就地取材、耐久性和耐火性好、施工简单、造价低。主要缺点是强度低、整体性差、结构自重大。

4. 木结构

木结构是指全部或大部分用木材制成的结构，如图 1.4 所示。由于砍伐木材对环境的不利影响，以及易燃、易腐蚀、结构变形大等缺点，木结构现在已较少采用。

图 1.3 砌体结构房屋

图 1.4 木结构房屋

1.1.2.2　按承重结构类型分类

1. 砖混结构

砖混结构是指由用砌体和钢筋混凝土材料制成的构件组成的结构。一般情况下，房屋的楼(屋)盖由钢筋混凝土的梁、板组成，墙体采用砌体，基础采用砖石砌体或者钢筋混凝土结构。砖混结构主要用于低层和多层的民用建筑。

2. 框架结构

框架结构是指由梁和柱构成承重体系的结构，目前我国框架结构多采用钢筋混凝土建造。框架结构建筑平面可以灵活布置，与砖混结构相比具有较高的强度、较好的延性和整体性、较好的抗震性能。

3. 框架-剪力墙结构

框架-剪力墙结构是指在框架结构内纵、横方向适当位置的柱与柱之间，布置钢筋混凝土剪力墙，由框架和剪力墙共同承受竖向和水平作用的结构。

4. 剪力墙结构

剪力墙结构是指房屋的内、外部都做成实体的钢筋混凝土墙体，由剪力墙承受竖向和水平作用的结构。

5. 筒体结构

筒体结构是将剪力墙或密柱框架集中到房屋的内部和外围形成的空间封闭式的筒体。整个建筑如一个固定于基础的封闭空心悬臂梁，具有良好的刚度和防震能力。

6. 排架结构

排架结构是指由房屋(或屋面梁)、柱和基础组成，且柱与屋架铰接、与基础刚接的结构，多采用装配式体系，可以用钢筋混凝土或钢结构建造，广泛用于单层工业厂房建筑。

另外，建筑结构还有拱结构、网壳结构、钢索结构等。

1.1.2.3　按施工方法分类

1. 现浇结构

现浇结构是现场原位支模并整体浇筑而成的混凝土结构。

2. 装配式结构

装配式结构是用预制构件或部件在现场装配而成的结构。

3. 装配整体式结构

装配整体式结构是将预制混凝土构件或部件在现场连接，并对节点等主要部位现场浇筑混凝土以提高其整体性的结构。

4. 预应力混凝土结构

预应力混凝土结构是配置预应力钢筋，通过张拉预应力钢筋建立预压应力的混凝土结构。

1.1.2.4 按结构几何特征分类

1. 杆系结构

长度方向的尺寸比截面尺寸大得多的构件统称为杆件，如梁、柱等。由若干杆件组成的结构称为杆系结构，它是应用最广泛的结构，如图 1.5(a)和图 1.5(b)所示。

2. 薄壁结构

由薄板或薄壳组成的结构称为薄壁结构，其几何特征是构件的长度和宽度远大于其厚度，如图 1.5(c)所示。构件为平面状时称为薄板；构件为曲面状时称为薄壳。房屋的楼板、壳体屋盖等均属于薄壁结构。

3. 实体结构

长、宽、高的尺度为同一量级的结构称为实体结构，如机器基础、桥墩、重力坝等结构，如图 1.5(d)所示。

(a) 杆系结构（某框架结构）

(b) 杆系结构（埃菲尔铁塔）

(c) 薄壁结构（悉尼歌剧院）

(d) 实体结构（三峡大坝）

图 1.5 几何特征分类的结构类型

> **想一想**
>
> 建筑结构的常用分类有哪些？

1.2 结构设计的基本概念

1.2.1 结构的功能要求

结构设计的
基本概念

任何建筑结构都是为了满足某些预定功能而设计的，结构设计的目的是使所设计的结构能满足各种预定的功能要求。结构的功能要求包括以下三个方面：安全性、适用性和耐久性。

1.2.1.1 安全性

安全性是指结构在正常施工和正常使用时，能够承受可能出现的各种作用，在偶然事件（如地震等）发生时以及发生后能保持结构必需的整体稳定性，即结构仅发生局部破坏而不倒塌。

1.2.1.2 适用性

适用性是指结构在正常使用时，具有良好的工作性能，如不产生影响正常使用的过大变形、过大振幅和过宽裂缝等。

1.2.1.3 耐久性

耐久性是指结构在正常使用和正常维护的条件下，使用到预定的设计使用年限仍能满足预定的功能要求，即具有足够的耐久性，如钢筋不发生严重锈蚀、混凝土不发生严重风化和腐蚀等。钢筋锈蚀和混凝土腐蚀会降低构件的强度，从而影响结构的使用寿命。

1.2.2 结构的可靠性与可靠度

结构在规定的时间（设计使用年限）内，在规定的条件下（正常设计、正常施工、正常使用和正常维护），完成预定功能（安全性、适用性耐久性）的能力，称为结构的可靠性。

结构在规定的时间内，在规定的条件下，完成预定功能的概率，称为结构的可靠度。结构的可靠度是结构可靠性的概率度量。

结构设计的目的是科学地解决结构的可靠性与经济性这对矛盾，力求以最经济的途径，使结构以适当的可靠度满足各项预定的功能要求。

1.2.3 建筑结构的设计使用年限

结构的可靠度定义中所说的“规定的时间”指的是“设计使用年限”。设计使用年限是设计规定的一个时期，在这个规定的时期内，结构在正常设计、正常施工、正常使用和正常维护下，不需要进行大修就能按照预期目的使用，即能完成预定的功能。

设计使用年限不等同于建筑结构的实际寿命，当结构的实际使用年限超过设计使用年限后，其可靠度可能较设计时预期值减小，但结构仍然可以继续使用或经大修后可继续使用。

建筑结构设计时，应规定结构的设计使用年限。《建筑结构可靠性设计统一标准》(GB 50068—2018)规定了各类建筑结构的设计使用年限，如表1.1所示。

表1.1 建筑结构的设计使用年限

类别	设计使用年限/年
临时性建筑结构	5
易于替换的结构构件	25
普通房屋和构筑物	50
标志性建筑和特别重要的建筑结构	100

1.2.4 结构的设计基准期

结构的可靠性是有时间限制的，并不是无限期的。由于荷载变化或材料性能的改变，以及几何尺寸和构造的变化，任何一个结构在使用一定年限后会逐渐破坏。因此，在结构设计时，必须对影响结构使用期限的各种因素给出时间限度，此时间限度即为设计基准期。

结构的设计基准期是为了确定可变作用及与时间有关的材料性能等取值而选用的时间参数。《建筑结构可靠性设计统一标准》(GB 50068—2018)规定，我国建筑结构的设计基准期为50年。

设计基准期是结构设计满足功能需要或保证结构可靠性的时间限度，但是它不等同于结构实际的使用寿命，也不等同于建筑结构的设计使用年限。

小贴士

设计基准期是一个基准参数，它的确定不仅涉及可变作用，而且涉及材料性能，是在对大量实测数据进行统计的基础上提出来的，一般情况下不能随意更改。

1.2.5 结构的安全等级

结构设计时，设计人员应根据房屋的重要性，采用不同的可靠度水准。《建筑结构可靠性设计统一标准》(GB 50068—2018)用结构的安全等级来表示房屋的重要程度，根据结构破坏时对人的危害、造成的经济损失和社会影响的严重程度，将结构的安全等级划分为三个等级，如表1.2所示。

表1.2 建筑结构的安全等级

安全等级	破坏后果
一级	很严重：对人的生命、经济、社会或环境影响很大
二级	严重：对人的生命、经济、社会或环境影响较大
三级	不严重：对人的生命、经济、社会或环境影响较小

结构设计时，设计人员应按结构的安全等级来确定建筑物的可靠度。

1.3 结构上的作用、作用效应和结构抗力

1.3.1 结构上的作用

结构上的作用，是指施加在结构上的集中或者分布荷载，以及引起结构外加变形或约束变形的原因。

建筑结构在施工和使用期间，会承受各种作用。按照出现的方式不同，作用分为直接作用和间接作用。直接以力的形式施加在结构上的作用称为直接作用，通常称为结构的荷载，包括结构的自重、楼面人群及设备压力、风压力、雪压力、积灰压力等；间接作用是指能够引起结构外在变形、约束变形或震动等的各种作用，包括地震作用、地基不均匀沉降、混凝土收缩、温度变化等。作用即广义荷载。

结构上的作用、作用效应和结构抗力

1.3.1.1 荷载的分类

《建筑结构荷载规范》(GB 50009—2012)(以下简称《荷载规范》)将荷载分为3类。

1. 永久荷载(恒荷载)

永久荷载是指在设计基准期内不随时间变化或其变化与其平均值相比可以忽略不计的荷载，如材料自重、土压力、预应力等。

2. 可变荷载(活荷载)

可变荷载是指在设计基准期内随时间变化的荷载，如楼面活荷载、屋面活荷载和积灰荷载、吊车荷载、风荷载、雪荷载等。

3. 偶然荷载

偶然荷载是指在设计基准期内不一定出现，但出现时值很大且持续时间较短的荷载，如爆炸荷载、撞击力等。

永久荷载、可变荷载和偶然荷载的确定可参照《荷载规范》，地震作用(包括地震力和地震加速度等)的确定可参照《建筑抗震设计规范》(GB 50011—2010)(2016年版)。

1.3.1.2 荷载的代表值

结构上的荷载具有一定的变异性，如楼面活荷载的大小和作用位置随时间变化，恒荷载随材料的密度变化而变化。因此在结构设计时，需要对荷载赋予一个规定的量值，称为荷载的代表值。

《荷载规范》给出了荷载的4种代表值：标准值、组合值、频遇值、准永久值。标准值是荷载的基本代表值，其他代表值都可在标准值的基础上乘以相应的系数得出。

建筑结构设计时，不同荷载采用不同的代表值：永久荷载应采用标准值作为代表值；可变荷载应根据设计要求采用标准值、组合值、频遇值或准永久值作为代表值；偶然荷载应按建筑结构使用的特点确定代表值。

1. 荷载的标准值

荷载的标准值是指在正常情况下，在设计基准期内可能出现的具有一定保证率的最大荷载。

(1) 永久荷载的标准值(G_k)。结构的自重，一般可按结构构件的设计尺寸和材料单位体积(或面积)的自重计算确定。部分常用材料的自重标准值如表 1.3 所示。

(2) 可变荷载的标准值(Q_k)可由《荷载规范》各章中的规定确定。

表 1.3 部分常用材料的自重标准值

序号	名称	单位	自重	备注
1	素混凝土	kN/m^3	22～24	振捣或不振捣
2	钢筋混凝土	kN/m^3	24～25	
3	水泥砂浆	kN/m^3	20	
4	石灰砂浆	kN/m^3	17	
5	混合砂浆	kN/m^3	17	
6	浆砌普通砖	kN/m^3	18	
7	浆砌机砖	kN/m^3	19	
8	水磨石地面	kN/m^2	0.65	10 mm 面层，20 mm 水泥砂浆打底
9	贴瓷砖墙面	kN/m^2	0.5	包括水泥砂浆打底，共厚 25 mm
10	木框玻璃窗	kN/m^2	0.2～0.3	

2. 可变荷载的组合值 $\psi_c Q_k$

当两种或两种以上可变荷载同时作用在结构上时，所有荷载同时达到其单独出现时可能达到的最大值的概率极小，所以，除主要荷载(产生最大荷载效应的)仍可以其标准值为代表值外，其他荷载应取其组合值作为代表值。《荷载规范》规定，可变荷载的组合值为可变荷载标准值乘以组合系数 ψ_c，ψ_c 可查《荷载规范》。

3. 可变荷载的频遇值 $\psi_f Q_k$

可变荷载的频遇值是指在设计基准期内，其被超越的总时间为规定的较小比率或超越频率为规定频率的荷载值。《荷载规范》规定，可变荷载的频遇值为可变荷载的标准值乘以频遇系数 ψ_f，ψ_f 可查《荷载规范》。礼堂楼面活荷载标准值为 3.0 kN/m^2，频遇值系数 $\psi_f=0.7$，则荷载的频遇值为 3.0×0.7 $kN/m^2 = 2.1$ kN/m^2。

4. 可变荷载的准永久值 $\psi_q Q_k$

可变荷载的准永久值是指可变荷载中经常达到或超过的值(如住宅中较为固定的家具、办公室的设备的荷载等)，它在规定的期限内具有较长的总持续期，它对结构的影响类似于永久荷载。可变荷载的准永久值为可变荷载的标准值 Q_k 乘以可变荷载的准永久值系数 ψ_q，ψ_q 可查《荷载规范》。住宅的楼面活荷载标准值为 2 kN/m^2，准永久值系数 $\psi_q=0.4$，则活荷载的准永久值为 2×0.4 $kN/m^2=0.8$ kN/m^2。

小贴士

永久荷载的代表值只有标准值；可变荷载的代表值有标准值、组合值、频遇值或准永久值。

民用建筑楼面均布活荷载和屋面均布活荷载标准值及其组合值、频遇值、准永久值系数如表 1.4 和表 1.5 所示。

表 1.4　民用建筑楼面均布活荷载标准值及其组合值、频遇值、准永久值系数

<table>
<tr><th>项次</th><th colspan="3">类别</th><th>标准值/(kN/m²)</th><th>组合值系数(ψ_c)</th><th>频遇值系数(ψ_f)</th><th>准永久值系数(ψ_q)</th></tr>
<tr><td rowspan="2">1</td><td colspan="3">住宅、宿舍、旅馆、办公楼、医院病房、托儿所、幼儿园</td><td>2.0</td><td>0.7</td><td>0.5</td><td>0.4</td></tr>
<tr><td colspan="3">试验室、阅览室、会议室、医院门诊室</td><td>2.0</td><td>0.7</td><td>0.6</td><td>0.5</td></tr>
<tr><td>2</td><td colspan="3">教室、食堂、餐厅、一般资料档案室</td><td>2.5</td><td>0.7</td><td>0.6</td><td>0.5</td></tr>
<tr><td rowspan="2">3</td><td colspan="3">礼堂、剧场、影院、有固定座位的看台</td><td>3.0</td><td>0.7</td><td>0.5</td><td>0.3</td></tr>
<tr><td colspan="3">公共洗衣房</td><td>3.0</td><td>0.7</td><td>0.6</td><td>0.5</td></tr>
<tr><td rowspan="2">4</td><td colspan="3">商店、展览厅、车站、港口、机场大厅及其旅客等候室</td><td>3.5</td><td>0.7</td><td>0.6</td><td>0.5</td></tr>
<tr><td colspan="3">无固定座位的看台</td><td>3.5</td><td>0.7</td><td>0.5</td><td>0.3</td></tr>
<tr><td rowspan="2">5</td><td colspan="3">健身房、演出舞台</td><td>4.0</td><td>0.7</td><td>0.6</td><td>0.5</td></tr>
<tr><td colspan="3">运动场、舞厅</td><td>4.0</td><td>0.7</td><td>0.6</td><td>0.3</td></tr>
<tr><td rowspan="2">6</td><td colspan="3">书库、档案库、贮藏室</td><td>5.0</td><td>0.9</td><td>0.9</td><td>0.8</td></tr>
<tr><td colspan="3">密集柜书库</td><td>12.0</td><td>0.9</td><td>0.9</td><td>0.8</td></tr>
<tr><td>7</td><td colspan="3">通风机房、电梯机房</td><td>7.0</td><td>0.9</td><td>0.9</td><td>0.8</td></tr>
<tr><td rowspan="4">8</td><td rowspan="4">汽车通道及停车库</td><td rowspan="2">单向板楼盖(板跨不小于 2 m)和双向板楼盖(板跨不小于 3 m×3 m)</td><td>客车</td><td>4.0</td><td>0.7</td><td>0.7</td><td>0.6</td></tr>
<tr><td>消防车</td><td>35.0</td><td>0.7</td><td>0.5</td><td>0</td></tr>
<tr><td rowspan="2">双向板楼盖(板跨不小于 6 m×6 m)和无梁楼盖(柱网尺寸不小于 6 m×6 m)</td><td>客车</td><td>2.5</td><td>0.7</td><td>0.7</td><td>0.6</td></tr>
<tr><td>消防车</td><td>20.0</td><td>0.7</td><td>0.5</td><td>0</td></tr>
<tr><td rowspan="2">9</td><td rowspan="2">厨房</td><td colspan="2">餐厅</td><td>4.0</td><td>0.7</td><td>0.7</td><td>0.7</td></tr>
<tr><td colspan="2">其他</td><td>2.0</td><td>0.7</td><td>0.6</td><td>0.5</td></tr>
<tr><td>10</td><td colspan="3">浴室、卫生间、盥洗室</td><td>2.5</td><td>0.7</td><td>0.6</td><td>0.5</td></tr>
</table>

续表

项次	类别		标准值/(kN/m²)	组合值系数(ψ_c)	频遇值系数(ψ_f)	准永久值系数(ψ_q)
11	走廊、门厅	宿舍、旅馆、医院病房、托儿所、幼儿园、住宅	2.0	0.7	0.5	0.4
		办公楼、餐厅,医院门诊部	2.5	0.7	0.6	0.5
		教学楼及其他可能出现人员密集的情况	3.5	0.7	0.5	0.3
12	楼梯	多层住宅	2.0	0.7	0.5	0.4
		其他	3.5	0.7	0.5	0.3
13	阳台	可能出现人员密集的情况	3.5	0.7	0.6	0.5
		其他	2.5	0.7	0.6	0.5

注:1.本表所给各项活荷载适用于一般使用条件,当使用荷载较大、情况特殊或有专门要求时,应按实际情况采用。

2.第 6 项中,当书架高度大于 2 m 时,书库活荷载尚应按每米书架高度不小于 2.5 kN/m² 确定。

3.第 8 项中的客车活荷载仅适用于停放载人少于 9 人的客车;消防车活荷载适用于满载总重为 300 kN 的大型车辆;当不符合本表的要求时,应将车轮的局部荷载按结构效应的等效原则,换算为等效均布荷载。

4.第 8 项中的消防车活荷载,当双向板楼盖板跨为 3 m×3 m～6 m×6 m 时,应按跨度线性插值确定。

5.第 12 项中的楼梯活荷载,对预制楼梯踏步平板,尚应按 1.5 kN 集中荷载验算。

表 1.5　屋面均布活荷载标准值及其组合值系数、频遇值系数、准永久值系数

项次	类别	标准值/(kN/m²)	组合值系数(ψ_c)	频遇值系数(ψ_f)	准永久值系数(ψ_q)
1	不上人的屋面	0.5	0.7	0.5	0
2	上人的屋面	2.0	0.7	0.5	0.4
3	屋顶花园	3.0	0.7	0.6	0.5
4	屋顶运动场地	3.0	0.7	0.6	0.4

注:1.不上人的屋面,当施工或维修荷载较大时,应按实际情况采用;不同结构应按有关设计规范的规定,将标准值增减 0.2 kN/m²。

2.上人的屋面,当兼作其他用途时,应按相应楼面活荷载采用。

3.对于因屋面排水不畅、堵塞等引起的积水荷载,应采取构造措施加以防止;必要时,应按积水的可能深度确定屋面活荷载。

4.屋顶花园活荷载不包括花圃土石等材料的自重。

1.3.2　作用效应

由作用引起结构产生的内力和变形称为作用效应,如由荷载产生的弯矩、剪力、轴力、挠度、转角、裂缝、振动等。作用效应用 S 表示。一般情况下,荷载效应 S 与荷载 Q 的关系式为

$$S=CQ \tag{1.1}$$

式中：C——荷载效应系数，由力学分析确定；

Q——荷载代表值。

例如，某简支梁（跨度为 l）在均布荷载 q 的作用下，由力学方法可计算得其跨中弯矩为 $M=\frac{ql^2}{8}$，M 即为荷载效应 S，q 相当于荷载 Q，$\frac{1}{8}l^2$ 相当于荷载效应系数 C。

例 1.1 某钢筋混凝土楼板的厚度为 100 mm，板上铺水磨石地面，求该楼面的自重标准值。

解 （1）查表 1.3，取楼板的自重标准值为 25 kN/m³，水磨石地面的自重标准值为 0.65 kN/m²。

（2）计算 100 mm 厚钢筋混凝土楼板的自重标准值，即

$$25\ \text{kN/m}^3\times 0.1\ \text{m}=2.5\ \text{kN/m}^2$$

（3）计算该楼面的自重标准值，即

$$2.5\ \text{kN/m}^2+0.65\ \text{kN/m}^2=3.15\ \text{kN/m}^2$$

想一想

与作用效用有关的因素有（　　）。

A.荷载大小　　B.结构形式　　C.结构材料　　D.构件尺寸

1.3.3　结构抗力

结构抗力是指结构或构件承受作用效应的能力，如承载能力、抗裂能力、刚度等，结构抗力用 R 表示。影响结构抗力的主要因素有材料性能的不定性、构件几何参数的不定性、计算模式的不定性。所以，结构抗力也是随机变量。

1.4　概率极限状态设计方法

建筑结构的设计采用概率极限状态设计法（以概率论为基础的极限状态设计方法）。

1.4.1　结构功能的极限状态

若结构能够满足设计规定的某功能要求且能够良好的工作，我们称为该功能处于可靠状态；反之，称为该功能处于失效状态。这种“可靠”与“失效”之间必然存在某特定的界限状态，此特定状态称为该功能的极限状态。结构或结构的一部分超过某功能的极限状态时，不能满足设计规定的功能要求。

结构功能的极限状态分为两类，分别为承载能力极限状态和正常使用极限状态。

1.4.1.1 承载能力极限状态

承载能力极限状态是指结构、构件达到最大承载能力或出现不能继续承载的变形。结构或构件出现了下列状态之一时，即认为超过了承载能力极限状态：

① 结构构件或连接因超过材料强度而发生破坏（包括疲劳破坏）或因过度的塑性变形而不适于继续承载；

② 结构转变为机动体系；

③ 结构或结构的一部分作为刚体失去平衡（如倾覆、滑移等）；

④ 结构或构件丧失稳定（如压屈等）；

⑤ 地基丧失承载力而破坏（如失稳等）。

超过承载能力极限状态可能会造成结构的整体倒塌或严重损坏，造成人身伤亡或重大经济损失，故应把出现或超过这种极限状态的可能性控制得非常小。

1.4.1.2 正常使用极限状态

正常使用极限状态对应于结构或构件达到了正常使用或耐久性能的某项规定限值。当结构或构件出现了下列状态之一时，即认为超过了正常使用极限状态：

① 影响正常使用或外观的过大变形；

② 影响适用性或耐久性的局部损坏（包括裂缝）；

③ 影响正常使用的振动；

④ 影响正常使用的其他特定状态。

超过正常使用极限状态会损坏结构或构件的使用功能或耐久性，但一般不会造成人身伤亡和重大经济损失，因此与承载能力极限状态相比，设计时可以把出现或超过正常使用极限状态的可能性控制得宽松一些。

1.4.2 结构的功能函数

结构和结构构件的工作状态可以用作用效应 S 和结构抗力 R 的关系式来描述，即

$$Z=g(R,S)=R-S \tag{1.2}$$

式中：Z——结构的功能函数；

R——结构抗力，指结构或结构构件承受作用效应的能力，如结构构件的承载力、刚度等；

S——作用效应，指作用引起的结构或结构构件的内力、变形和裂缝等。

R 和 S 都是随机变量，故 $Z=g(R,S)$ 是一个随机变量函数。根据 Z 的大小不同，我们可以描述结构所处的三种不同工作状态：

① 当 $Z>0$ 时，结构处于安全可靠状态；

② 当 $Z=0$ 时，结构处于极限状态；

③ 当 $Z<0$ 时，结构处于失效不可靠状态。

由此可知，当 $Z\geqslant 0$ 时，结构不会失效。

《建筑结构可靠性设计统一标准》(GB 50068—2018)规定，结构在规定的时间内，在规定

的条件下，完成预定功能($Z \geqslant 0$)的概率称为结构的可靠概率(p_s)；结构不能完成预定功能($Z<0$)的概率称为失效概率(p_f)。可靠指标 β 是度量结构可靠性的一种量化指标，与失效概率一一对应。p_f 越小，β 越高，结构的可靠性越高；反之，p_f 越大，β 越小，结构的可靠性越低。结构设计的目的是用最经济的方法设计出可靠性足够高的结构。可靠性过高，则偏于不经济；可靠性过低，则偏于不安全。因此可靠指标的选择实际上就是要在结构的安全和经济之间寻求一个合理的平衡点。《建筑结构可靠性设计统一标准》(GB 50068—2018)给出了一个目标可靠指标 β_t 作为设计依据的可靠指标，即要求

$$\beta \geqslant \beta_t \tag{1.3}$$

目标可靠指标 β_t，与结构的安全级别有关，结构的安全级别要求越高，目标可靠指标就应越大。目标可靠指标还与构件的破坏性质有关，脆性破坏后果要严重许多，则脆性破坏的目标可靠指标应高于延性破坏。具体取值可参见相关规范。

1.4.3　极限状态设计实用表达式

为了既能保证结构的可靠性，又便于工程设计人员计算和掌握，采用以概率论为基础的极限状态设计方法，并引入分项系数的实用设计表达式进行设计计算。

因结构构件不满足正常使用极限状态的危害性相对于不满足承载力极限状态的危害性要小，《混凝土结构设计规范》(GB 50010—2010)(2015 年版)规定：承载能力极限状态计算时荷载和材料强度应采用设计值，正常使用极限状态计算时荷载和材料强度采用标准值。

1.4.3.1　承载能力极限状态设计表达式

1. 设计表达式

结构构件应采用下列承载能力极限状态设计表达式：

$$\gamma_0 S \leqslant R \tag{1.4}$$

式中：γ_0——结构重要性系数，如表 1.6 所示。

S——承载能力极限状态下作用组合的效应设计值。

2. 作用组合的效应设计值

如果结构上同时作用多种可变荷载，就要考虑荷载效应的组合问题。对于承载能力极限状态，我们应按荷载效应的基本组合进行荷载效应组合，必要时应按荷载效应的偶然组合进行荷载效应组合(对于偶然组合，按有关规范的规定确定，这里不再介绍)。

对于基本组合，荷载效应组合设计值 S 应从下列组合中取最不利值(最大值)。

$$S = \gamma_G S_{G_k} + \gamma_{Q_1} \gamma_{L1} S_{Q_{1k}} + \sum_{i=2}^{n} \gamma_{Q_i} \psi_{ci} \gamma_{Li} S_{Q_{ik}} \tag{1.5}$$

式中：γ_G——永久荷载分项系数，如表 1.7 所示；

γ_{Q_1}，γ_{Q_i}——第 1 个和第 i 个可变荷载分项系数，如表 1.7 所示；

γ_{L1}，γ_{Li}——第 1 个和第 i 个可变荷载考虑设计使用年限的荷载调整系数，如表 1.8 所示；

S_{G_k}——按永久荷载标准值 G_k 计算的作用效应；

$S_{Q_{1k}}$，$S_{Q_{ik}}$——起控制作用的可变荷载标准值 Q_{1k} 的作用效应；第 i 个可变荷载标准值 Q_{ik} 的作用效应；

ψ_{ci}——第 i 个可变荷载的组合值系数，如表1.4和表1.5所示。

当对 $S_{Q_{1k}}$ 无法明显判断时，可依次以各可变荷载效应为 $S_{Q_{1k}}$ 求出 S，选其中最不利值作为荷载效应组合。在应用式(1.5)时，对于可变荷载，仅考虑与结构自重方向一致的竖向荷载，不考虑水平荷载。

小贴士

基本组合中的设计值仅适用于荷载与荷载效应为线性的情况。

表1.6 结构重要性系数

结构重要性系数	对持久设计状况和短暂设计状况			对偶然设计状况和地震设计状况
	安全等级			
	一级	二级	三级	
γ_0	1.1	1.0	0.9	1.0

表1.7 建筑结构的作用分项系数

作用分项系数	当作用效应对承载力不利时	当作用效应对承载力有利时
γ_G	1.3	≤1.0
γ_Q	1.5	0

表1.8 建筑结构考虑结构设计使用年限的荷载调整系数

结构的设计使用年限/年	γ_L
5	0.9
50	1.0
100	1.1

注：对设计使用年限为25年的结构构件，γ_L 应按各种材料结构设计标准的规定采用。

3. 结构抗力

结构抗力主要与使用的材料、构件的几何尺寸等因素有关，结构抗力的具体计算方法将在本课程的后续学习项目中详细介绍。

想一想

承载能力极限状态的计算是为了保证结构的哪一种功能要求？

例1.2 某钢筋混凝土办公楼的矩形截面简支梁的计算跨度 $l_0=6$ m。承受板和梁自重永久荷载标准值总和为 $G_k=15$ kN/m，承受板传来可变荷载标准值 $Q_k=8$ kN/m，结构的安全等级为二级，设计使用年限为50年。试按承载能力极限状态计算梁的跨中最大弯矩设计值。

解　(1) 求 M_{G_k} 和 $M_{Q_{1k}}$

$$M_{G_k}=\frac{1}{8}G_k l_0^2=\frac{1}{8}\times15\times6^2\ \text{kN}\cdot\text{m}=67.5\ \text{kN}\cdot\text{m}$$

$$M_{Q_{1k}}=\frac{1}{8}Q_k l_0^2=\frac{1}{8}\times8\times6^2\ \text{kN}\cdot\text{m}=36\ \text{kN}\cdot\text{m}$$

(2) 按基本组合计算弯矩设计值。

查表得：$\gamma_0=1.0$，$\gamma_G=1.3$，$\gamma_Q=1.5$，$\gamma_L=1.0$。

$M=\gamma_0(\gamma_G M_{G_k}+\gamma_{Q_1}\gamma_{L1}M_{Q_{1k}})=1.0\times(1.3\times67.5+1.5\times1\times36)\ \text{kN}\cdot\text{m}=141.75\ \text{kN}\cdot\text{m}$。

弯矩设计值为 141.75 kN·m。

1.4.3.2　正常使用极限状态设计表达式

正常使用极限状态主要是验算结构构件的变形、裂缝宽度等，以保证结构的适用性和耐久性的要求。正常使用破坏的危害程度比不满足承载力破坏的危害程度小，所以正常使用极限状态比承载能力极限状态的可靠指标低，计算时采用荷载标准值，也不考虑结构的重要性系数 γ_0。

1. 设计表达式

$$S\leqslant C \tag{1.6}$$

式中：S——正常使用极限状态的作用组合的效应设计值；

C——结构构件达到正常使用要求所规定的变形、裂缝宽度等的限值，见本课程学习项目 3、学习项目 4 的相关内容。

2. 作用组合的效应设计值

(1) 按标准组合设计时，作用组合的效应设计值的表达式为

$$S=S_{G_k}+S_{Q_{1k}}+\sum_{i=2}^{n}\psi_{ci}S_{Q_{ik}} \tag{1.7}$$

(2) 按频遇组合设计时，作用组合的效应设计值的表达式为

$$S=S_{G_k}+\psi_{f1}S_{Q_{1k}}+\sum_{i=2}^{n}\psi_{qi}S_{Q_{ik}} \tag{1.8}$$

(3) 按准永久组合设计时，作用组合的效应设计值的表达式为

$$S=S_{G_k}+\sum_{i=2}^{n}\psi_{qi}S_{Q_{ik}} \tag{1.9}$$

式中：ψ_{f1}——在频遇组合中起控制作用的可变荷载 Q_1 的频遇系数，如表 1.4 所示；

ψ_{qi}——可变荷载 Q_i 准永久系数，如表 1.4 所示。

例 1.3　已知可变荷载标准值 $Q_k=11$ kN/m，其他条件同例 1.2，在正常使用极限状态下，试分别计算标准组合、频遇组合和准永久组合时梁的跨中最大弯矩设计值。

解　查表 1.4，得 $\psi_{q_1}=0.4$，$\psi_{f1}=0.5$。

(1) 按标准组合时，计算式为

$$M=M_{G_k}+M_{Q_{1k}}=\frac{1}{8}G_k l_0^2+\frac{1}{8}Q_k l_0^2=\left(\frac{1}{8}\times15\times6^2+\frac{1}{8}\times11\times6^2\right)\ \text{kN}\cdot\text{m}=117\ \text{kN}\cdot\text{m}$$

(2) 按频遇组合时，计算式为

$$M=M_{G_k}+\psi_{f1}M_{Q_{1k}}=\frac{1}{8}G_kl_0^2+\psi_{f1}\frac{1}{8}Q_kl_0^2=\left(\frac{1}{8}\times15\times6^2+0.5\times\frac{1}{8}\times11\times6^2\right)\ \text{kN}\cdot\text{m}$$

$=92.25\ \text{kN}\cdot\text{m}$

（3）按准永久组合时，计算式为

$$M=M_{G_k}+\psi_{q1}M_{Q_{1k}}=\frac{1}{8}G_kl_0^2+\psi_{q1}\frac{1}{8}Q_kl_0^2=\left(\frac{1}{8}\times15\times6^2+0.4\times\frac{1}{8}\times11\times6^2\right)\ \text{kN}\cdot\text{m}$$

$=87.3\ \text{kN}\cdot\text{m}$

1.5 结构耐久性规定

1.5.1 耐久性概念

材料的耐久性是指它暴露在使用环境下，抵抗各种物理和化学作用的能力。试验研究表明，混凝土的强度随时间增长，初期增长较快，以后逐渐减弱。混凝土表面暴露在大气中，特别是在恶劣的环境中时，长期受到有害物质的侵蚀，以及外界温、湿度等不良气候环境往复循环的影响，使混凝土随使用时间的增长而质量劣化，钢筋发生锈蚀，致使结构承载能力降低。因此，建筑物在承载能力设计的同时，应根据其所处环境、重要性程度和设计使用年限的不同，进行必要的耐久性设计，这是保证结构安全、延长使用年限的重要条件。

1.5.2 耐久性设计的内容

耐久性设计包括下列内容：

① 确定结构所处的环境类别；

② 提出对混凝土材料的耐久性基本要求；

③ 确定构件中钢筋的混凝土保护层厚度；

④ 提出不同环境条件下的耐久性技术措施；

⑤ 提出结构使用阶段的检测与维护要求。

临时性的混凝土结构，可不考虑混凝土的耐久性要求。

1.5.2.1 混凝土结构的环境类别

混凝土结构的环境类别如表 1.9 所示。

表 1.9 混凝土结构的环境类别

环境类别	条件
一	室内干燥环境；无侵蚀性静水浸没环境
二 a	室内潮湿环境；非严寒和非寒冷地区的露天环境；非严寒和非寒冷地区与无侵蚀性的水或土壤直接接触的环境；严寒和寒冷地区的冰冻线以下与无侵蚀性的水或土壤直接接触的环境

续表

环境类别	条件
二 b	干湿交替环境;水位频繁变动环境;严寒和寒冷地区的露天环境;严寒和寒冷地区的冰冻线以上与无侵蚀性的水或土壤直接接触的环境
三 a	严寒和寒冷地区冬季水位变动区环境;受除冰盐影响环境;海风环境
三 b	盐渍土环境;受除冰盐作用环境;海岸环境
四	海水环境
五	受人为或自然的侵蚀性物质影响的环境

注:1.室内潮湿环境是指构件表面经常处于结露或湿润状态的环境。
2.受除冰盐影响环境是指受到除冰盐盐雾影响的环境。
3.受除冰盐作用环境是指被除冰盐溶液溅射的环境以及使用除冰盐地区的洗车房、停车楼等建筑。
4.暴露的环境是指混凝土结构表面所处的环境。

1.5.2.2 混凝土材料的规定

设计使用年限为50年的混凝土结构,其混凝土材料宜符合表1.10的规定。

表1.10 结构混凝土材料的耐久性基本要求

环境类别		最大水胶比	最低混凝土强度等级	最大氯离子含量/(%)	最大碱含量/(kg/m³)
一		0.60	C20	0.30	不限制
二	a	0.55	C25	0.20	3.0
	b	0.50(0.55)	C30(C25)	0.15	
三	a	0.45(0.50)	C35(C30)	0.15	
	b	0.40	C40	0.10	

注:1.氯离子含量系指其占胶凝材料总量的百分比。
2.预应力构件混凝土中的最大氯离子含量为0.06%;最低混凝土强度等级宜按表中规定提高两个等级。
3.素混凝土构件的水胶比及最低强度等级的要求可适当放松。
4.有可靠工程经验时,二类环境中的最低混凝土强度等级可降低一个等级。
5.处于严寒和寒冷地区二b、三a类环境中的混凝土应使用引气剂,并可采用括号中的有关参数。
6.当使用非碱活性骨料时,对混凝土中的碱含量可不做限制。

1.5.2.3 钢筋的混凝土保护层厚度

钢筋的混凝土保护层最小厚度与构件所处的环境类别、构件类型及混凝土等级等因素有关。

1.5.2.4 不同环境条件下的耐久性技术措施

不同环境条件下的耐久性技术措施详见《混凝土结构设计规范》(GB 50010—2010)(2015年版)条文3.5的相关内容。

1.5.2.5 结构使用阶段的检测与维护要求

结构使用阶段的检测与维护要求详见《混凝土结构设计规范》(GB 50010—2010)(2015年版)条文3.5的相关内容。

想一想

影响混凝土结构耐久性的主要因素有哪些？

习　题

项目名称	建筑结构设计基本原理				
班级		学号		姓名	
填空题	1. 建筑结构按照承重类型可以分为________、________、________、________、________、________等。 2. 建筑结构按施工方法可以分为________、________、________；按结构几何特征可以分为________、________、________。 3. 结构设计时分为________和________两种极限状态。 4. 荷载的 4 种代表值为________、________、________和________。 5. 结构在规定的时间（设计使用年限）内，在规定的条件下（正常设计、正常施工、正常使用和正常维护），完成预定功能（安全性、适用性、耐久性）的能力，称为________。 6. 根据结构破坏时对人的危害、造成的经济损失和社会影响的严重程度，将结构安全等级划为________个等级。 7. 普通房屋和构筑物的设计使用年限为________。 8. 由作用引起结构产生的内力和变形称为________，结构或构件承受作用效应的能力称为________。				
选择题	1. 结构的功能要求包括（　　）三个方面。 A. 安全、适用和耐久 B. 安全、经济和耐久 C. 强度、塑性和稳定性 D. 承载力、抗震性能和设计寿命 2. 关于设计基准期的有关描述，错误的是（　　）。 A. 我国规范中规定，一般结构的设计基准期为 50 年 B. 设计基准期与结构的重要性有关 C. 结构的年限超过了设计基准期后即不能再使用 D. 设计基准期的大小将对结构设计产生影响 3. 下列叙述中，不属于达到或超过承载能力极限状态的是（　　）。 A. 结构变为机动体系 B. 结构失去平衡 C. 结构开裂 D. 地基丧失承载力 4. 若 R 表示结构抗力，S 表示作用效应，$R-S<0$ 表示结构处于（　　）。 A. 可靠状态 B. 失效状态 C. 极限状态 D. 临界状态 5. 关于结构设计的可靠性的理解正确的是（　　）。 A. 设计时荷载取值越高、材料强度取值越低，则结构设计越安全 B. 设计时荷载取值和材料强度取值越低，则结构设计越安全 C. 设计时荷载取值和材料强度取值越高，则结构设计越安全 D. 设计时荷载取值越低、材料强度取值越高，则结构设计越安全				

续表

<table>
<tr><th>项目名称</th><th>建筑结构设计基本原理</th></tr>
<tr><td>选择题</td><td>6. 关于混凝土保护层厚度的叙述不正确的是(　　)。
A. 保护层厚度大对结构的耐久性是有利的
B. 规范中规定了混凝土最小保护层厚度，设计时一般按最小保护层厚度取值
C. 最小保护层厚度与构件所处的环境类别、构件类型及混凝土等级等因素有关
D. 随着保护层厚度增大，结构承载力也随着提高
7. 图书馆楼面荷载中，属于永久荷载的是(　　)。
A. 藏书架自重
B. 桌椅自重
C. 人群荷载
D. 楼板自重</td></tr>
<tr><td>简答题</td><td>1. 什么是荷载的组合值？常见的荷载组合值有哪些？
2. 结构抗力的主要影响因素有哪些？
3. 结构耐久性设计的内容有哪些？</td></tr>
<tr><td>计算题</td><td>1. 某教学楼楼面构造层分别为 20 mm 厚水泥砂浆抹面、50 mm 厚钢筋混凝土垫层、120 mm 厚现浇混凝土楼板、16 mm 厚底板抹灰。求该楼板的自重标准值。
2. 某钢筋混凝土办公楼的矩形截面简支梁的计算跨度 $l_0=5$ m。承受永久荷载标准值为 $G_k=20$ kN/m，承受均布可变荷载标准值 $Q_k=10$ kN/m，结构的安全等级为二级，设计使用年限为 50 年。
(1) 按承载能力极限状态设计时，计算其跨中截面弯矩设计值。
(2) 按正常使用极限状态设计时，计算其跨中截面弯矩设计值。</td></tr>
<tr><td>教师评价</td><td></td></tr>
</table>

学习项目 2

钢筋混凝土结构与钢结构材料

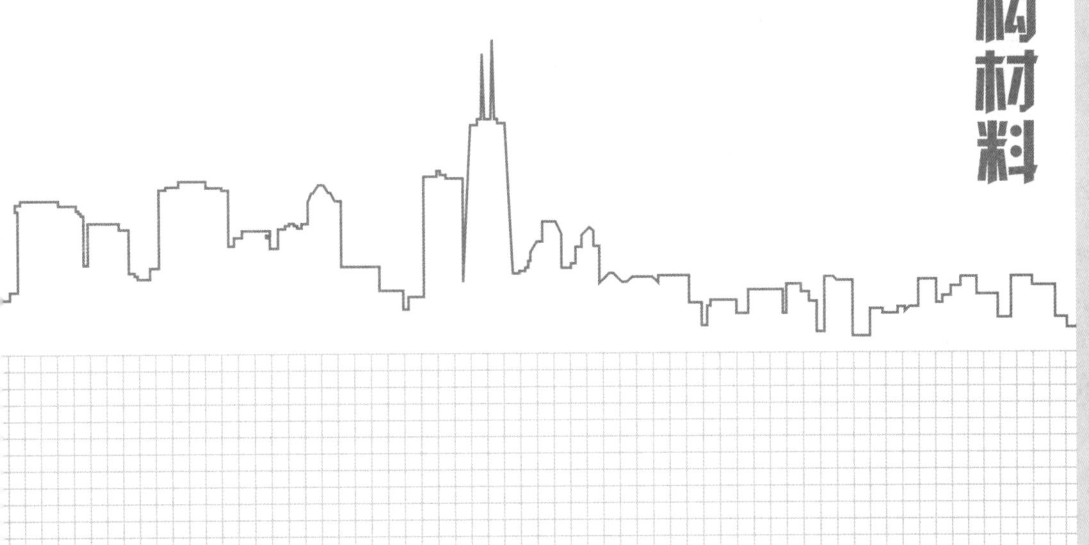

学习目标

(1) 知识目标：掌握混凝土的力学性能及各种强度指标；了解混凝土的变形性能及混凝土材料耐久性的相关规定；了解钢筋的品种与形式，熟悉钢筋的力学性能，明确钢筋混凝土结构对钢筋性能的要求；理解钢筋与混凝土共同工作的原理及保证黏结强度的构造措施；了解建筑钢材的品种与规格，熟悉钢材的主要强度指标。

(2) 能力目标：能根据设计图纸的要求，选择相应的混凝土材料及钢结构材料；能根据规范要求，采取合理的措施，减小混凝土由非荷载因素引起的变形；能根据设计图纸及使用环境的要求，采取合理的措施，保证钢筋与混凝土可靠黏结。

(3) 思政目标：树立严谨、细致的工作作风；培养学生的社会责任感，提高学生的政治理论素养。

2.1 混凝土

混凝土(concrete)是指由胶凝材料将集料胶结成整体的工程复合材料。通常讲的混凝土是指用水泥作为胶凝材料，用砂、石作为集料，与水(可含外加剂和掺合料)按一定比例配合，经搅拌而得的水泥混凝土，也称普通混凝土，它广泛应用于土木工程。

2.1.1 混凝土的强度

强度是混凝土硬化后的主要力学性能，反映混凝土抵抗荷载的能力。混凝土的强度包括抗压、抗拉、抗剪、抗弯、抗折及握裹强度。其中，抗压强度最大，抗拉强度最小。混凝土的强度与水泥强度、水灰比有很大关系，也与骨料的性质、粗骨料与细骨料的级配、制作的工艺、养护环境的温度和湿度、龄期、试件的形状和尺寸、试验的方法等因素有很大关系。下面，我们介绍几种混凝土强度指标确定的方法。

混凝土材料

1. 立方体抗压强度标准值

我国《混凝土结构设计规范》(GB 50010—2010)(2015年版)(以下简称《规范》)规定：混凝土强度等级应按立方体抗压强度标准值确定。立方体抗压强度标准值是指按标准方法制作，在标准条件下养护(温度为20±3 ℃，相对湿度为90%以上)的边长为150 mm的立方体试件，在28 d或设计规定龄期以标准试验方法(规定的加载速率且试件表面不涂润滑剂)测得的具有95%保证率的抗压强度，以$f_{cu,k}$表示。

由于这种试件的强度比较稳定，制作和实验比较方便，因此《规范》把它作为在统一实验方法下度量混凝土强度的基本指标，并以此来划分混凝土的强度等级。混凝土强度等级用符号C和混凝土立方体抗压强度标准值表示。

不同类型结构对混凝土强度的要求是不同的。为了应用的方便，《规范》将混凝土的强度按照其立方体抗压强度标准值的大小划分为14个强度等级，即C15、C20、C25、C30、C35、C40、C45、C50、C55、C60、C65、C70、C75、C80。14个等级中的数字部分即表示以N/mm^2或MPa为单位的立方体抗压强度数值，如C25表示$f_{cu,k}=25\ N/mm^2$。其中，C50～C80属于高强度混凝土。

《规范》规定素混凝土结构的混凝土强度等级不应低于C15；钢筋混凝土结构的混凝土强度等级不应低于C20；采用强度等级400 MPa及以上的钢筋时，混凝土强度等级不应低于C25。预应力混凝土结构的混凝土强度等级不宜低于C40，且不应低于C30。承受重复荷载的钢筋混凝土构件，混凝土强度等级不应低于C30。框支梁、框支柱及抗震等级为一级的框架梁、柱、节点核心区，混凝土强度等级不应低于C30；构造柱、芯柱、圈梁及其他各类构件，混凝土强度等级不应低于C20。

混凝土立方体抗压强度标准值测定方法

2. 轴心抗压强度标准值

《混凝土物理力学性能试验方法标准》(GB/T 50081—2019)规定以150 mm×150 mm×300 mm的棱柱体作为混凝土轴心抗压强度试验的标准试件，测得的具有95%保证率的抗压强度，称为轴心抗压强度，其标准值用符号f_{ck}表示。试块制作及试验方法同立方体试块。

试验表明混凝土的抗压强度与试件的形状和尺寸有关，棱柱体试件的高度越大，试验机压板与试件之间的摩擦力对试件高度中间的横向约束影响越小，故棱柱体试件的高宽比越大，强度越小。但是，当高宽比达到一定值后，这种影响就不明显了，所以棱柱体试件的抗压强度比立方体的强度小，即$f_{ck}<f_{cu,k}$，它们的关系为

$$f_{ck}=0.88\alpha_{c1}\alpha_{c2}f_{cu,k}$$

式中：α_{c1}——棱柱体强度与立方体强度之比，对C50及以下取$\alpha_{c1}=0.76$，对C80取$\alpha_{c1}=0.82$，中间按直线内插法取值；

α_{c2}——考虑C40以上混凝土脆性的折减系数，对C40及以下取$\alpha_{c2}=1.0$，对C80取$\alpha_{c2}=0.87$，中间按直线内插法取值。

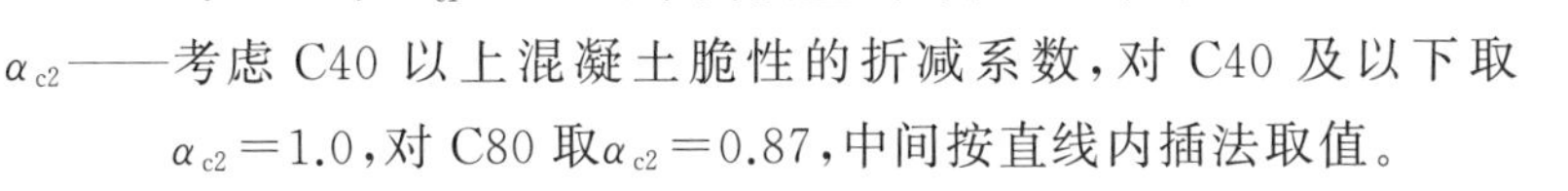

混凝土轴心抗压强度标准值测定方法

0.88是考虑到结构构件与试件制作及养护条件的差异、尺寸效应及加荷速度的影响，参照以往的设计经验所取的经验系数。

3. 轴心抗拉强度标准值

混凝土的抗拉强度比混凝土的抗压强度低很多，与立方体抗压强度之间为非线性关系，一般只有立方体抗压强度的1/8～1/7。国内外常用圆柱体或立方体的劈裂试验来间接测试轴心抗拉强度。我国《规范》规定轴心抗拉强度标准值与立方体抗压强度标准值的关系为

$$f_{tk}=0.88\times0.395f_{cu,k}^{0.55}(1-1.645\delta)^{0.45}\alpha_{c2}$$

式中：δ——混凝土立方体强度变异系数，对C60以上的混凝土，取$\delta=0.1$。

0.395是根据实验数据统计分析所得的经验系数。

4. 混凝土强度设计值

混凝土强度设计值由混凝土强度标准值除以混凝土材料分项系数γ_c确定。混凝土的材料分项系数γ_c为1.40。

混凝土轴心抗压强度设计值用 f_c 表示，$f_c=\frac{f_{ck}}{1.4}$，如表 2.1 所示。

混凝土轴心抗拉强度设计值用 f_t 表示 $f_t=\frac{f_{tk}}{1.4}$，如表 2.1 所示。

表 2.1 混凝土强度设计值、标准值、弹性模量 单位：N/mm^2

强度与弹性模量		混凝土强度等级													
		C15	C20	C25	C30	C35	C40	C45	C50	C55	C60	C65	C70	C75	C80
强度设计值	f_c	7.1	9.5	11.9	14.3	16.7	19.1	21.1	23.1	25.3	27.5	29.6	31.7	33.8	35.8
	f_t	0.90	1.10	1.27	1.43	1.57	1.70	1.79	1.88	1.95	2.03	2.09	2.13	2.17	2.22
强度标准值	f_{ck}	10.0	13.4	16.7	20.1	23.4	26.8	29.6	32.4	35.5	38.5	41.5	44.5	47.4	50.2
	f_{tk}	1.27	1.54	1.78	2.01	2.20	2.39	2.51	2.64	2.74	2.85	2.93	2.99	3.05	3.11
弹性模量 $E_c(\times 10^4)$		2.20	2.55	2.80	3.00	3.15	3.25	3.35	3.45	3.55	3.60	3.65	3.70	3.75	3.80

想一想

混凝土的强度等级根据什么确定？

2.1.2 混凝土的变形

混凝土变形的产生原因和影响因素有很多，如加载方式、荷载作用时间、温度、湿度、尺寸、形状、混凝土强度等。混凝土的变形根据其受荷情况可分为两类。一类是在荷载作用下的受荷变形，如一次短期加载、长期荷载作用，以及重复加载下的变形。另一类为非受荷变形，又称为体积变形，如混凝土收缩和温度变化产生的变形等。

1. 受荷变形

1）一次短期荷载作用下的变形

混凝土在单轴一次短期加荷作用下的应力(σ)-应变(ε)曲线体现的是混凝土最基本的力学性能，它反映了混凝土构件的强度、变形特点。

一般取棱柱体试件来测试混凝土的应力-应变曲线。混凝土试件受压时典型的应力-应变曲线如图 2.1 所示。整个曲线大体上有上升段与下降段两个部分，其中 OA 段为弹性阶段($\sigma<0.3f_c$)；AB 段为弹塑性阶段（裂缝稳定阶段）($\sigma=0.3f_c\sim0.8f_c$)；BC 段为裂缝不稳定阶段($\sigma=0.8f_c\sim1.0f_c$)。应力峰值点 C 对应的应力为混凝土的抗压强度 f_c；应力峰值点 C 对应的应变为 ε_0，《规范》取 $\varepsilon_0=0.002$；混凝土极限压应变为 ε_{cu}，《规范》取 $\varepsilon_{cu}=3.0\times10^{-3}$。

通过混凝土棱柱体受压时的应力-应变曲线可知，当混凝土应力很小时，混凝土表现出理想的弹性变形性质；随着应力的增大，混凝土开始表现出越来越明显的塑性性能。

2）混凝土在荷载长期作用下的变形

混凝土结构或者材料在长期恒定荷载作用下，变形随时间增长的现象称为徐变。混凝土的徐变特性主要与时间参数有关，通常表现为前期增长较快，而后逐渐变缓，经过 2～5 年趋于稳定。引起混凝土徐变的原因主要有两个：①当作用在混凝土构件上的应力不大时，混

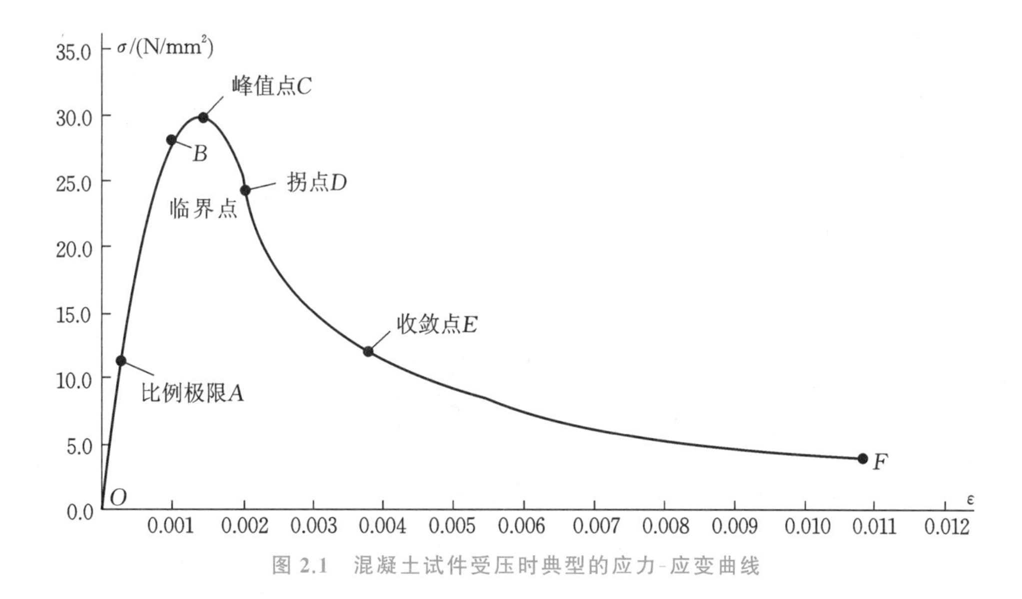

图 2.1　混凝土试件受压时典型的应力-应变曲线

凝土是具有黏性流动性质的水泥凝胶体，在荷载长期作用下产生黏性流动；②当作用在混凝土构件上的应力较大时，混凝土中的微裂缝在荷载长期作用下持续延伸和发展。

混凝土的徐变会显著影响结构或构件的受力性能，如局部应力集中可因徐变得到缓和，支座沉陷引起的应力及温度、湿度力也可由于徐变得到松弛，这对水工混凝土结构是有利的。但徐变使结构变形增大对结构不利的方面也不可忽视，如徐变可使受弯构件的挠度增大 2～3 倍，使长柱的附加偏心距增大，还会导致预应力构件的预应力损失。

小贴士

影响混凝土徐变的因素如下。

(1) 水泥用量越多，水灰比越大，徐变越大。当水灰比在 0.4～0.6 范围变化时，单位应力作用下的徐变与水灰比成正比。

(2) 增加混凝土骨料的含量，徐变减小。当骨料的含量由 60%增大到 75%时，徐变将减小 50%。

(3) 养护条件好，水泥水化作用充分，徐变就小。

(4) 构件加载前混凝土的强度越高，徐变就越小。

(5) 构件截面的应力越大，徐变越大。

2. 非受荷变形

混凝土的非受荷变形，主要体现为混凝土收缩和膨胀。混凝土在空气中凝结硬化时体积会收缩，在水中凝结硬化时体积会膨胀。收缩对结构的危害比膨胀要大得多。非受荷变形的主要形式：①构件未受荷之前产生裂缝；②预应力构件中的预应力损失；③超静定结构产生次内力。

混凝土的收缩往往持续很长时间，甚至在 20 年以后还在继续收缩。长期收缩中有一部分是由于碳化，收缩的速度则随时间而急剧降低。若以 20 年的总收缩值为标准，则在 2 个星期内完成 20%～30%，在 3 个月内完成 50%～60%，在 1 年内完成 75%～85%。

为减少混凝土收缩对结构的影响，主要采取以下措施：①加强早期养护；②减少水灰比；③提高水泥标号，减少水泥用量；④加强振捣，提高密实度；⑤选择弹性模量大的硬骨料；⑥在构造上预留伸缩缝，设置后浇带，配置一定数量的构造钢筋。

3. 混凝土的弹性模量

混凝土处于弹性变形阶段，在单向压缩（有侧向变形）条件下，压缩应力与应变之比，可用弹性模量 E 表示，即 $E=\sigma/\varepsilon$。弹性模量高，表示混凝土构件在一定应力作用下产生的应变相对较小。但是，混凝土是弹塑性材料，它的应力(σ)-应变(ε)关系为曲线关系，E 不是常数而是变数。《规范》给出了各种强度等级混凝土的弹性模量，如表 2.1 所示。

2.2 钢筋

2.2.1 钢筋的分类

(1) 混凝土结构中使用的钢筋按化学成分可分有碳素钢和普通低合金钢两类。

(2) 根据含碳量的不同，碳素钢又可分为低碳钢（含碳量小于 0.22%）、中碳钢（含碳量为 0.22%～0.60%）和高碳钢（含碳量为 0.60%～1.40%）。随着含碳量的增加，钢材的强度和硬度提高，而塑性、韧性和可焊性降低。硅、锰元素可以提高钢材的强度和保持一定的塑性；硫、磷是钢中的有害元素，它们的含量增加会降低钢材的变形性能和可焊性。碳素钢中加入少量的合金元素，如锰、硅、钛、钒等，可有效地提高钢材的强度，改善其塑性和可焊性。

(3) 混凝土结构中使用的钢筋按生产加工工艺的不同，分为热轧钢筋、热处理钢筋、钢丝、钢绞线。热轧钢筋由冶金厂直接热轧制成，如 HPB300、HRB335、HRB400、HRB500 等，常用于一般混凝土结构，称为普通钢筋。热处理钢筋由特定强度的热轧钢筋，通过加热后的正火、淬火和回火等调质工艺处理制成，钢筋强度得到较大幅度的提高，但塑性有所降低，可焊性、机械连接性能均稍差。热处理钢筋、钢丝及钢绞线强度都比较高，一般用于预应力混凝土结构，称为预应力钢筋。

钢筋材料

(4) 钢筋按其外形的不同，分为光圆钢筋和带肋钢筋，如图 2.2 所示。为了增加钢筋与混凝土的黏结力，对于强度较高的钢筋，表面均做成带肋的变形钢筋。带肋钢筋的外形有月牙纹、人字纹、螺纹。

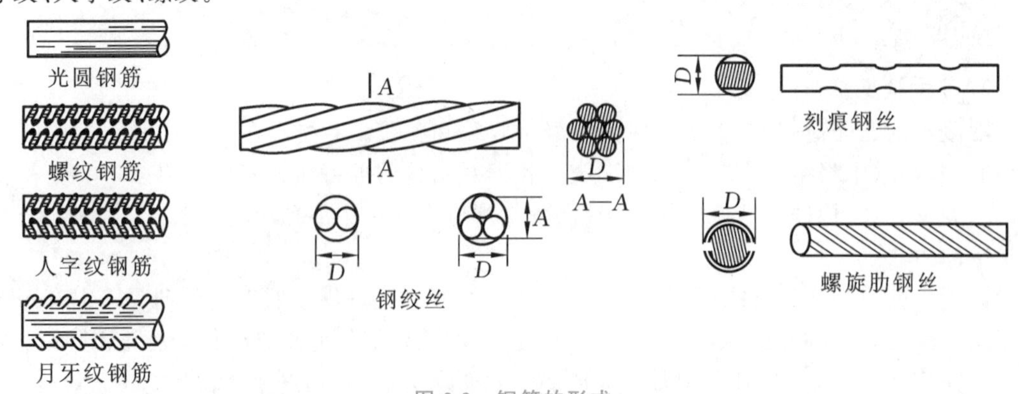

图 2.2 钢筋的形式

(5) 钢筋按力学性能的不同，分为有明显屈服点的钢筋（软钢）和无明显屈服点的钢筋（硬钢）。前者包括热轧钢筋和冷轧钢筋，后者包括钢丝、钢绞线和热处理钢筋。

(6) 普通钢筋的强度等级分类。按照我国《混凝土结构设计规范》(GB 50010—2010)(2015年版)的规定,在钢筋混凝土结构中所用的国产普通钢筋有以下四种级别。

① HPB300:符号为ф,即热轧光面钢筋300级。

② HRB335:符号为ф,即热轧带肋钢筋335级。

③ HRB400:符号为ф,即热轧带肋钢筋400级,是目前主要应用的钢筋品种之一。HRBF400:符号为$ф^{F}$,即细晶粒热轧带肋钢筋400级。RRB400:符号为$ф^{R}$,即余热处理带肋钢筋400级。

④ HRB500:符号为ф,即热轧带肋钢筋500级。HRBF500:符号为$ф^{F}$,即余热处理钢筋500级。

(7) 预应力钢筋的分类。按照我国《混凝土结构设计规范》(GB 50010—2010)(2015年版)的规定,预应力钢筋主要有以下四种。

钢筋的分类

① 中强度预应力钢丝:符号为$ф^{PM}$(光圆)、$ф^{HM}$(螺旋肋)。

② 预应力螺纹钢筋:符号为$ф^{T}$。

③ 消除应力钢丝:符号为$ф^{P}$(光圆)、$ф^{H}$(螺旋肋)。

④ 钢绞线:符号为$ф^{S}$。

2.2.2　钢筋的力学和变形性能

1. 钢筋的应力-应变曲线

1) 有明显屈服点的钢筋

有明显屈服点的钢筋的典型应力-应变曲线如图2.3(a)所示。其从受力到破坏整个过程可分为弹性阶段、屈服阶段、强化阶段和颈缩阶段四个阶段。从图中可以看出,钢筋在单向受力过程中有明显的屈服平台,因此钢筋的强度高,塑性也好。图中c点对应的钢筋应力称为屈服强度,用σ_s表示。在钢筋混凝土构件计算中,一般取钢筋的屈服强度σ_s作为强度计算指标。前述规范中推荐使用的4个级别的热轧钢筋都属于有明显屈服点的钢筋,强度相对不高,但变形性能好。

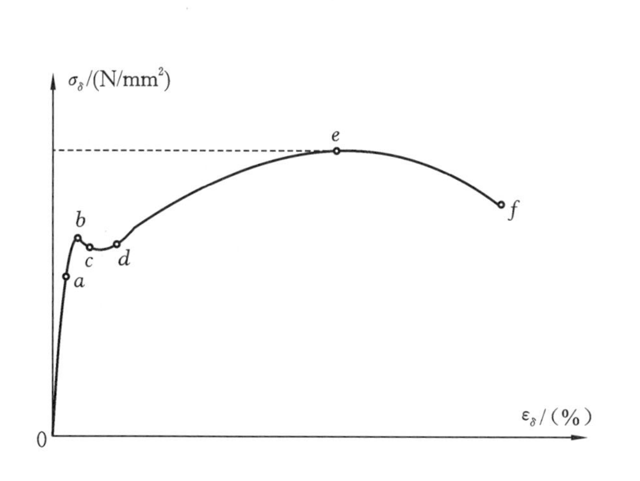

(a) 有明显屈服点的钢筋

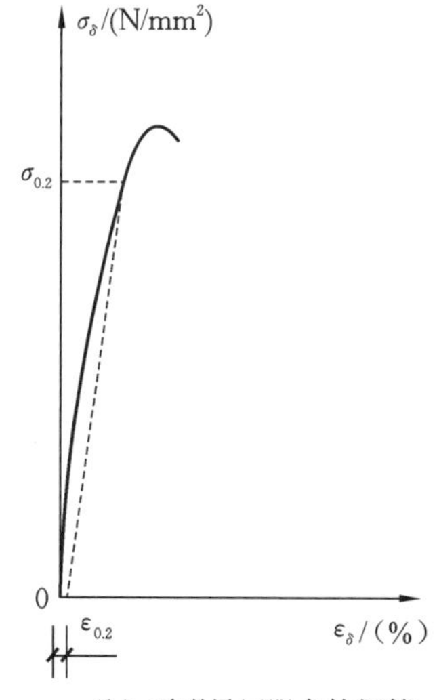

(b) 无明显屈服点的钢筋

图2.3　钢筋的应力-应变曲线

2）无明显屈服点的钢筋

无明显屈服点的钢筋的典型应力-应变曲线如图 2.3(b)所示。由图可见，它没有明显的屈服平台，其强度很高，但延伸率大为降低，塑性性能减弱。通常取相应于残余应变为 0.2% 的应力 $\sigma_{0.2}$ 作为假定的屈服点，即条件屈服点。$\sigma_{0.2}$ 大致相当于极限抗拉强度 σ_b 的 0.86～0.90 倍。为方便使用，《混凝土结构设计规范》(GB 50010—2010)(2015 年版)取 $\sigma_{0.2}$ 为极限抗拉强度 σ_b 的 0.85 倍。前述规范所列中强度预应力钢丝、预应力螺纹钢筋、消除应力钢丝和钢绞线等属于无明显屈服点的钢筋，强度高，但变形性能差。

钢筋除了应具有高的强度，还应具有一定的屈强比（屈服强度与抗拉强度极限之比）。屈强比是反映结构可靠性的一个指标，屈强比越小，结构就越安全。

钢筋的强度标准值应具有不小于 95% 的保证率。其中，热轧钢筋根据屈服强度用 f_{yk} 表示；中强度预应力钢丝、预应力螺纹钢筋、消除应力钢丝和钢绞线的屈服强度根据极限抗拉强度确定，用 f_{pyk} 表示。

钢筋的强度设计值由钢筋的强度标准值除以钢筋材料的分项系数 γ_s 确定。

普通钢筋强度设计值：$f_y, f'_y = \dfrac{f_{yk}, f'_{yk}}{\gamma_s}, \gamma_s = 1.1$。

预应力钢筋强度设计值：$f_{py}, f'_{py} = \dfrac{f_{pyk}, f'_{pyk}}{\gamma_s}, \gamma_s = 1.2$。

普通钢筋、预应力钢筋强度标准值、设计值见表 2.2 和表 2.3。

2. 钢筋的变形

钢筋混凝土结构中使用的钢筋既要有较高的强度，又要有良好的变形能力。衡量钢筋变形能力（或称为塑性性能）的主要指标有伸长率和冷弯性能。

钢筋的伸长率是钢筋试件拉断后的伸长值与原长的比值，即

$$\delta = \frac{l_1 - l_0}{l_0} \times 100\%$$

式中：δ——伸长率，%；

l_0——试件受力前的标距长度（一般有 $l_0 = 10d$ 或 $l_0 = 5d$，d 为试件直径），mm；

l_1——试件拉断后的标距长度，mm。

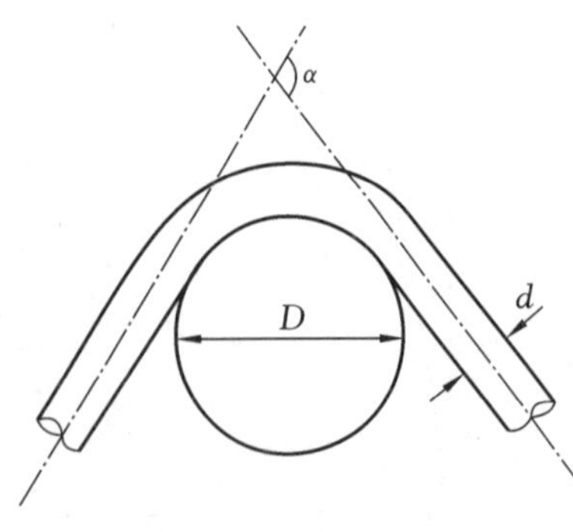

图 2.4　钢筋的冷弯

伸长率越大的钢筋在拉断前的变形越大，其塑性变形能力越强。

冷弯性能是钢筋在常温条件下承受弯曲变形的能力，它是将钢筋绕规定直径的辊轴进行弯曲，如图 2.4 所示。冷弯的两个参数是弯心直径 D 和冷弯角度 α。在达到规定的冷弯角度时，钢筋表面不应出现裂纹或断裂。因此，冷弯性能可间接地反映钢筋的塑性性能和内在质量。

在弹性阶段，钢筋的应力与应变成正比，其比值称为弹性模量，用 E_s 表示。

$$E_s = \frac{\sigma_s}{\varepsilon_s}$$

普通钢筋的弹性模量见表 2.2。

表 2.2　普通热轧钢筋强度设计值、标准值、弹性模量

种类	符号	d/mm	抗拉、抗压强度设计值 f_y、f'_y/(N/mm²)	强度标准值 f_{yk}/(N/mm²)	弹性模量 E_s/(N/mm²)
HPB300	A	6～22	270	300	2.1×10^5
HRB335	B	6～50	300	335	2.0×10^5
HRBF335	C				
HRB400	D	6～50	360	400	2.0×10^5
HRBF400	E				
RRB400	F				
HRB500	G	8～50	435	500	2.0×10^5
HRBF500	H				

表 2.3　预应力钢筋强度设计值、标准值、弹性模量

钢筋品种		直径/mm	符号	强度标准值 f_{ptk}/(N/mm²)	抗拉强度设计值 f_{py}/(N/mm²)	抗压强度设计值 f'_{py}/(N/mm²)
钢绞线	三股	8.6、10.8、12.9	ϕ^S	1570	1110	390
	七股	9.5、11.1、12.7、15.2		1720	1220	
				1860	1320	
				1960	1390	
消除应力钢丝	光面螺旋肋	5、7、9	ϕ^P、ϕ^H	1470	1040	410
				1570	1110	
				1860	1320	
预应力螺纹钢筋		18、25、32、40、50	ϕ^T	980	650	400
				1080	770	
				1230	900	

2.2.3　钢筋的选用原则

混凝土结构的钢筋应按下列规定选用。

(1) 纵向受力普通钢筋可采用 HRB400、HRB500、HRBF400、HRBF500、HRB335、RRB400、HPB300 钢筋；梁、柱和斜撑构件的纵向受力普通钢筋宜采用 HRB400、HRB500、HRBF400、HRBF500 钢筋。

(2) 箍筋宜采用 HRB400、HRBF400、HRB335、HPB300、HRB500、HRBF500 钢筋。

(3) 预应力筋宜采用预应力钢丝、钢绞线和预应力螺纹钢筋。

(4) 当进行钢筋代换时，除应符合设计要求的构件承载力、最大拉力下的总伸长率、裂缝宽度验算以及抗震规定以外，尚应满足最小配筋率、钢筋间距、保护层厚度、钢筋锚固长度、接头面积百分率及搭接长度等构造要求。

(5) 抗震等级为一、二、三级的框架和斜撑构件(含梯段)的纵向受力钢筋采用普通钢筋时,钢筋的抗拉强度实测值与屈服强度实测值的比值不应小于 1.25;钢筋的屈服强度实测值与屈服强度标准值的比值不应大于 1.3,且钢筋在最大拉力下的总伸长率实测值不应小于 9%。

想一想

钢筋的力学性能指标有哪些?

2.3 钢筋与混凝土的黏结

2.3.1 钢筋与混凝土的黏结原理

1. 黏结力的形成原因

混凝土黏结硬化并达一定强度后,混凝土和钢筋之间建立了足够的黏结强度,能够承受由于钢筋与混凝土的相对变形在两者界面上所产生的相互作用力,即钢筋与混凝土接触面上的剪应力,又称为黏结应力。因此,钢筋与混凝土的黏结力是保证二者共同工作,阻止钢筋在混凝土中滑移的基本条件。

黏结应力分析

2. 黏结力的组成

钢筋与混凝土的黏结力,主要由以下三个方面组成。

(1) 化学胶结力:混凝土在黏结硬化过程中,水泥胶体与钢筋产生吸附胶结作用。混凝土强度等级越高,化学胶结力也越高。

(2) 摩阻力:混凝土的收缩使钢筋周围的混凝土裹压在钢筋上,当钢筋和混凝土出现相对滑动的趋势时,接触面上将出现摩阻力。

(3) 机械咬合力:钢筋表面粗糙、凹凸不平,会与混凝土产生机械咬合作用。

轻微锈蚀的钢筋表面有凹凸不平的蚀坑,摩阻力和机械咬合力较大。变形钢筋的黏结力主要是机械咬合力。光圆钢筋的黏结力主要由化学胶结力和摩阻力组成,相对较小。为了增加光圆钢筋与混凝土的黏结力,减少滑移,光圆钢筋的端部要加弯钩或采取机械锚固措施。

2.3.2 黏结强度的影响因素

影响钢筋与混凝土的黏结强度的因素很多,主要有混凝土的强度、钢筋的表面形状、保护层厚度、钢筋的净距、横向钢筋约束、侧向压力、浇筑位置等。

(1) 混凝土的强度。黏结强度随混凝土强度的提高而提高。混凝土的质量对黏结力和锚固的影响很大,水泥性能好、骨料强度高、配比得当、振捣密实、养护良好的混凝土对黏结力和锚固非常有利。

(2) 钢筋的表面形状。变形钢筋的黏结力比光圆钢筋的黏结力大，所以变形钢筋的末端一般无须做成弯钩。

(3) 保护层厚度与钢筋的净距。增大保护层厚度，保持一定的钢筋净距，可提高混凝土的劈裂抗力，保证黏结强度的发挥。

(4) 横向钢筋约束与侧向压力。横向钢筋约束与侧向压力可以限制内部裂缝的发展，提高黏结强度。设置箍筋可将纵向钢筋的抗滑移能力提高 25%，使用焊接骨架或焊接网则提高得更多。所以在直径较大钢筋的锚固区和搭接区，以及一排钢筋根数较多时，都应设置附加钢筋，以加强锚固或防止混凝土保护层劈裂剥落。

(5) 浇筑位置。浇筑深度超过 300 mm 的顶部水平钢筋，由于水分、气泡逸出，混凝土泌水下沉，在钢筋底面将形成与钢筋不能紧密接触的强度较低的疏松层，从而削弱了钢筋与混凝土的黏结作用。

2.3.3　钢筋的锚固

钢筋端部伸入支座或在连系梁中承担负弯矩的上部钢筋在跨中截断时需要延伸一定的长度，即锚固长度。为了保证钢筋与混凝土之间有可靠的黏结，钢筋必须有一定的锚固长度。锚固长度一般指梁、板、柱等构件的受力钢筋伸入支座或基础中的总长度。锚固可以是直线锚固，也可以是弯折锚固。

当计算中充分利用钢筋的抗拉强度时，受拉钢筋的锚固应符合下列要求。

(1) 基本锚固长度应按下列公式计算。

普通钢筋的基本锚固长度为

$$l_{ab}=\alpha \frac{f_y}{f_t}d$$

预应力钢筋的基本锚固长度为

$$l_{ab}=\alpha \frac{f_{py}}{f_t}d$$

式中：l_{ab}——受拉钢筋的基本锚固长度；

f_y、f_{py}——普通钢筋、预应力钢筋的抗拉强度设计值；

f_t——混凝土轴心抗拉强度设计值，当混凝土强度等级高于 C60 时，按 C60 取值；

d——锚固钢筋的直径；

α——锚固钢筋的外形系数，按表 2.4 取用。

表 2.4　锚固钢筋的外形系数

钢筋类型	光面钢筋	带肋钢筋	螺旋肋钢丝	三股钢绞线	七股钢绞线
α	0.16	0.14	0.13	0.16	0.17

注：光面钢筋是指 HPB300 级钢筋，其末端应做 180°弯钩，弯后平直段长度不应小于 $3d$，但作为受压钢筋时可不做弯钩。

(2) 受拉钢筋的锚固长度应根据锚固条件按下列公式计算，且不应小于 200 mm：

$$l_a=\zeta_a l_{ab}$$

式中：l_a——受拉钢筋的锚固长度；

ζ_a——锚固长度修正系数。

（3）锚固长度修正系数。

锚固长度修正系数按下面的规定取值，多项时可以连乘，但不应小于 0.6。

① 当带肋钢筋的公称直径大于 25 mm 时，其锚固长度应乘以修正系数 1.10。

② 环氧树脂涂层提高了钢筋的耐久性，但同时降低了钢筋与混凝土的黏结力，锚固强度将降低 20%左右，因此，锚固长度应乘以修正系数 1.25。

③ 当钢筋在混凝土施工过程中易受扰动（如滑模施工）时，其锚固长度应乘以修正系数 1.10。

④ 锚固钢筋的保护层厚度为 $3d$ 时，其锚固长度可乘以修正系数 0.8；保护层厚度为 $5d$ 时，其锚固长度可乘以修正系数 0.70，中间按内插取值。

除构造需要的锚固长度外，当纵向受力钢筋的实际配筋面积大于其设计计算面积时，修正系数取设计计算面积与实际配筋面积的比值；有抗震设防要求及直接承受动力荷载的结构构件，不得采用此项修正。

当纵向受拉普通钢筋末端采用弯钩或机械锚固措施时，包括弯钩或锚固端头在内的锚固长度（投影长度）可取基本锚固长度 l_{ab} 的 60%，且弯钩和机械锚固的形式（见图 2.5）和技术要求应符合表 2.5 的规定。

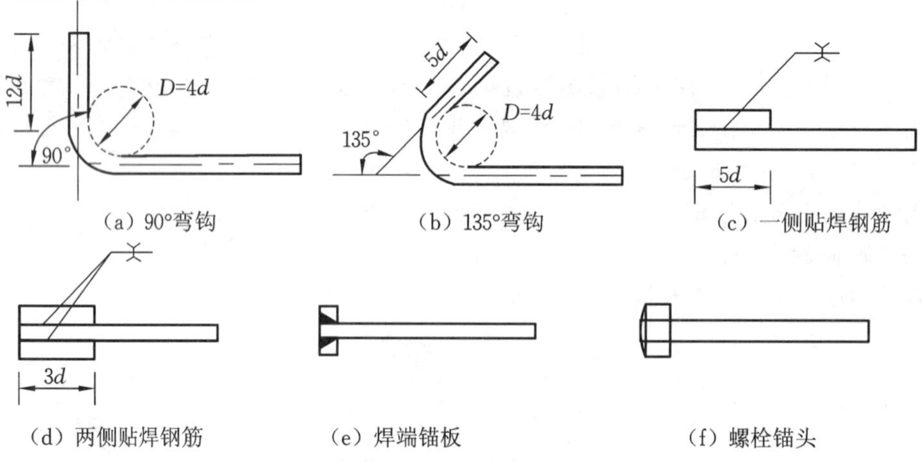

图 2.5 钢筋机械锚固的形式及技术要求

表 2.5 钢筋弯钩和机械锚固的形式和技术要求

锚固形式	技术要求
90°弯钩	末端 90°弯钩，弯钩内径为 $4d$，弯后直线段长度为 $12d$
135°弯钩	末端 135°弯钩，弯钩内径为 $4d$，弯后直线段长度为 $5d$
一侧贴焊钢筋	末端一侧贴焊长 $5d$ 同直径钢筋
两侧贴焊钢筋	末端两侧贴焊长 $3d$ 同直径钢筋
焊端锚板	末端与厚度为 d 的锚板穿孔塞焊
螺栓锚头	末端旋入螺栓锚头

对于纵向受压钢筋，当计算中充分利用纵向钢筋的抗压强度时，其锚固长度不应小于相应受拉锚固长度的 0.7 倍。受压钢筋不应采用末端弯钩和一侧贴焊钢筋的锚固措施。

承受动力荷载的预制构件，应将纵向受力普通钢筋末端焊接在钢板或角钢上，钢板或角钢应可靠地锚固在混凝土中。钢板或角钢的尺寸应按计算确定，其厚度不宜小于 10 mm。其他构件中受力普通钢筋的末端也可通过焊接钢板或型钢实现锚固。

2.4 建筑钢材

2.4.1 钢材的品种、规格

钢材种类很多，各自的性能、产品的规格及用途都不相同。符合建筑钢材性能要求的钢材主要有碳素钢及低合金钢中的几种，我国现行《钢结构设计标准》(GB 50017—2017)推荐采用Q235、Q345、Q390、Q420、Q460等钢作为建筑结构使用钢材。Q235号钢材属于碳素结构钢中的低碳钢(含碳量≤0.25%)；Q345、Q390及Q420属于低合金高强度结构钢，这类钢材是在冶炼碳素结构钢时加入少量合金元素(合金元素总量低于5%)，含碳量与低碳钢相近。由于增加了少量的合金元素，材料的强度、冲击韧性、耐腐性能均有所提高，而塑性降低却不多，因此是性能优越的钢材。

按照钢材的质量，Q235钢有A、B、C、D 4个质量等级，Q345、Q390、Q420钢有A、B、C、D、E 5个质量等级。不同等级的钢材的质量要求见相关规范中的规定。

各类钢种供应的钢材规格分为型材、板材、管材及金属制品四个大类，其中钢结构用得最多的是型材和板材，如图2.6所示。

1. 钢板

钢板是矩形平板状的钢材，可直接轧制或由宽钢带剪切而成。钢板分热轧薄钢板、热轧厚钢板及扁钢。热轧薄钢板的厚度为0.35～4 mm，主要用来制作冷弯薄壁型钢；热轧厚钢板的厚度为4.5～60 mm，广泛用作钢结构构件及连接板件；实际工作中常将厚度为4～20 mm的钢板称为中板，将厚度为20～60 mm的钢板称为厚板，将厚度大于60 mm的钢板称为特厚板；扁钢宽度较小，为12～200 mm，在钢结构中用得不多。

型钢钢材
三维显示

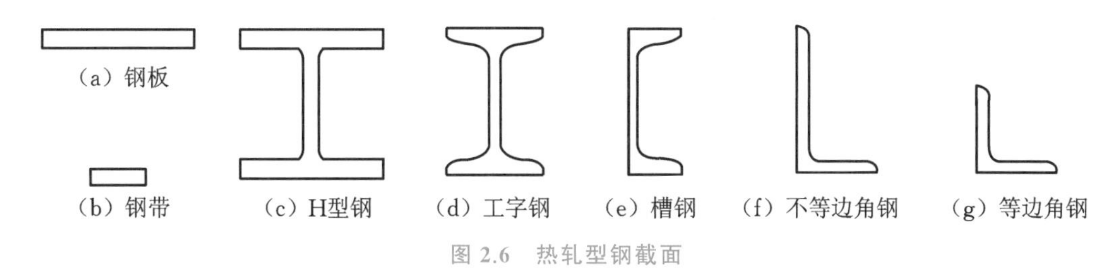

图2.6　热轧型钢截面

2. 普通型钢

1) 工字钢

工字钢是截面为工字形，腿部内侧有1∶6斜度的长条钢材。其规格以“Ⅰ截面高度×翼缘宽度×腹板厚度(mm)”表示，也可用型号表示，即以代号和截面高度表示，型号为截面高度的数值(以cm为单位)，如Ⅰ16。同一型号工字钢可能有几种不同的腹板厚度和翼缘宽度，需在型号后加a、b、c以示区别。我国生产的热轧普通工字钢规格有Ⅰ10～Ⅰ63号工字钢。

2）槽钢

槽钢是截面为凹槽形，腿部内侧有 1∶10 斜度的长条钢材，其规格表示同工字钢。热轧普通槽钢的规格以“[截面高度×翼缘宽度×腹板厚度”表示，单位为 mm，也可以用型号表示，即以代号和截面高度的数值（以 cm 为单位）及 a、b、c 表示（a、b、c 的意义与工字钢相同），如[16。我国生产的热轧普通槽钢规格有[5～[40 号。

3）角钢

角钢由两个互相垂直的肢组成，两肢长度相等称为等边角钢，不等则为不等边角钢。角钢的代号为“∟”，其规格用代号和长肢宽度（mm）×短肢宽度（mm）×肢厚度（mm）表示，例如∟90×90×6、∟125×80×8 等。角钢的规格有∟20×20×3～∟200×200×24、∟25×16×3～∟200×125×18。

3. 热轧 H 型钢

H 型钢由工字钢发展而来，与工字钢比，H 型钢具有翼缘宽、翼缘相互平行、内侧没有斜度、自重轻、节约钢材等特点。热轧 H 型钢分三类：宽翼缘 H 型钢 HW，中翼缘 H 型钢 HM，窄翼缘 H 型钢 HN。其规格型号用高度 h×宽度 b×腹板厚度 t_1×翼缘厚度 t_2 表示。H 型钢是一种由工字钢发展而来的经济断面型材，与普通工字钢相比，它的翼缘内外表面平行，内表面无斜度，翼缘端部为直角，与其他构件连接方便。同时，它的截面材料分布更向翼缘集中，截面力学性能优于普通工字钢，在截面面积相同的条件下，H 型钢的实际承载力比普通工字钢大。

4. 热轧剖分 T 型钢

热轧剖分 T 型钢由热轧 H 型钢剖分而成，分宽翼缘剖分 T 型钢（TW）、中翼缘剖分 T 型钢（TM）、窄翼缘剖分 T 型钢（TN）三类。其规格型号用高度 h×宽度 b×腹板厚度 t_1×翼缘厚度 t_2 表示。

5. 冷弯薄壁型钢

冷弯型钢是用可加工变形的冷轧或热轧钢带在连续辊式冷弯机组上生产的冷加工型材，壁厚为 1.5～6 mm，因此称为冷弯薄壁型钢，如图 2.7 所示。随着生产工艺的发展，现在国内已能生产厚度在 12 mm 以上的冷弯型钢。冷弯薄壁型钢多用于跨度小、荷载轻的轻型钢结构。

薄壁型钢三维显示

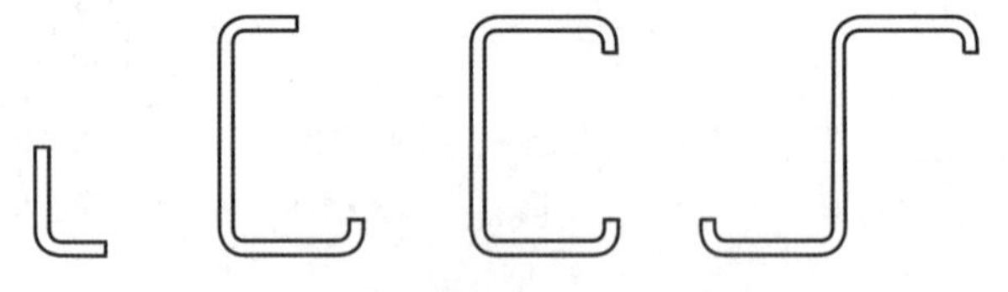

图 2.7　冷弯薄壁型钢截面示意图

6. 压型钢板

压型钢板是由薄钢板经冷压或冷轧成型的钢材，如图 2.8 所示。钢板采用有机涂层薄钢板（或称彩色钢板）、镀锌薄钢板、防腐薄钢板（含石棉沥青层）或其他薄钢板等。压型钢板具有单位重量轻、强度高、抗震性能好、施工快速、外形美观等优点，是良好的建筑材料和构件，主要用于围护结构、楼板，也可用于其他构筑物。根据不同使用功能要求，压型钢板可压成波形、双曲波形、肋形、V 形、加劲型等。屋面和墙面常用板厚为 0.4～1.6 mm 的钢板；用于承重楼板或筒仓时厚度为 2～3 mm 或以上。波高一般为 10～200 mm。

(a) 彩色钢板

(b) 镀锌钢板

图 2.8　压型钢板

7. Z 向钢

普通钢板在厚度方向的力学性能由于受到轧制工艺的影响，较其他两个方向差，当钢板厚度较大，且厚度方向受拉时，容易发生层状撕裂。Z 向钢是在某一级结构钢(称为母级钢)的基础上，经过特殊冶炼、处理的钢材。Z 向钢不仅沿宽度方向和长度方向有较好的力学性能，而且在厚度方向同样具有良好的力学性能，可以有效解决层状撕裂的问题。

钢板的抗层状撕裂性能采用厚度方向拉力试验时的断面收缩率来评定。我国生产的 Z 向钢板的标志是在母级钢钢号后面加上 Z 向钢板等级标志 Z15、Z25、Z35，Z 后面的数字为截面收缩率的指标。

8. 结构用钢管

结构用钢管有热轧无缝钢管和焊接钢管。结构用无缝钢管按《结构用无缝钢管》(GB/T 8162—2018)的规定，分为热轧(挤压、扩)和冷拔(轧)两种。热轧钢管的外径为 32～630 mm，壁厚为 2.5～75 mm；冷拔钢管的外径为 6～200 mm，壁厚为 0.25～14 mm。焊接钢管由钢板或钢带经过卷曲成型后焊制而成，分为直缝电焊钢管和螺旋焊钢管。

2.4.2　建筑钢材的主要性能

材料性能有两个方面，即力学性能和加工性能。钢材作为结构用料，与其他传统材料相比，有明显的综合优势，具备较好的力学性能和良好的加工性能。较好的力学性能主要体现在钢材具有较高的强度、较好的塑性和较好的冲击韧性等方面；良好的加工性能是指钢材在加工(如铣、刨、制孔、冷热矫正及焊接等)的情况下不产生疵病或形成废品而应具备的性能，包括良好的冷弯性能和可焊性等。

1. 强度与塑性

与钢筋一致，钢材的强度的衡量指标仍然取其屈服强度，如 Q345 号钢材中的 Q 即表示屈服强度，后面的数字即表示屈服强度为 345 N/mm^2。

塑性指标是伸长率 δ，可通过拉伸试验测得。

$$\delta=\frac{l-l_0}{l_0}\times 100\%$$

式中：l_0——试件原始标距长度，mm；

l——试件拉断后的标距长度，mm。

$l_0=5d_0$ 和 $l_0=10d_0$ 对应的伸长率记为 δ_5 和 δ_{10}，现常用 δ_5 表示塑性指标。钢材的塑

性反映了在外力作用下的变形能力。结构良好的变形能力可以使结构在变形过程中吸收更多的应变能,可以大大提高结构的抗震能力。

2. 冲击韧性

冲击韧性是指钢材抵抗冲击或振动荷载的能力,其衡量指标称为冲击韧性值。钢结构常会承受冲击或振动荷载作用,如厂房中吊车的作用。冲击韧性值由冲击试验求得,即用带V形缺口的标准试件,在冲击试验机上通过动摆施加冲击荷载,使之断裂(见图2.9),由此测出试件受冲击荷载发生断裂所吸收的冲击功,即为材料的冲击韧性值,用 A_{KV} 表示,单位为J。冲击韧性值越高,表明材料破坏时吸收的能量越多,抵抗脆性破坏的能力越强,韧性越好。需要指出的是,由于低温对钢材的脆性破坏有显著影响,在寒冷地区建造的结构不但要求钢材具有常温(20 ℃)冲击韧性指标,还要求具有0 ℃或负温(−20 ℃或−40 ℃)时的冲击韧性指标,以保证结构具有足够的抗脆性破坏能力。

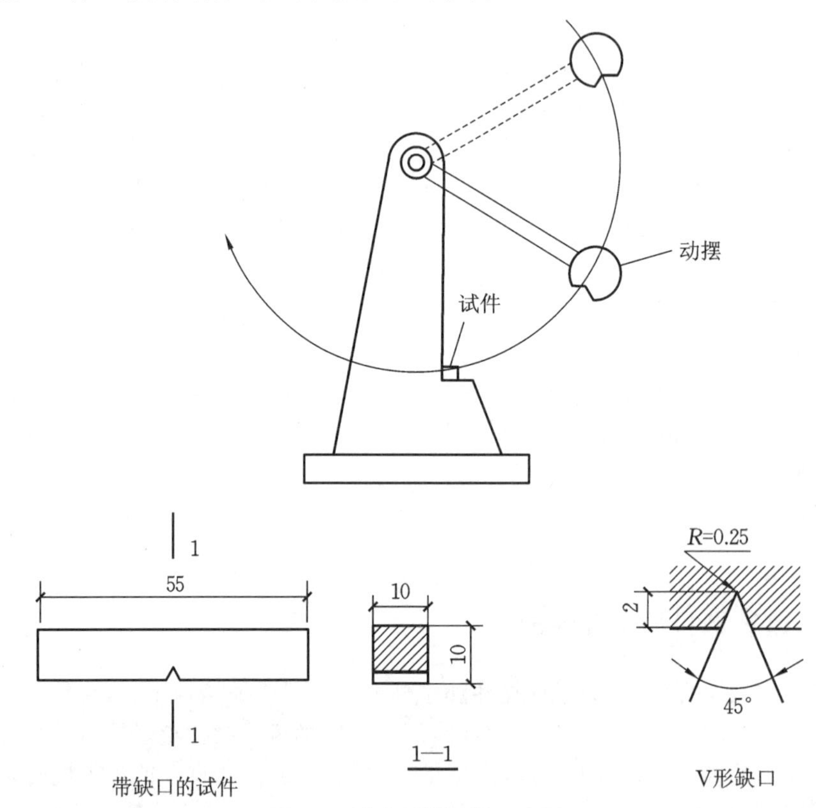

图2.9 冲击韧性试验示意图

3. 冷弯性能

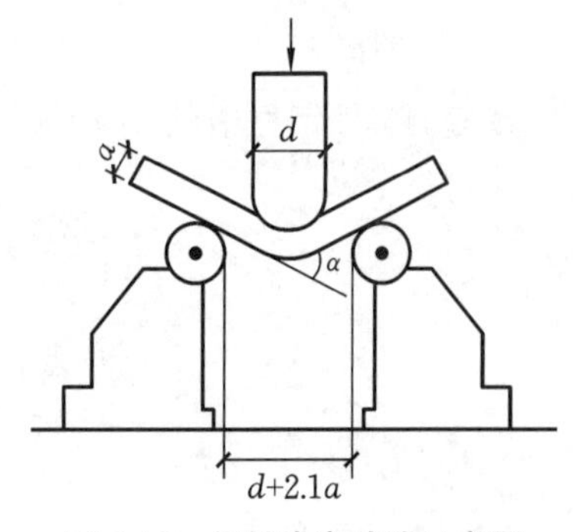

图2.10 钢材冷弯试验示意图

冷弯性能是指材料在常温下承受弯曲的能力。与钢筋的冷弯性能相似,钢材的冷弯性能也是通过冷弯试验来反映的。将钢材按原有厚度经表面加工成板状,常温下弯曲180°后(见图2.10),如外表面和侧面不开裂,也不起层,则认为合格。弯曲时,按钢材牌号和板厚允许有不同的弯心直径 d。冷弯试验不仅能直接检验钢材的弯曲变形能力或者塑性性能,还能暴露钢材内部的冶金缺陷,以及有害元素(如硫、磷)偏析和硫化物的掺杂情况。

4. 可焊性

钢材在焊接过程中，焊缝及附近的金属要经历升温、熔化、冷却及凝固的过程。可焊性指钢材对焊接工艺的适应能力。目前，钢材的可焊性尚无明确的量化指标，但前述《钢结构设计标准》(GB 50017—2017)中推荐使用的建筑钢材均可满足可焊性的要求。

钢结构设计中，除上述各种机械性能需要了解之外，还有下列四种数据也会常常用到：

钢材的密度：$\rho=7850\ \text{kg/m}^3$。

钢材的泊松比：$\nu=0.3$。

钢材的温度线膨胀系数：$\alpha=1.2\times10^{-5}/℃$。

钢材的剪变模量：$G=7.9\times10^4\ \text{N/mm}^2$。

钢材的设计用强度指标及结构用无缝钢管的强度指标，分别如表 2.6 和表 2.7 所示。

表 2.6　钢材的设计用强度指标

钢材牌号		钢材厚度或直径/mm	强度设计值/(N/mm²)			屈服强度 f_y /(N/mm²)	抗拉强度 f_u /(N/mm²)
			抗拉、抗压、抗弯 f	抗剪 f_v	端面承压(刨平顶紧)f_{ce}		
碳素结构钢	Q235	≤16	215	125	320	235	370
		>16,≤40	205	120		225	
		>40,≤100	200	115		215	
低合金高强度结构钢	Q345	≤16	305	175	400	345	470
		>16,≤40	295	170		335	
		>40,≤63	290	165		325	
		>63,≤80	280	160		315	
		>80,≤100	270	155		305	
	Q390	≤16	345	200	415	390	490
		>16,≤40	330	190		370	
		>40,≤63	310	180		350	
		>63,≤100	295	170		330	
	Q420	≤16	375	215	440	420	520
		>16,≤40	355	205		400	
		>40,≤63	320	185		380	
		>63,≤100	305	175		360	
	Q460	≤16	410	235	470	460	550
		>16,≤40	390	225		440	
		>40,≤63	355	205		420	
		>63,≤100	340	195		400	

注：1.表中直径指实心棒材直径；厚度是指计算点的钢材或钢管壁厚度，对轴心受拉和轴心受压构件是指截面中较厚板件的厚度。

2.冷弯型材和冷弯钢管的强度设计值应按国家现行有关标准的规定采用。

表 2.7　结构用无缝钢管的强度指标

钢管钢材牌号	壁厚/mm	强度设计值/(N/mm^2)			屈服强度 f_y /(N/mm^2)	抗拉强度 f_u /(N/mm^2)
		抗拉、抗压和抗弯 f	抗剪 f_v	端面承压(刨平顶紧) f_{ce}		
Q235	≤16	215	125	320	235	375
	>16,≤30	205	120		225	
	>30	195	115		215	
Q345	≤16	305	175	400	345	470
	>16,≤30	290	170		325	
	>30	260	150		295	
Q390	≤16	345	200	415	390	490
	>16,≤30	330	190		370	
	>30	310	180		350	
Q420	≤16	375	220	445	420	520
	>16,≤30	355	205		400	
	>30	340	195		380	
Q460	≤16	410	240	470	460	550
	>16,≤30	390	225		440	
	>30	355	205		420	

2.4.3　影响建筑钢材性能的主要因素

1. 化学成分的影响

钢是由多种化学成分组成的,化学成分及其含量对钢的性能,特别是力学性能有着明显的影响。铁(Fe)是钢材的基本元素,在碳素结构钢中约占99%;碳和其他元素仅占1%,但对钢材的力学性能却有着决定性的影响。其他元素包括硅(Si)、锰(Mn)、硫(S)、磷(P)、氮(N)、氧(O)等。低合金钢中还含有少量合金元素(低于5%),如铜(Cu)、钒(V)、钛(Ti)、铌(Nb)、铬(Cr)等。

碳是决定钢材性能的主要元素,它直接影响钢材的强度、塑性、韧性和可焊性等。随着含碳量增加,钢材的强度和硬度增大,但塑性和韧性降低,同时钢的冷弯性能和焊接性能降低。因此,尽管碳是使钢材获得强度的主要元素,但在钢结构中采用的碳素结构钢,碳含量要加以限制,一般不超过0.22%,在焊接结构中还应低于0.20%。

硅和锰是钢的有利元素。硅是脱氧剂,能提高钢的强度和硬度;锰也是脱氧剂,脱氧能力比硅元素弱,能提高钢的强度和硬度,还能消除硫、氧对钢材的影响。硅、锰的含量都要受到控制,避免对钢材产生其他不利影响。在碳素钢中,锰的含量应为0.3%～0.8%,硅的含量应不大于0.3%。对于低合金高强度结构钢,锰的含量可为1.0%~1.6%,硅的含量可达0.55%。

硫和磷(特别是硫)是钢中的有害元素。硫的存在可能导致钢材的热脆现象,同时硫又是钢中偏析最严重的杂质之一,造成的危害大。磷的存在可提高钢的强度,但会降低塑性、韧性,特别是在低温时使钢材产生冷脆性,使承受冲击荷载或在负温下使用的钢结构产生破坏。

氧和氮都是钢中的有害杂质。氧的作用和硫类似,使钢热脆;氮的作用和磷类似,使钢冷脆。氧、氮容易在熔炼过程中逸出,一般不会超过极限含量,故通常不要求做含量分析。

低合金结构钢中的合金元素以钒(V)、铌(Nb)、钛(Ti)、铬(Cr)、镍(Ni)等为主。钒、铌、钛等元素的添加,都能提高钢材的强度,改善可焊性。镍和铬是不锈钢的主要元素,能提高强度、淬硬性、耐磨性等性能,但对可焊性不利。为改善低合金结构钢的性能,尚允许加入少量钼(Mo)和稀土元素,可改善其综合性能。

2. 冶炼、轧制过程及热处理的影响

冶炼钢材时,钢水中含氧量较高(为0.02%~0.07%),浇铸前需对钢水进行脱氧,由于所用脱氧方法、脱氧剂的种类和数量不同,最终脱氧效果也差别很大,形成镇静钢、特镇静钢、半镇静钢和沸腾钢。

沸腾钢以脱氧能力较弱的锰作为脱氧剂,脱氧不充分,钢水中有气体逸出,钢液表面剧烈沸腾,故称为沸腾钢。沸腾钢铸锭时冷却快,氧、氮、氢等气体来不及逸出而在钢中形成气泡,使钢材构造和晶粒不匀、偏析严重、常有夹层,增加了钢材的时效敏感性和冷脆性,塑性、韧性及可焊性相对较差,但沸腾钢生产工艺简单、成本较低。

镇静钢一般用硅为脱氧剂。对质量要求高的钢,还可在用硅脱氧后用铝或钛进行补充脱氧,形成特镇静钢。硅的脱氧能力较强,铝和钛的脱氧能力更强,硅的脱氧能力是锰的5.2倍,铝的脱氧能力是锰的90倍。当在钢水中投入锰和适量的硅作为脱氧剂,钢水中的氧化铁绝大部分被还原,很少能再和碳化合析出一氧化碳气体,同时脱氧还原过程放出大量热量,使钢锭冷却缓慢,钢中有害气体容易逸出,浇铸时钢水表面平静,故称为镇静钢。镇静钢和特镇静钢质密,杂质、气泡少,偏析程度低,塑性、韧性及可焊性比沸腾钢好,但冶炼工艺较复杂、成本较高。

脱氧程度介于沸腾钢和镇静钢之间的钢称为半镇静钢。半镇静钢用较少的硅进行脱氧,脱氧剂的用量为镇静钢的1/3~1/2。半镇静钢的性能大大优于沸腾钢,其强度和塑性完全符合标准要求。

Q235碳素结构钢的A、B、C、D 4个质量等级中,A、B级有沸腾钢、半镇静钢、镇静钢,C级只有镇静钢,D级只有特镇静钢;Q345、Q390、Q420低合金高强度钢的A、B、C、D、E 5个质量等级中,A、B、C、D级只有镇静钢,E级只有特镇静钢。

3. 复杂应力和应力集中的影响

由力学中的强度理论可知,材料在单向应力状态下的强度与在二向应力状态及三向应力状态下的强度是不同的;在二向应力状态及三向应力状态下,各向应力的大小、方向的变化也会导致强度的变化。除此以外,应力状态的变化还会引起材料塑性性能的变化。

应力集中也会对钢材性能产生影响。实际钢结构中的构件常因构造而有孔洞、缺口、凹槽,或因需要采用变厚度、变宽度的截面。在这种情况下,构件中的应力分布不再保持均匀,而是在缺陷及截面突然改变处附近,出现应力曲折、密集,产生高峰应力,这种现象称为应力集中。

常温下承受静荷载的结构只要符合设计和施工规范要求，应力集中对结构构件的影响不大，计算时可不考虑。但是对于受动荷载的结构，尤其是低温下受动荷载的结构，应力集中引起钢材变脆的倾向更为显著，常是导致钢结构脆性破坏的原因。对于这类结构，设计时应注意构件形状合理，避免构件截面急剧变化以减小应力集中程度，从构造措施上来防止钢材脆性破坏。

4. 残余应力的影响

型钢及钢板热轧成材后，一般放在堆场自然冷却，冷却过程中截面各部分散热速度不同，导致冷却不均匀。钢板截面两端接触空气表面积大，散热快，先冷却；截面中央部分接触空气表面积小，散热慢，后冷却。同样，工字钢翼缘端部及腹板中央部分一般冷却较快，腹板与翼缘相交部分则冷却较慢。先冷却的部分较早恢复弹性，将阻止后冷却部分自由收缩，导致后冷却部分受拉，先冷却部分则受后冷却部分收缩的牵制而受压。这种作用和反作用最终导致截面内形成自相平衡的内应力，称为热残余应力。除轧制钢材有残余应力外，焊接结构因焊接过程不均匀受热及冷却也会产生残余应力。钢材中残余应力的特点是应力自相平衡且与外荷载无关。当外荷载作用于结构时，外荷载产生的应力与残余应力叠加，导致截面某些部分应力增加，可能使钢材提前达到屈服点，进入塑性区。随着外荷载的增加，塑性区会逐渐扩展，直到全截面进入塑性，达到极限状态。因此，残余应力对构件强度极限状态承载力没有影响，计算中不予考虑。但是，残余应力使部分截面提前进入塑性区，截面弹性区减小，因此刚度也随之减小，导致构件稳定承载力降低。此外，残余应力与外荷载应力叠加常常产生二向或三向应力，将使钢材抗冲击断裂能力及抗疲劳破坏能力降低。尤其是低温下受冲击荷载的结构，残余应力的存在更容易引起低工作应力状态下的脆性断裂。对钢材进行“退火”热处理，在一定程度上可以消除一些残余应力。

5. 温度的影响

温度升高时，钢材的强度（f_u、f_y）及弹性模量（E）降低，应变增大；温度降低时，钢材的强度会略有增加，塑性和韧性却会降低，钢材变脆。

温度在 200 ℃以内时，钢材性能变化不大，因此，钢材的耐热性较好。温度超过 200 ℃时，尤其是为 430～540 ℃时，f_u 及 f_y 急剧下降；温度为 600 ℃时，钢材的强度很低，已不能继续承受荷载。钢材温度在 250 ℃左右时，强度有一定的提高，但塑性降低，性能转脆。在这个温度下，钢材表面氧化膜呈蓝色，故又称蓝脆。在蓝脆温度区加工钢材，可能引起裂纹，故应尽量避免在这个温度区对钢材进行热加工。当温度为 260～320 ℃时，在应力持续不变的情况下，钢材以很缓慢的速度继续变形，此种现象称为徐变。

在负温度范围，随着温度的下降，钢材强度略有提高，但塑性及韧性下降，钢材性能变脆。当温度下降到某一区间时，冲击韧性急剧下降，其破坏特征很明显地转变为脆性破坏。因此，对于在低温环境中工作的结构，尤其是在受动力荷载和采用焊接连接的情况下，钢结构规范要求不但要有常温冲击韧性的保证，还要有低温（如 0 ℃、－20 ℃等）冲击韧性的保证。

6. 钢材的疲劳

生活中常有这样的经验：一根细小的铁丝，要拉断它很不容易，但将它弯折几次就容易折断了；机械设备中高速运转的轴，由于轴内截面上应力不断交替变化，承载能力就比承受静荷载时低得多，常常在低于屈服点时就断了。这些实例说明，钢材的疲劳破坏是微观裂纹在连续重复荷载作用下不断扩展至断裂的脆性破坏。钢材的疲劳破坏取决于应力集中和应力循环的次数。截面几何形状突然发生改变处的应力集中，对疲劳很不利，在高峰应力处形成双向或同号三向拉应力场。钢材在连续反复变化的荷载作用下，裂纹端部产生应力集中，其中同号的应力场使钢材性能变脆，交变的应力使裂纹逐渐扩展，这种累积的损伤最后导致钢材突然脆性断裂。因此钢材发生疲劳对应力集中也最为敏感。对于受动荷载作用的构件，设计时应注意避免截面突变，让截面变化尽可能平缓过渡，目的是减缓应力集中的影响。由此可知，疲劳破坏使强度降低，材料转为脆性，破坏突然发生。对于承受动荷载作用的构件(如吊车梁、吊车桁架、工作平台等)及其连接，当应力变化的循环次数超过105次时，就需要进行疲劳计算，以保证不发生疲劳破坏。

一般情况下，钢材静力强度不同，其疲劳破坏情况没有显著差别。因此，受动荷载的结构不一定要采用强度等级高的钢材，但宜采用质量等级高的钢材，使其有足够的冲击韧性，以防止疲劳破坏。

2.4.4　钢材的选用原则

(1) 钢材宜采用Q235、Q345、Q390、Q420、Q460和Q345GJ钢，其质量应分别符合现行国家标准《碳素结构钢》(GB/T 700—2006)、《低合金高强度结构钢》(GB/T 1591—2018)和《建筑结构用钢板》(GB/T 19879—2015)的规定。结构用钢板、热轧工字钢、槽钢、角钢、H型钢和钢管等型材产品的规格、外形、重量及允许偏差应符合国家现行相关标准的规定。

(2) 焊接承重结构为防止钢材的层状撕裂而采用Z向钢时，其质量应符合现行国家标准《厚度方向性能钢板》(GB/T 5313—2010)的规定。

(3) 处于外露环境，且对耐腐蚀有特殊要求或处于侵蚀性介质环境中的承重结构，可采用Q235NH、Q355NH和Q415NH牌号的耐候结构钢，其质量应符合现行国家标准《耐候结构钢》(GB/T 4171—2008)的规定。

(4) 非焊接结构用铸钢件的质量应符合现行国家标准《一般工程用铸造碳钢件》(GB/T 11352—2009)的规定，焊接结构用铸钢件的质量应符合现行国家标准《焊接结构用铸钢件》(GB/T 7659—2010)的规定。

(5) 采用其他牌号钢材时，宜按照现行国家标准《建筑结构可靠性设计统一标准》(GB 50068—2018)进行统计分析，研究确定其设计指标及适用范围。

(6) 结构钢材的选用应遵循技术可靠、经济合理的原则，综合考虑结构的重要性、荷载特征、结构形式、应力状态、连接方法、工作环境、钢材厚度和价格等因素，选用合适的钢材牌号。

(7) 承重结构所用的钢材应具有屈服强度、抗拉强度、断后伸长率和硫、磷含量的合格保证，对焊接结构尚应具有碳当量的合格保证。焊接承重结构以及重要的非焊接承重结构采用的钢材应具有冷弯试验的合格保证；直接承受动力荷载或需验算疲劳的构件所用钢材尚应具有冲击韧性的合格保证。

(8) 钢材质量等级的选用应符合下列规定。

① A级钢仅可用于结构工作温度高于0 ℃的不需要验算疲劳的结构，且Q235A钢不宜用于焊接结构。

② 需验算疲劳的焊接结构用钢材应符合下列规定：

a. 当工作温度高于 0 ℃时其质量等级不应低于 B 级；

b. 当工作温度不高于 0 ℃但高于－20 ℃时，Q235、Q345 钢不应低于 C 级，Q390、Q420 及 Q460 钢不应低于 D 级；

c. 当工作温度不高于－20 ℃时，Q235 钢和 Q345 钢不应低于 D 级，Q390 钢、Q420 钢、Q460 钢应选用 E 级。

③ 需验算疲劳的非焊接结构的钢材质量等级要求可较上述焊接结构降低一级但不应低于 B 级。吊车起重量不小于 50 t 的中级工作制吊车梁的质量等级要求应与需要验算疲劳的构件相同。

④ 工作温度不高于－20 ℃的受拉构件及承重构件的受拉板材应符合下列规定：

a. 所用钢材厚度或直径不宜大于 40 mm，质量等级不宜低于 C 级；

b. 当钢材厚度或直径不小于 40 mm 时，其质量等级不宜低于 D 级；

c. 重要承重结构的受拉板材宜满足现行国家标准《建筑结构用钢板》(GB/T 19879—2015)的要求。

(9) 在 T 形、十字形和角形焊接的连接节点中，当其板件厚度不小于 40 mm 且沿板厚方向有较高撕裂拉力作用(包括较高约束拉应力作用)时，该部位板件钢材宜具有厚度方向抗撕裂性能(Z 向性能的合格保证)，其沿板厚方向断面收缩率不小于现行国家标准《厚度方向性能钢板》(GB/T 5313—2010)规定的 Z15 级允许限值。钢板厚度方向承载性能等级应根据节点形式、板厚、熔深或焊缝尺寸、焊接时节点拘束度、预热情况、后热情况等综合确定。

(10) 采用塑性设计的结构及进行弯矩调幅的构件采用的钢材应符合下列规定：

① 屈强比不应大于 0.85；

② 钢材应有明显的屈服台阶，且伸长率不应小于 20%。

(11) 钢管结构中的无加劲直接焊接相贯节点的管材的屈强比不宜大于 0.8；与受拉构件焊接连接的钢管，当管壁厚度大于 25 mm 且沿厚度方向承受较大拉应力时，应采取措施防止层状撕裂。

习　题

<table>
<tr><td>项目名称</td><td colspan="5">钢筋混凝土结构与钢结构材料</td></tr>
<tr><td>班级</td><td></td><td>学号</td><td></td><td>姓名</td><td></td></tr>
<tr><td>填空题</td><td colspan="5">1. 混凝土强度等级应按________标准值确定。
2. 钢筋混凝土结构中的混凝土强度等级不应低于________；采用强度等级 400 MPa 及以上的钢筋时，混凝土强度等级不应低于________。
3. 预应力混凝土结构的混凝土强度等级不应低于________。
4. 混凝土的强度设计值由混凝土强度标准值除以________确定。
5. 混凝土结构中使用的钢筋按化学成分可分为________和________两类。
6. 根据含碳量的不同，碳素钢可分为________、________和________。
7. 钢筋按生产加工工艺的不同，分为________、________、________、________。
8. 钢筋按其外形的不同，分为________和________。
9. 衡量钢筋变形能力的主要指标有________和________。
10. 预应力钢筋宜采用________、________和预应力螺纹钢筋。</td></tr>
</table>

续表

项目名称	钢筋混凝土结构与钢结构材料
选择题	1. 钢筋的强度指标取(　　)。 A. 屈服强度 B. 极限强度 C. 破坏强度 D. 弹性极限强度 2. 混凝土的强度等级是按照(　　)划分的。 A. 轴心抗压强度标准值 B. 立方体抗压强度标准值 C. 轴心抗拉强度标准值 D. 轴心抗压强度设计值 3. 立方体抗压强度试验所用标准试块的尺寸为(　　)。 A. 150×150×300 B. 100×100×100 C. 150×150×150 D. 200×200×200 4. 轴心抗压强度试验所用标准试块的尺寸为(　　)。 A. 150×150×300 B. 100×100×300 C. 150×150×450 D. 100×100×200 5. 现行《混凝土结构设计规范》(GB 50010—2010)(2015 年版)将混凝土划分为(　　)个等级。 A. 10 B. 12 C. 14 D. 15 6. 下列措施中,(　　)对减小混凝土的收缩作用不大。 A. 加强混凝土的早期养护 B. 减少水泥用量 C. 加强振捣,提高混凝土的密实度 D. 采用强度等级较高的钢筋 7. 混凝土立方体抗压强度标准值具有(　　)的保证率。 A. 5% B. 50% C. 80% D. 95% 8. HRB400 级钢筋中的 400 表示(　　)。 A. 钢筋的设计强度值 B. 钢筋的极限强度值 C. 钢筋的屈服强度值 D. 钢筋的抗压强度值
简答题	1. 混凝土的基本强度指标有哪些?各用什么符号表示?它们相互之间有怎样的关系? 2. 根据有明显流幅的钢筋的拉伸曲线图,说明各阶段的特点,指出比例极限、屈服强度、极限强度的含义。 3. 何谓伸长率?何谓屈强比?

续表

项目名称	钢筋混凝土结构与钢结构材料
简答题	4. 混凝土的徐变和收缩有什么不同？徐变、收缩是由什么原因引起的？徐变、收缩的变形特征是什么？ 5. 为什么钢筋和混凝土能够共同工作？它们之间的黏结力是由哪几部分组成的？提高钢筋和混凝土的黏结力,可采取哪些措施？ 6. 钢结构对钢材性能有哪些要求？这些要求用哪些指标来衡量？
教师评价	

学习项目3

钢筋混凝土受弯构件

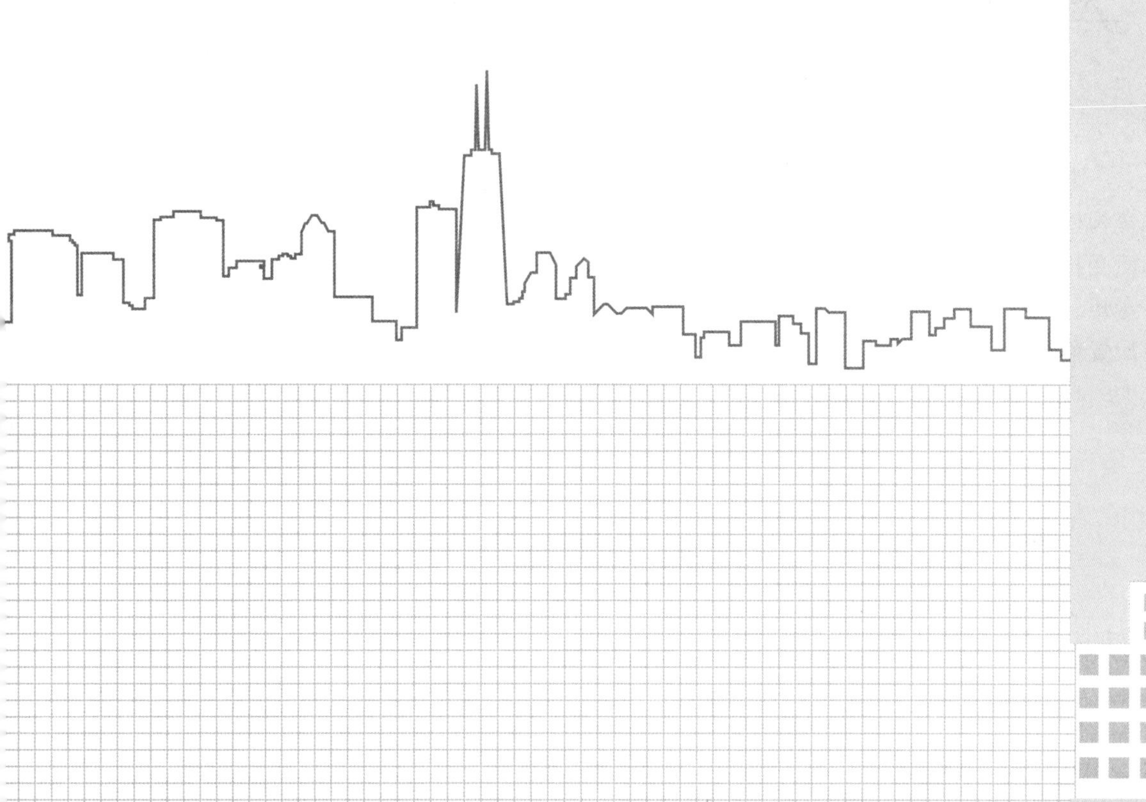

学习目标

(1) 知识目标：熟悉钢筋混凝土梁、板的构造要求，熟悉保证斜截面受弯承载力的构造措施，掌握受弯构件正常使用阶段的变形验算方法，掌握梁的正截面受弯承载力的计算方法，掌握梁的斜截面受剪承载力的计算方法。

(2) 能力目标：能对钢筋混凝土梁、板进行正确的抗弯和抗剪配筋计算；能对受弯构件进行挠度验算和裂缝宽度计算。

(3) 思政目标：具有科学、求实和工匠精神。

建筑工程的梁和板是典型的受弯构件，它承受由荷载作用产生的弯矩和剪力。在弯矩作用下，构件可能发生正截面受弯破坏[见图 3.1(a)]；在弯矩和剪力共同作用下，构件可能发生斜截面受剪或受弯破坏[见图 3.1(b)]。因此，受弯构件应分别进行正截面和斜截面承载力计算。

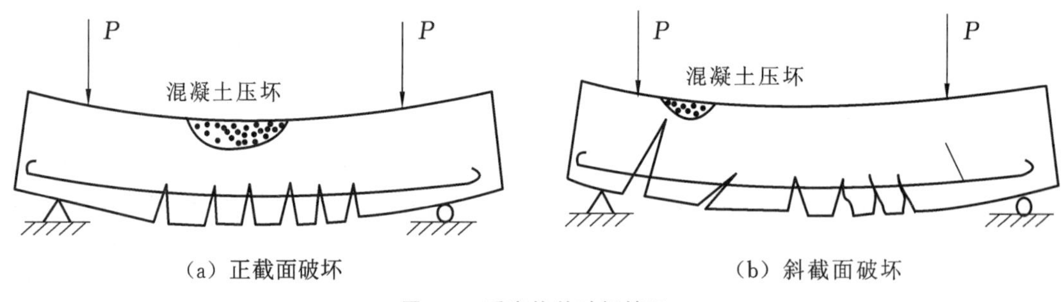

图 3.1 受弯构件破坏情况

为保证受弯构件不因弯矩作用而破坏，必须有足够的截面尺寸和纵向受力钢筋。受弯构件若仅在截面受拉区配置受力钢筋，称为单筋截面[见图 3.2(a)和图 3.2(b)]；若在截面受拉区与受压区同时配置受力钢筋，称为双筋截面[见图 3.2(c)]。为保证斜截面不因弯矩、剪力作用而破坏，必须配置抗剪钢筋。抗剪钢筋有箍筋和弯起钢筋，但现在一般只配置箍筋。

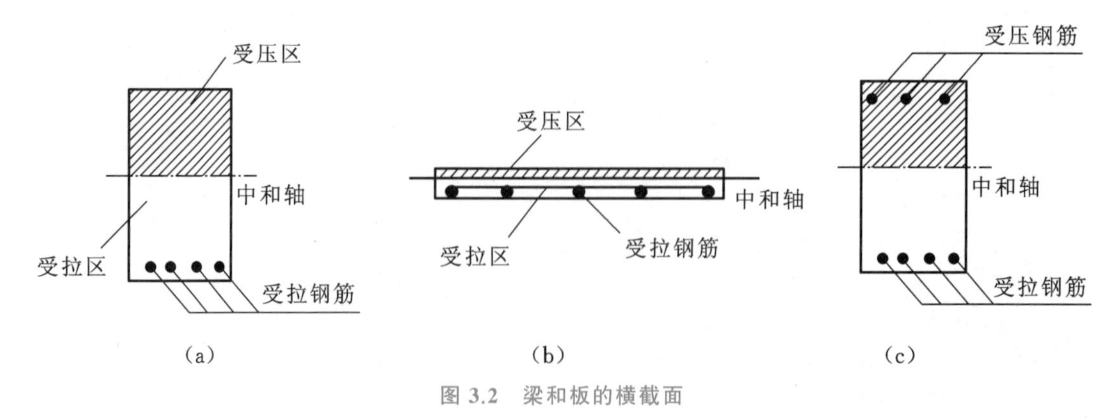

图 3.2 梁和板的横截面

3.1 受弯构件的一般构造

钢筋混凝土结构的设计，一方面在于正确的结构计算，另一方面在于正确的构造措施。在设计公式推导时需要忽略一些不容易考虑的因素，这些被忽略的因素需通过一定的构造措施加以修正。结构计算和构造措施是结构设计中相辅相成的两个方面，同等重要。

受弯构件的一般构造

3.1.1 截面形式和尺寸

3.1.1.1 截面形式

钢筋混凝土梁的截面大多采用矩形[见图 3.3(a)]，肋梁楼盖中梁的跨中按照 T 形截面[见图 3.3(b)]计算，工字形截面[见图 3.3(c)]现较少采用。板的截面一般都是矩形[见图 3.3(d)]，预制楼板有槽形板[见图 3.3(e)]和空心板[见图 3.3(f)]。

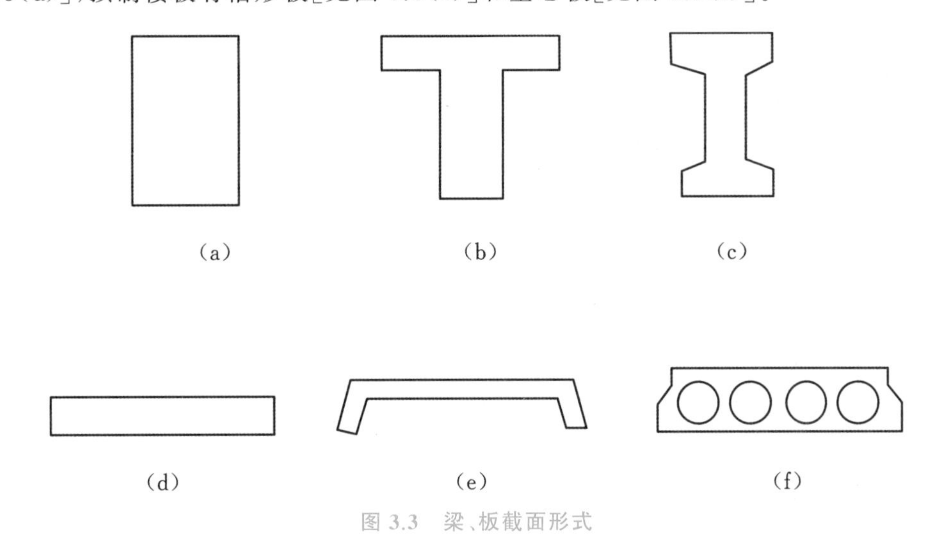

图 3.3 梁、板截面形式

3.1.1.2 截面尺寸

1. 梁的截面尺寸

梁的截面尺寸除了满足强度要求外，还应满足刚度要求并保证施工方便。

(1) 梁高。从刚度要求考虑，构件截面高度可根据高跨比(h/l_0)来估计。一般情况下，独立简支梁的高跨比为 1/15～1/12；多跨连续梁的高跨比为 1/20～1/15；独立悬臂梁的高跨比为 1/8～1/6。为了施工方便，梁高 h 一般以 50 mm 的模数递增；当梁高 h 大于 800 mm 时，以 100 mm 的模数递增。常用的梁高 h 有 250 mm、300 mm……750 mm、800 mm、900 mm、

1000 mm 等。

(2) 梁宽。梁的截面宽度 b 可根据高宽比初定。对于矩形截面梁,b/h 为 1/3.5～1/2;对于 T 形截面梁,b/h 为 1/4～1/2.5。

梁宽 b 常取 120 mm、150 mm、180 mm、200 mm、220 mm、250 mm;大于 250 mm 时,按 50 mm 递增。

2. 板的厚度

选择板厚时,除了满足强度和刚度条件,还应考虑经济效果和施工的方便。现浇钢筋混凝土板的最小厚度如表 3.1 所示。

表 3.1　现浇钢筋混凝土板的最小厚度

板的类型		最小厚度/mm
单向板	屋面板	60
	民用建筑楼板	60
	工业建筑楼板	70
	行车道下的楼板	80
双向板		80
密肋楼盖	面板	50
	肋高	250
悬臂板(根部)	悬臂长度不大于 500 mm	60
	悬臂长度为 1200 mm	100
无梁楼板		150
现浇空心楼盖		200

注:悬臂板的厚度是指悬臂根部厚度。

小贴士

在普通框架结构中,梁的高度包含楼板的高度。

3.1.2　混凝土强度等级

对设计工作年限为 50 年的混凝土结构,结构混凝土的强度等级应符合下列规定。

(1) 素混凝土结构构件的混凝土强度等级不应低于 C20;钢筋混凝土结构构件的混凝土强度等级不应低于 C25;预应力混凝土楼板结构的混凝土强度等级不应低于 C30,其他预应力混凝土结构构件的混凝土强度等级不应低于 C40;钢-混凝土组合结构构件的混凝土强度等级不应低于 C30。

(2) 承受重复荷载作用的钢筋混凝土结构构件的混凝土强度等级不应低于 C30。

(3) 采用 500 MPa 及以上等级钢筋的钢筋混凝土结构构件的混凝土强度等级不应低于 C30。

由理论分析可知，提高钢筋混凝土强度等级对增大受弯构件正截面承载力的作用不显著。

3.1.3　配筋及构造要求

受弯构件的钢筋有两类，即受力钢筋与构造钢筋。受力钢筋由承载力计算确定，构造钢筋是考虑在计算中未估计的影响（如温度变化、混凝土收缩应力等）和施工需要而设置的。

3.1.3.1　梁的配筋及构造要求

简支梁中的钢筋有纵向受力钢筋、箍筋、弯起钢筋（现较少采用）、架立钢筋等，如图 3.4 所示。其纵向受力钢筋一般布置于梁的受拉区，承受由弯矩作用产生的拉力，叫纵向受拉钢筋，其数量通过计算确定，但不得少于 2 根。梁的受压区有时也配置纵向受力钢筋，与混凝土共同承受压力，叫纵向受压钢筋。

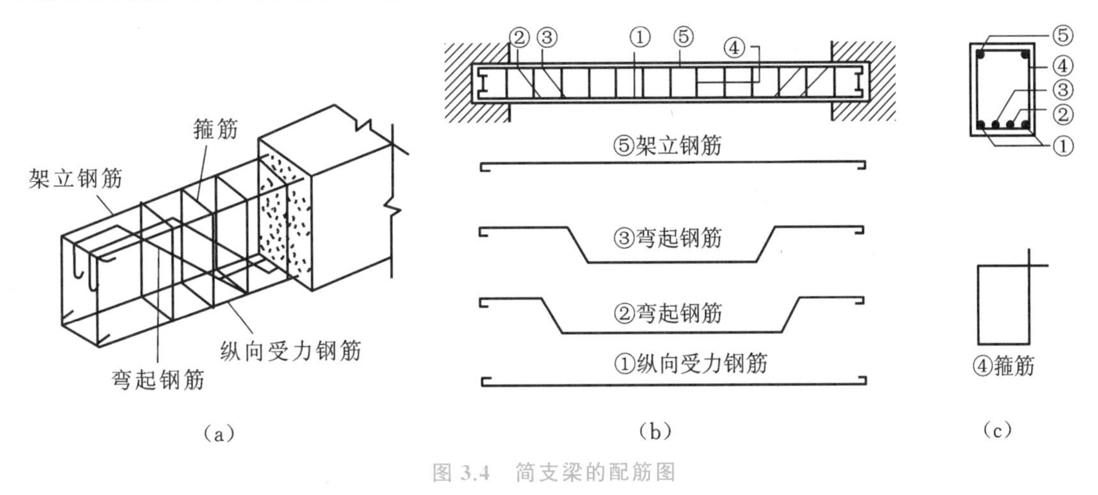

图 3.4　简支梁的配筋图

普通框架梁中的钢筋通常有纵向受力钢筋（包括下部通长筋、上部通长筋和支座负筋）、箍筋、腰筋和拉结筋等，如图 3.5 所示。

1. 纵向受力钢筋

纵向受力钢筋应采用 HRB400、HRB500、HRBF400、HRBF500 热轧钢筋。常用直径为 12 mm、14 mm、16 mm、18 mm、20 mm、22 mm 和 25 mm。直径应适中：太粗则不易加工且与混凝土的黏结力较差；太细则数量增加，在截面内不好布置。在同一构件中采用不同直径的钢筋时，钢筋种类一般不宜过多，钢筋直径差应不小于 2 mm，以方便施工，但也不宜超过 6 mm。

2. 箍筋

箍筋的作用是承受剪力、固定纵筋并和其他钢筋一起形成钢筋骨架。箍筋应采用 HRB400、HRBF400、HPB300、HRB500、HRBF500 钢筋。

3. 弯起钢筋

弯起钢筋是为保证斜截面抗剪强度而设置的，一般在靠近支座位置将纵向受力钢筋弯起而形成，有时也专门设置弯起钢筋，但因施工困难，现极少采用。

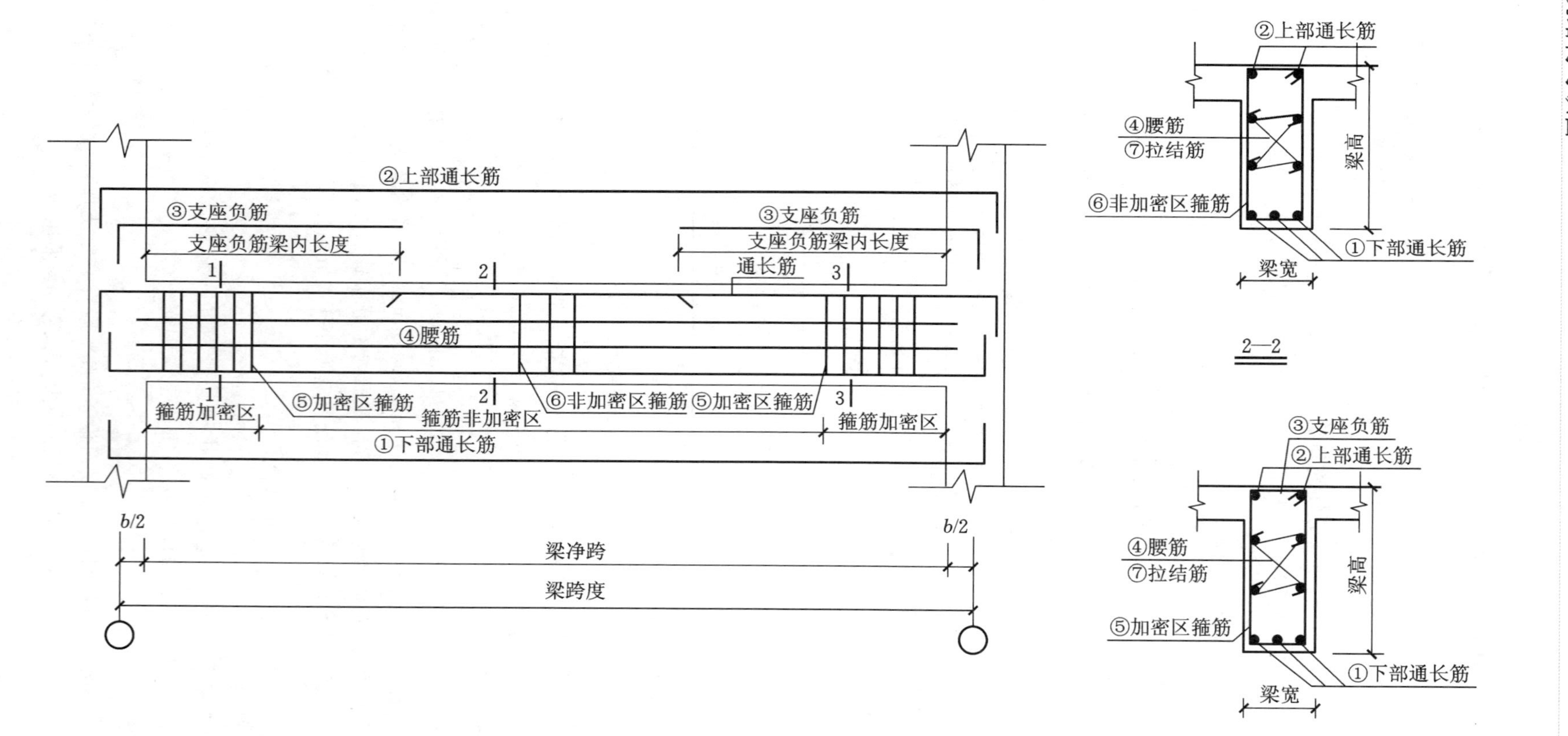

图3.5 某普通框架梁配筋图

4. 架立钢筋

架立钢筋的作用是固定箍筋，与纵向受力钢筋和箍筋等形成钢筋骨架，并承受由于混凝土收缩及温度变化产生的拉力。架立钢筋的直径与梁的跨度有关，如表 3.2 所示。

表 3.2　架立钢筋的最小直径

梁的跨度/m	架立钢筋的最小直径/mm
$l<4$	8
$4\leqslant l\leqslant 6$	10
$l>6$	12

5. 腰筋和拉结筋

为了抑制梁的腹板高度范围内由荷载作用或混凝土收缩引起的垂直裂缝开展，需要在梁的两侧布置腰筋(梁侧腰筋分为构造腰筋和抗扭腰筋)。

当梁的腹板高度 $h_w \geqslant 450$ mm 时，梁的两个侧面应沿高度配置纵向构造腰筋。每侧构造腰筋的截面面积不应小于腹板面积(bh_w)的 0.1%，且间距不应大于 200 mm，如图 3.6 所示。梁两侧的纵向构造钢筋宜用拉结筋联系，拉结筋的间距一般为非加密区箍筋间距的两倍。

当梁需要抵抗扭转变形时，梁两侧常对称配置抗扭腰筋。

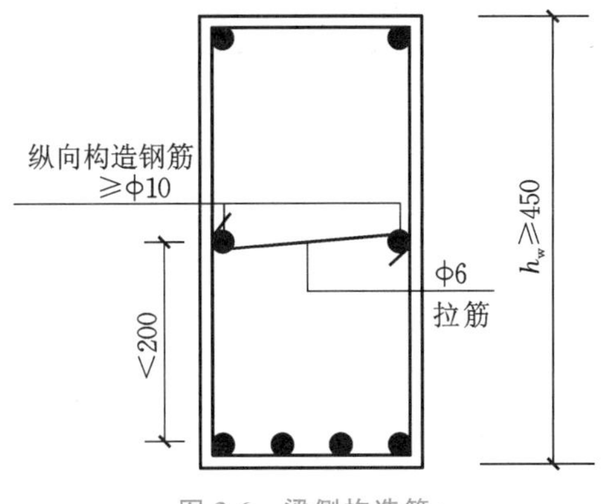

图 3.6　梁侧构造筋

梁的腹板高度 h_w 的计算公式：矩形截面梁取梁的有效高度，即 $h_w=h_0$；T 形截面梁取有效高度减去翼缘高度，即 $h_w=h_0-h_f'$；工形截面梁取腹板净高，即 $h_w=h_0-h_f-h_f'$。

3.1.3.2　板的配筋及构造要求

1. 受力钢筋

板中的受力钢筋的作用主要是承受弯矩在板内产生的拉力，应设置在板的受拉侧，其数量通过计算确定。受力钢筋宜采用 HRB400、HRB500、HRBF400、HRBF500、RRB400、HPB300 热轧钢筋。常用直径为 6～12 mm，同一板中受力钢筋可以用两种不同直径，但两种直径之差应不小于 2 mm，以方便施工。为了防止施工时钢筋被踩下，用于现浇板的钢筋的直径不宜小于 8 mm。

2. 分布钢筋

当按单向板设计时，除沿受力方向布置受力钢筋外，还应在受力钢筋的内侧布置与其垂直的分布钢筋，如图 3.7 和图 3.8 所示。板中的分布钢筋的作用是将板承受的荷载均匀地传给受力钢筋，承受温度变化及混凝土收缩在垂直板跨方向产生的拉应力，并在施工中固定受力钢筋。

分布钢筋宜采用 HPB300、HRB335 钢筋，常用直径为 6 mm 和 8 mm。单位宽度上分布钢筋的截面面积不应小于单位宽度上受力钢筋的截面面积的 15％，且配筋率不宜小于该方向板截面面积的 0.15％。

> **小贴士**
> 如果板的两个方向均配置受力钢筋(双向板)，两个方向的钢筋均可兼作分布钢筋。

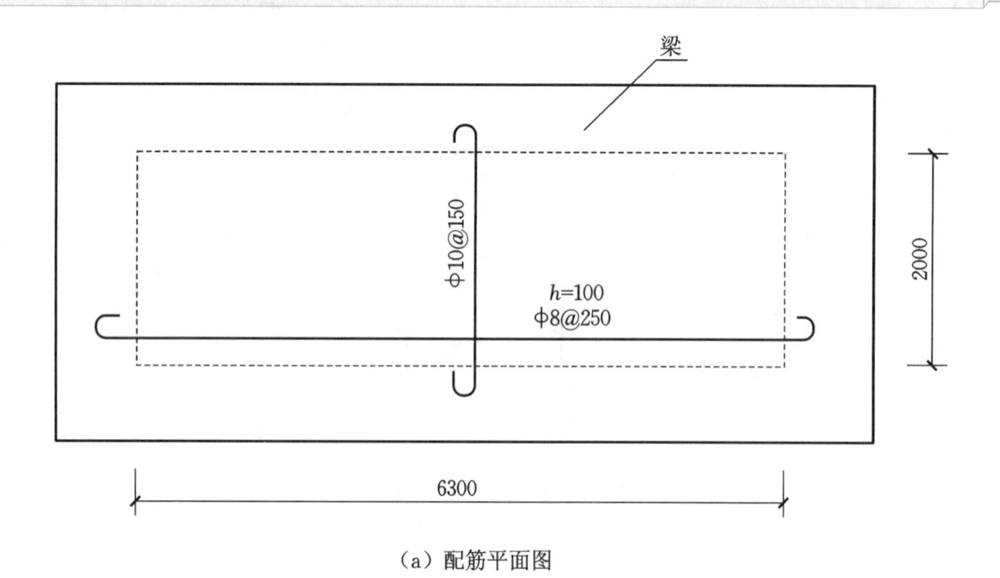

(a) 配筋平面图

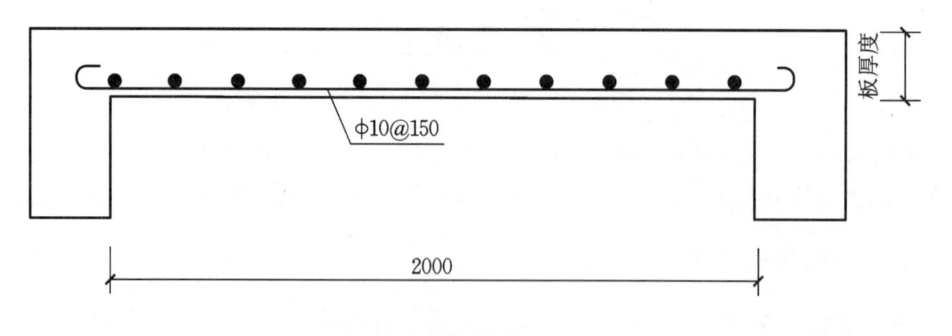

(b) 配筋截面图

图 3.7　单层单向板配筋图

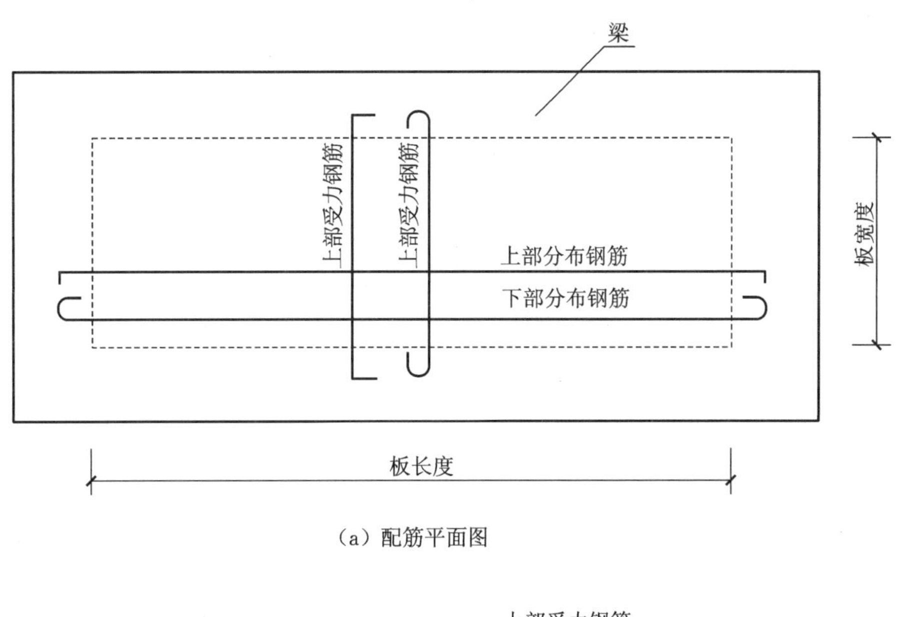

(a) 配筋平面图

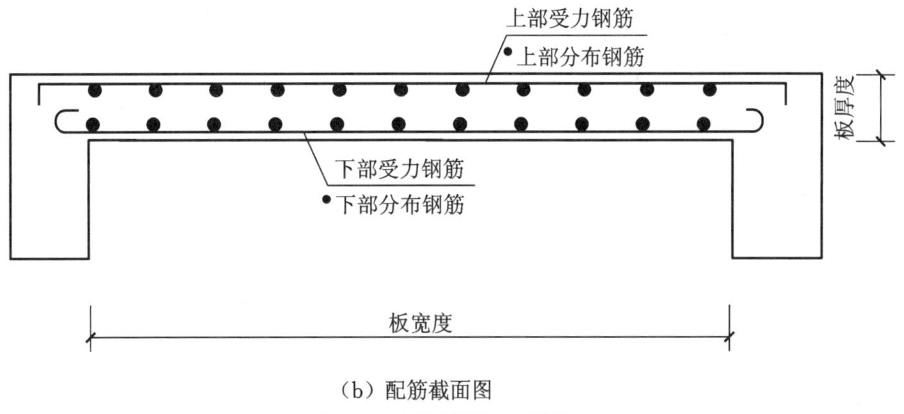

(b) 配筋截面图

图 3.8　双层单向板配筋图

想一想

钢筋混凝土板中有哪几种钢筋？各自具有什么作用？

3.1.4　钢筋净距和间距

1. 梁中的钢筋的最小净距

为了便于混凝土的浇捣和保证钢筋与混凝土有足够的黏结力，梁中钢筋的净距不能太小：在构件下部应不小于 d（d 为纵向钢筋的最大直径）且不小于 25 mm；在构件的上部应不小于 $1.5d$ 且不小于 30 mm。如果受力钢筋较多，钢筋的间距又受到限制，一排放不下，纵向钢筋可放置两排，甚至三排。在受力钢筋多于两排的情况下，第三排及以上各排的钢筋水平方向的间距应比下面两排的间距增大一倍，各排钢筋的净距也应不小于 25 mm 且不小于 d。钢筋排成两排或两排以上时，上、下排钢筋应对齐布置，不应错列，否则将使混凝土浇灌困难。

梁中钢筋的净距和混凝土保护层如图 3.9 所示。

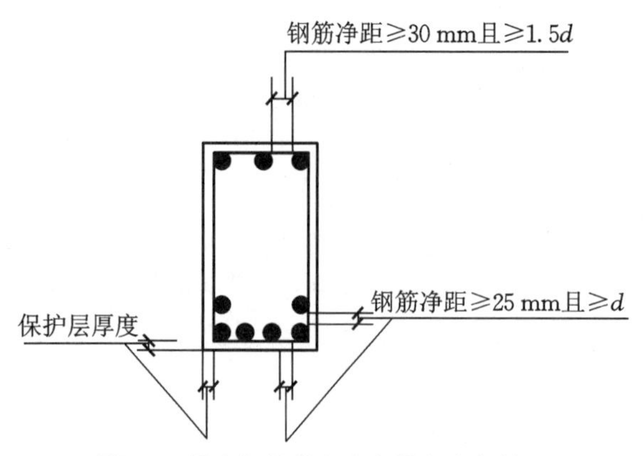

图 3.9　梁中钢筋的净距和混凝土保护层

想一想

为什么梁中的钢筋的间距不能太小?

2. 板中的钢筋的间距

为保证钢筋周围混凝土的密实性,板中的钢筋的间距不宜太小;为了正常地分担内力,也不宜过大。板中的受力钢筋的最小间距一般为 70 mm。板中的受力钢筋的最大间距满足以下要求:当板厚 $h\leqslant150$ mm 时,不宜大于 200 mm;当板厚 $h>150$ mm 时,不应大于 $1.5h$ 且不宜大于 250 mm。分布钢筋的间距不宜大于 250 mm。单向板中的钢筋的间距及保护层如图 3.10 所示。

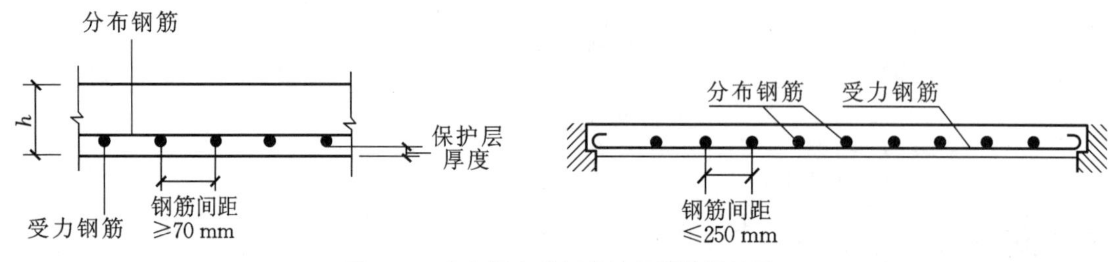

图 3.10　单向板中的钢筋的间距及保护层

3.1.5　钢筋的保护层

为了保证钢筋与混凝土有足够的黏结强度,防止钢筋锈蚀,受力钢筋都应具有足够的混凝土保护层厚度 c。钢筋的保护层厚度是指构件最外层钢筋外缘至构件边缘的距离。钢筋的混凝土保护层厚度与结构所处的环境类别和混凝土强度等级有关。设计使用年限为 50 年的混凝土结构,当混凝土强度等级大于 C25 时,钢筋的混凝土保护层厚度满足表 3.3 的要求。

表 3.3　钢筋的混凝土保护层的最小厚度

环境类别	板、墙、壳/mm	梁、柱、杆/mm
一	15	20
二 a	20	25

续表

环境类别	板、墙、壳/mm	梁、柱、杆/mm
二 b	25	35
三 a	30	40
三 b	40	50

注：1.混凝土强度等级不大于 C25 时，表中保护层厚度数值应增加 5 mm。
2.构件中的受力钢筋的保护层厚度不应小于钢筋的公称直径。
3.钢筋混凝土基础宜设置混凝土垫层，基础中的钢筋的混凝土保护层厚度应从垫层顶面算起且不应小于 40 mm。
4.设计使用年限为 100 年的混凝土结构，钢筋的混凝土保护层厚度不小于表 3.3 中的 1.4 倍。

小贴士

构件中的受力钢筋的保护层厚度不应小于钢筋的公称直径。

想一想

混凝土保护层厚度与哪些因素有关？

3.1.6　截面的有效高度

一般情况下，梁、板在正常使用时都是带裂缝工作的，混凝土受拉区出现裂缝后，受拉区混凝土不再承受拉力，所以设计计算时就不能用全截面高度 h，只能采用其有效高度 h_0。有效高度是指纵向受拉钢筋合力点至混凝土截面受压边的垂直距离（见图 3.11）。有效高度 h_0 与受拉钢筋的直径及排数有关，其计算公式为

$$h_0=h-a_s \tag{3.1}$$

式中：h——截面高度；

a_s——受拉钢筋重心到混凝土受拉边缘的垂直距离。

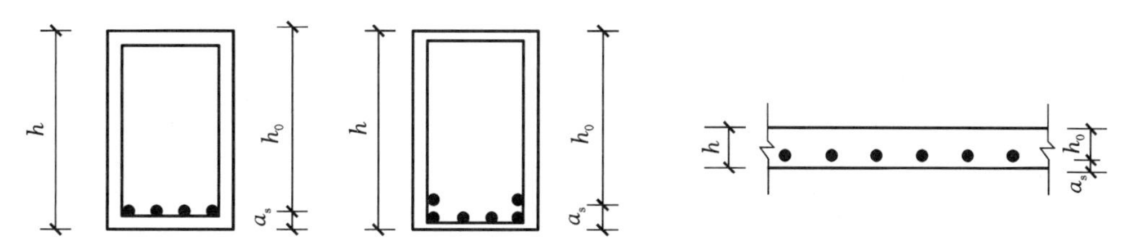

图 3.11　梁、板截面的有效高度

1. 板的有效高度

板中的受力钢筋的直径一般为 8～12 mm，平均直径按 10 mm 计算。在正常环境下，当混凝土强度等级不大于 C25 时，取混凝土保护层厚度 c 为 20 mm，则

$$a_s=c+d/2\approx 25\ \text{mm}$$

板的有效高度 $h_0=h-a_s=h-25$ mm。

2. 梁的有效高度

梁中的受拉钢筋的直径为 12～25 mm，平均直径按 18 mm 计算，箍筋直径 d_{sv} 一般为

6～10 mm，在正常环境下，当混凝土强度等级不大于 C25 时，取混凝土保护层厚度 c 为 25 mm。

当钢筋按一排放置时，

$$a_s = c + d_{sv} + d/2 = (40\sim45)\ \text{mm}$$

有效高度 $h_0 = h - a_s = h - (40\sim45)$ mm。

当钢筋按二排放置时，

$$a_s = c + d_{sv} + d + \text{上下排筋距}/2 \approx 65\ \text{mm}$$

有效高度 $h_0 = h - 65$ mm。

小贴士

计算 a_s 时，要考虑箍筋直径；截面的有效高度与受力钢筋的排数有关。

3.2 受弯构件正截面承载力计算

为了了解钢筋混凝土受弯构件的破坏过程，需研究其在荷载作用下截面受力、变形及破坏的情况，从而建立起计算公式。

3.2.1 适筋梁的三个工作阶段

钢筋混凝土梁受弯试验采用两点对称施加集中荷载（见图 3.12），这样，两个集中荷载之间的一段就处于只有弯矩没有剪力的“纯弯段”（忽略自重）状态，测得的数据是从“纯弯段”得到的。试验时，荷载从零分级增加，一直到梁破坏。

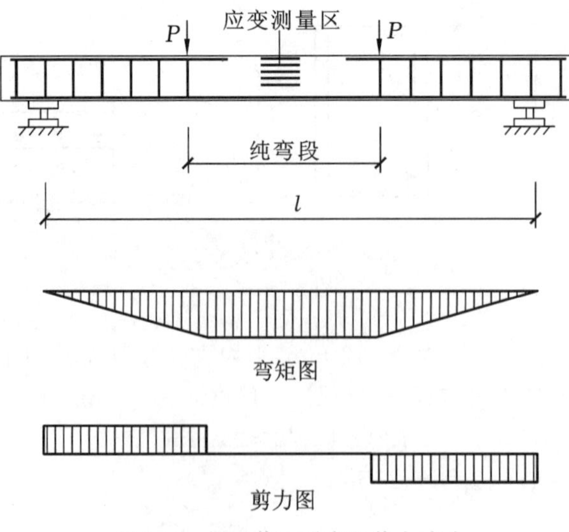

图 3.12 梁正截面受弯承载力试验

1. 第Ⅰ阶段——未开裂阶段

根据试验可知，当荷载较小时，弯矩也较小，变形基本上是弹性的，梁的受拉区尚未出现裂缝，拉力由受拉的钢筋与混凝土共同承担，此阶段称作第Ⅰ阶段。

2. 第Ⅱ阶段——裂缝阶段

随着荷载增大，弯矩也增大，当弯矩超过抗裂弯矩 M_{cr} 后，梁的受拉区出现裂缝，梁进入第Ⅱ阶段，即裂缝阶段。开裂后的混凝土退出工作，裂缝截面混凝土承担的拉力几乎全部转移给钢筋。随着荷载的增加，裂缝逐渐扩大并向上延伸，钢筋的应力继续增大。

3. 第Ⅲ阶段——破坏阶段

随着荷载继续增加，裂缝不断拓展，钢筋应力急剧增大，直至达到其屈服强度 f_y，钢筋屈服，第Ⅱ阶段结束，进入第Ⅲ阶段。此时钢筋的应变迅速增加，裂缝急剧发展，中和轴不断上移，受压混凝土面积减小，混凝土压应力增大，直至受压边缘混凝土应变达到其极限应变，混凝土被压碎，标志着梁正截面受弯破坏。

在第Ⅰ阶段，梁的挠度的增长速度较慢。在第Ⅱ阶段，由于梁带着裂缝工作，挠度的增长速度比前一阶段快。正常工作的梁，一般都处于第Ⅱ阶段。在第Ⅲ阶段，由于钢筋屈服，挠度急剧增加，直到混凝土压碎，梁破坏。

第Ⅰ阶段末为开裂弯矩及抗裂度验算的依据；第Ⅱ阶段的应力状态是正常使用阶段变形和裂缝宽度计算的依据；第Ⅲ阶段末为受弯构件正截面承载力极限状态计算的依据。

想一想

适筋梁的三个工作阶段中，挠度增长速度最慢的是哪个阶段？挠度增长速度最快的是哪个阶段？

3.2.2　受弯构件正截面的三种破坏形态

在其他条件不变的情况下，受弯构件正截面的破坏特征与纵向受拉钢筋配筋率 ρ 有关。随着配筋率的不同，受弯构件正截面会发生以下三种不同形式的破坏，即适筋破坏、少筋破坏和超筋破坏，如图 3.13 所示。

纵向受拉钢筋的配筋率是纵向受拉钢筋截面面积 A_s 与混凝土有效面积 bh_0 的比值，表达式为

$$\rho=\frac{A_s}{bh_0} \tag{3.2}$$

式中：A_s——纵向受拉钢筋截面面积；

b——梁的截面宽度；

h_0——梁的截面有效高度(验算最小配筋时取 h)。

1. 适筋破坏

配筋适量的梁叫适筋梁，即配筋率 ρ 适中，它的破坏特点如下：钢筋进入屈服阶段后，随着荷载继续增加，受压区混凝土受压破坏，我们称这种破坏为适筋破坏。适筋梁破坏前裂缝与挠度有明显的增长，有明显的预兆，故适筋破坏属延性破坏，如图 3.13(a)所示。适筋梁的

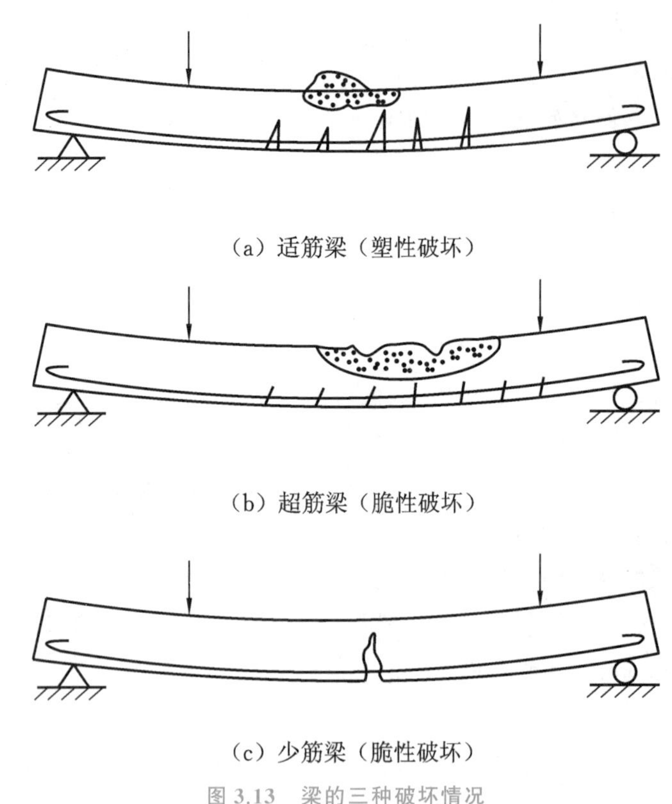

(a) 适筋梁（塑性破坏）

(b) 超筋梁（脆性破坏）

(c) 少筋梁（脆性破坏）

图 3.13　梁的三种破坏情况

钢筋与混凝土均能充分发挥作用,故正截面承载力计算是建立在适筋梁的基础上的。

2. 超筋破坏

当梁内放置的纵向受拉钢筋过多时,即配筋率 ρ 过大,梁为超筋梁。试验时,随着荷载的增加,梁的受拉区边缘出现裂缝,当荷载继续增大到一定程度时,受拉钢筋因配置过多尚未屈服,但受压区混凝土先压碎而导致构件破坏,我们称此种破坏为超筋破坏,如图 3.13(b)所示。超筋破坏是混凝土受压破坏,因此超筋梁的承载力仅取决于混凝土的抗压强度,钢筋的强度没有充分利用。超筋破坏是突然发生的,没有明显的预兆,属于脆性破坏,因此工程中不允许采用超筋构件。

3. 少筋破坏

当梁内受拉区配置的钢筋过少时,即配筋率 ρ 过小,梁为少筋梁。试验时,受拉区混凝土开裂前,拉力由受拉的钢筋与混凝土共同承担,受拉区混凝土开裂后,拉力由钢筋承担,但由于钢筋过少,钢筋应力急剧增大并迅速屈服,甚至进入强化阶段,梁严重下垂或被拉断,我们称此种破坏为少筋破坏,如图 3.13(c)所示。少筋梁的混凝土抗压强度未得到充分发挥,其承载力取决于混凝土的抗拉强度,破坏弯矩接近开裂弯矩。少筋破坏没有预兆,属于脆性破坏,且承载力很低,故工程中严禁采用少筋构件。

小贴士

适筋破坏是塑性破坏,少筋破坏和超筋破坏都是脆性破坏。

3.2.3　界限相对受压区高度、最大配筋率和最小配筋率

工程中只能使用适筋梁，即梁的配筋率 ρ 既不能超过适筋梁的上限（最大配筋率 ρ_{max}），也不能低于配筋的下限（最小配筋率 ρ_{min}）。

3.2.3.1　受压区混凝土等效矩形应力图形和受压区高度

关于单筋矩形截面适筋梁正截面承载力计算应力图形，《混凝土结构设计规范》(GB 50010—2010)(2015 年版)采用等效矩形应力图[见图 3.14(b)]代替实际曲线应力图[图 3.14(a)]，对应的截面图如图 3.14(c)所示。不考虑受拉区混凝土的抗拉强度，拉力全部由钢筋承担。正截面破坏时，钢筋的拉应力为其抗拉强度设计值 f_y，图 3.14(b)中混凝土的压应力为 $\alpha_1 f_c$。

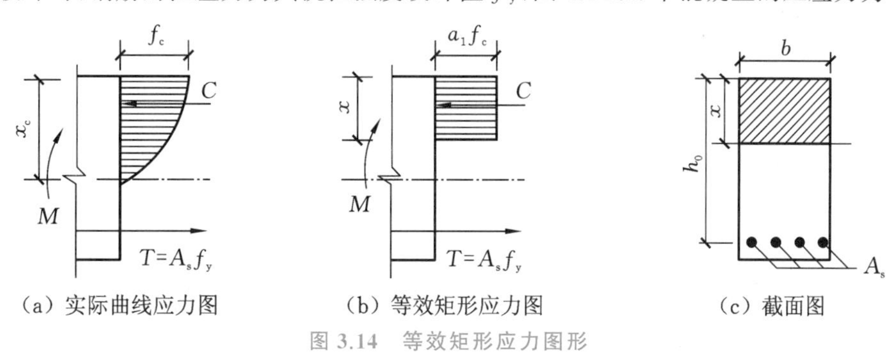

图 3.14　等效矩形应力图形

当混凝土强度等级≤C50 时，取 $\alpha_1=1.0$；当混凝土强度等级为 C80 时，取 $\alpha_1=0.94$；对于 C50～C80 的混凝土强度等级，α_1 的值按线性内插法确定。

等效矩形应力图中，混凝土受压区高度为 x。对于适筋梁，其受压区高度 x 是随着配筋率 ρ 的增大而增大的。当配筋率 ρ 增大到其上限值 ρ_{max} 时，受压区高度也达到其最大值 x_b，即适筋梁的最大受压区高度是 x_b。所以若梁的受压区高度 $x>x_b$，梁为超筋梁。

3.2.3.2　相对受压区高度和界限相对受压区高度

受压区高度 x 与截面有效高度 h_0 的比值称为相对受压区高度，用 ξ 表示，即

$$\xi=\frac{x}{h_0} \tag{3.3}$$

适筋梁的最大受压区高度 x_b 与截面有效高度 h_0 的比值称为界限相对受压区高度 ξ_b，即

$$\xi_b=\frac{x_b}{h_0} \tag{3.4}$$

混凝土强度等级不超过 C50 时的界限相对受压区高度如表 3.4 所示。

若梁的相对受压区高度 $\xi>\xi_b$，梁为超筋梁。

3.2.3.3　最大配筋率

当混凝土强度等级≤C50 时，其最大配筋率 ρ_{max} 与界限相对受压区高度 ξ_b 有如下关系：

$$\rho_{max}=\xi_b\frac{\alpha_1 f_c}{f_y} \tag{3.5}$$

根据式(3.5)可知,已知 ξ_b,可计算得出 ρ_{max}。单筋矩形截面适筋梁的最大配筋率如表 3.5 所示。若梁的配筋率 $\rho>\rho_{max}$,梁为超筋梁。

表 3.4 混凝土强度等级不超过 C50 时的界限相对受压区高度

钢筋牌号	符号	钢筋受拉强度设计值/(N/mm²)	E_s/(N/mm²)	ξ_b
HPB300	Φ	270	2.1×10^5	0.580
HRB335、HRBF335	Φ、Φ^F	300	2.0×10^5	0.550
HRB400、HRBF400、RRB400	Φ、Φ^F、Φ^R	360	2.0×10^5	0.518
HRB500、HRBF500	Φ、Φ^F	435	2.0×10^5	0.482

表 3.5 单筋矩形截面适筋梁的最大配筋率

钢筋牌号	最大配筋率/(%)						
	C20	C25	C30	C35	C40	C45	C50
HPB300	2.06	2.55	3.07	3.58	4.11		
HRB335、HRBF335	1.79	2.22	2.66	3.11	3.56		
HRB400、HRBF400、RRB400			2.10	2.45	2.81	3.11	3.40
HRB500、HRBF500			1.61	1.88	2.15	2.37	2.60

想一想

界限相对受压区高度与钢筋等级有什么关系?

3.2.3.4 最小配筋率

最小配筋率 ρ_{min} 为少筋梁与适筋梁的界限。它按下列原则确定:配有最小配筋率 ρ_{min} 的钢筋混凝土梁在破坏时正截面受弯承载力设计值等于同截面、同等级的素混凝土梁的开裂弯矩;还需考虑温度应力、构造要求及设计经验等因素。钢筋混凝土结构构件中的纵向受力普通钢筋的最小配筋率如表 3.6 所示。房屋建筑混凝土框架梁纵向受拉钢筋的最小配筋率如表 3.7 所示。

计算受弯构件最小配筋率时,其截面面积不能用有效截面面积 bh_0,因为少筋梁不考虑受拉钢筋的作用,其截面面积按素混凝土梁考虑。对矩形截面和 T 形截面,最小配筋率的计算公式为

$$\rho_{min}=\frac{A_{smin}}{bh} \tag{3.6}$$

式中:b——矩形截面宽度或 T 形截面腹板的宽度;

h——矩形截面或 T 形截面高度。

若 $A_s<A_{smin}$,梁为少筋梁。

小贴士

ρ_{min}的计算公式中，截面面积是 bh，不是 bh_0。

表 3.6　钢筋混凝土结构构件中的纵向受力普通钢筋的最小配筋率 ρ_{min}

<table>
<tr><th colspan="3">受力类型</th><th>最小配筋率/(%)</th></tr>
<tr><td rowspan="4">受压构件</td><td rowspan="3">全部纵向钢筋</td><td>强度等级 500 MPa</td><td>0.50</td></tr>
<tr><td>强度等级 400 MPa</td><td>0.55</td></tr>
<tr><td>强度等级 300 MPa</td><td>0.60</td></tr>
<tr><td colspan="2">一侧纵向钢筋</td><td>0.20</td></tr>
<tr><td colspan="3">受弯构件、偏心受拉构件、轴心受拉构件一侧的受拉钢筋</td><td>0.20 和 $45f_t/f_y$ 中的较大值</td></tr>
</table>

注：1.受压构件全部纵向钢筋的最小配筋率，当采用 C60 以上强度等级的混凝土时，应按表中规定增加 0.10%；除悬臂板、柱支承板之外的板类受弯构件，当纵向受拉钢筋采用强度等级 500 MPa 的钢筋时，最小配筋率应允许采用0.15%和 $0.45f_t/f_y$ 中的较大值。

2.偏心受拉构件中的受压钢筋，应按受压构件一侧纵向钢筋考虑。

3.受压构件的全部纵向钢筋和一侧纵向钢筋的配筋率以及轴心受拉构件和小偏心受拉构件一侧受拉钢筋的配筋率应按构件的全截面面积计算；受弯构件、大偏心受拉构件一侧受拉钢筋的配筋率应按全截面面积扣除受压翼缘面积后的截面面积计算。

4.当钢筋沿构件截面周边布置时，一侧纵向钢筋是指沿受力方向两个对边中的一边布置的纵向钢筋。

表 3.7　房屋建筑混凝土框架梁纵向受拉钢筋的最小配筋率

<table>
<tr><th rowspan="2">抗震等级</th><th colspan="2">最小配筋率/(%)</th></tr>
<tr><th>支座(取较大值)</th><th>跨中(取较大值)</th></tr>
<tr><td>一级</td><td>0.40 和 $80f_t/f_y$</td><td>0.30 和 $65f_t/f_y$</td></tr>
<tr><td>二级</td><td>0.30 和 $65f_t/f_y$</td><td>0.25 和 $55f_t/f_y$</td></tr>
<tr><td>三、四级</td><td>0.25 和 $55f_t/f_y$</td><td>0.20 和 $45f_t/f_y$</td></tr>
</table>

由前述内容可知：若 $\rho\leqslant\rho_{max}$、$x\leqslant x_b$ 或 $\xi\leqslant\xi_b$，且 $A_s\geqslant\rho_{min}bh$，钢筋混凝土梁为适筋梁。

3.2.4　单筋矩形截面正截面承载力计算

受弯构件正截面承载力计算 01

3.2.4.1　基本公式及其适用条件

单筋矩形截面正截面承载力计算简图如图 3.15 所示。

1. 基本公式

可根据静力平衡条件推导出基本公式如下：

$$A_sf_y=\alpha_1f_cbx \tag{3.7}$$

$$M\leqslant M_u=\alpha_1f_cbx\left(h_0-\frac{x}{2}\right) \tag{3.8}$$

式中：f_c——混凝土轴心抗压强度设计值；

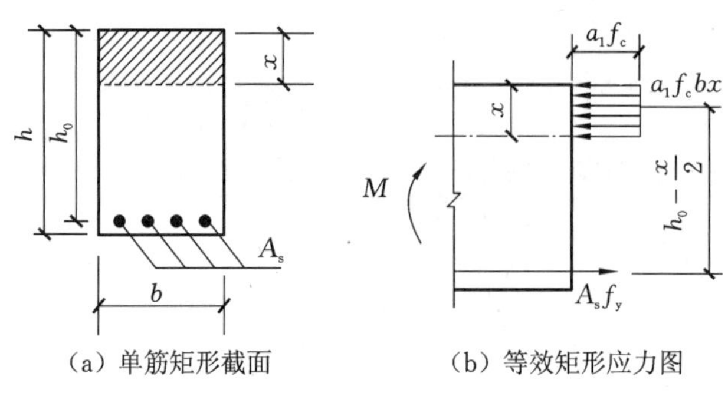

（a）单筋矩形截面　（b）等效矩形应力图

图 3.15　单筋矩形截面正截面承载力计算简图

α_1——系数，混凝土强度等级不超过 C50 时 α_1 取 1.0，混凝土强度等级为 C80 时 α_1 取 0.94，其间按线性内插法取用；

b——截面宽度；

x——混凝土受压区高度；

f_y——钢筋抗拉强度设计值；

A_s——纵向受拉钢筋截面面积；

h_0——截面有效高度；

M_u——截面破坏时的极限弯矩；

M——作用在截面上的弯矩设计值。

2. 基本公式的适用条件

式(3.7)、式(3.8)是在适筋条件下建立的，因此，基本公式必须满足下列条件。

(1) 为了不出现超筋破坏，须满足

$$x \leqslant x_b = \xi_b h_0 \tag{3.9a}$$

或

$$\xi \leqslant \xi_b \tag{3.9b}$$

或

$$\rho = \frac{A_s}{h_0} \leqslant \rho_{max} \tag{3.9c}$$

(2) 为了不出现少筋破坏，须满足

$$A_s \geqslant \rho_{min} bh \tag{3.10}$$

想一想

正截面承载力计算中，为什么不考虑受拉区混凝土的拉力？

3.2.4.2　正截面受弯承载力计算

1. 截面设计

截面设计时，首先根据建筑使用要求确定弯矩设计值、混凝土强度等级与钢筋等级，然后根据刚度要求或参考类似结构定出构件的截面尺寸 $b \times h$，最后计算受拉钢筋截面面积 A_s。截面尺寸应使计算配筋率处在经济配筋率范围。若截面尺寸定得大，配筋率 ρ 就会相对小一些；若截面尺寸定得小，配筋率 ρ 就会相对大一些。板的经济配筋率为 0.4%～0.8%，矩形梁的经济配筋率为 0.6%～1.5%，T 形截面梁的经济配筋率为 0.9%～1.8%。

若已知构件的截面尺寸$b\times h$，混凝土强度等级和钢筋等级，求受拉钢筋截面面积A_s，则其设计计算步骤如下。

(1) 确定截面的有效高度h_0。

根据设计弯矩M，假设钢筋的排数，确定h_0。

(2) 计算混凝土受压区高度x。

由式(3.8)可得

$$x=h_0-\sqrt{h_0^2-\frac{2M}{\alpha_1 f_c b}}$$

(3) 验算是否超筋。

如果$x\leqslant\xi_b h_0$，进入步骤(4)，求A_s。

如果$x>\xi_b h_0$，说明受压区承载力不足，需采取措施提高受压区承载力，使$x\leqslant\xi_b h_0$。

采取的措施：①加大截面尺寸；②提高混凝土强度等级；③配受压钢筋，采用双筋截面。

(4) 计算A_s。

将x代入式(3.7)，得

$$A_s=\frac{\alpha_1 f_c bx}{f_y}$$

(5) 验算是否少筋，并选配钢筋。

如果$A_s\geqslant\rho_{min}bh$，则说明钢筋适量，则按照A_s计算值选配钢筋；如果$A_s<\rho_{min}bh$，说明A_s过小，则需按照适筋梁的下限配筋值($A_s=A_{smin}=\rho_{min}bh$)选配钢筋，然后验算钢筋间距，并验算钢筋排数是否符合确定h_0时假设的钢筋排数，画配筋图。

2. 截面复核

复核截面强度时，一般已知梁的截面尺寸$b\times h$，受拉纵向钢筋截面面积A_s，材料强度f_c、f_y，构件安全等级，构件所处环境。验算梁在已知弯矩设计值M的情况下是否安全。

计算步骤如下。

(1) 根据截面配筋的实际情况，计算截面的有效高度h_0。

(2) 验算配筋率。

如果$A_s<\rho_{min}bh$，则按照素混凝土梁计算其承载能力。素混凝土梁的承载力M_u见相关参考资料。

如果$A_s\geqslant\rho_{min}bh$，则进入步骤(3)。

(3) 由式(3.7)计算截面受压区高度x。

$$x=\frac{A_s f_y}{\alpha_1 f_c b}$$

受弯构件正截面承载力计算 02

(4) 验算适用条件，并计算承载力M_u。

如果$x\leqslant\xi_b h_0$，则按照式(3.8)计算M_u。

$$M_u=\alpha_1 f_c bx\left(h_0-\frac{x}{2}\right)$$

如$x>\xi_b h_0$，应取$x=\xi_b h_0$计算抵抗弯矩M_u。

$$M_u=\alpha_1 f_c b\xi_b h_0\left(h_0-\frac{\xi_b h_0}{2}\right)=\alpha_1 f_c bh_0^2\xi_b(1-0.5\xi_b)=M_{umax}$$

(5) 截面复核。

如果$M\leqslant M_u$，则截面承载力足够，截面安全；如果$M>M_u$，则截面承载力不够，截面不安全。

小贴士

$x > \xi_b h_0$ 时，正截面受弯承载力为适筋梁的最大承载力 M_{umax}。此时，承载能力与 A_s 无关，但与钢筋的级别有关。

钢筋的计算截面面积及理论质量表如表 3.8 所示。钢筋混凝土板每米宽的钢筋用量表如表 3.9 所示。

表 3.8　钢筋的计算截面面积及理论质量表

公称直径/mm	不同根数钢筋的计算截面面积/(mm²)									单根钢筋理论质量/(kg/m)
	1	2	3	4	5	6	7	8	9	
6	28.3	57	85	113	142	170	198	226	255	0.222
6.5	33.2	66	100	133	166	199	232	265	299	0.260
8	50.3	101	151	201	252	302	352	402	453	0.395
8.2	52.8	106	158	211	264	317	370	423	475	0.432
10	78.5	157	236	314	393	471	550	628	707	0.617
12	113.1	226	339	452	565	678	791	904	1017	0.888
14	153.9	308	461	615	769	923	1077	1231	1385	1.21
16	201.1	402	603	804	1005	1206	1407	1608	1809	1.58
18	254.5	509	763	1017	1272	1526	1780	2036	2290	2.00
20	314.2	628	941	1256	1570	1884	2200	2513	2827	2.47
22	380.1	760	1140	1520	1900	2281	2661	3041	3421	2.98
25	490.9	982	1473	1964	2454	2945	3436	3927	4418	3.85
28	615.8	1232	1847	2463	3079	3695	4310	4926	5542	4.83
32	804.2	1609	2413	3217	4021	4826	5630	6434	7238	6.31
36	1017.9	2036	3054	4072	5089	6107	7125	8143	9161	7.99
40	1256.6	2513	3770	5027	6283	7540	8796	10 053	11 310	9.87

注：表中公称直径 $d=8.2$ mm 的计算截面面积及理论质量仅适用于有纵肋的热处理钢筋。

表 3.9　钢筋混凝土板每米宽的钢筋用量表　　单位：mm²

钢筋间距/mm	钢筋直径/mm											
	3	4	5	6	6/8	8	8/10	10	10/12	12	12/14	14
70	101	180	280	404	561	719	920	1121	1369	1616	1907	2199
75	94.2	168	262	377	524	671	859	1047	1277	1508	1780	2052
80	88.4	157	245	354	491	629	805	981	1198	1414	1669	1924
85	83.2	148	231	333	462	592	758	924	1127	1331	1571	1811
90	78.2	140	218	314	437	559	716	872	1064	1257	1483	1710
95	74.5	132	207	298	414	529	678	826	1008	1190	1405	1620

续表

钢筋间距/mm	钢筋直径/mm											
	3	4	5	6	6/8	8	8/10	10	10/12	12	12/14	14
100	70.6	126	196	283	393	503	644	785	958	1131	1335	1539
110	64.2	114	178	257	357	457	585	714	871	1028	1214	1399
120	58.9	105	163	236	327	419	537	654	798	942	1113	1283
125	56.5	101	157	226	314	402	515	628	766	905	1068	1231
130	54.4	96.6	151	218	302	387	495	604	737	870	1027	1184
140	50.5	89.8	140	202	281	359	460	561	684	808	904	1099
150	47.1	83.8	131	189	262	335	429	523	639	754	890	1026
160	44.1	78.5	123	177	246	314	403	491	599	707	831	962
170	41.5	73.9	115	168	231	295	379	462	564	665	785	905
180	39.2	69.8	109	157	218	279	358	436	532	628	742	855
190	37.2	66.1	103	149	207	265	339	413	504	595	703	810
200	35.3	62.8	98.2	141	196	251	322	393	479	565	668	770
220	32.1	57.1	89.2	129	179	229	293	357	436	514	607	700
240	29.4	52.4	81.8	118	164	210	268	327	399	471	556	641
250	28.3	50.3	78.5	113	157	201	258	314	383	452	534	616
260	27.2	48.3	75.5	109	151	193	248	302	369	435	513	592
280	25.2	44.9	70.1	101	140	180	230	281	342	404	477	550
300	23.6	41.9	65.5	94	131	168	215	262	320	377	445	513
320	22.1	39.2	61.4	88	123	157	201	245	299	353	417	481

例3.1　图3.16所示为钢筋混凝土简支梁。$l=4$ m，梁的截面尺寸 $b\times h=$ 250 mm×500 mm，承受的荷载设计值为 $q=80$ kN/m，混凝土强度为C30，钢筋为HRB400级，结构的安全等级为Ⅱ级，构件处于一类环境，计算梁的纵向受拉钢筋 A_s 并配筋。

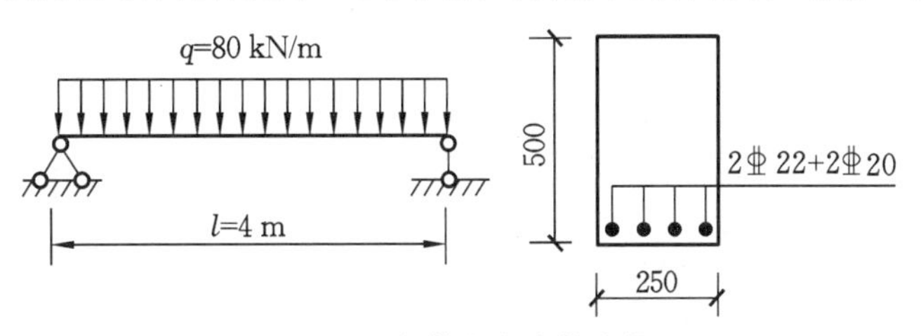

图3.16　钢筋混凝土简支梁

解　查表得出有关设计计算数据。

$\alpha_1=1.0$，$f_c=14.3$ N/mm^2，$f_t=1.43$ N/mm^2，$f_y=360$ N/mm^2，$\xi_b=0.518$，$\gamma_0=1.0$。

(1) 计算截面的弯矩设计值。

$$\gamma_0 M=1\times\frac{1}{8}ql^2=\frac{1}{8}\times80\times4^2\ \text{kN}\cdot\text{m}=160\ \text{kN}\cdot\text{m}$$

(2) 确定 h_0。

假设受拉钢筋按一排放置，则梁的有效高度 $h_0=(500-40)\ \mathrm{mm}=460\ \mathrm{mm}$。

(3) 计算 x 并验算。

$$x=h_0-\sqrt{h_0^2-\frac{2M}{\alpha_1 f_c b}}=\left(460-\sqrt{460^2-\frac{2\times160\times10^6}{1\times14.3\times250}}\right)\ \mathrm{mm}=110.58\ \mathrm{mm}$$

$$x_b=\xi_b h_0=0.518\times460\ \mathrm{mm}=238.28\ \mathrm{mm}$$

$x<x_b$，不会超筋。

(4) 计算 A_s。

将 x 值代入式(3.7)，受拉钢筋的截面面积为

$$A_s=\frac{\alpha_1 f_c bx}{f_y}=\frac{1.0\times14.3\times250\times110.58}{300}\ \mathrm{mm^2}=1318\ \mathrm{mm^2}$$

(5) 验算是否少筋。

按表 3.6，$\rho_{\min}=\max\left(0.2\%,45\dfrac{f_t}{f_y}\%\right)=0.21\%$，则 $\rho_{\min}bh=0.002\ 1\times250\times500\ \mathrm{mm^2}=263\ \mathrm{mm^2}$，$\rho_{\min}bh<A_s$，所以按照 A_s 计算值配筋不会是少筋梁。

查表 3.7，选用 2⌀22+2⌀20，实际钢筋截面面积 $A_s=1388\ \mathrm{mm^2}$，配筋图见图 3.16。

(6) 验算是否符合确定 h_0 时假设的钢筋排数和钢筋间距。

一排钢筋所需梁的最小宽度为

$$b_{\min}=(2\times20+3\times25+2\times20+2\times22+2\times8)\ \mathrm{mm}=215\ \mathrm{mm}$$

$b_{\min}<b$，一排能放下，且与原假设一排钢筋相符。

小贴士

配筋计算时，理论上实际配筋截面面积可在计算配筋截面面积上浮动±5%。

例 3.2 已知钢筋混凝土矩形截面梁，梁的截面尺寸 $b\times h=250\ \mathrm{mm}\times550\ \mathrm{mm}$，混凝土强度等级为 C25，钢筋为 HRB400 级，配有 3⌀20 纵向受拉钢筋，$A_s=941\ \mathrm{mm^2}$，箍筋为⌀8@200，构件处于一类环境，此梁承受弯矩设计值 $M=145\ \mathrm{kN\cdot m}$，试验算该梁的正截面承载力是否足够。

解 查表得：$\alpha_1=1.0$，$f_c=11.9\ \mathrm{N/mm^2}$，$f_t=1.27\ \mathrm{N/mm^2}$，$f_y=360\ \mathrm{N/mm^2}$，$\gamma_0=1.0$，$\xi_b=0.518$。

(1) 计算 h_0。

$a_s=c+d_{sv}+\dfrac{d}{2}=\left(25+8+\dfrac{20}{2}\right)\ \mathrm{mm}=43\ \mathrm{mm}$，取 45 mm，则 $h_0=(550-45)\ \mathrm{mm}=505\ \mathrm{mm}$。

(2) 验算最小配筋率。

$\rho_{\min}=\max\left(0.2\%,45\dfrac{f_t}{f_y}\%\right)=0.20\%$。

$\rho_{\min}bh=0.002\ 0\times250\times550\ \mathrm{mm^2}=275\ \mathrm{mm^2}$，$A_s=941\ \mathrm{mm^2}$，$\rho_{\min}bh<A_s$，不是少筋梁。

(3)计算受压区高度 x。

$$x=\frac{A_s f_y}{\alpha_1 f_c b}=\frac{941\times360}{1.0\times11.9\times250}\ \mathrm{mm}=114\ \mathrm{mm}$$

(4) 验算适筋条件，计算承载力 M_u 并验算。

$x=114\ \mathrm{mm}$，$\xi_b h_0=0.518\times505\ \mathrm{mm}=262\ \mathrm{mm}$，$x<\xi_b h_0$，不是超筋梁。

$$
\begin{aligned}
M_u &= \alpha_1 f_c bx\left(h_0 - \frac{x}{2}\right) \\
&= \left[1.0\times 11.9\times 250\times 114\times\left(505-\frac{114}{2}\right)\right]\ \text{N}\cdot\text{mm} \\
&= 151.94\times 10^6\ \text{N}\cdot\text{mm} \\
&= 151.94\ \text{kN}\cdot\text{m}
\end{aligned}
$$

$M_u > M$，正截面强度足够。

3.2.5　双筋矩形截面正截面承载力计算

在截面受拉区和受压区同时配有纵向受力钢筋的矩形截面梁，称为双筋矩形截面梁（见图3.17）。需采用双筋矩形截面的情况有三种。

① 按照单筋矩形截面设计时，若出现 $x > \xi_b h_0$，说明受压区混凝土承载力不够，当截面尺寸和混凝土强度等级受限制不便提高时，可在截面受压区设置受压钢筋，以协助混凝土承受压力。单筋矩形截面适筋梁承载力的上限是 $x = x_b = \xi_b h_0$ 时的 M_u，即 $M_{umax} = \alpha_1 f_c b\xi_b h_0\left(h_0 - \frac{\xi_b h_0}{2}\right) = \alpha_1 f_c b h_0^2 \xi_b(1-0.5\xi_b)$，所以当设计弯矩 $M > M_{umax}$ 时，需按照双筋截面设计。

② 当构件在不同的荷载组合下承受变号弯矩的作用时应设计成双筋截面。

③ 抗震结构要求框架梁必须配置一定比例的受压钢筋，因为受压钢筋可以提高截面的延性。

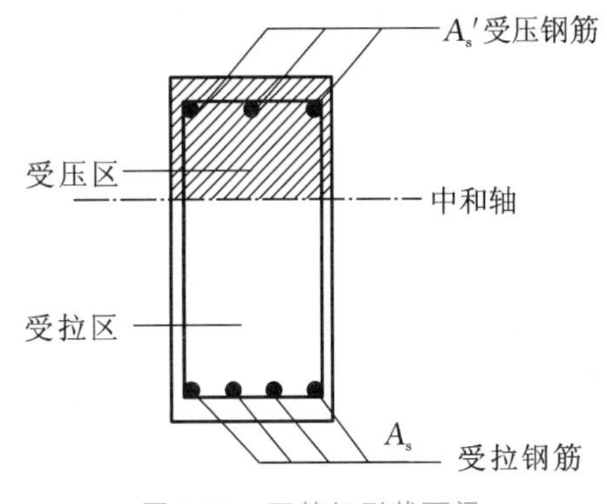

图3.17　双筋矩形截面梁

3.2.5.1　基本公式及其适用条件

当 $x \leq \xi_b h_0$ 时，双筋矩形截面也具有单筋截面适筋梁的破坏特征，即受拉钢筋先达到屈服，然后受压区混凝土被压碎而破坏。

双筋矩形截面受弯构件正截面计算应力图如图3.18所示。

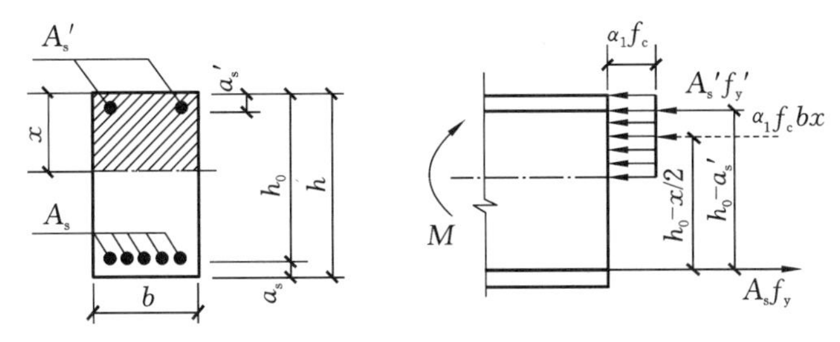

图3.18　双筋矩形截面受弯构件正截面计算应力图

1. 基本计算公式

由静力平衡条件，可得基本公式为

$$f_y A_s = \alpha_1 f_c bx + f_y' A_s' \tag{3.11}$$

$$M \leqslant M_u = \alpha_1 f_c bx\left(h_0 - \frac{x}{2}\right) + f'_y A'_s(h_0 - a'_s) \tag{3.12}$$

式中：A'_s——受压钢筋的截面面积，mm^2；

f'_y——受压钢筋的抗压强度设计值，但不超过 400 N/mm^2；

a'_s——受压钢筋的合力作用点到截面受压边缘的距离，mm。

其他符号的意义同单筋矩形截面。

2. 公式的适用条件

(1)$x \leqslant x_b$ 或 $\xi \leqslant \xi_b$。为了防止发生超筋破坏，保证受拉钢筋能达到抗拉强度设计值。

(2)$x \geqslant 2a'_s$。保证受压钢筋能达到抗压强度设计值。

若 $x < 2a'_s$，说明破坏时受压钢筋达不到抗压强度设计值 f'_y。设计时，取 $x = 2a'_s$，如图 3.19 所示。由力矩平衡条件，以受压钢筋合力作用点为矩心，可得正截面受弯承载力计算公式，即

$$M \leqslant M_u = A_s f_y(h_0 - a'_s) \tag{3.13}$$

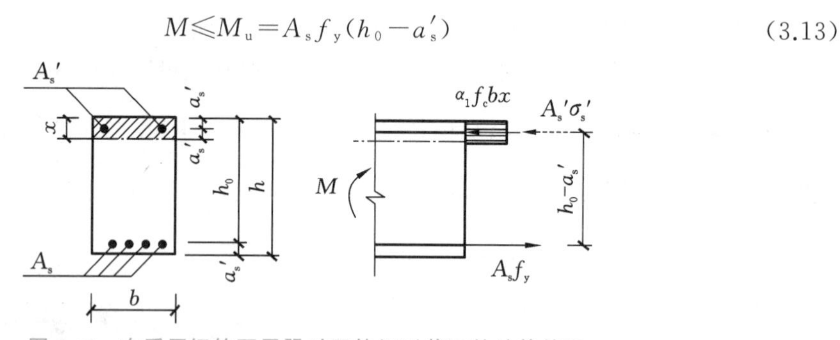

图 3.19 在受压钢筋不屈服时双筋矩形截面的计算简图

双筋截面中的受拉钢筋配置较多，一般不会出现少筋破坏，所以不必验算最小配筋率。

小贴士

取 $x = 2a'_s$，则受压区混凝土合力与受压钢筋合力的作用线重合。以受压钢筋合力作用点为矩心列平衡方程，则 $A'_s\sigma'_s$ 这个不定量不会出现。

3.2.5.2 承载力计算

1. 截面设计

双筋矩形截面设计，有以下两种情况。

(1) 情况一：已知材料强度等级、截面尺寸及弯矩设计值，求受拉钢筋的面积 A_s 及受压钢筋的面积 A'_s。

在式(3.11)和式(3.12)中，含有 A_s、A'_s、x 三个未知数，其解是不定的，需补充一个条件才能求解。受压钢筋是用来协助混凝土承受压力的，因此，计算受压钢筋 A'_s时，应先充分利用混凝土的强度，混凝土承担不了的压力再配受压钢筋来承受，这样设计会使钢筋的总用量 $(A_s + A'_s)$最少，比较经济。因此，取 $x = \xi_b h_0$。

计算步骤如下。

① 判别是否采用双筋截面。

单筋矩形截面的最大极限弯矩是 $M_{umax} = \alpha_1 f_c b\xi_b h_0^2(1 - 0.5\xi_b)$，当 $M > M_{umax}$时，按双筋截面设计，进入步骤②。否则按单筋截面设计。

② 计算 A_s'。

取 $x=\xi_b h_0$ 代入式(3.12)，可求得 $A_s'=[M-\alpha_1 f_c b\xi_b h_0^2(1-0.5\xi_b)]/[(h_0-a_s')f_y']$。

③ 计算 A_s。

将 $x=\xi_b h_0$ 和 A_s'代入式(3.11)，即可求得 $A_s=(\alpha_1 f_c b\xi_b h_0+f_y'A_s')/f_y$。

(2) 情况二：已知材料强度等级、截面尺寸、弯矩设计值及受压钢筋的截面面积 A_s'，求受拉钢筋面积 A_s。

计算步骤如下。

① 计算 x。

由式(3.12)可求得

$$x=h_0-\sqrt{h_0^2-\frac{2[M-A_s'f_y'(h_0-a_s')]}{\alpha_1 f_c b}}$$

② 验算适用条件并计算 A_s。

若 $2a_s'\leqslant x\leqslant\xi_b h_0$，由式(3.11)求得

$$A_s=(\alpha_1 f_c bx+f_y'A_s')/f_y$$

若 $x>\xi_b h_0$，说明原有的受压钢筋 A_s'不足，需按情况一计算 A_s 与 A_s'。

若 $x<2a_s'$，说明破坏时受压钢筋达不到抗压强度设计值 f_y'，则取 $x=2a_s'$，由式(3.13)求得 $A_s=\dfrac{M}{f_y(h_0-a_s')}$。

想一想

对于双筋矩形截面梁，为了保证构件破坏时受压钢筋能够屈服，需满足什么条件？

2. 承载力复核

承载力复核的计算步骤如下。

(1) 求 x。

由式(3.11)求得 x，即

$$x=(f_y A_s-f_y'A_s')/(\alpha_1 f_c b)$$

(2) 求 M_u。

若 $2a_s'\leqslant x\leqslant\xi_b h_0$，由式(3.12)可求得

$$M_u=\alpha_1 f_c bx\left(h_0-\frac{x}{2}\right)+A_s'f_y'(h_0-a_s')$$

若 $x<2a_s'$，由式(3.13)可求得

$$M_u=A_s f_y(h_0-a_s')$$

若 $x>\xi_b h_0$，说明截面已超筋，此时应取 $x=\xi_b h_0$，代入式(3.12)，可求得

$$M=\alpha_1 f_c b\xi_b h_0^2(1-0.5\xi_b)+A_s'f_y'(h_0-a_s')$$

(3) 承载力复核。

若 $M\leqslant M_u$，正截面受弯承载力足够；若 $M>M_u$，正截面受弯承载力不够。

小贴士

$x=\xi_b h_0$ 时，正截面受弯承载力为适筋梁的最大承载力。

例 3.3 已知一钢筋混凝土梁，截面尺寸 $b \times h = 200\ \text{mm} \times 500\ \text{mm}$，承受的弯矩设计值为 $M = 285\ \text{kN} \cdot \text{m}$，混凝土强度等级为 C30，钢筋为 HRB400 级。安全等级二级，环境类别为一类。求所需钢筋截面面积。

解 查表得：C30 混凝土，$f_c = 14.3\ \text{N/mm}^2$，$\alpha_1 = 1.0$；HRB400 级钢筋，$f_y = 360\ \text{N/mm}^2$，$\xi_b = 0.518$。

(1) 判别是否采用双筋截面。

因弯矩设计值较大，估计受拉钢筋需布置成两排，取 $a_s = 65\ \text{mm}$。

$h_0 = (500 - 65)\ \text{mm} = 435\ \text{mm}$。

单筋矩形截面所能承受的最大弯矩为

$$M_{\text{umax}} = \alpha_1 f_c b \xi_b h_0^2 (1 - 0.5\xi_b) = 207.7\ \text{kN} \cdot \text{m}$$

$M_{\text{umax}} < M$，故需采用双筋截面。

(2) 计算 A_s'。

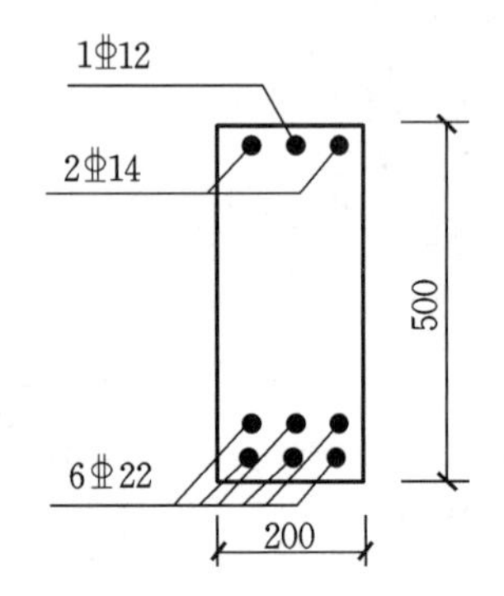

图 3.20 例 3.3 配筋图

取 $a_s' = 35\ \text{mm}$，把 $x = \xi_b h_0$ 代入式(3.12)，得

$$A_s' = [M - \alpha_1 f_c b \xi_b h_0^2 (1 - 0.5\xi_b)] / [(h_0 - a_s') f_y'] = 537\ \text{mm}^2$$

(3) 计算 A_s。

将 $x = \xi_b h_0$ 及 A_s' 代入式(3.11)，得

$$A_s = (\alpha_1 f_c b \xi_b h_0 + f_y' A_s') / f_y = 2327\ \text{mm}^2$$

(4) 选配钢筋。

受拉钢筋选用 6Φ22（$A_{s实} = 2281\ \text{mm}^2$）（实际配筋面积与计算配筋面积误差可在 ±5% 范围内）；受压钢筋选用 2Φ14 + 1Φ12（$A_{s实}' = 421.1\ \text{mm}^2$），如图 3.20 所示。

例 3.4 已知条件同例 3.3，但由于构造要求，在受压区已配置了 3Φ20 钢筋（见图 3.21）（$A_s' = 941\ \text{mm}^2$）。求受拉钢筋截面面积 A_s。

解 查表得：C30 混凝土，$f_c = 14.3\ \text{N/mm}^2$，$\alpha_1 = 1.0$；HRB400 级钢筋，$f_y = 360\ \text{N/mm}^2$，$\xi_b = 0.518$。取 $a_s = 65\ \text{mm}$，取 $a_s' = 35\ \text{mm}$。

(1)计算 x。

$$x = h_0 - \sqrt{h_0^2 - \frac{2[M - A_s' f_y' (h_0 - a_s')]}{\alpha_1 f_c b}} = 144\ \text{mm}$$

(2) 验算适用条件并计算 A_s。

$x = 144\ \text{mm}$，$2a_s' \leqslant x \leqslant \xi_b h_0$，则

$$\begin{aligned} A_s &= (\alpha_1 f_c b x + f_y' A_s') / f_y \\ &= (1.0 \times 14.3 \times 200 \times 144 + 941 \times 360) / 360\ \text{mm}^2 \\ &= 2085\ \text{mm}^2 \end{aligned}$$

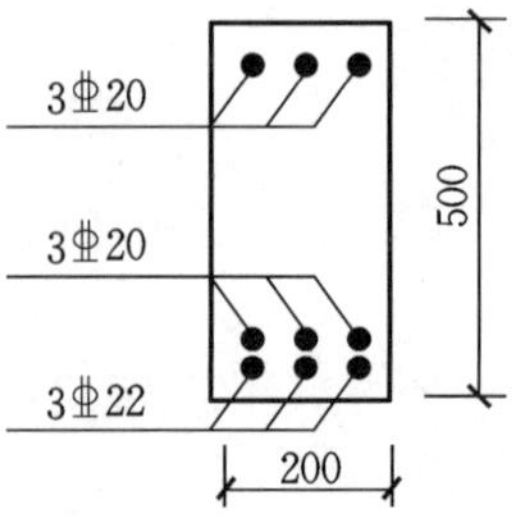

图 3.21 例 3.4 配筋图

(3) 选配钢筋。

受拉钢筋选用 3Φ22 + 3Φ20（$A_{s实} = 2081\ \text{mm}^2$），如图 3.21 所示。

例 3.5 某钢筋混凝土梁的截面尺寸为 $b = 300\ \text{mm}$，$h = 600\ \text{mm}$，采用 C35 混凝土和 HRB400 级钢筋，配有纵向受拉钢筋为 4Φ25（$A_s = 1964\ \text{mm}^2$），受压钢筋为 2Φ16

($A'_s=402\ mm^2$)，箍筋为HRB400级钢筋，直径为8 mm。承受弯矩设计值为$M=342\ kN\cdot m$，环境类别为二a类。验算该梁正截面承载力是否满足要求。

解　查表得：C35混凝土，$f_c=16.7\ N/mm^2$，$\alpha_1=1.0$，$f_y=360\ N/mm^2$，$\xi_b=0.518$。环境类别为二a类，则$a_s=(25+25/2+8)\ mm=45.5\ mm\approx46\ mm$，$a'_s=(25+16/2+8)\ mm=41\ mm$，$h_0=h-a_s=(600-46)\ mm=554\ mm$。

(1) 计算x。

由式(3.11)得

$$x=(f_yA_s-f'_yA'_s)/(\alpha_1 f_c b)=(1964\times360-402\times360)/(1.0\times16.7\times300)\ mm=112\ mm$$

(2) 计算M_u。

$2a'_s<x<\xi_b h_0$，由式(3.12)得

$$\begin{aligned}M_u&=\alpha_1 f_c bx\left(h_0-\frac{x}{2}\right)+A'_s f'_y(h_0-a'_s)\\&=[1.0\times16.7\times300\times112\times(554-112/2)+402\times360\times(554-41)]\ N\cdot m\\&=353.7\times10^6\ N\cdot mm\\&=353.7\ kN\cdot m\end{aligned}$$

$M_u>M$，所以该梁正截面受弯承载力满足要求。

3.2.6　T形截面正截面承载力计算

在实际工程中，有很多构件需按照T形截面受弯构件计算，如现浇肋形楼盖的连续梁(见图3.22)，其跨中是T形截面(下部受拉，上部受压)，可按T形截面梁计算，支座附近截面按矩形截面计算(下部受压，上部受拉)；工业厂房中的吊车梁、薄腹屋面梁以及预制空心板等预制构件，均按T形截面受弯构件计算。

T形截面受压翼缘宽度为b'_f，厚度为h'_f；中间部分为肋(或称腹板)，肋部宽度为b，截面全高为h，如图3.23所示。

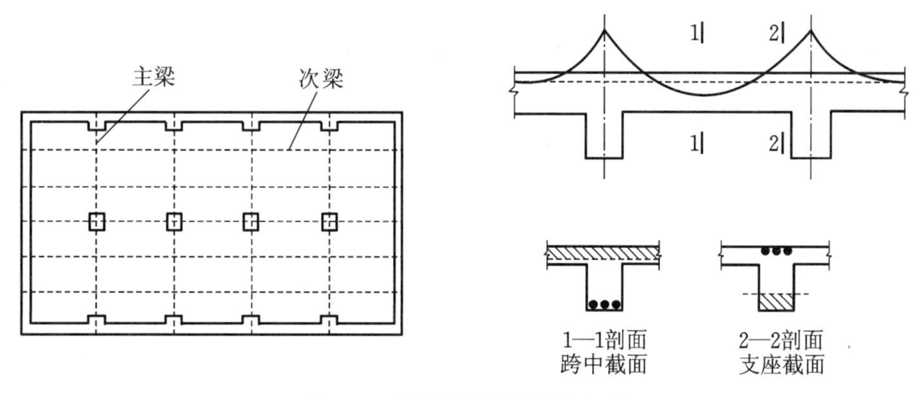

图3.22　现浇肋形楼盖的连续梁

3.2.6.1　翼缘的计算宽度

试验及理论分析表明：离梁肋近的翼缘参与受压程度高，离梁肋远的翼缘参与受压程度

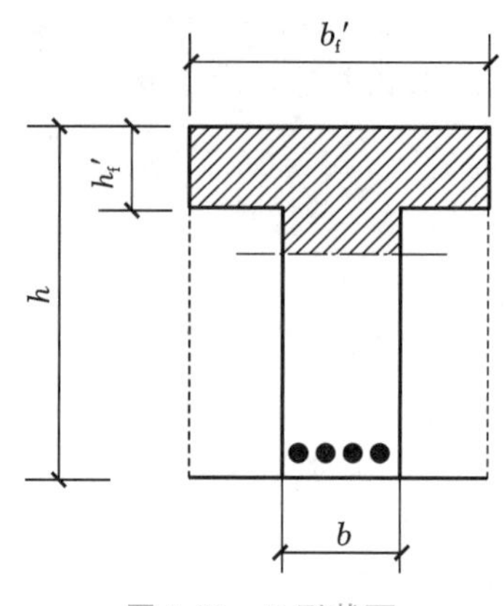

图 3.23 T 形截面

低，因此翼缘参与肋部共同受压的宽度是有限的。在设计 T 形截面梁时应将翼缘限制在一定范围内，这个范围称为翼缘的计算宽度 b_f'。在这个范围以外的部分不参与受力。翼缘计算宽度 b_f'的取值应满足表 3.10 的要求，取三项中的最小值。

表 3.10 T 形、I 形及倒 L 形截面受弯构件的翼缘计算宽度 b_f'

项次	情况		T 形、I 形截面		倒 L 形截面
			肋形梁、肋形板	独立梁	肋形梁、肋形板
1	按计算跨度 l_0 考虑		$l_0/3$	$l_0/3$	$l_0/6$
2	按梁（纵肋）净距 s_n 考虑		$b+s_n$		$b+s_n/2$
3	按翼缘高度 h_f'考虑	$h_f'/h_0\geqslant0.1$		$b+12h_f'$	
		$0.1>h_f'/h_0\geqslant0.05$	$b+12h_f'$	$b+6h_f'$	$b+5h_f'$
		$h_f'/h_0<0.05$	$b+12h_f'$	b	$b+5h_f'$

注：1.表中 b 为梁的腹板宽度。

2.肋形梁在梁跨内设有间距小于纵肋间距的横肋时，可不遵守表中项次 3 的规定。

3.加腋的 T 形、I 形和倒 L 形截面，当受压区加腋的高度 $h_h\geqslant h_f'$且加腋的长度 $b_h\leqslant3h_h$ 时，则其翼缘计算宽度可按表中项次 3 的规定分别增加 $2b_h$（T 形截面、I 形截面）和 b_h（倒 L 形截面）。

4.独立梁受压区的翼缘板在荷载作用下经验算沿纵肋方向可能产生裂缝时，计算宽度应取腹板宽度 b。

3.2.6.2 T 形截面的分类及判别

T 形截面受弯构件，按照受压区高度 x 的不同，分为以下两类（见图 3.24）。

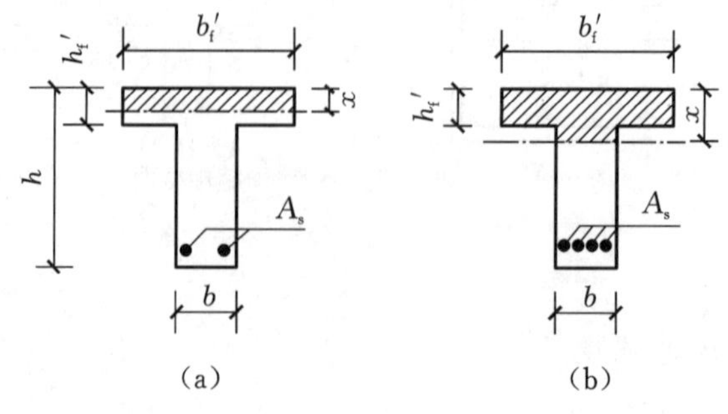

图 3.24 两类 T 形截面

第一类 T 形截面：中和轴在翼缘内，即 $x \leqslant h_f'$，如图 3.24(a)所示。

第二类 T 形截面：中和轴在梁肋内，即 $x > h_f'$，如图 3.24(b)所示。

当中和轴刚好位于翼缘底面，即 $x = h_f'$时，为两类 T 形截面的界限情况，如图 3.25 所示。根据平衡条件，得

$$f_y A_s = \alpha_1 f_c b_f' h_f' \tag{3.14}$$

$$M_u = \alpha_1 f_c b_f' h_f' \left(h_0 - \frac{h_f'}{2} \right) \tag{3.15}$$

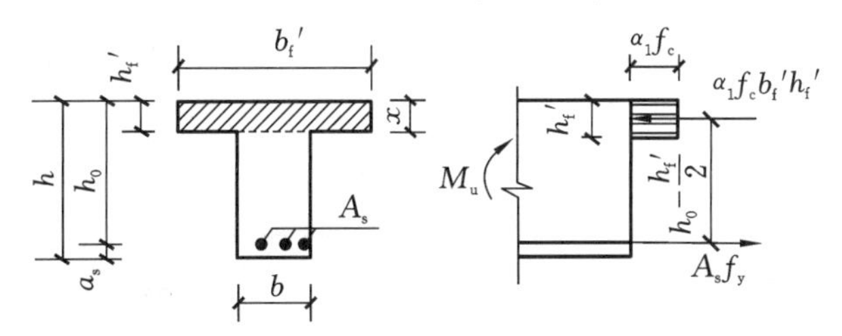

图 3.25　两类 T 形截面的界限

由式(3.14)和式(3.15)可得两类 T 形截面的判别式如下。

(1) 当满足下列条件之一时，属于第一类 T 形截面：

$$f_y A_s \leqslant \alpha_1 f_c b_f' h_f' \tag{3.16a}$$

$$M \leqslant \alpha_1 f_c b_f' h_f' \left(h_0 - \frac{h_f'}{2} \right) \tag{3.16b}$$

(2) 当满足下列条件之一时，属于第二类 T 形截面：

$$f_y A_s > \alpha_1 f_c b_f' h_f' \tag{3.17a}$$

$$M > \alpha_1 f_c b_f' h_f' \left(h_0 - \frac{h_f'}{2} \right) \tag{3.17b}$$

截面设计时，采用式(3.16b)和式(3.17b)判别 T 形截面类型(因为此时 A_s未知)；承载力复核时，采用式(3.16a)和式(3.17a)判别 T 形截面类型(因为此时 A_s已知)。

3.2.6.3　基本公式及适用条件

1. 第一类 T 形截面

第一类 T 形截面的计算简图如图 3.26 所示。因为受压区高度 $x \leqslant h_f'$，受压区形状是宽度为 b_f'的矩形。

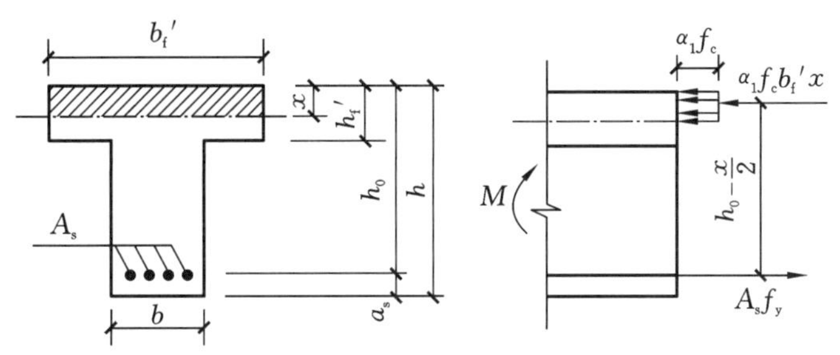

图 3.26　第一类 T 形截面的计算简图

(1) 基本公式。

$$f_y A_s = \alpha_1 f_c b_f' x \tag{3.18}$$

$$M \leqslant M_u = \alpha_1 f_c b_f' x \left(h_0 - \frac{x}{2}\right) \tag{3.19}$$

(2) 适用条件。

① $A_s \geqslant \rho_{min} bh$。(注意是 $A_s \geqslant \rho_{min} bh$，而不是 $A_s \geqslant \rho_{min} b_f' h$。)

② $x \leqslant \xi_b h_0$。此条件不必验算，因为对于第一类T形截面，$x \leqslant h_f'$，所以 $x \leqslant \xi_b h_0$ 通常都能满足。

2. 第二类T形截面

第二类T形截面的计算简图如图3.27所示。因为受压区高度 $x > h_f'$，所以混凝土受压区形状为T形。

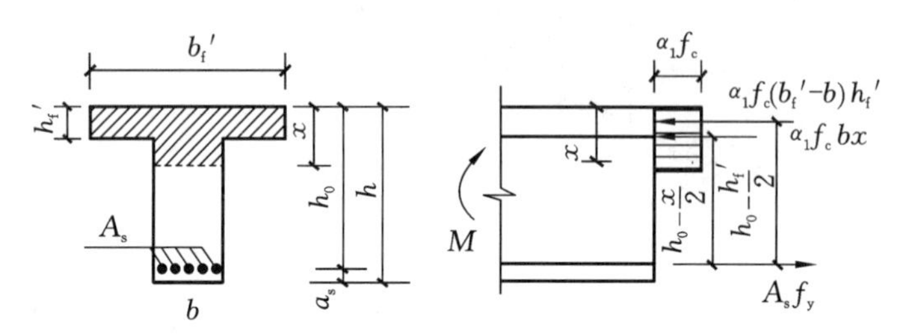

图3.27 第二类T形截面的计算简图

(1) 基本公式。

$$f_y A_s = \alpha_1 f_c bx + \alpha_1 f_c (b_f' - b) h_f' \tag{3.20}$$

$$M \leqslant M_u = \alpha_1 f_c bx \left(h_0 - \frac{x}{2}\right) + \alpha_1 f_c (b_f' - b) h_f' \left(h_0 - \frac{h_f'}{2}\right) \tag{3.21}$$

(2) 适用条件。

① $x \leqslant \xi_b h_0$，防止超筋破坏。

② $A_s \geqslant \rho_{min} bh$，该条件一般都能满足，所以不必验算。

3.2.6.4 T形截面正截面受弯承载力计算

1. 截面设计

已知材料强度、T形截面尺寸及弯矩设计值，求受拉钢筋面积 A_s。

(1) 第一类T形截面。

当 $M \leqslant \alpha_1 f_c b_f' h_f' \left(h_0 - \frac{h_f'}{2}\right)$ 时，属于第一类T形截面。截面设计步骤如下。

① 确定截面的有效高度 h_0。

根据设计弯矩 M 的大小，假设钢筋的排数，确定 h_0。

② 计算混凝土受压区高度 x。

由式(3.19)可得

$$x = h_0 - \sqrt{h_0^2 - \frac{2M}{\alpha_1 f_c b_f'}}$$

③ 计算 A_s($x \leqslant \xi_b h_0$ 不必验算)。

将 x 代入式(3.18)，得

$$A_s = \frac{\alpha_1 f_c b_f' x}{f_y}$$

④ 验算是否少筋并选配钢筋。

如果 $A_s \geqslant \rho_{min}bh$，说明钢筋适量，则按照 A_s 计算值选配钢筋；如果 $A_s < \rho_{min}bh$，说明 A_s 过小，则需按照适筋梁的下限配筋值 $A_s = \rho_{min}bh$ 选配钢筋。

小贴士

第一类T形截面的计算公式和计算步骤与 $b'_f \times h$ 单筋矩形截面梁相同，只是最后验算最小配筋率时，注意用梁肋宽度 b，而不是 b'_f。

(2) 第二类T形截面。

当 $M > \alpha_1 f_c b'_f h'_f \left(h_0 - \frac{h'_f}{2}\right)$ 时，属于第二类T形截面。截面设计步骤如下。

①计算 x。

由式(3.21)计算 x，即

$$x = h_0 - \sqrt{h_0^2 - \frac{2[M - \alpha_1 f_c (b'_f - b) h'_f (h_0 - 0.5h'_f)]}{\alpha_1 f_c b}}$$

② 验算适用条件，计算 A_s。

若 $x \leqslant \xi_b h_0$，直接由式(3.20)计算 A_s，即

$$A_s = \frac{\alpha_1 f_c b x + \alpha_1 f_c (b'_f - b) h'_f}{f_y}$$

若 $x > \xi_b h_0$，表明梁的截面尺寸不够，应加大截面尺寸、提高混凝土强度等级或改用双筋T形截面。

小贴士

第二类T形截面的计算方法与双筋截面梁(A'_s已知)类似。

2. 承载力复核

T形截面尺寸、材料强度等级、钢筋级别、配筋量和配筋方式等都已知，复核承载力是否足够。复核步骤如下。

(1) 判别T形截面类型。满足式(3.16a)时，为第一类T形截面；满足式(3.17a)时，为第二类T形截面。

(2) 第一类T形截面的承载力复核。

复核方法与单筋矩形截面受弯构件的复核方法相同。

① 验算配筋率。

如果 $A_s < \rho_{min}bh$，则按照素混凝土梁计算承载能力，相关内容可查相关的资料。

如果 $A_s \geqslant \rho_{min}bh$，则按照下述步骤进行。

② 求 x。

由式(3.18)可求得

$$x = \frac{f_y A_s}{\alpha_1 f_c b'_f}$$

③ 求 M_u。

则由式(3.19)得

$$M_u = \alpha_1 f_c b'_f x \left(h_0 - \frac{x}{2}\right)$$

④ 承载力复核。

若 $M \leqslant M_u$，承载力足够；若 $M > M_u$，承载力不够。

(3) 第二类 T 形截面的承载力复核。

① 求 x。

由式(3.20)可求得

$$x=\frac{f_y A_s-\alpha_1 f_c(b_f'-b)h_f'}{\alpha_1 f_c b}$$

② 求 M_u。

若 $x \leqslant \xi_b h_0$，由式(3.21)得

$$M_u=\alpha_1 f_c bx\left(h_0-\frac{x}{2}\right)+\alpha_1 f_c(b_f'-b)h_f'\left(h_0-\frac{h_f'}{2}\right)$$

若 $x > \xi_b h_0$，此时取 $x=\xi_b h_0$ 代入式(3.21)得

$$M_u=\xi_b(1-0.5\xi_b)\alpha_1 f_c bh_0^2+\alpha_1 f_c(b_f'-b)h_f'\left(h_0-\frac{h_f'}{2}\right)$$

③ 承载力复核。

若 $M \leqslant M_u$，承载力足够；若 $M > M_u$，承载力不够。

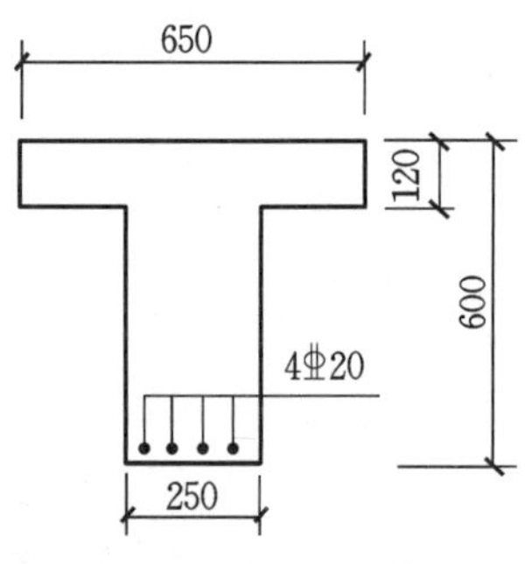

图 3.28 例 3.6 配筋图

例 3.6 某钢筋混凝土 T 形截面独立梁，腹板截面尺寸 $b \times h=250$ mm×600 mm，翼缘计算宽度 $b_f'=650$ mm，$h_f'=120$ mm，如图 3.28 所示。梁采用 C25 混凝土和 HRB400 级钢筋，环境类别为二 a 类，梁承受的弯矩设计值为 $M=$ 240 kN·m。计算所需的受拉钢筋面积 A_s。

解 查表得：C25 混凝土，$f_c=11.9$ N/mm²，$\alpha_1=1.0$；HRB400 级钢筋，$f_y=360$ N/mm²，$f_t=1.27$ N/mm²，$\xi_b=0.518$。$\rho_{min}=\max\left(0.20\%, 45\frac{f_t}{f_y}\%\right)=0.2\%$。取 $a_s=$ 45 mm，则 $h_0=h-a_s=(600-45)$ mm $=555$ mm。

(1) 判别 T 形截面类型。

$$M_u=\alpha_1 f_c b_f' h_f'\left(h_0-\frac{h_f'}{2}\right)=459.46\ \text{kN}\cdot\text{m}$$

$M_u > M$，属于第一类 T 形截面。

(2)计算 x。

由式(3.19)计算，得

$$x=h_0-\sqrt{h_0^2-\frac{2M}{\alpha_1 f_c b_f'}}=59\ \text{mm}$$

(3)计算 A_s($x \leqslant \xi_b h_0$ 不必验算)。

将 x 代入式(3.18)，得

$$A_s=\frac{\alpha_1 f_c b_f' x}{f_y}=1267.68\ \text{mm}^2$$

(4)验算是否少筋并选配钢筋。

$\rho_{min}bh=0.2\%\times250\times600$ mm² $=300$ mm²，$A_s > \rho_{min}bh$，选用 4⌀20 钢筋($A_s=1256$ mm²)，配筋简图如图 3.28 所示。

例 3.7　现浇肋形楼盖的次梁如图 3.29(a)所示。次梁的间距为 2.1 m，计算跨度 $l_0=3.6$ m，跨中最大正弯矩设计值 $M=390$ kN·m，选用 C30 混凝土和 HRB400 级钢筋，环境类别为一类。计算该次梁所需的纵向受拉钢筋截面面积 A_s。

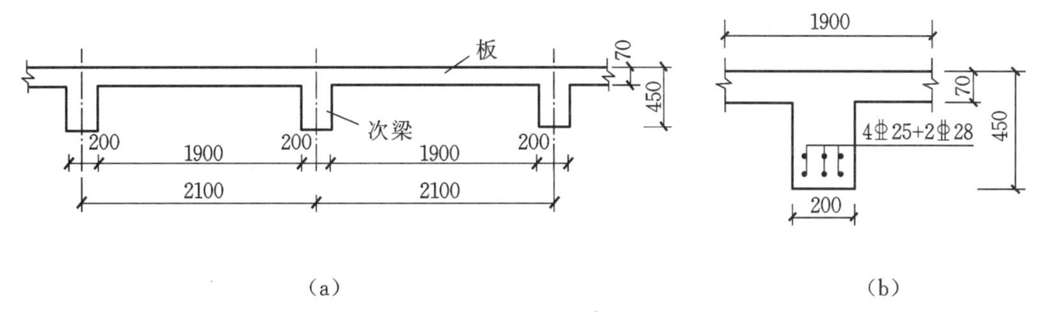

图 3.29　现浇肋形楼盖的次梁及配筋

解　查表得：C30 混凝土，$f_c=14.3\ \text{N/mm}^2$，$f_t=1.43\ \text{N/mm}^2$，$\alpha_1=1.0$；HRB400 级钢筋，$f_y=360\ \text{N/mm}^2$，$\xi_b=0.518$。

因 M 较大，假定受拉钢筋按照两排布置，取 $a_s=70$ mm，则

$$h_0=h-a_s=(450-70)\ \text{mm}=380\ \text{mm}$$

(1)确定翼缘计算宽度 b_f'。

按计算跨度 l_0 考虑时，$b_f'=l_0/3=3600/3\ \text{mm}=1200\ \text{mm}$。

按梁净距 s_n 考虑时，$b_f'=b+s_n=(200+1900)\ \text{mm}=2100\ \text{mm}$。

按翼缘高度 h_f'考虑时，$b_f'=b+12h_f'=(200+12\times70)\ \text{mm}=1040\ \text{mm}$。

所以取 $b_f'=1040$ mm。

(2) 判别 T 形截面类型。

$$M_u=\alpha_1 f_c b_f' h_f'\left(h_0-\frac{h_f'}{2}\right)=1.0\times14.3\times1040\times70\times\left(380-\frac{70}{2}\right)\ \text{N}\cdot\text{mm}=359.16\ \text{kN}\cdot\text{m}$$

$M_u<M$，属于第二类 T 形截面。

(3) 求 x。

由式(3.21)得

$$x=h_0-\sqrt{h_0^2-\frac{2\left[M-\alpha_1 f_c(b_f'-b)h_f'(h_0-0.5h_f')\right]}{\alpha_1 f_c b}}=107\ \text{mm}$$

(4) 验算适用条件，计算 A_s。

$\xi_b h_0=0.518\times380\ \text{mm}=197\ \text{mm}$，$x<\xi_b h_0$。

由式(3.20)得

$$A_s=\frac{\alpha_1 f_c bx+\alpha_1 f_c(b_f'-b)h_f'}{f_y}=3186\ \text{mm}^2$$

(5) 选配钢筋。

选用 4Φ25＋2Φ28($A_s=3196\ \text{mm}^2$)，配筋简图如图 3.29(b)所示。

例 3.8　已知 T 形截面钢筋混凝土梁，翼缘计算宽度 $b_f'=500$ mm，$h_f'=100$ mm，$b=250$ mm，$h=600$ mm。混凝土强度等级为 C30，在受拉区已配有 6Φ20($A_s=1884\ \text{mm}^2$)钢筋，承受的弯矩设计值为 $M=320$ kN·m，环境类别为二 a 类。试验算梁的正截面承载力是否足够。

解 C30混凝土，$f_c=14.3\ \text{N/mm}^2$，$\alpha_1=1.0$，HRB500级钢筋，$f_y=435\ \text{N/mm}^2$，$\xi_b=0.482$，钢筋为双排纵筋，所以取 $a_s=70\ \text{mm}$（或者根据实际配筋计算）。

（1）判别T形截面类型。

$$f_yA_s=435\times1884\ \text{N}=819.54\times10^3\ \text{N}=819.54\ \text{kN}$$

$$\alpha_1f_cb_f'h_f'=1.0\times14.3\times500\times100\ \text{N}=715\times10^3\ \text{N}=715\ \text{kN}$$

$f_yA_s>\alpha_1f_cb_f'h_f'$，是第二类T形截面。

（2）计算 x。

$$x=\frac{A_sf_y-\alpha_1f_c(b_f'-b)h_f'}{\alpha_1f_cb}=\frac{1884\times435-1.0\times14.3\times(500-250)\times100}{1.0\times14.3\times250}\ \text{mm}=129\ \text{mm}$$

（3）计算承载力 M_u 并校核。

$$\xi_bh_0=0.482\times530\ \text{mm}=255\ \text{mm}$$

$x<\xi_bh_0$，则

$$\begin{aligned}M_u&=\alpha_1f_cbx\left(h_0-\frac{x}{2}\right)+\alpha_1f_c(b_f'-b)h_f'\left(h_0-\frac{h_f'}{2}\right)\\&=\left[1.0\times14.3\times250\times129\times\left(530-\frac{129}{2}\right)+1.0\times14.3\times(500-250)\times100\times\left(530-\frac{100}{2}\right)\right]\ \text{N}\cdot\text{mm}\\&=386.28\times10^6\ \text{N}\cdot\text{mm}\\&=386.28\ \text{kN}\cdot\text{m}\end{aligned}$$

$M_u>M$，故承载力足够。

3.3 受弯构件斜截面承载力计算

受弯构件斜截面承载力计算

实际工程中，绝大多数钢筋混凝土受弯构件除承受弯矩之外，还承受剪力。在弯矩 M 和剪力 V 共同作用的剪弯区段内，构件常出现斜裂缝（见图3.30），甚至沿斜裂缝发生斜截面破坏。为了防止发生斜截面破坏，在梁内配置适量的箍筋和弯起钢筋（现在很少使用），与混凝土共同承受剪力。箍筋和弯起钢筋统称为腹筋或剪力钢筋。实际工程中的梁多为有腹筋梁，

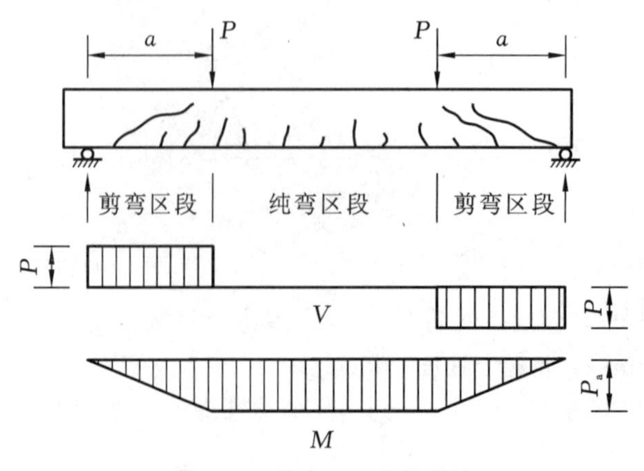

图3.30 剪弯区段及斜裂缝

现在实际工程中的抗剪钢筋只用箍筋，所以本节只学习**仅配置箍筋梁的斜截面的计算及构造**。关于配置弯起钢筋的相关内容，可参阅相关资料，这里不再赘述。

3.3.1　受弯构件斜截面的三种破坏形态

箍筋的配筋率称为配箍率如图3.31所示。配箍率的计算公式为

$$\rho_{sv}=\frac{A_{sv}}{bs}=\frac{nA_{sv1}}{bs} \tag{3.22}$$

式中：A_{sv}——配置在同一截面内箍筋各肢的全部截面面积，$A_{sv}=nA_{sv1}$；

n——在同一截面内箍筋的肢数；

A_{sv1}——单肢箍筋的截面面积；

b——梁的截面(或肋部)宽度；

s——沿梁的长度方向箍筋的间距。

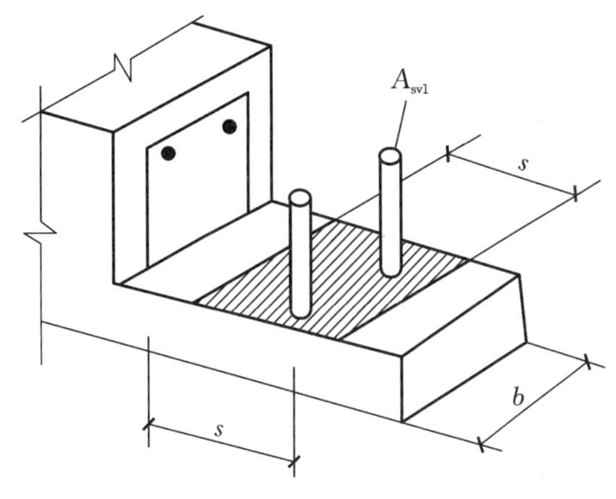

图3.31　配箍率ρ_{sv}的定义

有腹筋梁的破坏形态与配箍率有关，有以下三种破坏形态。

1. 剪压破坏

当配箍率适当时，箍筋的存在能限制斜裂缝的延伸。斜裂缝出现后，随着荷载增加，斜裂缝中的某一条发展成临界斜裂缝，随着荷载的增大，箍筋屈服，其限制斜裂缝开展的作用消失，临界斜裂缝向剪压区拓展，剪压区面积减小，最后剪压区混凝土被压碎，梁丧失其承载力，此为剪压破坏。剪压破坏是脆性破坏，但破坏过程相对缓慢些，腹筋能得到充分利用。斜截面承载力计算就是以剪压破坏为计算依据的。

2. 斜压破坏

当配箍率过大时，箍筋应力增长缓慢，箍筋未达到屈服状态，梁腹混凝土达抗压强度而破坏，此为斜压破坏。破坏时，梁腹被若干条斜裂缝分割成若干个斜向短柱而被压坏。斜压破坏的破坏荷载高，但变形小，破坏比较突然，是脆性破坏，设计中应当避免。

3. 斜拉破坏

当配箍率过小时，斜裂缝一出现，箍筋即达屈服状态，梁即丧失承载力，此为斜拉破坏。斜拉破坏一裂即坏，承载力很低，破坏突然，是脆性破坏，设计中严禁出现。

为了防止受剪破坏，用控制最小配箍率来防止斜拉破坏；采用截面限制条件（相当于控制最大配箍率）的方法防止斜压破坏；剪压破坏是通过计算配置抗剪筋来预防的。

小贴士

剪压破坏、斜压破坏和斜拉破坏都是脆性破坏，其脆性依次增大。

3.3.2 基本公式及适用条件

仅配置箍筋时斜截面受剪承载力计算简图如图 3.32 所示。

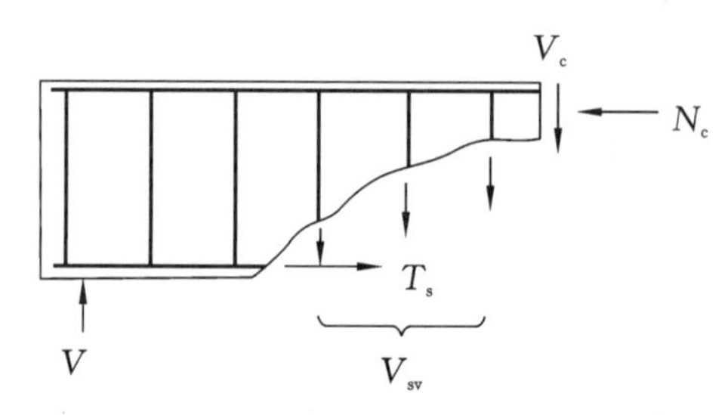

图 3.32 仅配置箍筋时斜截面受剪承载力计算简图

3.3.2.1 承载力计算公式

斜截面抗剪承载力由混凝土和箍筋的承载力两部分组成，即

$$V_u = V_{cs} = V_c + V_{sv} \tag{3.23}$$

式中：V_c——斜截面上混凝土受剪承载力设计值，N。

V_{sv}——斜截面上箍筋的受剪承载力设计值，N。

V_{cs}——斜截面上混凝土和箍筋共同的受剪承载力设计值，N。

抗剪承载力的计算公式分为以下两种情形。

(1) 对于矩形、T 形和 I 形截面的一般受弯构件，斜截面受剪承载力的计算公式为

$$V \leqslant V_u = V_{cs} = 0.7 f_t b h_0 + f_{yv} \frac{A_{sv}}{s} h_0 \tag{3.24}$$

式中：V——构件斜截面上的最大剪力设计值；

A_{sv}——配置在同一截面内箍筋各肢的全部截面面积；

s——沿构件长度方向上箍筋的间距，mm；

f_{yv}——箍筋抗拉强度设计值。

(2) 对集中荷载作用下的独立梁（包括作用有多种荷载，其中集中荷载对支座截面或节点边缘产生的剪力占总剪力的 75% 以上的情况），斜截面受剪承载力的计算公式为

$$V \leqslant V_u = V_{cs} = \frac{1.75}{\lambda + 1} f_t b h_0 + f_{yv} \frac{A_{sv}}{s} h_0 \tag{3.25}$$

式中：λ——计算截面的剪跨比。

$\lambda = a/h_0$，a 为集中荷载作用点至支座截面或节点边缘的距离。当 $\lambda < 1.5$ 时，取 $\lambda = 1.5$；当 $\lambda > 3$ 时，取 $\lambda = 3$。集中荷载作用点至支座的箍筋，应均匀配置。

3.3.2.2 计算公式的适用范围

1. 截面的最小尺寸

当梁截面尺寸过小、剪力较大时，梁可能发生斜压破坏，这时，多配置箍筋也无济于事。因此，设计时为了避免斜压破坏，梁的截面尺寸不宜过小。对梁的截面尺寸做如下的规定。

当 $h_w/b \leqslant 4$ 时，应满足

$$V \leqslant 0.25\beta_c f_c b h_0 \tag{3.26}$$

当 $h_w/b \geqslant 6$ 时，应满足

$$V \leqslant 0.2\beta_c f_c b h_0 \tag{3.27}$$

当 $4 < h_w/b < 6$ 时，应满足

$$V \leqslant \left(0.35 - 0.25\frac{h_w}{b}\right)\beta_c f_c b h_0 \tag{3.28}$$

式中：V——构件斜截面上的最大剪力设计值，N；

β_c——混凝土强度影响系数，混凝土强度等级不超过 C50 时取 $\beta_c=1.0$，混凝土强度等级为 C80 时取 $\beta_c=0.8$，其间按线性内插法取用；

f_c——混凝土轴心抗压强度，N/mm^2；

b——矩形截面的宽度、T 形截面或工字形截面的腹板宽度，mm；

h_w——截面的腹板高度，矩形截面取有效高度 h_0，T 形截面取有效高度减去翼缘高度，工字形截面取腹板净高，mm；

h_0——截面有效高度，mm。

在工程设计中，如不能满足上述要求，则应加大截面尺寸或提高混凝土强度等级。

2. 最小配箍率

为了防止因箍筋配置过少而出现的斜拉破坏，规范规定梁的配箍率 ρ_{sv} 应不小于最小配箍率 $\rho_{sv,min}$，即

$$\rho_{sv} \geqslant \rho_{sv,min} = 0.24\frac{f_t}{f_{yv}} \tag{3.29}$$

> **小贴士**
>
> 合理配置箍筋是为了预防剪压破坏；控制截面最小尺寸是为了避免斜压破坏；控制最小配箍率是为了避免斜拉破坏。

3.3.3 箍筋配置规定

1. 箍筋的形式

箍筋的形式有封闭式和开口式两种，如图 3.33 所示。矩形截面应采用封闭箍筋，T 形截面当翼缘顶面另有横向钢筋时，可采用开口箍筋。箍筋必须很好地锚固，应采用 135°弯钩。弯钩端头直线长度不应小于 50 mm 和 $5d$。

2. 最大间距

在相同配箍率的条件下，若箍筋选得较粗而配置较稀，则可能因箍筋间距过大在两根箍筋之间出现不与箍筋相交的斜裂缝，使箍筋无法发挥作用。因此规范还规定了箍筋的最大

间距(见表 3.11),箍筋的间距不应超过最大间距。

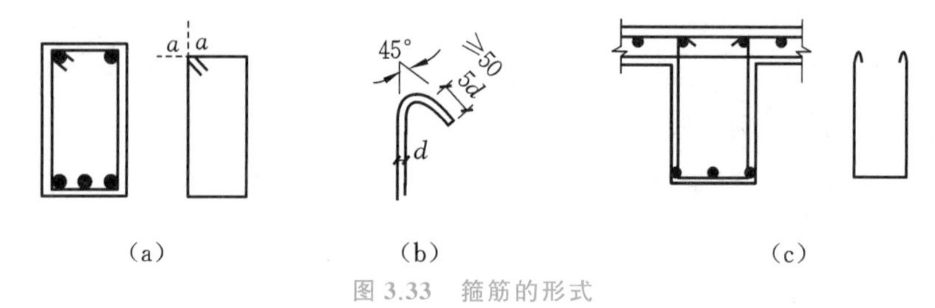

(a) (b) (c)

图 3.33 箍筋的形式

表 3.11 梁中箍筋的最大间距

梁高	最大间距/mm		梁高	最大间距/mm	
	$V>0.7f_tbh_0$	$V\leqslant 0.7f_tbh_0$		$V>0.7f_tbh_0$	$V\leqslant 0.7f_tbh_0$
$150<h\leqslant 300$	150	200	$500<h\leqslant 800$	250	350
$300<h\leqslant 500$	200	300	$h>800$	300	400

3. 最小直径

为了保证钢筋骨架具有足够的刚度,箍筋的直径也不宜太小,箍筋的最小直径应满足表 3.12 的要求。

表 3.12 梁中箍筋的最小直径

梁高	最小箍筋直径/mm
$h\leqslant 800$	6
$h>800$	8

注:梁中配有计算需要的纵向受压钢筋时,箍筋直径尚不应小于 $d/4$(d 为纵向受压钢筋的最大直径)。

4. 设置范围

对于不需要按计算配置箍筋的梁,有如下规定:当截面高度大于 300 mm 时,应按构造要求沿梁全长设置箍筋;当截面高度为 150~300 mm 时,可按构造要求仅在构件端部各 $l_0/4$ 跨度范围内设置箍筋,但当在构件中部的 $l_0/2$ 的跨度范围内有集中荷载作用时,则应按构造要求沿梁全长设置箍筋;当截面高度为 150 mm 以下时,可不设置箍筋。

5. 箍筋肢数

箍筋肢数有单肢、双肢和四肢等多种形式(见图 3.34)。当梁宽 $b\leqslant 400$ mm 且一排内纵向受压钢筋多于 4 根[见图 3.35(a)]时,以及 $b>400$ mm 且一排内纵向受压钢筋多于 3 根[见图 3.35(b)]时,应设置四肢箍筋;一排内纵向钢筋多于 5 根时,应设置四肢箍筋;一般情况下设置双肢箍筋;宽度很小的梁用单肢箍筋。

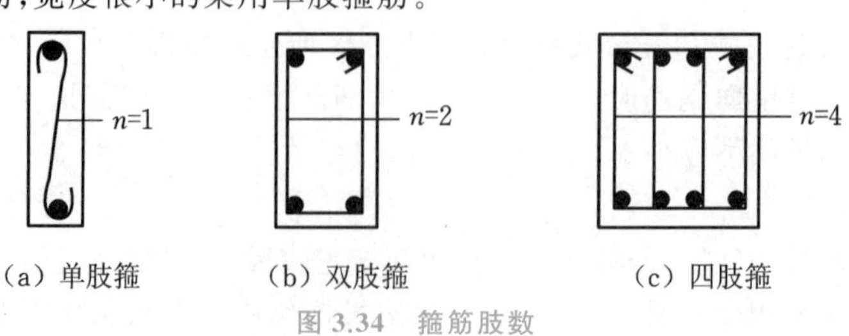

(a) 单肢箍 (b) 双肢箍 (c) 四肢箍

图 3.34 箍筋肢数

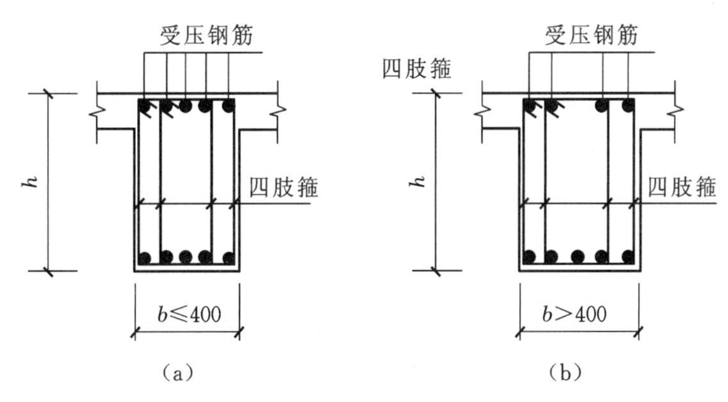

图 3.35　四肢箍筋的两种形式

6. 其他要求

当梁中配有按计算需要的纵向受压钢筋时，箍筋还应符合下列要求。

(1) 箍筋应做成封闭式。

(2) 箍筋直径不应小于 $d/4$（d 为纵向受压钢筋的最大直径）。

(3) 箍筋的间距不应大于 $15d$（d 为纵向受压钢筋的最小直径），同时不应大于 400 mm。当一层内的纵向受压钢筋多于 5 根且直径大于 18 mm 时，箍筋间距不应大于 $10d$（d 为纵向受压钢筋的最小直径）。

> **想一想**
> 箍筋的最小直径和箍筋的最大间距分别受哪些因素影响，是如何影响的？

3.3.4　斜截面承载力计算

3.3.4.1　计算截面位置

在仅配置箍筋的梁中，以下各截面为斜截面计算的控制截面，需要进行斜截面承载力计算：

① 支座边缘处的截面，图 3.36 中的截面 1—1；

② 箍筋截面面积或间距改变处的截面，图 3.36 中的截面 2—2；

③ 腹板宽度改变处的截面。

以上几个截面位置都是斜截面承载力比较薄弱的部位，可能出现剪切破坏，所以应取这些位置的最大剪力作为剪力设计值来进行斜截面承载力计算。

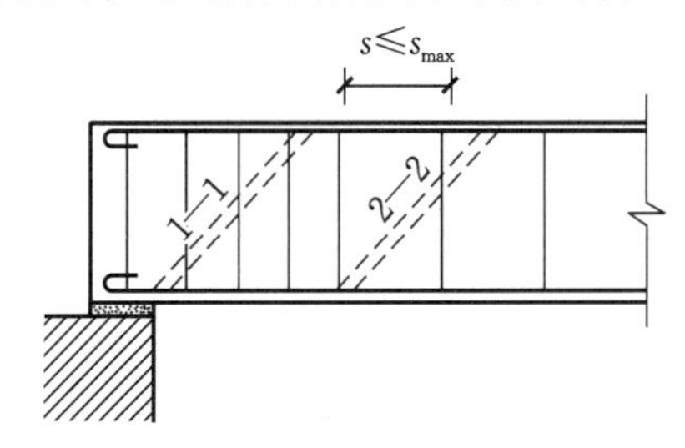

图 3.36　仅配箍筋梁的斜截面受剪计算截面

3.3.4.2 截面设计

截面设计是在截面尺寸、材料强度、荷载设计值及纵向受力钢筋配置已知的条件下，计算梁内的腹筋。计算步骤如下。

1. 求控制截面的剪力设计值

控制截面的剪力设计值按规定计算。

2. 验算截面尺寸

用式(3.26)、式(3.27)或式(3.28)验算梁截面尺寸，若不满足要求，应加大截面尺寸或提高混凝土强度等级。

3. 验算是否需要按计算配置箍筋

(1) 若 $V \leqslant 0.7f_tbh_0$ 或 $V \leqslant \frac{1.75}{\lambda+1}f_tbh_0$，则按构造要求选配箍筋。

(2) 若 $V > 0.7f_tbh_0$ 或 $V > \frac{1.75}{\lambda+1}f_tbh_0$，则按计算配置箍筋。

4. 计算和配置箍筋

由式(3.24)和式(3.25)可得

$$\frac{A_{sv}}{s}=\frac{nA_{sv1}}{s} \geqslant \frac{V-0.7\left(\text{或}\frac{1.75}{\lambda+1}\right)f_tbh_0}{f_{yv}h_0} \tag{3.30}$$

求出 $\frac{nA_{sv1}}{s}$ 后，一般先确定箍筋肢数 n 和直径 d_{sv}，然后算出箍筋间距 s。

选定的箍筋直径和间距均需满足构造要求。

5. 验算最小配箍率

箍筋确定(计算配箍或构造配箍)之后，按式(3.29)验算最小配箍率。

3.3.4.3 承载力复核

承载力复核是在材料强度、截面尺寸、腹筋数量已知的条件下，验算斜截面的抗剪承载力是否满足要求，步骤如下。

1. 计算配箍率并验算

(1) 若 $\rho_{sv} < \rho_{sv,\min}$，则 $V_u=V_c=0.7\left(\text{或}\frac{1.75}{\lambda+1}\right)f_tbh_0$。

(2) 若 $\rho_{sv} \geqslant \rho_{sv,\min}$，则需验算截面尺寸，计算抗剪承载力。

2. 验算截面尺寸，计算抗剪承载力

按式(3.26)、式(3.27)或式(3.28)验算截面尺寸。

若截面尺寸满足要求，则 $V_u=V_{cs}=0.7\left(\text{或}\frac{1.75}{\lambda+1}\right)f_tbh_0+f_{yv}\frac{A_{sv}}{s}h_0$。

若截面尺寸不满足要求，有以下三种情况：

① 当 $h_w/b \leqslant 4$ 时，$V_u=0.25\beta_cf_cbh_0$；

② 当 $h_w/b \geqslant 6$ 时，$V_u=0.2\beta_cf_cbh_0$；

③ 当 $4 < h_w/b < 6$ 时，$V_u=\left(0.35-0.25\frac{h_w}{b}\right)\beta_cf_cbh_0$。

3. 承载力校核

若$V \leqslant V_u$，截面安全，否则不安全。

想一想

在斜截面受剪承载力计算时，为什么要验算截面尺寸和最小配箍率？

例 3.9　某钢筋混凝土简支梁（见图 3.37）的两端支承在 240 mm 厚的砖墙上，环境类别二 a 类，梁的截面尺寸为$b \times h = 200\ \mathrm{mm} \times 500\ \mathrm{mm}$，梁净跨$l_0 = 3.66\ \mathrm{m}$，该梁承受均布荷载，设计值为 92 kN/m（包括梁自重），混凝土等级为 C30，纵筋和箍筋都采用 HRB400 级，已经配有 3⏀25 的纵筋。试确定梁内抗剪箍筋。

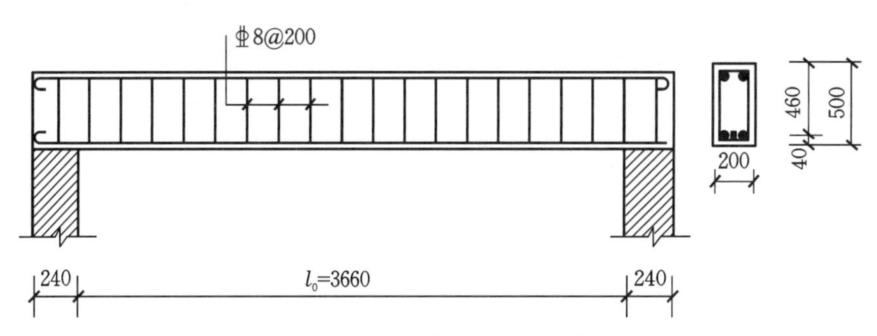

图 3.37　某钢筋混凝土简支梁

解　查表得：C30 混凝土，$f_c = 14.3\ \mathrm{N/mm^2}$，$f_t = 1.43\ \mathrm{N/mm^2}$，$\beta_c = 1.0$；HRB400 级钢筋，$f_y = 360\ \mathrm{N/mm^2}$，$f_{yv} = 360\ \mathrm{N/mm^2}$。取$a_s = 40\ \mathrm{mm}$，则$h_w = h_0 = h - a_s = (500 - 40)\ \mathrm{mm} = 460\ \mathrm{mm}$。

（1）求支座边缘处剪力设计值。

$$V = \frac{1}{2} p l_0 = \frac{1}{2} \times 92 \times 3.66\ \mathrm{kN} = 168.36\ \mathrm{kN}$$

（2）验算截面尺寸。

$$h_w / b = 460/200 = 2.3$$

$$\begin{aligned} 0.25\beta_c f_c b h_0 &= 0.25 \times 1.0 \times 14.3 \times 200 \times 460\ \mathrm{N} \\ &= 326\ 600\ \mathrm{N} \\ &= 326.60\ \mathrm{kN} \end{aligned}$$

$h_w / b < 4$，$V < 0.25\beta_c f_c b h_0$，截面尺寸满足要求。

（3）验算是否需要按计算配置箍筋。

$$0.7 f_t b h_0 = 0.7 \times 1.43 \times 200 \times 460\ \mathrm{N} = 92\ 092\ \mathrm{N} = 92.09\ \mathrm{kN}$$

$V > 0.7 f_t b h_0$，故需要按计算配置箍筋。

（4）计算和配置箍筋。

$$\frac{A_{sv}}{s} \geqslant \frac{V - 0.7 f_t b h_0}{f_{yv} h_0} = \frac{168.36 \times 10^3 - 92\ 092}{360 \times 460}\ \mathrm{mm} = 0.46\ \mathrm{mm}$$

选⏀8 双肢箍，$n = 2$，则

$$A_{sv1} = 50.3\ \mathrm{mm^2}$$

$$A_{sv} = n A_{sv1} = 2 \times 50.3\ \mathrm{mm^2} = 100.6\ \mathrm{mm^2}$$

$$s \leqslant A_{sv}/0.46 = 100.6/0.46 \text{ mm} = 219 \text{ mm}$$

取 $s=200$ mm，$s_{max}=200$ mm；$d_{sv,min}=6$ mm。

(5) 验算配箍率。

$$\rho_{sv}=\frac{A_{sv}}{bs}=\frac{100.6}{200\times150}=0.335\%$$

$$\rho_{sv,min}=0.24\,\frac{f_t}{f_{yv}}=0.24\times\frac{1.43}{360}=0.095\%$$

$\rho_{sv}>\rho_{sv,min}$，满足要求，故选用⌀8@200的箍筋沿梁全长布置。

例3.10 承受均布荷载的矩形截面简支梁，截面尺寸为 $b\times h=200\text{ mm}\times550\text{ mm}$，混凝土等级为C30，纵筋采用HRB400级，一排布置。箍筋为双肢箍筋⌀8@150，沿梁全长布置，环境类别二a类。剪力设计值为 $V=200$ kN。试验算该梁抗剪承载力是否满足要求。

解 查表得：C30混凝土，$f_c=14.3\text{ N/mm}^2$，$f_t=1.43\text{ N/mm}^2$，$\beta_c=1.0$；HRB400级钢筋，$f_{yv}=360\text{ N/mm}^2$。取 $a_s=40$ mm，则 $h_w=h_0=h-a_s=(550-40)\text{ mm}=510\text{ mm}$。

(1) 计算配箍率并验算。

$$\rho_{sv}=\frac{nA_{sv1}}{bs}=\frac{2\times50.3}{250\times150}=0.268\%$$

$$\rho_{sv,min}=0.24\,\frac{f_t}{f_{yv}}=0.095\%$$

$\rho_{sv}>\rho_{sv,min}$。

(2) 验算截面尺寸，计算抗剪承载力。

$h_w/b=510/200=2.55$，$h_w/b\leqslant4$。

$0.25\beta_c f_c bh_0=0.25\times1.0\times14.3\times250\times510\text{ kN}=455.81\text{ kN}$，$V<0.25\beta_c f_c bh_0$，满足要求。

$V_u=V_{cs}=0.7f_t bh_0+f_{yv}\dfrac{A_{sv}}{s}h_0=\left(0.7\times1.43\times250\times510+360\times\dfrac{2\times50.3}{150}\times510\right)\text{ N}=250.76\text{ kN}$。

(3) 承载力校核。

$V<V_u$，该梁斜截面承载力足够。

3.3.5 保证斜截面受弯承载力的构造措施

钢筋混凝土梁除了可能沿斜截面发生受剪破坏外，还可能沿斜截面发生受弯破坏，这种情况可通过纵筋正确的截断(或弯起，但现在极少使用)位置和纵筋在支座处的锚固措施来避免。

3.3.5.1 梁纵筋的截断

如果按照正截面受弯承载力计算配置的纵向受力钢筋沿梁全长布置，则不会出现斜截面受弯破坏。在实际工程中，为了经济，钢筋有时要截断(现在极少弯起)，若截断位置不正确，则会因抵抗弯矩不够而发生斜截面受弯破坏。我们一般通过绘制正截面的抵抗弯矩图

(简称 M_u图)保证斜截面受弯承载力，抵抗弯矩图是以各截面实际纵向钢筋所能承受的弯矩为纵坐标、以相应的截面位置为横坐标绘出的弯矩图。抵抗弯矩图(M_u图)应包在设计弯矩图(M 图)外面。此内容可参考相关资料，在此不再赘述。

3.3.5.2　梁纵筋在支座处的锚固

纵筋锚固长度不够，将会引起支座处的锚固破坏。锚固破坏可通过控制纵向钢筋伸入支座的长度和数量来防止。伸入梁支座的纵向受力钢筋不应少于 2 根，伸入支座的长度见以下几种情况下的锚固要求。

1. 简支支座下部纵筋的锚固

(1) 板下部纵筋伸入支座的锚固长度不应小于 $5d$，且宜伸过支座中心线。

(2) 梁下部纵筋伸入支座的锚固长度应符合下列规定：

① 当 $V \leqslant 0.7f_tbh_0$时，锚固长度不小于 $5d$；

② 当 $V > 0.7f_tbh_0$时，带肋钢筋的锚固长度不小于 $12d$，光面钢筋的锚固长度不小于 $15d$(d 为钢筋的直径)。

纵筋伸入梁支座的锚固长度不满足上述要求时，应采取在钢筋上加焊锚固钢板或将钢筋端部焊接在梁端预埋件上等有效锚固措施。

2. 框架梁纵向钢筋在中间层端节点的锚固

(1) 框架梁上部纵向钢筋伸入端节点的锚固。

① 当采用直线锚固形式时，锚固长度不应小于 l_{aE}，且伸入柱内长度不宜小于 $0.5h_c+5d$，d 为梁上部纵向钢筋的直径，h_c 为柱宽，如图 3.38(a)所示。

② 当柱截面尺寸不满足直线锚固要求时，梁上部纵向钢筋可采用钢筋端部加机械锚头的锚固方式。梁上部纵向钢筋宜伸至柱外侧纵向钢筋内边，包括机械锚头在内的水平投影锚固长度不应小于 $0.4l_{abE}$，如图 3.38(b)所示。

③ 梁上部纵向钢筋也可采用 90 弯折锚固的方式，此时梁上部纵向钢筋应伸至柱外侧纵向钢筋内边并向节点内弯折，其水平投影长度(包含弯弧段)不应小于 $0.4l_{abE}$，弯折后的投影长度(包含弯弧段)不应小于 $15d$，如图 3.38(c)所示。

(2) 框架梁下部纵向钢筋伸入端节点的锚固。

① 当计算中充分利用钢筋的抗拉强度时，钢筋的锚固方式与上部纵向钢筋相同。

② 当计算中不利用钢筋的强度或仅利用钢筋的抗压强度时，伸入节点的锚固长度应分别符合中间节点梁下部纵向钢筋锚固的规定(下列第 3 条的规定)。

3. 框架梁中间节点或连续梁中间支座处纵筋的锚固

上部纵向钢筋受拉应贯穿支座。下部纵向钢筋宜贯穿支座，当必须锚固时，应符合下列锚固要求。

(1) 当设计中不利用支座下部纵向钢筋强度时，其伸入节点或支座的锚固长度对带肋钢筋不小于 $12d$，对光面钢筋不小于 $15d$(d 为钢筋的最大直径)。

(2) 当设计中充分利用支座下部纵向钢筋的抗压强度时，钢筋应按受压钢筋锚固在中间支座或中间节点内，其直线锚固长度不应小于 $0.7l_{aE}$。

(3) 当设计中充分利用支座下部纵向钢筋的抗拉强度时，钢筋可采用直线方式锚固在中间节点或中间支座内，其伸入的锚固长度不应小于 l_{aE}，且伸入柱内长度不宜小于 $0.5h_c+5d$，d 为梁上部纵向钢筋的直径，h_c 为柱宽，如图 3.39(a)所示。

(4) 当柱截面尺寸不够时，宜按照图 3.38(b)采用钢筋端部加锚头的机械锚固措施，或按照图 3.38(c)采用 90°弯折锚固的方式。

(5) 下部纵筋也可伸过支座或节点，在梁中弯矩较小处设置搭接接头，搭接的起始点至节点或支座边缘的距离≥$1.5h_0$，如图 3.39(b)所示。

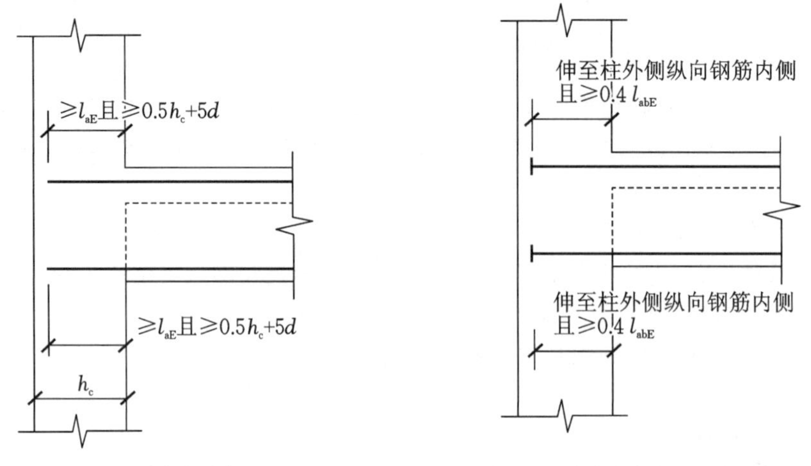

（a）端支座直锚　　（b）端支座加锚头（板）锚固

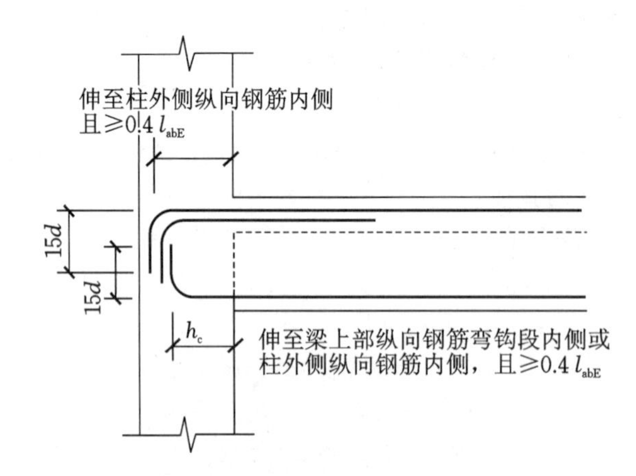

（c）端支座90°弯折锚固

图 3.38　框架梁纵向钢筋在中间层端节点的锚固

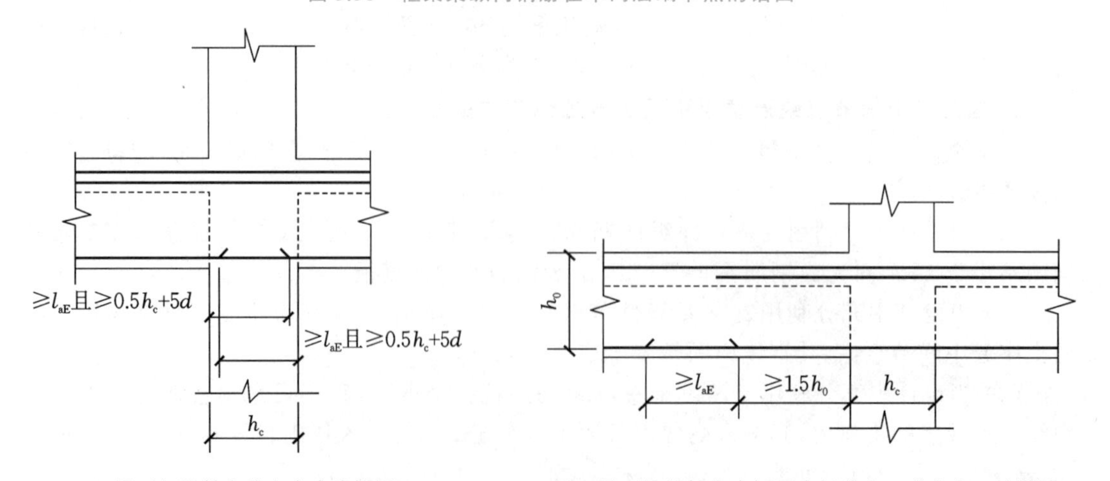

（a）梁下部纵筋在节点中直线锚固　　（b）梁下部纵筋在中间层中间节点（或支座）外搭接

图 3.39　梁下部纵向钢筋在中间节点或中间支座范围的锚固与搭接

3.4 正常使用极限状态验算

钢筋混凝土结构或构件设计时，除了要为保证结构或构件的安全进行承载能力极限状态计算以外，对某些构件，还需要进行正常使用极限状态验算，使结构或构件能正常使用。楼盖梁、板变形过大会影响在其上的仪器，尤其是精密仪器的正常使用；水池、油罐等结构开裂会引起渗漏现象；吊车梁的挠度过大会影响吊车的正常运行；承重大梁的过大变形（如梁端的过大转角）会对结构的受力产生不利影响；对于一般的结构物，裂缝宽度过大会影响其外观，引起使用者的不安，还可能使钢筋锈蚀，影响结构的安全性和耐久性等。

3.4.1 裂缝宽度验算

3.4.1.1 裂缝的分类

混凝土裂缝可分为两类：一类是由荷载引起的裂缝；另一类是由变形因素（非荷载因素）引起的裂缝。非荷载因素引起的裂缝往往是几种因素共同作用的结果，目前主要通过构造措施（如加强配筋、设变形缝等）进行控制。

3.4.1.2 裂缝控制的等级和要求

混凝土结构构件正截面裂缝控制等级划分为三级。

(1) 一级为严格要求不出现裂缝的构件。按荷载效应标准组合计算时，构件受拉边缘混凝土不应产生拉应力。

(2) 二级为一般要求不出现裂缝的构件。按荷载效应标准组合计算时，构件受拉边缘混凝土拉应力不应大于混凝土轴心抗拉强度标准值；按荷载效应准永久值组合计算时，构件受拉边缘混凝土不宜产生拉应力，有可靠经验时可适当放松。

(3) 三级为允许出现裂缝的构件。按荷载效应标准组合并考虑长期作用影响计算时，构件的最大裂缝宽度不应超过《混凝土结构设计规范》(GB 50010—2010)(2015 年版)规定的最大裂缝宽度限值。

一般的钢筋混凝土构件在正常使用时是可以带裂缝工作的，但应对裂缝宽度进行限制，即按三级标准来进行受力裂缝宽度的验算。

3.4.1.3 裂缝宽度验算

1. 验算公式

裂缝宽度验算公式为

$$w_{\max}=\alpha_{\mathrm{cr}}\psi\frac{\sigma_{\mathrm{sq}}}{E_{\mathrm{s}}}\left(1.9c+0.08\frac{d_{\mathrm{eq}}}{\rho_{\mathrm{te}}}\right)\leqslant w_{\lim} \tag{3.31}$$

2. 验算公式中各参数的意义、数值及计算公式

(1) α_{cr}。

α_{cr}为构件受力特征系数：对轴心受拉构件，取 $\alpha_{cr}=2.7$；对偏心受拉构件，取 $\alpha_{cr}=2.4$；对受弯和偏心受压构件，取 $\alpha_{cr}=1.9$。

(2) ψ。

ψ 为裂缝间受拉钢筋应变不均匀系数，可按下列经验公式计算：

$$\psi=1.1-0.65\frac{f_{tk}}{\rho_{te}\sigma_{sq}} \tag{3.32}$$

式中：f_{tk}——混凝土抗拉强度标准值；

ρ_{te}——纵向受力钢筋的有效配筋率。

当 $\psi<0.2$ 时，取 $\psi=0.2$；当 $\psi>1.0$ 时，取 $\psi=1.0$；对直接承受重复荷载的构件，取 $\psi=1.0$。

(3) σ_{sq}。

σ_{sq}为在荷载效应准永久值组合作用下纵向受拉钢筋的应力，按下列公式计算。

① 轴心受拉构件的计算公式为

$$\sigma_{sq}=\frac{N_q}{A_s} \tag{3.33a}$$

式中：N_q——按荷载效应准永久值组合计算的轴向力值；

A_s——轴心受拉构件的全部纵向受拉钢筋截面面积。

② 受弯构件的计算公式为

$$\sigma_{sq}=\frac{M_q}{0.87A_sh_0} \tag{3.33b}$$

式中：M_q——按荷载效应准永久值组合计算的弯矩值；

A_s——构件受拉区的全部纵向受拉钢筋截面面积；

h_0——受弯构件截面有效高度。

③ 偏心受压构件的计算公式为

$$\sigma_{sq}=\frac{N_q(e-z)}{A_sz} \tag{3.33c}$$

$$z=\left[0.87-0.12(1-\gamma_f')\left(\frac{h_0}{e}\right)^2\right]h_0 \tag{3.33d}$$

式中：N_q——按荷载效应准永久值组合计算的轴向力值；

e——轴向压力作用点至纵向受拉钢筋合力作用点的距离；

z——纵向受拉钢筋合力作用点至截面受压区合力作用点的距离，$z\leqslant0.87h_0$；

γ_f'——受压翼缘面积与腹板有效截面面积的比值，$\gamma_f'=\frac{(b_f'-b)h_f'}{bh_0}$，其中，$b_f'$、$h_f'$ 为受压翼缘的宽度、高度，当 $h_f'>0.2h_0$ 时，取 $h_f'=0.2h_0$。

④ 偏心受拉构件的计算公式为

$$\sigma_{sq}=\frac{N_qe'}{A_s(h_0-a_s')} \tag{3.33e}$$

式中：N_q——按荷载效应准永久值组合计算的轴向力值；

e'——轴向拉力作用点至受压区或受拉较小边纵向钢筋合力作用点的距离；

A_s——构件受拉较大边的受拉纵向钢筋截面面积。

(4) d_{eq}。

d_{eq}为受拉区纵向受力钢筋的等效直径,按下式计算:

$$d_{eq}=\frac{\sum n_i d_i^2}{\sum n_i \nu_i d_i} \tag{3.34}$$

式中:n_i——受拉区第 i 种纵向钢筋的根数;

d_i——受拉区第 i 种纵向钢筋的公称直径;

ν_i——受拉区第 i 种纵向受拉钢筋相对黏结特性系数,光面钢筋取 $\nu_i=0.7$;变形钢筋取 $\nu_i=1.0$。

(5) ρ_{te}。

ρ_{te}为按有效受拉混凝土截面面积计算的纵向受拉钢筋配筋率,按下列公式计算:

$$\rho_{te}=\frac{A_s}{A_{te}} \tag{3.35}$$

式中:A_{te}——有效受拉混凝土截面面积,轴心受拉构件取构件截面面积,受弯构件、偏心受压构件和偏心受拉构件取 $A_{te}=0.5bh+(b_f-b)h_f$,b_f、h_f 为受拉翼缘的宽度、高度。

当 $\rho_{te}<0.01$ 时,取 $\rho_{te}=0.01$。

(6) E_s、c。

E_s 为钢筋的弹性模量,可查表得到;c 为混凝土保护层厚度。

(7) w_{lim}。

w_{lim}为最大裂缝宽度限值,如表 3.13 所示。

表 3.13　结构构件的裂缝控制等级和最大裂缝宽度限值

<table>
<tr><th rowspan="2">环境类别</th><th colspan="2">钢筋混凝土结构</th><th colspan="2">预应力混凝土结构</th></tr>
<tr><th>裂缝控制等级</th><th>ω_{lim}/mm</th><th>裂缝控制等级</th><th>ω_{lim}/mm</th></tr>
<tr><td>一</td><td rowspan="4">三</td><td>0.3(0.4)</td><td rowspan="2">三级</td><td>0.2</td></tr>
<tr><td>二 a</td><td rowspan="3">0.2</td><td>0.1</td></tr>
<tr><td>二 b</td><td rowspan="2">二级</td><td></td></tr>
<tr><td>三 a、三 b</td><td></td></tr>
</table>

注:1.表中规定适用于采用热轧钢筋的钢筋混凝土构件和采用预应力钢丝、钢绞线和热处理钢筋的预应力混凝土构件;当采用其他类型的钢筋或钢丝时,其裂缝控制要求可按专门标准确定。

2. 对于处于年平均相对湿度小于 60%的地区一类环境下的受弯构件,其最大裂缝宽度限值可采用括号内的数值。

3. 表中的最大裂缝宽度限值用于验算荷载作用引起的最大裂缝宽度。

想一想

减小受弯构件裂缝宽度的措施有哪些?

例 3.11　某钢筋混凝土矩形截面简支梁的跨长 $l_0=7.2$ m,截面尺寸 $b\times h=$ 250 mm×650 mm,混凝土为 C25,通过计算配置的纵向受拉钢筋为 4Φ22+4Φ18。混凝土保护层厚度为 c=25 mm，为室内正常环境，最大裂缝宽度限值为 $\omega_{lim}=0.3$ mm。按荷载准永久组合计算的跨中弯矩 $M_q=191.2$ kN·m。试对此梁进行裂缝宽度验算。

解 (1) 基本资料。

$\alpha_{cr}=2.1$，$f_{tk}=1.78$ N/mm²，$A_s=(1520+1017)$ mm² $=2537$ mm²，$\nu_i=1.0$，$E_s=2.0\times 10^5$ N/mm²。取 $a_s=60$ mm，则 $h_0=h-a_s=(650-60)$ mm $=590$ mm。

(2) 计算裂缝宽度计算参数。

$$\rho_{te}=\frac{A_s}{A_{te}}=\frac{A_s}{0.5bh}=\frac{2537}{0.5\times 250\times 650}=0.031\,2>0.01$$

$$d_{eq}=\frac{\sum n_i d_i^2}{\sum n_i \nu_i d_i}=\frac{4\times 22^2+4\times 18^2}{4\times 1.0\times 22+4\times 1.0\times 18}\ \text{mm}=20.2\ \text{mm}$$

$$\sigma_{sq}=\frac{M_q}{0.87A_s h_0}=\frac{191.2\times 10^6}{0.87\times 2537\times 590}\ \text{N/mm}^2=146.8\ \text{N/mm}^2$$

$$\psi=1.1-0.65\frac{f_{tk}}{\rho_{te}\sigma_{sq}}=1.1-0.65\times\frac{1.78}{0.0312\times 146.8}=0.847$$

(3) 裂缝宽度验算。

$$\begin{aligned}\omega_{max}&=\alpha_{cr}\psi\frac{\sigma_{sq}}{E_s}\left(1.9c+0.08\frac{d_{eq}}{\rho_{te}}\right)\\&=2.1\times 0.847\times\frac{146.8}{2.0\times 10^5}\times\left(1.9\times 25+0.08\times\frac{20.2}{0.0312}\right)\ \text{mm}\\&=0.13\ \text{mm}\end{aligned}$$

$\omega_{max}<\omega_{lim}$，裂缝宽度满足要求。

3.4.2 挠度验算

受弯构件需进行挠度验算。

3.4.2.1 验算公式

受弯构件的挠度验算公式为

$$f_{max}=S\frac{M_k l_0^2}{B}\leqslant[f] \tag{3.36}$$

3.4.2.2 验算公式中各参数的意义

1. 长期刚度

我国《混凝土结构设计规范》(GB 50010—2010)(2015 年版)规定，矩形、T 形、倒 T 形和 I 形截面受弯构件考虑荷载长期作用影响的刚度 B 可按下列规定计算。

(1) 采用荷载标准组合时，B 的计算公式为

$$B=\frac{M_k}{M_q(\theta-1)+M_k}B_s \tag{3.37}$$

(2) 采用荷载准永久组合时，B 的计算公式为

$$B=\frac{B_s}{\theta} \tag{3.38}$$

式中：θ——考虑长期荷载作用对挠度增大的影响系数。

当 $\rho'=0$ 时，取 $\theta=2.0$；当 $\rho'=\rho$ 时，取 $\theta=1.6$；当 ρ' 为中间数值时，θ 按线性内插法取用。θ 也可以用公式 $\theta=2.0-0.4\frac{\rho'}{\rho}$ 计算，此处 $\rho'=\frac{A'_s}{bh_0}$，$\rho=\frac{A_s}{bh_0}$。对于翼缘在受拉区的倒T形截面，θ 值应增大20%。

2. 短期刚度

短期刚度 B_s 可按下式计算：

$$B_s=\frac{E_sA_sh_0^2}{1.15\psi+0.2+\frac{6\alpha_E\rho}{1+3.5\gamma'_f}} \tag{3.39}$$

式中：ψ——裂缝间受拉钢筋应变不均匀系数，按式(3.32)计算；

α_E——钢筋弹性模量与混凝土弹性模量的比值，$\alpha_E=\frac{E_s}{E_c}$；

γ'_f——受压翼缘加强系数，为受压翼缘面积与腹板有效面积的比值，即 $\gamma'_f=\frac{(b'_f-b)h'_f}{bh_0}$（当 $h'_f>0.2h_0$ 时，取 $h'_f=0.2h_0$）；

E_s——受拉钢筋的弹性模量；

A_s——受拉钢筋总面积；

ρ——受拉钢筋的配筋率。

3.4.2.3 受弯构件的挠度限值

受弯构件的挠度限值如表3.14所示。

表3.14 受弯构件的挠度限值

构件类型		挠度限值[f]
吊车梁	手动吊车	$\frac{l_0}{500}$
	电动吊车	$\frac{l_0}{600}$
屋盖、楼盖及楼梯构件	$l_0<7$ m	$\frac{l_0}{200}\left(\frac{l_0}{250}\right)$
	7 m$\leqslant l_0\leqslant$9 m	$\frac{l_0}{250}\left(\frac{l_0}{300}\right)$
	$l_0>9$ m	$\frac{l_0}{300}\left(\frac{l_0}{400}\right)$

注：1.表中 l_0 为构件计算跨度。

2.表中括号内数值适用于使用上对挠度有较高要求的构件。

3.如果构件制作时预先起拱，且使用上也允许，则在验算挠度时，可将计算所得的挠度值减去起拱值；对于预应力混凝土构件，还可减去预加力产生的反拱值。

4.计算悬臂构件的挠度限值时，计算跨度 l_0 按实际悬臂长度的2倍取用。

若不能满足要求，应设法减小 f_{max}，即增大抗弯刚度。增大抗弯刚度的最有效的措施是增大截面高度；若设计时构件的截面尺寸不能加大，可考虑增加受拉钢筋面积、提高混凝土等级、在受压区配置受压钢筋或采用预应力混凝土结构等措施。

想一想

减小受弯构件挠度的措施有哪些？

例 3.12 某承受均布荷载的钢筋混凝土矩形截面简支梁，已知条件同例 3.11，按荷载的标准组合计算的跨中弯矩 $M_k=240\ \text{kN}\cdot\text{m}$。试对该梁进行挠度验算。$\left(\text{已知挠度限值 } [f]=\dfrac{l_0}{250}\right)$。

解 (1)基本资料。

$E_s=2.0\times10^5\ \text{N/mm}^2$，$E_c=2.8\times10^4\ \text{N/mm}^2$，$\alpha_E=\dfrac{E_s}{E_c}=\dfrac{2.0\times10^5}{2.8\times10^4}=7.14$，$A_s=(1520+1017)\ \text{mm}^2=2537\ \text{mm}^2$，$\rho=\dfrac{A_s}{bh_0}=\dfrac{2537}{250\times590}=0.017$，$f_{tk}=1.78\ \text{N/mm}^2$。

取 $a_s=60\ \text{mm}$，则 $h_0=h-a_s=(650-60)\ \text{mm}=590\ \text{mm}$。$\psi=0.847$(例 3.11 已算出)。

(2) 计算短期刚度。

$$\gamma_f'=\frac{(b_f'-b)h_f'}{bh_0}=0$$

$$B_s=\frac{E_sA_sh_0^2}{1.15\psi+0.2+\dfrac{6\alpha_E\rho}{1+3.5\gamma_f'}}$$

$$=\frac{2.0\times10^5\times2537\times590^2}{1.15\times0.847+0.2+6\times7.14\times0.017}\ \text{N}\cdot\text{mm}^2=9.28\times10^{13}\ \text{N}\cdot\text{mm}^2$$

(3) 计算长期刚度(按照荷载准永久组合计算)。

因为截面没有设置受压钢筋，$\rho'=0$，$\theta=2.0$。

$$B=\frac{B_s}{\theta}=\frac{9.28\times10^{13}}{2.0}\ \text{N}\cdot\text{mm}^2=4.64\times10^{13}\ \text{N}\cdot\text{mm}^2$$

(4) 挠度验算。

$$f_{max}=\frac{5}{48}\cdot\frac{M_kl_0^2}{B}=\frac{5\times240\times10^6\times7200^2}{48\times4.64\times10^{13}}\ \text{mm}$$

$$=28\ \text{mm}$$

$$[f]=\frac{l_0}{250}=\frac{7200}{250}\ \text{mm}=28.8\ \text{mm}$$

$f_{max}<[f]$，梁的挠度满足要求。

习　题

<table>
<tr><td>项目名称</td><td colspan="4">钢筋混凝土受弯构件</td></tr>
<tr><td>班级</td><td></td><td>学号</td><td></td><td>姓名</td></tr>
<tr><td>填空题</td><td colspan="4">1. 对设计工作年限为 50 年的混凝土结构，钢筋混凝土结构构件的混凝土强度等级不应低于________。
2. 梁的截面宽度可由常用的高宽比来估计，对于矩形截面的梁，一般取宽高比为________。
3. 梁的下部纵向受力钢筋的最小间距要求为________。
4. 截面的有效高度是指________________________________。
5. 受弯构件正截面破坏形式分为________、________和________。
6. 受弯构件适筋破坏的破坏特点是________________________________。
7. 受弯构件斜截面的三种破坏形态为________、________和________。
8. 控制有腹筋梁的最小配箍率，是为了防止有腹筋梁出现________。
9. 混凝土结构构件正截面裂缝控制等级划分为________级。混凝土结构裂缝控制等级为一级，则要求________________。
10. 减少钢筋混凝土受弯构件的裂缝宽度，首先应考虑的措施是________。</td></tr>
<tr><td>选择题</td><td colspan="4">1. 下列不是建筑工程中典型的受弯构件的是(　　)。
A. 次梁　　B. 板　　C. 主梁　　D. 柱
2. 关于架立钢筋，以下说法正确的是(　　)。
A. 架立钢筋布置在梁的受拉区
B. 架立钢筋的直径与梁的跨度无关
C. 当受压区有纵向受压钢筋时，受压钢筋可兼作架立钢筋
D. 架立钢筋不能固定箍筋
3. 以下说法错误的是(　　)。
A. 板的受力钢筋沿板的跨度方向设置
B. 板的分布钢筋将荷载均匀地传给受力钢筋
C. 板的分布钢筋与受力钢筋垂直，分布钢筋布置在受力钢筋的外侧
D. 在板的 2 个方向均配置受力钢筋，则 2 个方向的钢筋均可兼作分布钢筋
4. 梁中钢筋的间距不能太小，以下说法错误的是(　　)。
A. 为了便于浇筑混凝土
B. 为了保证钢筋与混凝土有可靠的黏结力
C. 为了保证钢筋受力均匀
D. 为了保证钢筋周围混凝土的质量
5. 对于钢筋混凝土双筋矩形截面梁正截面承载力计算，要求满足 $x \geqslant 2a'_s$，此要求的目的是(　　)。
A. 减少受拉钢筋的用量
B. 防止梁发生少筋破坏
C. 保证构件截面破坏时受压钢筋能够达到屈服强度
D. 充分发挥混凝土的受压作用
6. 在下列描述中，(　　)是错误的。
A. 少筋梁在受弯时，钢筋应力过早超过屈服点引起梁的脆性破坏，因此不安全
B. 适筋梁破坏前有明显的预兆，经济性、安全性均较好
C. 超筋梁过于安全，只是不经济
D. 在截面高度受限制时，可采用双筋梁</td></tr>
</table>

续表

项目名称	钢筋混凝土受弯构件
选择题	7. 为了防止有腹筋梁的斜拉破坏,需控制梁的(　　)。 A. 最大配箍率 B. 剪跨比 C. 最小配箍率 D. 混凝土强度等级
简答题	1. 在截面设计和承载力复核时,应如何判别 T 形截面的类型? 2. 钢筋混凝土梁的斜截面破坏形态主要有哪三种?其破坏特征各是什么?
计算题	1. 钢筋混凝土矩形截面梁的截面尺寸为 $b=250$ mm,$h=500$ mm,梁承受的弯矩设计值$M=150$ kN·m。纵向受拉钢筋采用 HRB400 级,混凝土强度等级为 C30,环境类别为一类。试求纵向受拉钢筋截面面积。 2. 某钢筋混凝土简支梁的截面尺寸 $b\times h=250$ mm×500 mm,该梁控制截面上弯矩设计值为 $M=395$ kN·m,采用 C30 混凝土、HRB400 级钢筋,环境类别为一类。求所需钢筋截面面积。 3. 一钢筋混凝土梁的截面尺寸 $b\times h=250$ mm×500 mm,混凝土强度等级为 C30,纵向受拉钢筋 3⌀22($A_s=1140$ mm^2),HRB400 级钢筋,环境类别为一类。该梁承受的最大弯矩设计值 $M=176$ kN·m。复核此梁是否安全。 4. 一钢筋混凝土 T 形截面独立梁的截面尺寸 $b\times h=250$ mm×500 mm。混凝土强度等级为 C30,钢筋选用 HRB400 级,环境类别为一类,截面承受的弯矩设计值为 $M=340$ kN·m。计算所需的受拉钢筋面积。
教师评价	

学习项目 4

钢筋混凝土受压构件

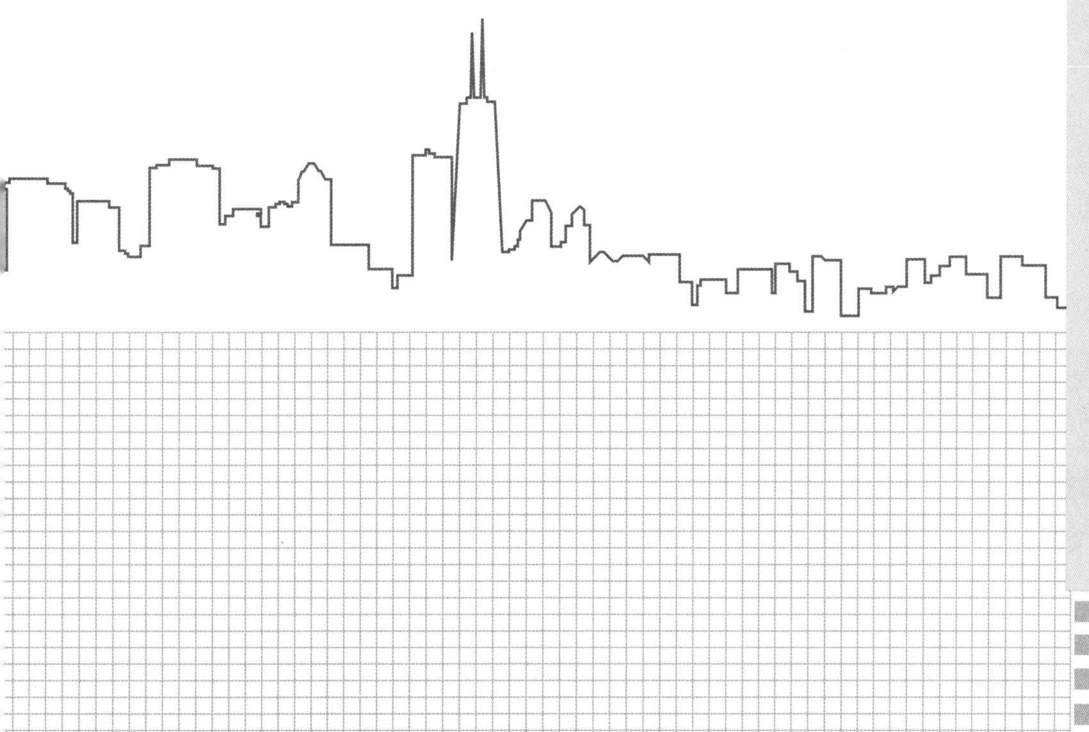

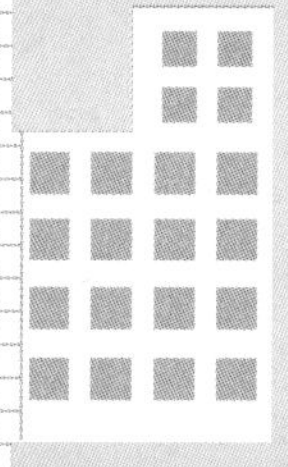

学习目标

(1) 知识目标：熟悉钢筋混凝土柱的构造要求；了解配有普通箍筋轴心受压柱的破坏特征，掌握其正截面承载力的计算方法；了解大、小偏心受压构件的破坏特征及其判别方法，掌握其正截面承载力的计算方法。

(2) 能力目标：能计算配有普通箍筋轴心受压柱的正截面承载力；能计算对称配筋矩形截面偏心受压构件的正截面承载力。

(3) 思政目标：提升国家荣誉感，涵育家国情怀；培养安全意识，培养严谨、细致的职业态度。

工程中以承受压力为主的构件为受压构件。受压构件按其受力情况可分为轴心受压构件和偏心受压构件，如图 4.1 所示。纵向压力作用线与构件形心轴线重合称为轴心受压构件。如果纵向压力作用线与构件形心轴线不重合或在构件截面上同时作用有轴向压力、弯矩及剪力时，这类构件称为偏心受压构件。

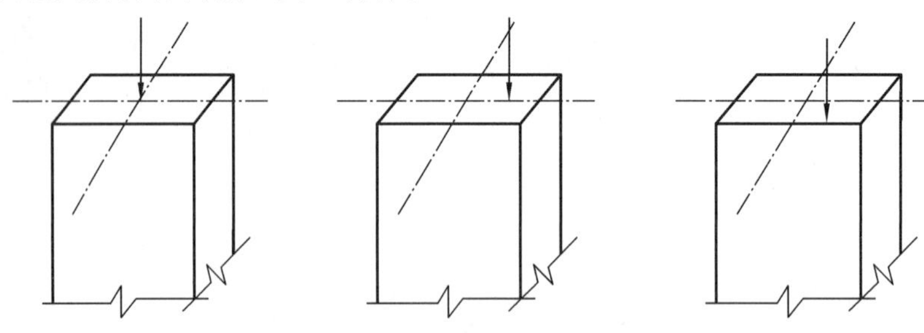

图 4.1　轴心受压构件和偏心受压构件

理想的轴心受压构件实际上是不存在的，在实际工程中，由于施工制造误差、荷载作用位置偏差、混凝土不均匀性等因素，不可能有真正的轴心受压。但是在设计中，屋架的斜压腹杆（见图 4.2）可近似地简化为轴心受压构件计算，单层厂房柱（见图 4.3）按偏心受压构件计算。

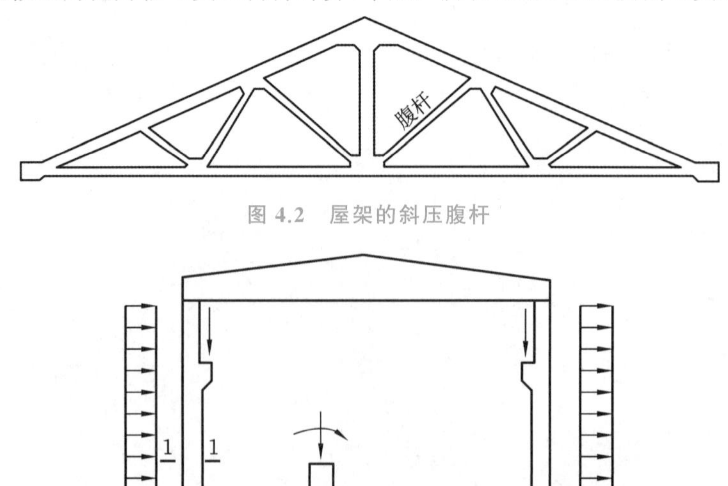

图 4.2　屋架的斜压腹杆

图 4.3　单层厂房柱

想一想

工程中还有哪些构件可近似地简化为轴心受压构件？哪些构件按偏心受压构件计算？

4.1 受压构件的一般构造

受压构件除了应满足承载力计算要求外，还应满足相应的构造要求。这些构造要求内容多且烦琐。下面只介绍其中一些常用的构造要求。

4.1.1 材料选用

混凝土强度等级对受压构件承载力影响较大，为了减小构件的截面尺寸和节省钢材，宜采用较高等级的混凝土。一般柱采用 C30、C35、C40 混凝土，对于高层建筑中的柱，必要时可采用更高等级的混凝土。

柱中的纵向受力普通钢筋宜采用 HRB400、HRB500、HRBF400、HRBF500 钢筋。

箍筋宜采用 HRB400、HRBF400、HRB335 钢筋，也可采用 HPB300 钢筋。

4.1.2 截面形式及尺寸

轴心受压构件截面一般采用方形或矩形，有时也采用圆形或多边形。偏心受压构件一般采用矩形截面，但为了节约混凝土和减轻柱的自重，特别是在装配式柱中，较大尺寸的柱常采用 I 形截面。

柱截面尺寸主要根据内力的大小、构件的长度及构造要求等条件来确定。为了避免构件的长细比过大导致承载能力降低过多，柱截面尺寸不宜过小。矩形截面柱的长细比宜满足以下要求：$l_0/b \leqslant 30$ 或 $l_0/h \leqslant 25$（l_0 为柱的计算长度，b、h 分别为矩形柱截面的短边、长边的长度）。圆形截面柱的长细比宜满足以下要求：$l_0/d \leqslant 25$（l_0 为柱的计算长度，d 为圆形截面的直径）。

矩形截面框架柱的边长不应小于 300 mm，圆形截面柱的直径不应小于 350 mm。I 形截面柱的翼缘厚度不宜小于 120 mm，腹板厚度不宜小于 100 mm。此外，为了施工支模方便，柱截面尺寸宜采用整数，800 mm 及以下宜取 50 mm 为模数，800 mm 以上宜取 100 mm 为模数。

4.1.3 钢筋构造要求

4.1.3.1 纵向钢筋构造要求

轴心受压构件中，纵向受力钢筋的主要作用是帮助混凝土抵抗压力。在偏心受压构件中，纵向受力钢筋的主要作用是协助混凝土抵抗压力及截面上可能产生的拉力。

轴心受压柱内的纵向钢筋应沿构件截面周边均匀布置，偏心受压构件中的纵向钢筋应布置在偏心方向的两侧，如图 4.4 所示。

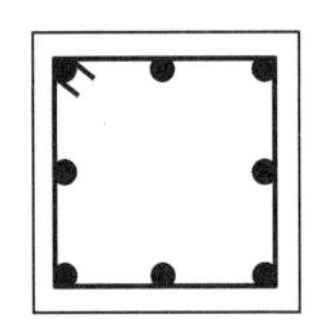
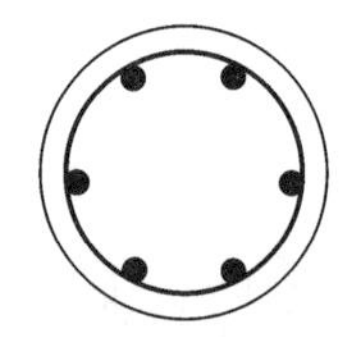
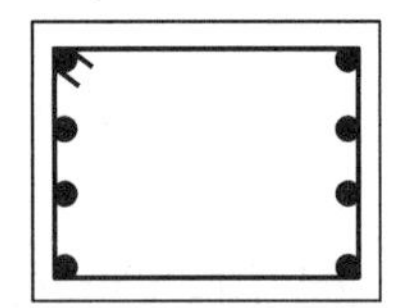

图 4.4　柱纵向钢筋布置示意图

为了减少钢筋在施工时可能产生的纵向弯曲，宜采用较粗的钢筋。纵向钢筋直径不宜小于 12 mm，通常为 16～32 mm。矩形截面受压构件中的纵向钢筋不应少于 4 根，以便与箍筋形成钢筋骨架。圆形截面受压构件中的纵向钢筋不宜少于 8 根，且不应少于 6 根。偏心受压柱的截面高度不小于 600 mm 时，在柱的侧面上应设置直径不小于 10 mm 的纵向构造钢筋，并相应设置复合箍筋或拉筋。

柱中的纵向钢筋的净间距不应小于 50 mm，以免影响混凝土浇筑密实。净间距不宜大于 300 mm，保证对芯部混凝土的围箍约束。水平浇筑的预制柱的净距要求与梁相同。

为避免混凝土突然压溃，并使受压构件具有必要的刚度和抵抗偶然偏心作用的能力，纵向钢筋的配筋率有最低要求（见表 4.1）。为了施工方便和满足经济要求，全部纵向钢筋的配筋率不宜超过 5%，常用的配筋率为 0.8%～2%。

表 4.1　受压构件的最小配筋率

序号	受力类型		最小配筋率/(%)
1	全部纵向钢筋	强度等级 500 MPa	0.50
2		强度等级 400 MPa	0.55
3		强度等级 300 MPa	0.60
4	一侧纵向钢筋		0.20

小贴士

当采用 C60 以上强度等级混凝土时，受压构件全部纵向普通钢筋的最小配筋率增加 0.1%。

4.1.3.2　箍筋构造要求

轴心受压构件中，箍筋的主要作用是防止纵向受力钢筋向外压屈，并与纵向受力钢筋形成骨架以便于施工。在偏心受压构件中，箍筋的主要作用除了固定纵向受力钢筋、与纵向受力钢筋形成骨架以便于施工外，还有抵抗剪力和扭矩。为了能箍柱纵向钢筋，受压构件中的周边箍筋应做成封闭式。

箍筋直径不应小于 $d/4$（d 为纵向钢筋的最大直径），且不应小于 6 mm；间距不应大于 400 mm 及构件截面的短边尺寸，且不应大于 $15d$（d 为纵向钢筋的最小直径）。当柱中全部纵向受力钢筋的配筋率大于 3%时，箍筋直径不应小于 8 mm，间距不应大于 $10d$（d 为纵向受力钢筋的最小直径）且不应大于 200 mm。

当柱截面短边尺寸大于 400 mm 且各边纵向钢筋多于 3 根或当柱截面短边尺寸不大于 400 mm 但各边纵向钢筋多于 4 根时，应设置复合箍筋(见图 4.5)。

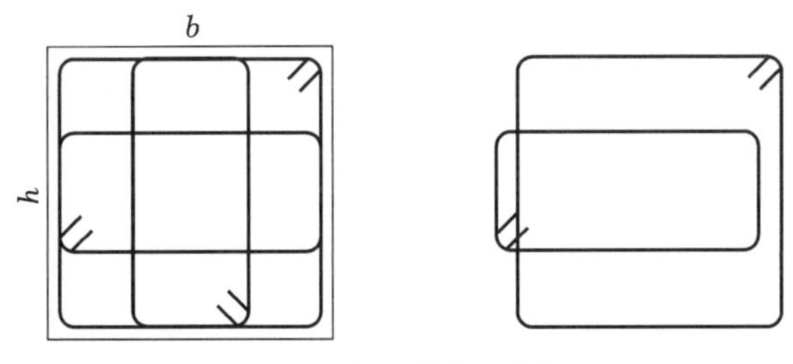

图 4.5 复合箍筋示意图

4.2 轴心受压构件正截面承载力计算

钢筋混凝土轴心受压柱按箍筋的形式不同分为普通箍筋柱和螺旋箍筋柱(见图 4.6)。这里只介绍普通箍筋柱的承载力计算方法。

轴心受压构件
正截面承载力计算

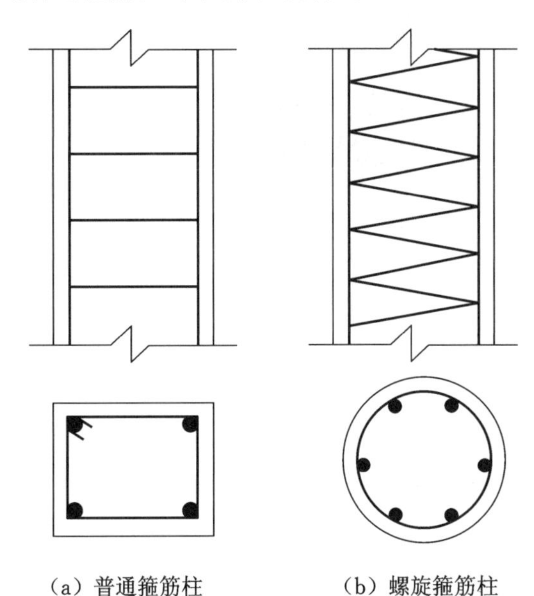

(a) 普通箍筋柱　(b) 螺旋箍筋柱

图 4.6 普通箍筋柱和螺旋箍筋柱示意

小贴士

螺旋箍筋柱截面一般是圆形，采用螺旋箍筋可以约束核心混凝土的侧向变形，同时螺旋箍筋也能像直接配置纵向钢筋那样起到提高承载力和变形能力的作用。

4.2.1 轴心受压构件破坏

对于配有纵筋和箍筋的短柱，当轴心荷载较小时，混凝土和钢筋都处在弹性阶段；随着荷载的增加，柱中开始出现微细裂缝，接近破坏荷载时，柱四周出现明显的纵向裂缝，箍筋间的纵筋发生压屈，向外凸出，混凝土被压碎，柱被破坏(见图 4.7)。

对于配有纵筋和箍筋的长柱，各种偶然因素造成的初始偏心距的影响是不可忽略的。加载后，初始偏心距导致产生附加弯矩和相应的侧向挠度，而侧向挠度又增大了荷载的偏心距；随着荷载的增加，附加弯矩和侧向挠度将不断增大。这样相互影响的结果是使长柱在轴力和弯矩的共同作用下发生破坏。破坏时，凹侧先出现纵向裂缝，随后混凝土被压碎，纵筋被压屈向外凸出，凸侧混凝土出现垂直于纵轴方向的横向裂缝，侧向挠度急剧增大，柱被破坏(见图 4.8)。

其他条件相同时，长柱的破坏荷载低于短柱的破坏荷载。长细比越大，承载能力降低越多。规范中引入一个稳定系数 φ 来表示长柱承载力的降低程度。

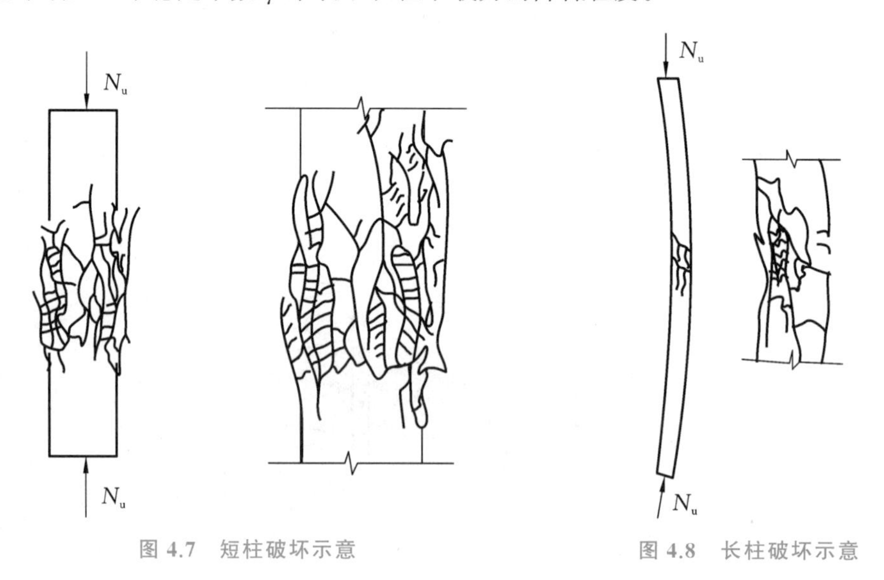

图 4.7 短柱破坏示意

图 4.8 长柱破坏示意

4.2.2 承载力计算公式

《混凝土结构设计规范》(GB 50010—2010)(2015 年版)中配置普通箍筋的轴心受压构件正截面承载力计算公式如下：

$$N \leqslant 0.9\varphi(f_c A + f'_y A'_s) \tag{4.1}$$

式中：N——轴向压力设计值；

φ——钢筋混凝土构件的稳定系数，按表 4.2 采用；

f_c——混凝土轴心抗压强度设计值；

A——构件截面面积，当配筋率大于 3%时，式中的 A 应用($A-A'_s$)代替；

f'_y——纵向钢筋抗压强度设计值；

A'_s——全部纵向钢筋的截面面积。

表 4.2　钢筋混凝土轴心受压构件的稳定系数

l_0/b	≤8	10	12	14	16	18	20	22	24	26	28
l_0/d	≤7	8.5	10.5	12	14	15.5	17	19	21	22.5	24
l_0/i	≤28	35	42	48	55	62	69	76	83	90	97
φ	1.00	0.98	0.95	0.92	0.87	0.81	0.75	0.70	0.65	0.60	0.56
l_0/b	30	32	34	36	38	40	42	44	46	48	50
l_0/d	26	28	29.5	31	33	34.5	36.5	38	40	41.5	43
l_0/i	104	111	118	125	132	139	146	153	160	167	174
φ	0.52	0.48	0.44	0.40	0.36	0.32	0.29	0.26	0.23	0.21	0.19

注：l_0 为构件计算长度；b 为矩形截面短边尺寸；d 为圆形截面直径；i 为截面最小回转半径。

构件的计算长度 l_0 与构件两端支承情况有关。在实际工程中，构件两端支承情况并非完全符合理想条件，所以钢筋混凝土柱计算长度的确定是一个很复杂的问题。《混凝土结构设计规范》(GB 50010—2010)(2015 年版)对柱的计算长度做了具体规定。

一般多层房屋中梁柱为刚接的框架结构，各层柱的计算长度 l_0 可按以下规则计算。

现浇楼盖：底层柱的 $l_0=1.0H$；其余各层柱的 $l_0=1.25H$。

装配式楼盖：底层柱的 $l_0=1.25H$；其余各层柱的 $l_0=1.5H$。

H 为底层柱从基础顶面到一层楼盖顶面的高度；对于其余各层柱，H 为上下两层楼盖顶面之间的高度。

4.2.3　承载力计算

在实际工程中遇到的轴心受压构件的计算问题可以分为截面设计和截面复核两大类。

4.2.3.1　截面设计

截面设计时，首先选定材料的强度等级，根据轴心压力大小以及建筑设计的要求确定构件的截面尺寸和形状，然后利用表 4.2 确定稳定系数 φ，最后利用式(4.1)计算出所需纵向钢筋的数量。若计算配筋率偏高，说明所选截面偏小；反之，说明所选截面偏大。必要时，可重选截面，重新做配筋计算。

例 4.1　某现浇多层钢筋混凝土框架中柱如图 4.9 所示。底层中柱按轴心受压构件计算，柱高 $H=6.4$ m，承受轴向压力 $N=2450$ kN，采用强度等级 C30 的混凝土，采用 HRB400 级钢筋。试设计柱的截面并配置纵向钢筋。

解　$f_c=14.3\ \text{N/mm}^2$，$f'_y=360\ \text{N/mm}^2$。

(1) 截面尺寸。

初选截面尺寸 $b\times h=400\ \text{mm}\times400\ \text{mm}$。

(2) 稳定系数 φ。

现浇框架底层柱的柱高从基础顶面算起至一层结构标高，计算长度 $l_0=1.0H=6400$ mm。

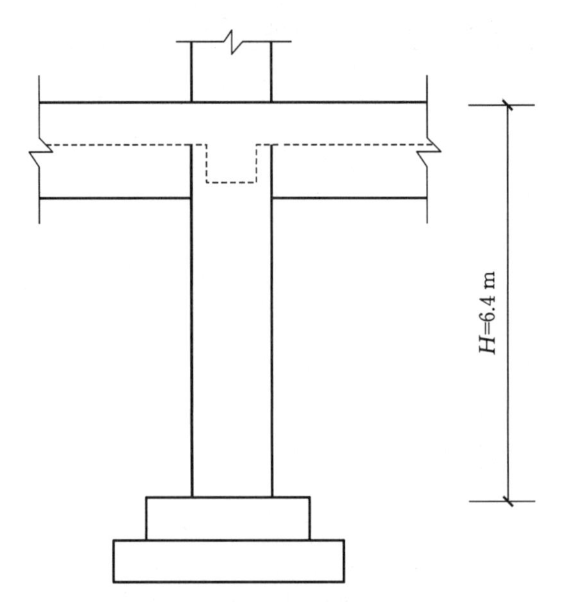

图 4.9 某现浇多层钢筋混凝土框架中柱

$\frac{l_0}{b}=\frac{6400}{400}=16$。查表 4.2,稳定系数 $\varphi=0.87$。

(3) 计算纵向钢筋。

由式(4.1)可得

$$A_s'=\frac{\frac{N}{0.9\varphi}-f_cA}{f_y'}=\frac{\frac{2450\times10^3}{0.9\times0.87}-14.3\times400^2}{360}\ \text{mm}^2=2336.1\ \text{mm}^2$$

选配 8 ⌀ 20 钢筋($A_s=2513\ \text{mm}^2$)。

$$\rho=\frac{A_s}{bh}=\frac{2513}{400\times400}=1.57\%$$

$\rho_{min}=0.6\%$,$\rho_{max}=5\%$,$\rho_{min}\leqslant\rho\leqslant\rho_{max}$,配筋率满足要求。

截面每侧有 3 根钢筋,每侧的钢筋配筋率为

$$\rho'=\frac{3\times314.2}{400\times400}=0.59\%$$

$\rho'>0.2\%$,配筋率满足要求。

箍筋选用⌀ 8 @200,满足构造要求。

4.2.3.2 截面复核

已知柱的截面尺寸和配筋、材料强度等级、计算长度 l_0,求柱所能承担的轴向压力或在已知轴向压力设计值的情况下验算截面是否安全。

例 4.2 某 2 层刚性房屋内框架底层现浇钢筋混凝土轴心受压柱的截面尺寸 $b\times h=400\ \text{mm}\times400\ \text{mm}$,柱内配有 8 ⌀ 25 的 HRB400 级纵向钢筋,混凝土强度等级为 C25,柱顶标高为 4.2 m,基础顶面离室内地面 0.6 m,经过内力计算承受轴向压力 $N=3000$ kN。验算该柱是否安全。

解　查表得：$f_c=11.9\ \text{N/mm}^2$，$f'_y=360\ \text{N/mm}^2$，$A'_s=3927\ \text{mm}^2$。

(1) 稳定系数 φ。

现浇框架底层柱，柱高从基础顶面算起至一层结构标高，计算长度 $l_0=1.0H=1.0\times(4200\ \text{mm}+600\ \text{mm})=4800\ \text{mm}$。

$\dfrac{l_0}{b}=\dfrac{4800}{400}=12$。查表4.2，稳定系数 $\varphi=0.95$。

$\rho=\dfrac{3927}{400\times400}=2.45\%$，$\rho<3\%$。

(2) 轴心压力设计值 N_u。

$N_u=0.9\varphi(f_cA+f'_yA'_s)=0.9\times0.95\times(11.9\times400\times400+360\times3927)\ \text{N}=2837\ \text{kN}$。

$N_u<N$，该柱是不安全的。

> **小贴士**
>
> 截面复核问题中，构件的截面面积带入时，计算配筋率是否大于3%。

4.3 偏心受压构件的正截面承载力计算

当弯矩和轴力共同作用于构件或当轴向力作用线与构件截面重心不重合时，称为偏心受压构件。N 和 M 的共同作用，可等效为偏心距为 $e_0=M/N$ 的偏心压力 N 的作用(见图4.10)。

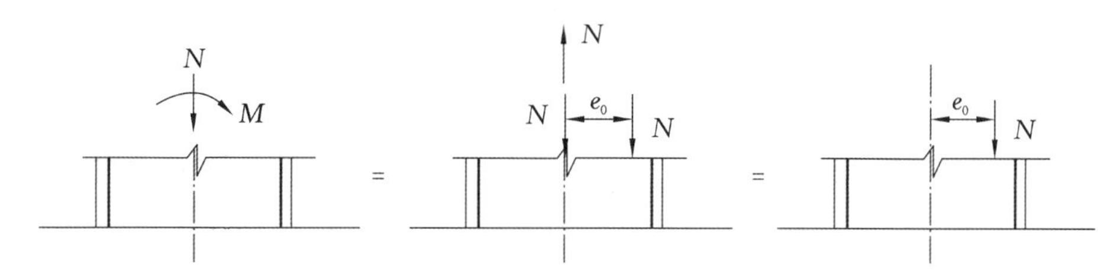

图4.10　偏心受压构件的压力

4.3.1 偏心受压构件破坏

钢筋混凝土偏心受压构件的钢筋通常布置在截面偏心方向的两侧，离偏心力较近一侧的受力钢筋为受压钢筋，离偏心力较远一侧的受力钢筋可能受拉，也可能受压。钢筋混凝土偏心受压构件的破坏特征与轴向压力的偏心距、纵向钢筋的配筋率及混凝土的强度等因素有关，根据其破坏特征可分为大偏心受压破坏和小偏心受压破坏两类。

4.3.1.1 大偏心受压破坏(受拉破坏)

大偏心受压破坏属于受拉破坏，它发生于轴向压力 N 的偏心距较大且没有配置过多受拉钢筋的情况下。在偏心距较大的轴向压力 N 的作用下,靠近偏心力的一侧的截面受压,远离偏心力的一侧的截面受拉。随着 N 的加大,受拉区的混凝土被拉裂出现横向裂缝并不断开展。当 N 继续增大时,受拉钢筋达到屈服。钢筋受拉屈服后,受拉区裂缝迅速发展,并向受压区延伸,使受压区高度急剧减小,当受压区混凝土达到其极限压应变时,受压区混凝土被压碎,构件被破坏。混凝土被压碎时,受压钢筋的应力一般也能达到屈服强度,如图 4.11(a)所示。

大偏心受压破坏的主要特征是破坏先从受拉区开始,受拉钢筋先被拉屈服,然后受压区混凝土被压碎,其破坏形态与配有受压钢筋的适筋梁相似。

4.3.1.2 小偏心受压破坏(受压破坏)

小偏心受压破坏属于受压破坏,它发生在轴向压力的偏心距较小或很小,或者虽然偏心距较大但受拉钢筋配置过多的情况下。

(1) 偏心距很小。

当偏心距很小时,构件全截面受压,但靠近偏心力一侧压应力大,混凝土达到其极限压应变时,靠近偏心力一侧的混凝土被压碎,同侧的纵向钢筋受压屈服,远离偏心力一侧的纵向钢筋达不到抗压屈服强度,如图 4.11(b)所示。

若偏心距更小,而远离偏心力一侧的钢筋配置过少,靠近偏心力一侧的钢筋配置过多,由于截面的实际重心和几何形心不重合,重心轴向偏心力方向偏移且越过纵向压力作用线,在这种情况下,也可能发生远离偏心力一侧的混凝土先被压碎的情况,称为偏心受压构件的“反向破坏”。

(2) 偏心距较小。

当偏心距比第一种情形稍大时,截面大部分受压,小部分受拉。破坏发生在靠近偏心力一侧,混凝土达到其极限压应变,混凝土被压碎,同侧的纵向钢筋受压屈服,而远离偏心力一侧的纵向钢筋达不到抗拉屈服强度,如图 4.11(c)所示。

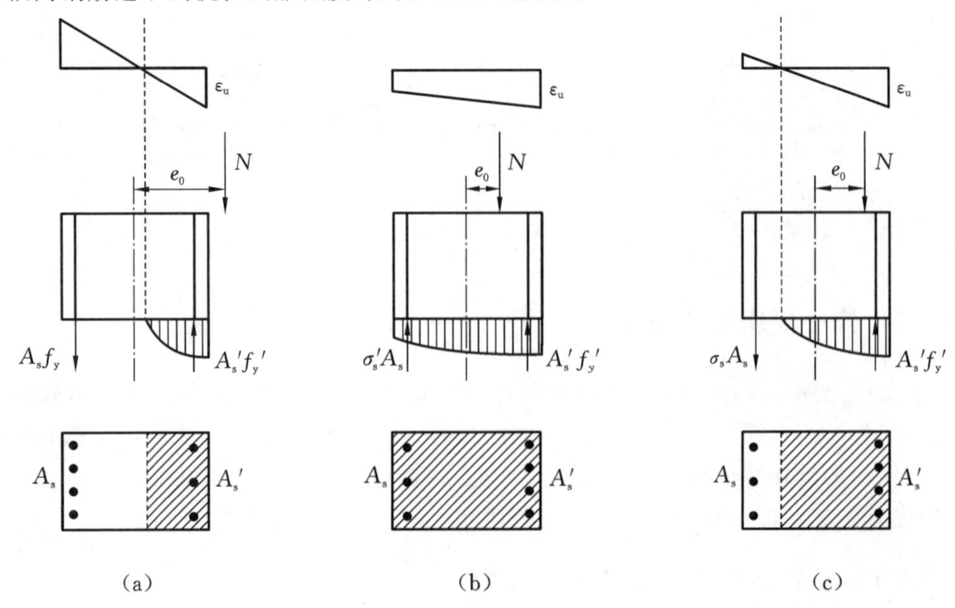

图 4.11 偏心受压构件截面受力的几种情况

(3) 偏心距较大,受拉钢筋数量过多。

由于偏心距较大,截面部分受压,部分受拉。受拉区混凝土横向裂缝出现较早,但由于受拉钢筋过多,受拉钢筋始终不屈服。随着荷载的增大,受压区边缘的混凝土达到其极限压应变,混凝土被压碎,同侧的纵向钢筋受压屈服,而远离偏心力一侧的纵向钢筋配置过多,达不到抗拉屈服强度。这种破坏形态与超筋梁相似。

想一想

大偏心受压破坏和小偏心受压破坏中的哪种破坏具有塑性破坏的性质?

4.3.2　两种偏心破坏的界限

由上述两类破坏情况可见,大偏心受压破坏时,受拉钢筋先屈服,然后受压混凝土破坏,如同受弯构件正截面适筋破坏。小偏心受压时,受压混凝土破坏,受压钢筋屈服,远离偏心力一侧的钢筋可能受拉,也可能受压,但始终未能屈服,类似于受弯构件正截面超筋破坏。因此,大、小偏心受压破坏界限,仍可用受弯构件正截面中的超筋与适筋的界限。

大偏心受压破坏的条件为

$$x \leqslant x_b = \xi_b h_0, \xi \leqslant \xi_b$$

小偏心受压破坏的条件为

$$x > x_b = \xi_b h_0, \xi > \xi_b$$

式中:x——受压区高度;

x_b——界限受压区高度;

ξ_b——相对界限受压区高度;

h_0——截面有效高度。

小贴士

相对界限受压区高度查表3.4获得。

4.3.3　基本计算公式及适用条件

4.3.3.1　附加偏心距和初始偏心距

1. 附加偏心距

考虑到工程实际中存在着竖向荷载作用位置的不确定性、混凝土质量的不均匀性、配筋的不对称性以及施工偏差等众多因素,《规范》规定,在偏心受压构件的正截面承载力计算中,必须考虑轴向压力在偏心方向的附加偏心 e_a,e_a 取 20 mm 和偏心方向截面尺寸的 1/30 中的较大值。

2. 初始偏心距

考虑了附加偏心距,轴向压力的初始偏心距 e_i 为偏心距和附加偏心距之和,即

$$e_i = e_0 + e_a \tag{4.2}$$

式中:e_i——初始偏心距;

e_a——附加偏心距；

e_0——轴向压力的偏心距，$e_0=M/N$。

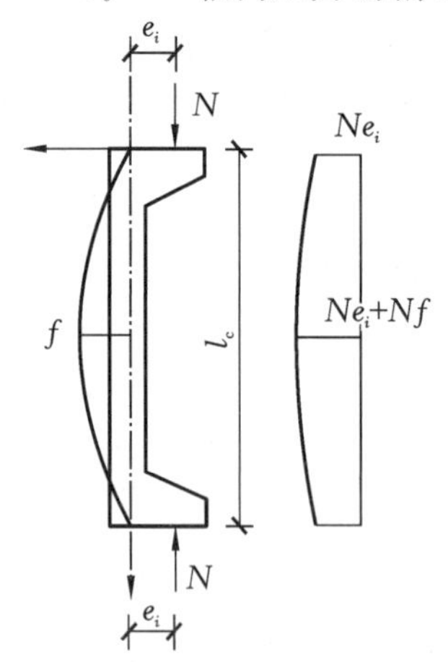

图 4.12 偏心受压构件的二阶效应示意图

4.3.3.2 偏心距调节系数和弯矩增大系数

钢筋混凝土偏心受压构件在偏心轴心力作用下，将产生纵向弯曲变形，从而导致各个截面轴向压力的偏心距增大（见图 4.12）。柱高中点截面处将产生最大挠度 f，截面上轴向压力的偏心距由 e_i 增大到 (e_i+f)，相应的弯矩由 Ne_i 增大到 Ne_i+Nf。这种弯矩受轴向压力和侧向附加挠度影响的现象称为偏心受压构件的二阶效应。

对于短柱，由于其纵向弯曲很小，一般不考虑二阶效应。《混凝土结构设计规范》(GB 50010—2010)(2015 年版)规定，弯矩作用平面内截面对称的偏心受压构件，当同时满足以下三个条件时，可不考虑二阶效应。

$$M_1/M_2\leqslant 0.9 \tag{4.3}$$

$$\mu=\frac{N}{f_cA}\leqslant 0.9 \tag{4.4}$$

$$l_c/i\leqslant 34-12(M_1/M_2) \tag{4.5}$$

式中：M_1、M_2——已考虑侧移影响的偏心受压构件两端截面按结构弹性分析确定的对同一主轴的组合弯矩设计值，绝对值较大端为 M_2，绝对值较小端为 M_1，构件按单曲率弯曲时取正值，否则取负值，如图 4.13 所示；

l_c——构件的计算长度，可近似取偏心受压构件相应主轴方向上下支承点之间的距离；

i——偏心方向的截面回转半径。

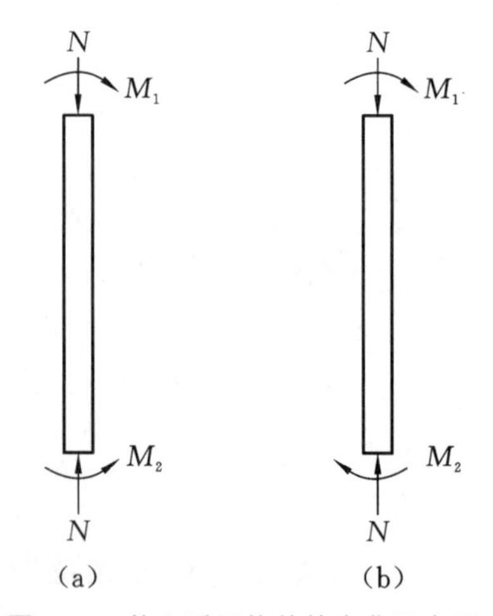

图 4.13 偏心受压构件的弯曲示意图

实际工程中最常遇到的是长柱，在计算中需考虑构件的侧向挠度引起的二阶效应的影响。《混凝土结构设计规范》(GB 50010—2010)(2015 年版)规定，通过引入偏心距调节系数和弯矩增大系数的方法考虑此影响，即偏心受压柱考虑二阶效应影响后的设计弯矩为原柱端最大弯矩乘以偏心距调节系数和弯矩增大系数，即

$$M=C_m\eta_{ns}M_2 \tag{4.6}$$

式中：C_m——偏心距调节系数；

η_{ns}——弯矩增大系数。

当 $C_m\eta_{ns}$ 小于 1.0 时，取 1.0。

1. 偏心距调节系数

$$C_m=0.7+0.3\frac{M_1}{M_2} \tag{4.7}$$

当 C_m 小于 0.7 时，取 0.7。

2. 弯矩增大系数

$$\eta_{ns}=1+\frac{1}{1300\left(\frac{M_2}{N}+e_a\right)/h_0}\left(\frac{l_c}{h}\right)^2\zeta_c \tag{4.8}$$

式中：N——与弯矩设计值 M_2 对应的轴向压力设计值；

ζ_c——截面曲率修正系数，$\zeta_c=0.5f_cA/N\leqslant1.0$，$A$ 是构件截面面积；

h_0——截面有效高度；

h——截面高度。

4.3.3.3　大偏心受压计算公式

根据大偏心受压（$\xi\leqslant\xi_b$）构件破坏时的应力图形（见图 4.14），由平衡条件，可写出其基本公式为

$$N\leqslant\alpha_1 f_c bx+A_s'f_y'-A_s f_y \tag{4.9}$$

$$Ne\leqslant\alpha_1 f_c bx\left(h_0-\frac{x}{2}\right)+A_s'f_y'(h_0-a_s') \tag{4.10}$$

$$e=e_i+h/2-a_s \tag{4.11}$$

式中：α_1——混凝土强度等级不超过 C50 时取 1.0，混凝土强度等级为 C80 时取 0.94，其间按线性内插法确定；

x——混凝土受压区高度；

A_s'——受压钢筋的面积；

f_y'——钢筋抗压强度设计值；

A_s——受拉钢筋的面积；

f_y——钢筋抗拉强度设计值；

e——轴向压力作用点至受拉钢筋合力点的距离；

a_s——受拉钢筋合力点至截面近边缘的距离。

公式的适用条件为

$$\xi=\frac{x}{h_0}\leqslant\xi_b \text{ 或 } x\leqslant x_b=\xi_b h_0 \tag{4.12}$$

$$x\geqslant2a_s' \tag{4.13}$$

式中：ξ——相对受压区高度；

x_b——界限受压区高度；

ξ_b——相对界限受压区高度；

a_s'——受压钢筋合力点至截面近边缘的距离。

当 $x<2a_s'$时，受压钢筋不能屈服，如图 4.15 所示。为偏于安全并为计算方便，取 $x=2a_s'$，并对受压钢筋合力点取矩，得

$$Ne'\leqslant A_s f_y(h_0-a_s') \tag{4.14}$$

$$e'=e_i-h/2+a_s' \tag{4.15}$$

4.3.3.4　小偏心受压计算公式

由小偏心受压（$\xi>\xi_b$）破坏的特征可知，截面破坏时受压钢筋总是能达到屈服，远离纵向力一侧的钢筋可能受拉，也可能受压，其应力值 σ_s 达不到屈服强度。《混凝土结构设计规范》(GB 50010—2010)(2015 年版)规定，σ_s 按下式计算：

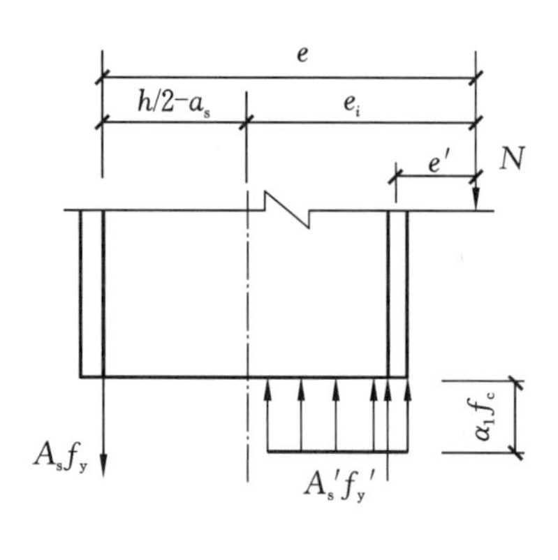

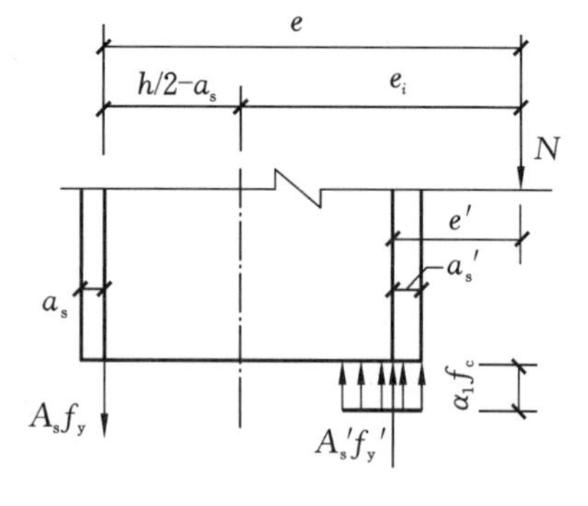

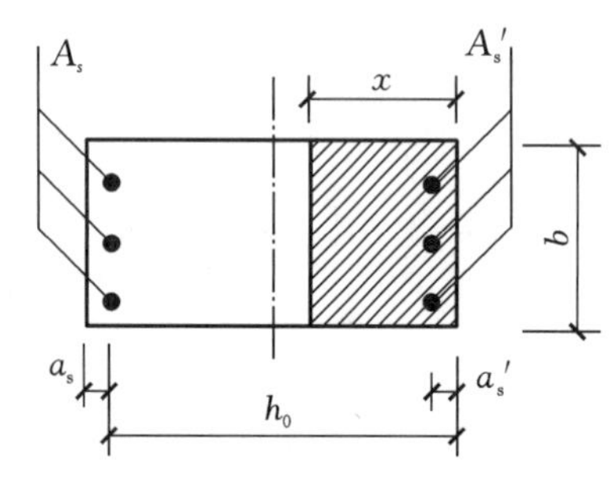

图 4.14　大偏心受压计算应力图形

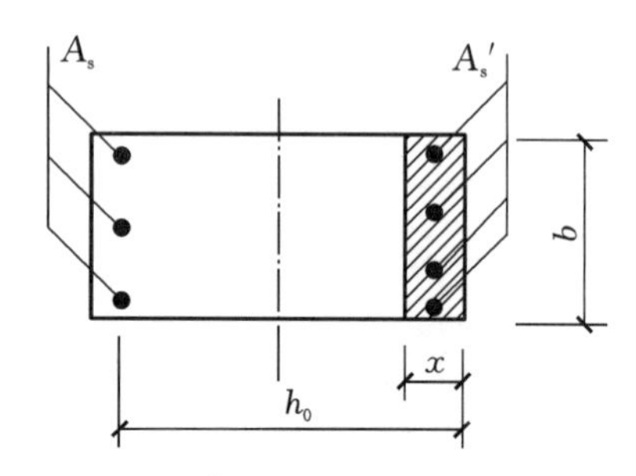

图 4.15　$x<2a_s'$时的大偏心受压计算应力图形

$$\sigma_s=\frac{\xi-\beta_1}{\xi_b-\beta_1}f_y \tag{4.16}$$

式中：β_1——系数，混凝土强度等级不超过 C50 时取 0.80，混凝土强度等级为 C80 时取 0.74，其间按线性内插法确定。

根据小偏心受压构件破坏时的应力图形(见图 4.16)，由平衡条件，可写出其基本公式为

$$N\leqslant\alpha_1f_cbx+A_s'f_y'-\sigma_sA_s \tag{4.17}$$

$$Ne\leqslant\alpha_1f_cbx\left(h_0-\frac{x}{2}\right)+A_s'f_y'(h_0-a_s') \tag{4.18}$$

$$e=e_i+h/2-a_s \tag{4.19}$$

公式的适用条件为

$$\xi=\frac{x}{h_0}>\xi_b \text{ 或 } x>x_b=\xi_bh_0 \tag{4.20}$$

$$x\leqslant h \tag{4.21}$$

非对称配筋的小偏心受压构件有可能出现反向偏心破坏，但实际工程采用对称配筋，故这里不再赘述，此内容可参见相关资料。

4.3.4　对称配筋矩形截面的计算

不对称配筋($A_s\neq A_s'$)的偏心受压构件，是在充分利用混凝土强度的前提下，按受压和受拉的不同需要计算出所需的钢筋，因此可以节省钢筋，但施工时必须注意受压构件截面的方向性，以免将受压和受拉钢筋的位置放错。若在柱截面两边对称配筋，($A_s=A_s'$，$f_y=f_y'$，$a_s=a_s'$)，虽然构件的配筋有所增加，但构件可以承受各种不同荷载(竖向荷载、地震作用、风

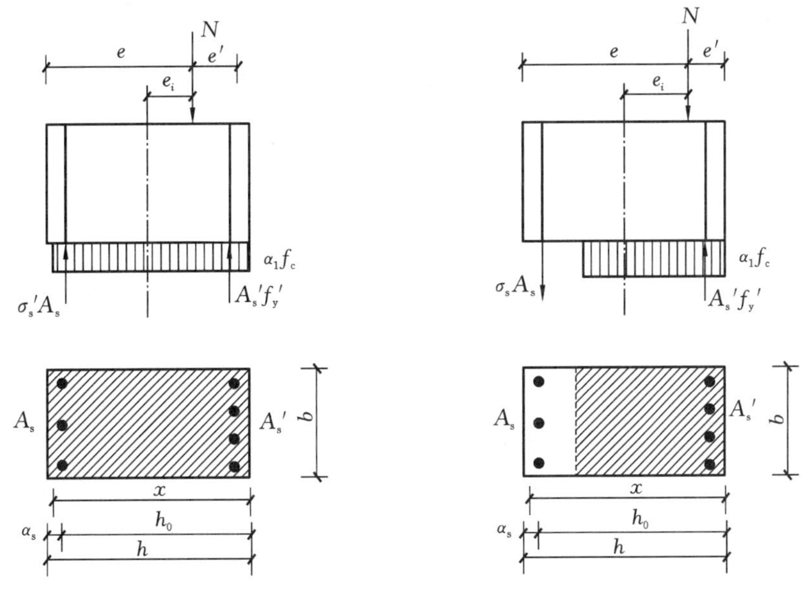

图 4.16　小偏心受压计算应力图形

荷载等)组合下可能产生的变号弯矩。因此对称配筋在实际结构中应用更为广泛。这里只介绍对称配筋矩形截面的计算。

想一想

在实际结构应用中，为什么广泛采用对称配筋？

对称配筋矩形截面计算包括截面设计和截面复核两类问题。

4.3.4.1　截面设计

截面设计时，已知构件截面上的内力设计值 N、M，材料及构件截面尺寸，求 A_s 和 A_s'。

(1) 判别大、小偏心受压类型。假定计算截面为大偏心受压，由于对称配筋时 $A_s = A_s'$、$f_y = f_y'$，根据大偏心受压的计算公式，得到

$$x = \frac{N}{\alpha_1 f_c b} \tag{4.22}$$

若 $x \leqslant \xi_b h_0$，则实为大偏心受压；若 $x > \xi_b h_0$，则实为小偏心受压。

(2) 大偏心受压的配筋计算。

若 $2a_s' \leqslant x \leqslant \xi_b h_0$，将求出的 x 代入大偏心受压的计算公式计算对称配筋时钢筋的面积，即

$$A_s' = A_s = \frac{Ne - \alpha_1 f_c bx\left(h_0 - \dfrac{x}{2}\right)}{f_y'(h_0 - a_s')} \tag{4.23}$$

若 $x < 2a_s'$，将求出的 x 代入大偏心受压的计算公式计算对称配筋时钢筋的面积，即

$$A_s' = A_s = \frac{Ne'}{f_y(h_0 - a_s')} \tag{4.24}$$

(3) 小偏心受压的配筋计算。

对于小偏心受压构件，《混凝土结构设计规范》(GB 50010—2010)(2015 年版)给出以下

近似公式计算纵向受力钢筋面积，即

$$A_s'=A_s=\frac{Ne-\alpha_1 f_c bh_0^2\xi(1-0.5\xi)}{f_y'(h_0-a_s')} \tag{4.25}$$

$$\xi=\frac{N-\xi_b\alpha_1 f_c bh_0}{\dfrac{Ne-0.43\alpha_1 f_c bh_0^2}{(\beta_1-\xi_b)(h_0-a_s')}+\alpha_1 f_c bh_0}+\xi_b \tag{4.26}$$

小贴士

切记不能将 x 直接代入小偏心受压计算公式中直接求钢筋面积，所选钢筋面积要满足最小配筋率的要求。

例 4.3 某钢筋混凝土偏心受压柱的截面尺寸 $b=400$ mm、$h=450$ mm，$a_s=a_s'=40$ mm，构件处于正常环境，承受端弯矩设计值 $M_1=M_2=380$ kN·m，承受轴向压力设计值 $N=500$ kN，采用 C30 混凝土和 HRB400 级钢筋，柱的计算高度 $l_c=5.0$ m。当采用对称配筋时，计算截面所需纵向钢筋的面积 A_s、A_s'。

解 $f_c=14.3\ \text{N/mm}^2$，$f_y'=360\ \text{N/mm}^2$，$h_0=h-a_s=(450-40)$ mm $=410$ mm，$\xi_b=0.518$。

(1) 弯矩设计值。

$M_1/M_2=1.0>0.9$，需要考虑附加弯矩影响。

$$\zeta_c=\frac{0.5f_cA}{N}=\frac{0.5\times14.3\times400\times450}{500\times10^3}=2.57$$

$$e_a=\max(20,450/30)\ \text{mm}=20\ \text{mm}$$

$\zeta_c>1.0$，取 $\zeta_c=1.0$，则

$$\eta_{ns}=1+\frac{1}{1300\left(\dfrac{M_2}{N}+e_a\right)/h_0}\left(\frac{l_c}{h}\right)^2\zeta_c$$

$$=1+\frac{1}{1300\left(\dfrac{380\times10^6}{500\times10^3}+20\right)/410}\times\left(\frac{5000}{450}\right)^2\times1.0$$

$$=1.05$$

$$C_m=0.7+0.3\frac{M_1}{M_2}=1.0$$

$$M=C_m\eta_{ns}\times M_2=1.0\times1.05\times380\ \text{kN·m}=399\ \text{kN·m}$$

(2) 判别大、小偏心受压。

$$x=\frac{N}{\alpha_1 f_c b}=\frac{500\times10^3}{1.0\times14.3\times400}\ \text{mm}=87.4\ \text{mm}$$

$$\xi_b h_0=0.518\times410\ \text{mm}=212.4\ \text{mm}$$

$x<\xi_b h_0$，按大偏心计算。$2a_s'=80$ mm，$x>2a_s'$。

(3) 钢筋计算。

$$e_0=\frac{M}{N}=\frac{399\times10^6}{500\times10^3}\ \text{mm}=798\ \text{mm}$$

$$e_i = e_0 + e_a = (798+20)\ \text{mm} = 818\ \text{mm}$$

$$e = e_i + h/2 - a_s = (818+450/2-40)\ \text{mm} = 1003\ \text{mm}$$

$$A'_s = A_s = \frac{Ne - \alpha_1 f_c bx\left(h_0 - \dfrac{x}{2}\right)}{f'_y(h_0 - a'_s)}$$

$$= \frac{500\times10^3\times1003 - 1.0\times14.3\times400\times87.4\times\left(410-\dfrac{87.4}{2}\right)}{360\times(410-40)}\ \text{mm}^2$$

$$= 2390\ \text{mm}^2$$

$$A'_s = A_s \geqslant \rho_{\min} bh = 0.2\%\times400\times450\ \text{mm}^2 = 360\ \text{mm}^2$$

(4) 钢筋配置。

每侧钢筋选用 5Φ25($A'_s = A_s = 2454\ \text{mm}^2$)。

$$\rho = \frac{A'_s + A_s}{bh} = \frac{2454\times2}{400\times450} = 2.73\%$$

$$\rho_{\min} = 0.55\%$$

$$\rho_{\max} = 5\%$$

$\rho_{\min} < \rho < \rho_{\max}$,满足要求。

4.3.4.2 截面复核

进行截面复核时,一般已知 b、h、A_s 和 A'_s,混凝土强度等级及钢筋级别,构件的长细比。截面复核分为两种情况:一种是已知轴向力设计值,验算截面能承受的弯矩设计值;另一种是已知偏心距,求轴向力设计值。

例 4.4 已知 $N=1200$ kN,$b=400$ mm,$h=600$ mm,$a_s = a'_s = 40$ mm,混凝土强度等级为 C40,钢筋采用 HRB400 级,钢筋选用 4Φ22。构件计算长度 $l=4$ m,两杆端弯矩设计值为 $M_1 = 0.85M_2$。请问该截面在 h 方向能否承受 500 kN·m 弯矩设计值。

解 $f_c = 19.1\ \text{N/mm}^2$,$f'_y = 360\ \text{N/mm}^2$,$h_0 = h - a_s = (600-40)\ \text{mm} = 560\ \text{mm}$,$\xi_b = 0.518$,$A'_s = A_s = 1520\ \text{mm}^2$。

(1) 判断是否考虑二阶效应。

$$M_1/M_2 = 0.85$$

$$\mu = \frac{N}{f_c A} = \frac{1200\times10^3}{19.1\times400\times600} = 0.26$$

$$l_c/i = 4000/173.2 = 23.1$$

$$34 - 12(M_1/M_2) = 23.8$$

不需要考虑二阶效应。

(2) 判别大、小偏心受压。

令 $N = N_u$,则

$$x = \frac{N}{\alpha_1 f_c b} = \frac{1200\times10^3}{1.0\times19.1\times400}\ \text{mm} = 157\ \text{mm}$$

$$\xi_b h_0 = 0.518\times560\ \text{mm} = 290\ \text{mm}$$

$x < \xi_b h_0$,为大偏心受压。

(3) 计算偏心距。

$$e=\frac{\alpha_1 f_c bx\left(h_0-\frac{x}{2}\right)+A_s' f_y'(h_0-a_s')}{N}$$

$$=\frac{1.0\times19.1\times400\times157\times\left(560-\frac{157}{2}\right)+360\times1520\times(560-40)}{1200\times10^3}\text{ mm}$$

$$=718\text{ mm}$$

$$e_i=e-h/2+a_s=(718-600/2+40)\text{ mm}=458\text{ mm}$$

$$e_a=\max(20,600/30)\text{ mm}=20\text{ mm}$$

$$e_0=e_i-e_a=(458-20)\text{ mm}=438\text{ mm}$$

$$M=Ne_0=1200\times0.438\text{ kN}\cdot\text{m}=525.6\text{ kN}\cdot\text{m}$$

故可以承受。

习 题

<table>
<tr><td>项目名称</td><td colspan="6">钢筋混凝土受压构件</td></tr>
<tr><td>班级</td><td></td><td>学号</td><td></td><td>姓名</td><td></td></tr>
<tr><td>填空题</td><td colspan="6">1. 矩形截面框架柱的边长不应小于________mm，圆形截面柱的直径不应小于________mm。
2. 柱中纵向钢筋的净间距不应小于________mm，以免影响混凝土浇筑密实；净间距不宜大于________mm，保证对芯部混凝土的围箍约束。
3. 为了施工方便和经济要求，全部纵向钢筋的配筋率不宜超过________。
4. 钢筋混凝土轴心受压柱按箍筋的形式不同分为________和________。
5. 判别大偏心受压破坏的本质条件是________。
6. 偏心受压构件的二阶弯矩(或附加弯矩)主要是由于________产生的。
7. 偏心受压构件计算时，需计入轴向压力在偏心方向的附加偏心距，其取值为________。
8. 小偏心受压破坏又称为________破坏，大偏心受压破坏又称为________破坏。</td></tr>
<tr><td>选择题</td><td colspan="6">1.矩形截面受压构件中的纵向钢筋不应少于(　　)。
A. 2 根　　B. 3 根　　C. 4 根　　D. 8 根
2. 关于轴心受压构件的说法中不正确的是(　　)。
A. 纵向压力作用线与杆件轴线重合
B. 多层框架中间柱可简化为轴心受压
C. 真正的轴心受压是不存在的
D. 单跨厂房柱可按轴心受压构件设计
3. 关于柱中箍筋的作用的描述不正确的是(　　)。
A. 固定纵向钢筋
B. 提高斜截面的抗剪能力
C. 约束混凝土的侧向鼓胀，提高抗压承载力
D. 可以做成开口箍筋和封闭箍筋两种形式</td></tr>
</table>

续表

项目名称	钢筋混凝土受压构件
选择题	4. 下面所述情况中，(　　)需要设置复合箍筋。 A. $b=300$ mm，每侧 3 根 20 mm 钢筋 B. $b=300$ mm，每侧 4 根 20 mm 钢筋 C. $b=400$ mm，每侧 5 根 20 mm 钢筋 D. $b=400$ mm，每侧 4 根 20 mm 钢筋 5. 关于大偏心受压的描述，不正确的是(　　)。 A. 大偏心受压的偏心距较大 B. 大偏心受压破坏时，受拉钢筋先屈服，接着受压混凝土被压碎 C. 大偏心受压构件中，可能是部分截面受压，也可能是全截面受压 D. 大偏心受压的界限为 $\xi \leqslant \xi_b$ 6. 关于小偏心受压的描述，不正确的是(　　)。 A. 小偏心受压的偏心距通常较小 B. 小偏心受压破坏时，靠近偏心力一侧的混凝土先被压碎，然后受拉钢筋屈服 C. 小偏心受压构件中，可能是部分截面受压，也可能是全截面受压 D. 小偏心受压的界限为 $\xi > \xi_b$ 7. 下列叙述中，不属于对称配筋优点的是(　　)。 A. 可以承受变号弯矩的作用 B. 施工方便 C. 节省钢筋 D. 截面无方向性，钢筋位置不会放错 8. 一轴心受压柱，截面为 400×400，计算求得所需配筋面积为 1140 mm^2，则最佳的配筋方案为(　　)。 A. 3Φ22(实配 1140 mm^2) B. 4Φ20(实配 1256 mm^2) C. 2Φ12+2Φ25(实配 1208 mm^2) D. 10Φ12(实配 1131 mm^2)
计算题	1. 某钢筋混凝土框架底层中柱的截面尺寸 $b \times h=400$ mm×400 mm，构件的计算长度 $l_0=5$ m，承受包括自重在内的轴向压力设计值 $N=2000$ kN，该柱采用 C25 混凝土，纵向受力钢筋为 HRB335 级。试确定柱的配筋。 2. 某多层房屋的现浇钢筋混凝土框架的底层中柱采用 C30 级混凝土，截面尺寸 $b \times h=400$ mm×400 mm，对称配置 4 根直径 25 mm 的 HRB335 钢筋，计算长度 $l_0=7$ m。试确定该柱能承担的轴向压力。 3. 已知对称配筋矩形截面偏心受压构件采用 C30 级混凝土，纵向钢筋为 HRB335 级，截面尺寸 $b \times h=300$ mm×500 mm，$a_s=a_s'=40$ mm，承受轴向压力设计值 $N=2000$ kN，弯矩设计值 $M_1=M_2=64$ kN·m，柱的计算长度 $l_0=5.5$ m，计算柱内配筋。 4. 某钢筋混凝土柱截面尺寸 $b \times h=300$ mm×500 mm，柱计算长度 $l_0=6.0$ m，轴向力设计值 $N=1300$ kN，弯矩设计值 $M=253$ kN·m，采用 C25 级混凝土，纵向钢筋为 HRB335 级，按对称配筋设计，求钢筋面积 A_s、A_s'。
教师评价	

学习项目5

钢筋混凝土梁板结构

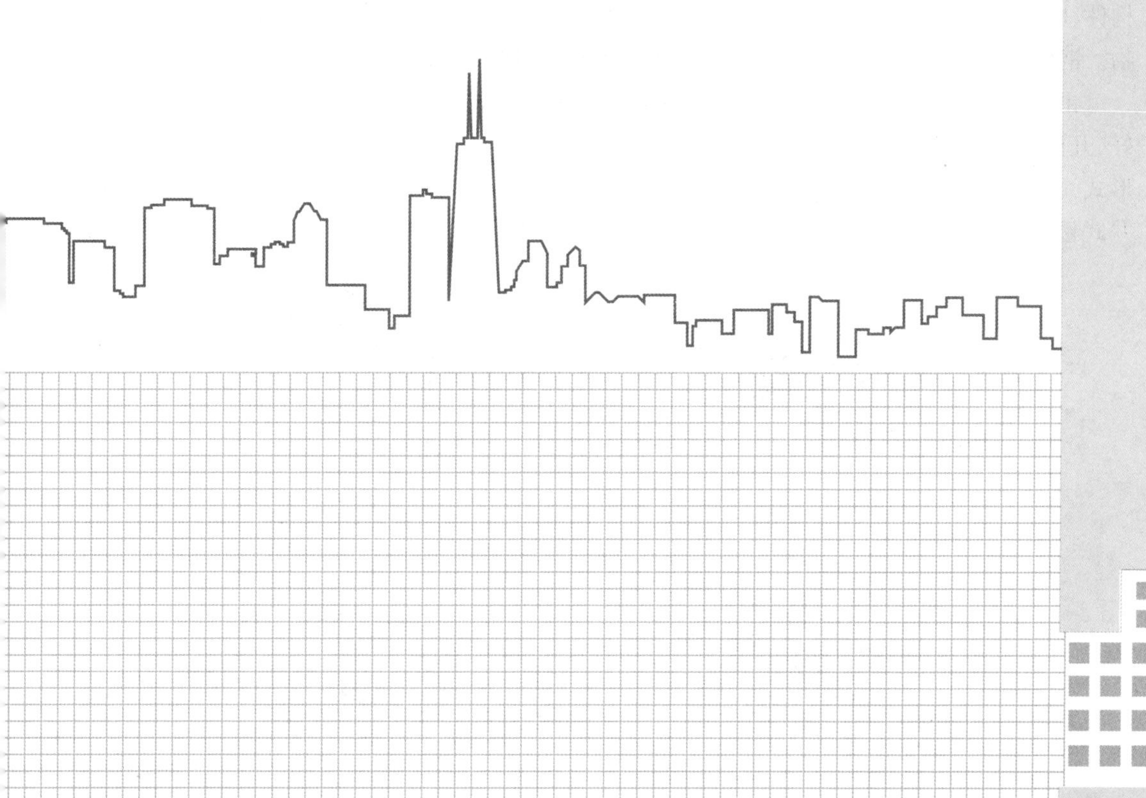

学习目标

(1) 知识目标：了解钢筋混凝土楼(屋)盖的分类；掌握现浇单向板肋形楼盖的结构布置、受力特点和构造要求；掌握现浇双向板肋形楼盖的受力特点和构造要求；了解钢筋混凝土楼梯的特点、分类和构造要求。

(2) 能力目标：能根据建筑图纸，进行钢筋混凝土楼(屋)盖类型的初步选型；能根据设计图纸及规范要求，掌握单向板及双向板肋形楼盖的配筋构造；能根据设计图纸及规范要求，了解楼梯的配筋构造。

(3) 思政目标：培养严谨、细致的工作作风；培养学生的社会责任感，提高学生的政治理论素养。

5.1 钢筋混凝土梁板结构的类型

钢筋混凝土梁板结构在建筑工程中的楼面、屋面中广泛采用，是楼面及屋面荷载的主要承重构件，是建筑结构的主要组成部分。此外，梁板结构还应用于水池的顶盖、桥梁的桥面结构等构筑物。钢筋混凝土楼盖按其施工方法的不同可分为现浇整体式、预制装配式和装配整体式三种。

由于混凝土为现场支模、现场浇筑，现浇整体式楼盖的整体性好、抗震性能强、防水性能好、开洞容易、具有很强的适应性。因此，现浇整体式楼盖为目前应用最为广泛的一种楼盖形式。现浇整体式楼盖按其受力和支撑情况的不同分为单向板肋梁楼盖、双向板肋梁楼盖、井式楼盖和无梁楼盖，如图 5.1 所示。

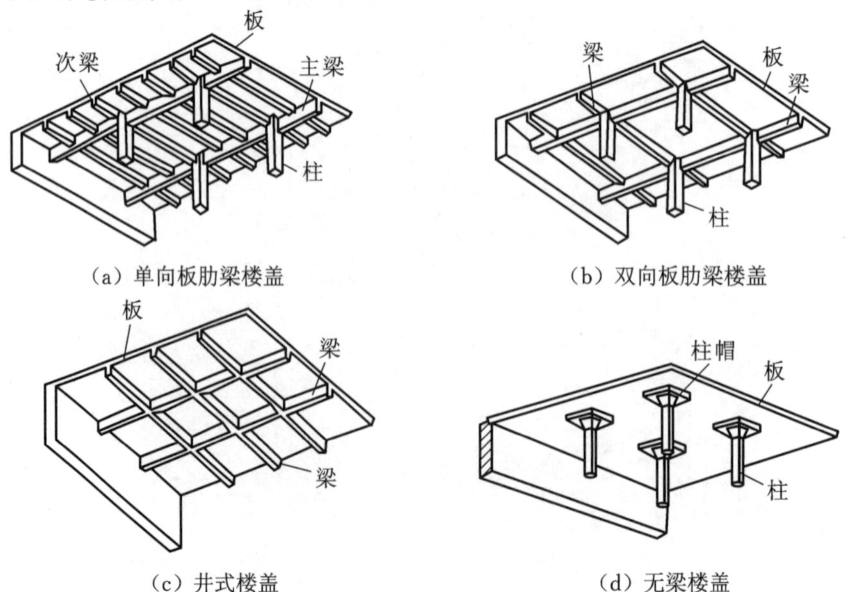

图 5.1 现浇整体式楼盖的主要结构形式

预制装配式楼盖采用混凝土预制构件，构件在工厂或预制场先制作好，然后在施工现场进行安装，施工速度快，便于工业化生产，但楼盖的整体性、抗震性、防水性较差，不便于开设孔洞，高层建筑及抗震设防要求高的建筑均不宜采用。

现浇整体式楼盖三维展示

装配整体式楼盖是在各预制构件吊装就位后，再在板面做配筋现浇层而形成的叠合式楼盖。这样做可节省模板，楼盖的整体性较好，同时减少现场湿作业，对环境影响较小，近年来国家大力推行装配整体式建筑，发展速度迅速。

钢筋混凝土楼盖的类型

现浇整体式楼盖按楼板受力和支承条件不同，可分为肋形楼盖和无梁楼盖。肋形楼盖又可分为单向板肋形楼盖、双向板肋形楼盖和井式楼盖。无梁楼盖是指将板直接支承在柱顶的柱帽上，不设主、次梁，因此天棚平坦，净空较高，通风与采光较好，主要用于仓库、商场等建筑中。

想一想

现浇混凝土结构与装配式混凝土结构各有什么优点？

5.2 单向板肋梁楼盖

肋形楼盖是由板、次梁、主梁等构件组成的，板的四周可支承于次梁、主梁或砖墙上。这种弯曲后短向曲率比长向曲率大很多的板叫单向板。当板的长边与短边相差不大时，由于沿长向传递的荷载也较大，不可忽略，板弯曲后长向曲率与短向曲率相差不大，这种板叫双向板。单向板与双向板的弯曲变形如图5.2所示。《混凝土结构设计规范》(GB 50010—2010)(2015年版)规定了这两种板的计算界定条件。

单向板肋梁楼盖

(1) 两对边支承的板应按单向板计算。

(2) 四边支承的板应按下列规定计算。

① 当长边与短边长度之比不大于2.0时，应按双向板计算。

② 当长边与短边长度之比大于2.0但小于3.0时，宜按双向板计算。

③ 当长边与短边长度之比不小于3.0时，宜按沿短边方向受力的单向板计算，并应沿长边方向布置构造钢筋。

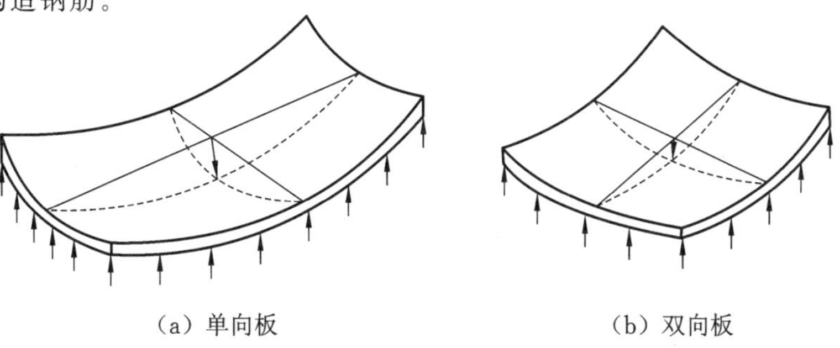

(a) 单向板　　(b) 双向板

图5.2　单向板与双向板的弯曲变形

由单向板及支承其的主、次梁组成的楼盖，称为单向板肋梁楼盖。

单向板肋梁楼盖设计计算的基本步骤如下：①进行结构平面布置；②进行单向板设计；③进行次梁及主梁设计。板、次梁和主梁设计均包括绘制计算简图、荷载计算、内力计算、配筋计算和绘制施工图等内容。绘制施工图时除了考虑计算结果外，还应考虑构造要求。

5.2.1 结构平面布置

结构平面应进行合理的布置，应符合下列要求：①选用合理的结构体系、构件形式和布置；②结构的平、立面布置宜规则，各部分的质量和刚度宜均匀、连续；③结构传力途径应简捷、明确，竖向构件宜连续贯通、对齐；④宜采用超静定结构，重要构件和关键传力部位应增加冗余约束或有多条传力途径；⑤宜采取减小偶然作用影响的措施。结构平面布置要求即根据使用要求，在经济合理、节约材料、施工方便的前提下，合理地布置柱、梁、板的位置、方向和尺寸等。

柱的间距决定了主梁的跨度，主梁的间距即为次梁的跨度，次梁的间距即为板的跨度。结构平面布置时应遵循以下原则。

（1）柱网和梁格划分要综合考虑使用要求并注意经济合理、荷载传递明确。单向板肋梁楼盖的各种构件的经济跨度如下：板为 2～4 m，次梁为 4～6 m，主梁为 6～8 m。荷载较小时，宜取较大值；荷载较大时，宜取较小值。

（2）除确定梁的跨度以外，还应考虑主、次梁的方向。在工程中，横向结构刚度通常较弱，为提高横向整体刚度，常将主梁沿房屋横向布置，这样，房屋的横向刚度得到提高，与纵向刚度接近；有时为满足房屋的使用需要，也可将主梁沿房屋纵向布置，以获得较大的净高；对于南北向布置的办公室或宿舍等，可沿房屋纵向走廊两侧布置两根主梁，根据隔墙位置布置次梁，方便使用。单向板肋梁楼盖结构平面布置如图 5.3 所示。

单向板肋梁楼盖三维显示

（3）结构平面布置应尽量简单、规整和统一，以减少构件类型，板厚及梁截面尺寸在各跨范围内宜尽量统一。

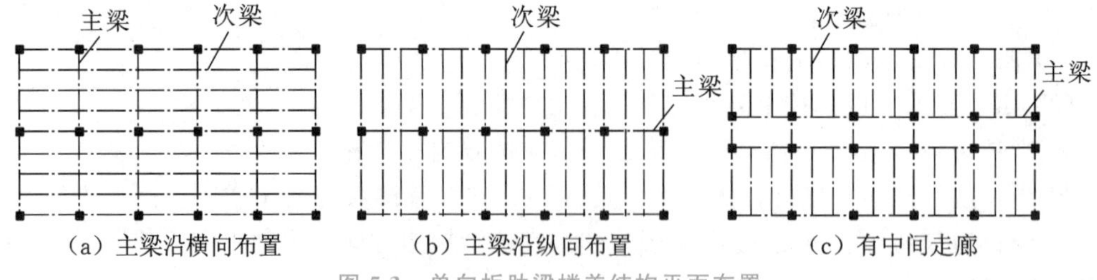

图 5.3 单向板肋梁楼盖结构平面布置

5.2.2 结构计算方法

连续板、梁的内力计算方法有弹性理论计算法和塑性理论计算法两种。弹性理论计算法是假定钢筋混凝土梁板为匀质弹性体，用结构力学方法计算。塑性理论计算法考虑钢筋混凝土的塑性性质，与弹性理论计算法相比能改善配筋、节约材料，但它不可避免地导致构件在使用阶段的裂缝过宽及变形较大。规范规定，下列结构、构件不能采用塑性理论计算法进行设计计算：

① 直接承受动力荷载或重复荷载的结构；

② 使用阶段要求不出现裂缝的结构构件；

③ 处于三 a、三 b 类环境中的结构构件；

④ 处于重要部位的结构，如肋梁楼盖中的主梁。

单向板肋梁楼盖中的板和次梁通常采用塑性内力计算方法，主梁采用弹性内力计算方法。

1）弹性内力计算方法

弹性内力计算方法是假定梁、板均为理想弹性体系的计算方法，考虑活荷载的最不利布置，内力采用查表法直接进行计算。

（1）活荷载的最不利布置。梁、板承受的荷载有恒荷载和活荷载。恒荷载是永远存在的，满布于各跨，任何一种内力组合必须包括恒荷载引起的内力；活荷载是变化的。并不是活荷载满布于各跨时，内力才最大，所以需找出其最不利布置，然后与恒荷载组合，求出最大组合内力，以此来配置钢筋。活荷载最不利布置的确定规则如下：

① 求某跨跨内最大正弯矩时，应在该跨布置活荷载，然后向左右隔跨布置活荷载；

② 求某跨跨内最大负弯矩时（最小弯矩）时，本跨不布置活荷载，而在相邻两跨布置活荷载，然后每隔一跨布置；

③ 求某支座最大负弯矩时，应在该支座左右两跨布置活荷载，然后隔跨布置活荷载；

④ 求某支座最大剪力时的活荷载布置与求该支座最大负弯矩时的活荷载布置相同；

⑤ 求边支座截面处最大剪力时，活荷载的布置与求边跨跨内最大正弯矩的活荷载布置相同。

根据上述规则，可以确定出活荷载的最不利布置，然后通过查内力系数表，按照下述公式求出跨中或支座截面的最大内力。

均布荷载作用下的内力为

$$M=K_1gl_0^2+K_2ql_0^2$$

$$V=K_3gl_0+K_4ql_0$$

集中荷载作用下的内力为

$$M=K_1Gl_0+K_2Ql_0$$

$$V=K_3G+K_4Q$$

式中：g、q——永久及可变荷载单位长度上的均布荷载设计值；

G、Q——永久及可变集中荷载设计值；

K_1、K_2、K_3、K_4——内力系数表中对应系数；

l_0——计算跨度。

（2）内力包络图。内力包络图包括弯矩包络图和剪力包络图。将恒荷载与各种最不利活荷载组合后的内力图画在同一图上，其外包线围成的图形称为内力包络图。利用弯矩包络图可计算构件正截面配筋，并能合理地确定纵向受力钢管弯起和切断位置。利用剪力包络图可计算斜截面的箍筋及弯起钢筋。

2）塑性内力计算方法

塑性内力计算方法是考虑塑性内力重分布的计算方法，充分考虑了材料的塑性性质和非线性关系，解决了弹性内力计算方法的不足。

（1）塑性铰。

现以钢筋混凝土简支适筋梁为例，说明钢筋混凝土构件上塑性铰的形成，如图 5.4 所示。钢筋混凝土简支梁承受集中荷载，其弯矩图如图 5.4(b)所示。根据试验所得的弯矩 M

与梁曲率 φ 的关系如图 5.4(c)所示。

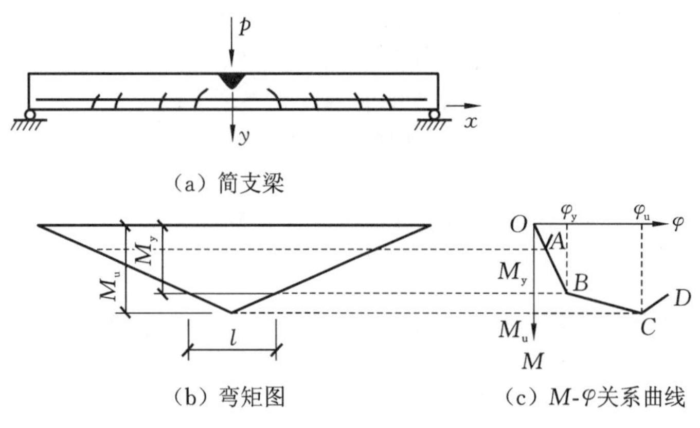

图 5.4 塑性铰的形成

(2) 内力重分布。

如图 5.5 所示,在两跨连续梁中间支座两侧各 1/3 处作用集中力 F,通过试验绘制出力 F 与弯矩 M 的关系曲线,由此曲线可以看出,连续梁受荷破坏共经历三个阶段:

① 弹性阶段;

② 弹塑性阶段;

③ 塑性阶段。

内力重分布主要发生于两个过程:第一个是在裂缝出现到塑性铰形成以前,裂缝的形成和发展使构件刚度发生变化而引起的内力重分布;第二个是塑性铰形成后,铰的转动引起的内力重分布。

(3) 考虑塑性内力重分布进行计算的基本原则如下。

① 为了防止塑性内力重分布过程过长,使裂缝过宽、挠度过大而影响正常使用,在按弯矩调幅法进行结构设计时,还应满足正常使用极限状态验算,并有保证内力重分布的专门配筋构造措施。

② 试验表明,塑性铰的转动能力主要取决于纵向钢筋的配筋率、钢筋的品种和混凝土的极限压应变。

③ 考虑内力重分布后,结构构件必须有足够的抗剪能力,否则构件将会在充分的内力重分布之前,由于抗剪能力不足而发生斜截面的破坏。

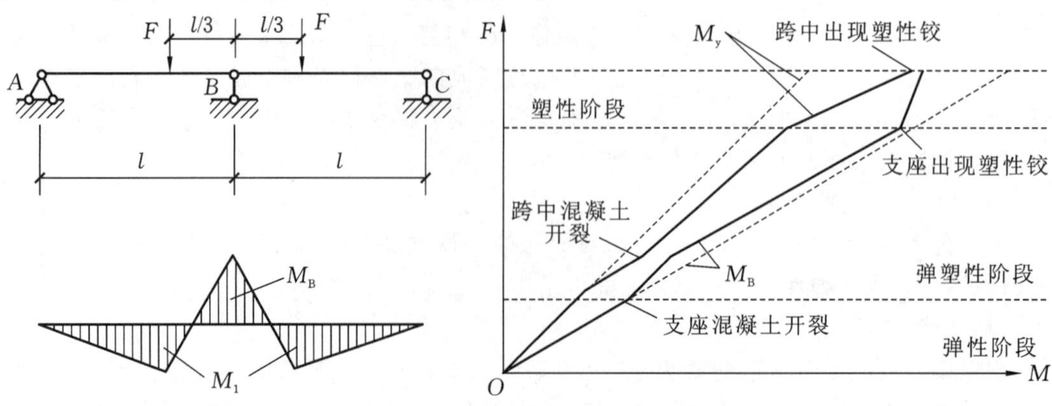

图 5.5 两跨连续梁的 M-F 关系曲线

(4) 弯矩调幅法计算的一般步骤如下。

① 用线弹性方法计算在荷载最不利布置条件下结构控制截面的弯矩最大值。

② 采用调幅系数 β 降低各支座截面弯矩，即支座截面弯矩设计值按下式计算：

$$M=(1-\beta)M_e$$

式中：M——支座调幅以后的弯矩；

M_e——支座调幅以前的弯矩；

β——弯矩调幅系数。

在弹性弯矩的基础上，降低各支座截面的弯矩，其调幅系数 β 不宜超过 0.2。

③ 按调幅降低后的支座弯矩计算跨中弯矩。

④ 校核调幅以后支座和跨中弯矩应不小于按简支梁计算的跨中弯矩设计值的 1/3。

⑤ 各控制截面的剪力设计值按荷载最不利布置和调幅后的支座弯矩，由静力平衡条件计算确定。

(5) 承受均布荷载的等跨连续梁、板的计算。

工程中常用的承受均布荷载的等跨连续梁板，可采用内力系数(见图 5.6)直接计算弯矩和剪力。

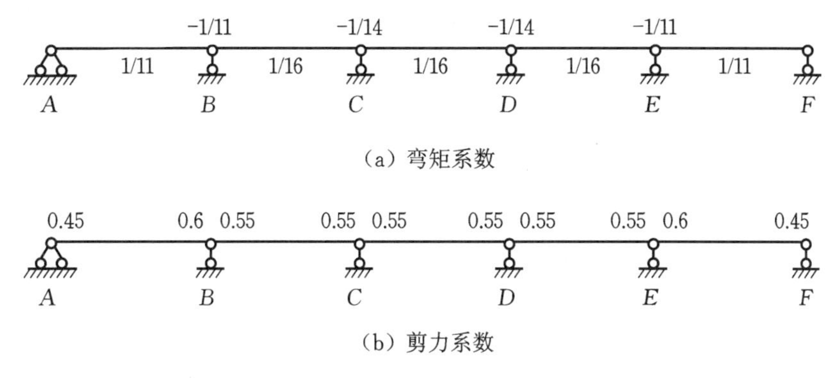

(a) 弯矩系数

(b) 剪力系数

图 5.6　板和次梁按塑性理论计算的内力系数

在均布荷载作用下，等跨连续梁、板的内力可用由弯矩调幅法求得的弯矩系数和剪力系数按下式计算：

$$M=\alpha_{\mathrm{M}}(g+q)l_0^2$$

$$V=\beta_{\mathrm{v}}(g+q)l_{\mathrm{n}}$$

式中：α_{M}——考虑塑性内力重分布的弯矩系数，按附录 A 取值；

β_{v}——考虑塑性内力重分布的剪力系数，按附录 A 取值；

g、q——均布永久荷载与可变荷载的设计值；

l_0——计算跨度；

l_{n}——净跨。

5.2.3　计算简图

内力计算之前，应先确定结构构件的计算简图。计算简图的内容包括支承条件、计算跨度和跨数、荷载计算等。

1）支承条件

当梁、板为砖墙或砖柱承重时，由于其嵌固作用很小，可按铰支座考虑。次梁为板的支座，主梁为次梁的支座，板与次梁、次梁与主梁虽然整浇在一起，但支座对构件的约束并不太强，为简化计算起见，通常也都假定为铰支座。主梁与柱整浇在一起时，支座形式的确定与梁和柱的线刚度比有关，当梁与柱的线刚度之比大于 3 时，柱可视为主梁的铰支座，否则应按梁柱刚接的框架结构计算。

2）计算跨度和跨数

当按弹性理论计算时，梁和板的计算跨度一般可取支座中心线的距离。按塑性理论计算时，梁和板的计算跨度一般可取净跨。当边支座为砌体时，按弹性理论计算的边跨的计算跨度的取法如下$\left(\text{塑性理论计算时不计入}\dfrac{b}{2}\right)$。

板的计算跨度为

$$l_0=l_n+\frac{b}{2}+\min\left(\frac{a}{2},\frac{h}{2}\right)$$

梁的计算跨度为

$$l_0=l_n+\frac{b}{2}+\min\left(\frac{a}{2},0.025l_n\right)$$

式中：l_0——计算跨度；

l_n——净跨度；

b——板或梁的中间支座的宽度；

a——板或梁在边支座的搁置长度；

h——板的厚度。

5 跨和 5 跨以内的连续梁板，按实际跨数考虑；超过 5 跨时，当各跨荷载及刚度相同、跨度相差不超过 10%时，可近似按 5 跨连续梁板计算；中间各跨的内力均认为与 5 跨连续梁板计算简图中第 3 跨相同(见图 5.6)。

3）荷载计算

楼盖上作用的荷载有恒荷载和活荷载两种。恒荷载包括结构自重、构造层重和永久性设备重等。楼盖恒荷载标准值按构件实际几何尺寸及材料重度计算确定。活荷载包括使用时的人群和临时性设备等的荷载。计算屋盖时，活荷载还需考虑雪荷载。活载标准值可按照《建筑结构荷载规范》(GB 50009—2012)取用。

连续单向板承受自重和均布活荷载作用，计算时通常取 1 m 宽的板带为计算单元。

次梁除自重外，还承受板传来的恒荷载和活荷载。次梁等距布置时，次梁受荷范围宽度为次梁的间距。

主梁除自重外，还承受次梁传来的集中力。为简化计算，主梁的自重也可折算为集中荷载并入次梁传来的集中力。

单向板肋梁楼盖梁、板的荷载计算范围及计算简图如图 5.7 所示。

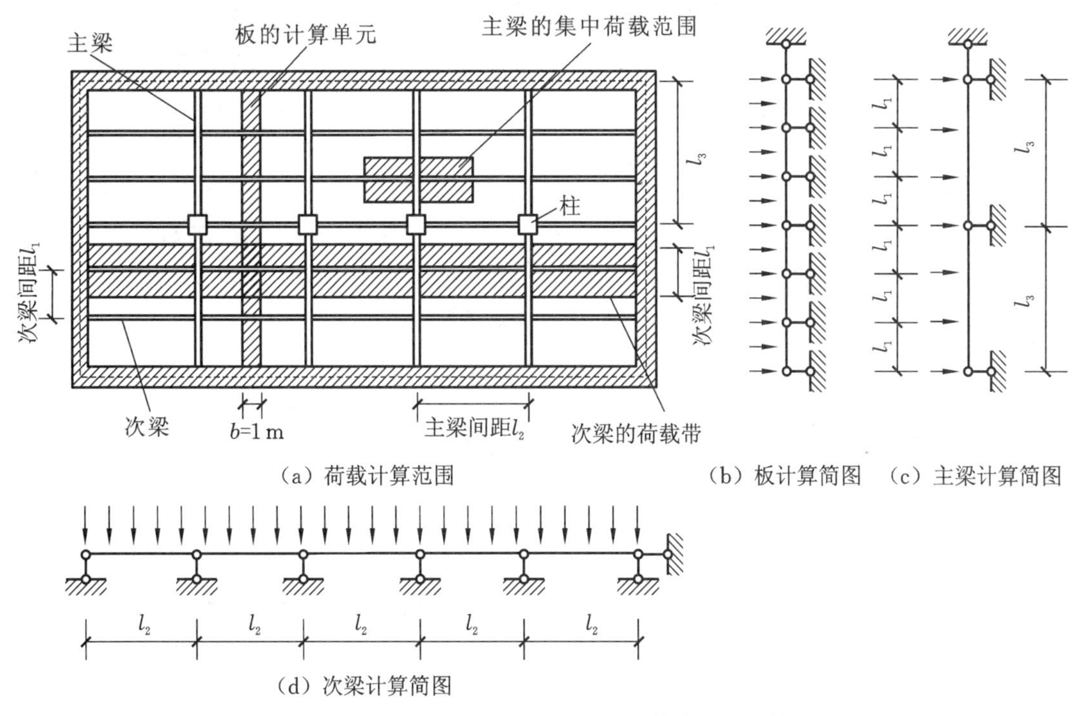

图 5.7　单向板肋梁楼盖梁、板的荷载计算范围及计算简图

5.2.4　单向板的截面设计和构造要求

1) 单向板的截面设计

(1) 通常取 1 m 宽板带作为计算单元计算荷载及配筋。

(2) 板内剪力较小,一般可以满足抗剪要求,设计时不必进行斜截面受剪承载力计算。

(3) 四周与梁整体连接的单向板受支座的反推力作用,该推力可减少板中各计算截面的弯矩,设计时其中间跨的跨中截面及中间支座截面的计算弯矩可减少 20%,但边跨跨中及第一内支座的弯矩不予降低。

2) 单向板的构造要求

(1) 板厚。

板是楼盖中的大面积构件,从经济角度考虑,应尽可能将板设计得薄一些,但其厚度必须满足规范对于最小板厚的规定,如表 3.1 所示。

(2) 板的支承长度。

板在砖墙上的支承长度一般不小于板厚及 120 mm,且应该满足受力钢筋在支座内的锚固长度。

(3) 受力钢筋。

受力钢筋一般采用 HPB300、HRB400 级钢筋,以 HRB400 级钢筋居多。钢筋直径常用 8 mm、10 mm、12 mm;地下室顶板等受荷较大的楼板也可采用 14 mm、16 mm、18 mm。支座负筋在楼板的顶部,为了便于施工架立,支座承受弯矩的上部钢筋直径不宜过小,一般不宜小于 8 mm。

受力钢筋间距一般不小于 70 mm；当板厚不大于 150 mm 时，其间距不宜大于 200 mm；当板厚大于 150 mm 时，其间距不宜大于 1.5 倍的板厚且不宜大于 250 mm。

连续板受力钢筋的配筋方式有分离式和弯起式两种(见图 5.8)。分离式配筋的施工简单方便，在目前工程实际中较多采用。当多跨板采用分离式配筋时，板底钢筋宜全部伸入支座；支座负弯矩钢筋向跨内延伸的长度应根据负弯矩图确定，并满足钢筋锚固的要求。

简支板或连续板下部纵向受力钢筋伸入支座的锚固长度不应小于钢筋直径的 5 倍，且宜伸过支座中心线。当连续板内温度、收缩应力较大时，伸入支座的长度宜适当增加。

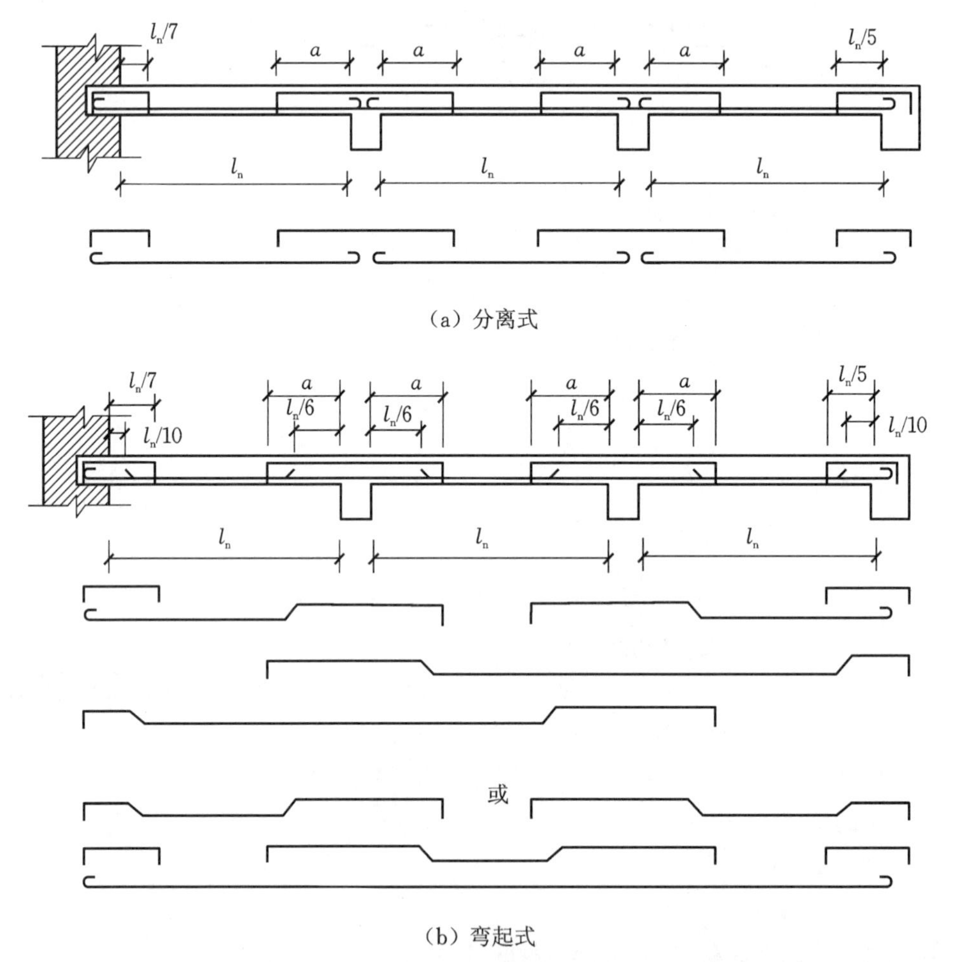

图 5.8 连续板受力钢筋的配筋方式

采用弯起式配筋时，板的整体性好，可节约钢筋，但施工复杂，目前在实际工程中很少采用。当多跨单向板采用弯起式配筋时，跨中正弯矩钢筋可在距支座边 $l_0/6$ 处部分弯(一般采用隔一弯一方式)，以承担支座负弯矩，如不足可另加直钢筋，但至少要有 1/2 的中正弯矩钢筋伸入支座，其间距不应大于 400 mm。弯起角度一般为 30°；当板厚大于 120 mm 时，可为 45°。

等跨或跨度相差不超过 20%的连续板可直接采用图 5.8 确定钢筋弯起和切断的位置。当支座两边的跨度不等时，支座负弯矩筋伸入某一侧的长度应以另一侧的跨度来计算；为简化计算，也可均取支座左右跨较大的跨度计算。若跨度相差超过 20%或各跨荷载相差悬殊，必须根据弯矩包络图来确定钢筋的位置。

（4）板面构造钢筋。

板面构造钢筋有嵌入墙内的板面构造钢筋、垂直于主梁的板面构造钢筋等。

《混凝土结构设计规范》(GB 50010—2010)(2015 年版)规定，按简支边或非受力边设计的现浇混凝土板，当与混凝土梁、墙整体浇筑或嵌固在砌体墙内时，应设置板面构造钢筋，并符合下列要求。

① 钢筋直径不宜小于 8 mm，间距不宜大于 200 mm，且单位宽度内的配筋面积不宜小于跨中相应方向板底钢筋截面面积的 1/3。与混凝土梁、混凝土墙整体浇筑单向板的非受力方向，钢筋截面面积尚不宜小于受力方向跨中板底钢筋截面面积的 1/3。

② 钢筋从混凝土梁边、柱边、墙边伸入板内的长度不宜小于 $l_0/4$，砌体墙支座处钢筋伸入板内的长度不宜小于 $l_0/7$。计算跨度 l_0 对单向板按受力方向考虑，对双向板按短边方向考虑。

③ 在楼板角部，宜沿两个方向正交、斜向平行或放射状布置附加钢筋。

④ 钢筋应在梁内、墙内或柱内可靠锚固。

板嵌固在承重墙内时板的上部构造钢筋如图 5.9 所示。板中与梁肋垂直的构造钢筋如图 5.10 所示。

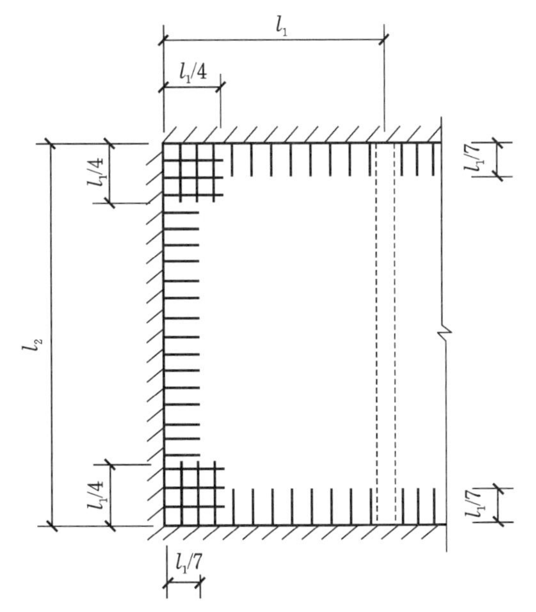

图 5.9　板嵌固在承重墙内时板的上部构造钢筋

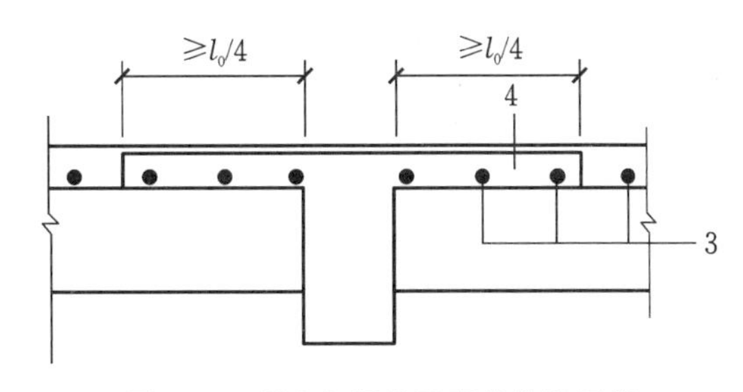

图 5.10　板中与梁肋垂直的构造钢筋

（5）分布钢筋。

当按单向板设计时，应在垂直于受力的方向布置分布钢筋，单位宽度上的配筋不宜小于单位宽度上的受力钢筋的 15%，且配筋率不宜小于 0.15%；分布钢筋直径不宜小于 6 mm，间距不宜大于 250 mm；当集中荷载较大时，分布钢筋的配筋面积尚应增加，且间距不宜大于 200 mm。

分布钢筋的作用是承担温度变化或收缩引起的内力；可以承担四边支承的单向板长边实际存在的一些弯矩；有助于将板上作用的集中荷载分散在较大的面积上，以使更多的受力钢筋参与工作；与受力钢筋组成钢筋网，便于在施工中固定受力钢筋的分布钢筋应放在受力钢筋的内侧，并与受力钢筋绑扎（或焊接），如图 5.11 所示。

（6）抗裂钢筋。

在温度、收缩应力较大的现浇板区域，应在板的表面双向配置防裂构造钢筋。配筋率均不宜小于 0.10%，间距不宜大于 200 mm，如图 5.11 所示。防裂构造钢筋可利用原有钢筋贯通布置，也可另行设置钢筋并与原有钢筋按受拉钢筋的要求搭接或在周边构件中锚固。楼板平面的瓶颈部位宜适当增加板厚和配筋。沿板的洞边、凹角部位宜加配防裂构造钢筋，并采取可靠的锚固措施。

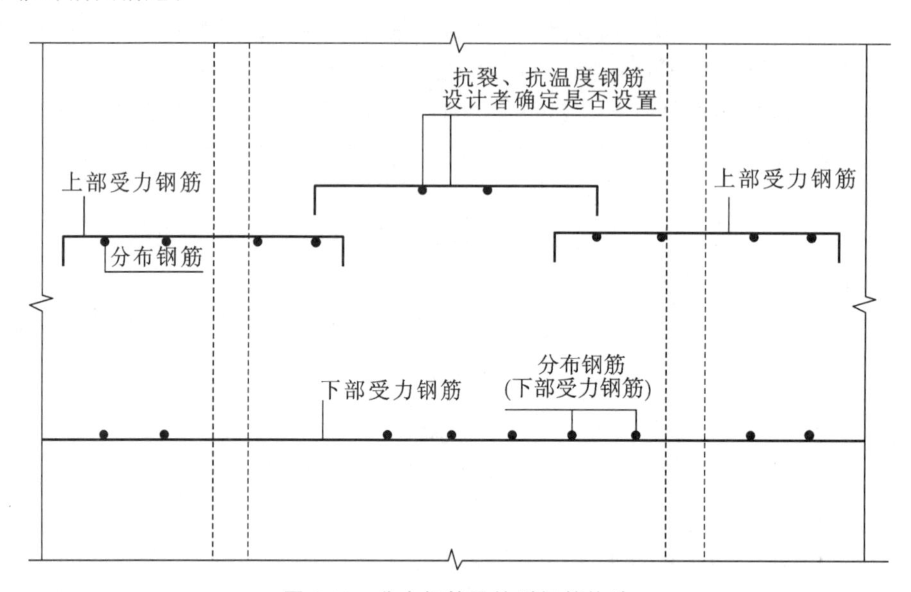

图 5.11 分布钢筋及抗裂钢筋构造

5.2.5 次梁的截面设计及构造要求

1）次梁的截面设计

（1）计算正截面承载力时，跨中可按 T 形截面计算，支座按矩形截面计算。

（2）一般可仅设置箍筋抗剪，而不设弯起钢筋。

（3）初步确定截面尺寸时，一般按高跨比（1/18～1/12）和宽高比（1/3～1/2）确定。

2）构造要求

（1）次梁伸入墙内的长度一般应不小于 240 mm。一般框架结构中次梁的钢筋及其布置如图 5.12 所示。

（2）当连续次梁相邻跨度差不超过 20%、承受均布荷载且活荷载与恒荷载之比不大于 3 时，其纵向受力钢筋的弯起和切断原则上应按弯矩包络图确定纵筋的弯起和切断位置。目前在工程实际中基本不采用弯起钢筋。梁下部钢筋不伸进支座截断构造如图 5.13 所示。伸入支座钢筋的数量应根据设计计算确定。

（3）伸入梁支座范围内的钢筋不应少于 2 根。梁高不小于 300 mm 时，钢筋直径不应小于 10 mm；梁高小于 300 mm 时，钢筋直径不应小于 8 mm。梁上部钢筋水平方向的净间距

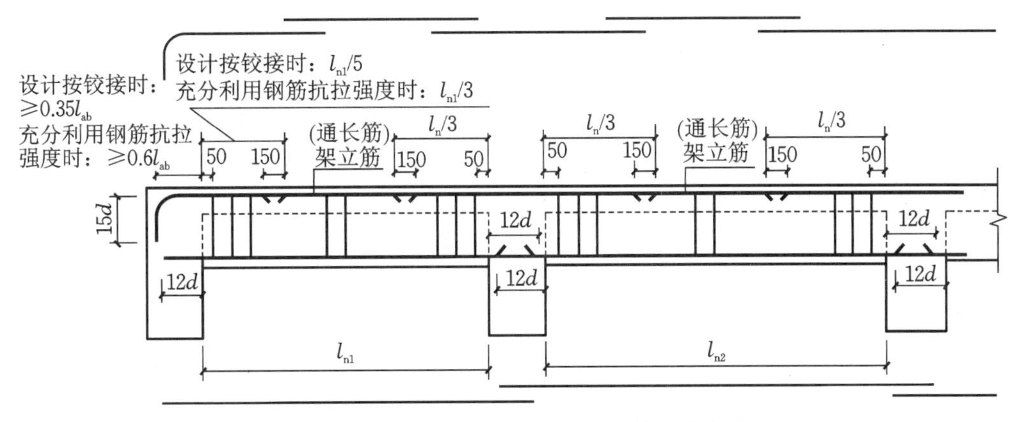

图 5.12　一般框架结构中次梁的钢筋及其布置

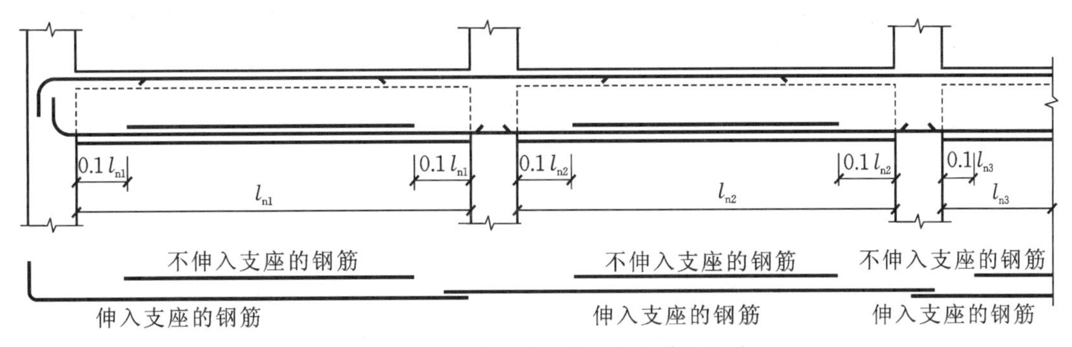

图 5.13　梁下部钢筋不伸进支座截断构造

不应小于 30 mm 和 1.5d；梁下部钢筋水平方向的净间距不应小于 25 mm 和 d。当下部钢筋多于 2 层时，2 层以上钢筋水平方向的中距应比下面 2 层的中距增大一倍；各层钢筋之间的净间距不应小于 25 mm 和 d，d 为钢筋的最大直径。

5.2.6　主梁的截面设计及构造要求

1）主梁的截面设计

(1) 主梁跨中可按 T 形截面计算正截面承载力，支座按矩形截面计算正截面承载力。

(2) 支座处板、次梁和主梁的钢筋重叠交错且主梁负筋位于次梁负筋之下，因此主梁支座处的截面有效高度有所减小：当钢筋单排布置时，$h_0=h-(50\sim60)$ mm；当钢筋双排布置时，$h_0=h-(70\sim90)$ mm。

(3) 初步确定截面尺寸时，一般按高跨比(1/14～1/8)和宽高比(1/3～1/2)确定。

2）构造要求

(1) 主梁伸入墙内的长度一般应不小于 370 mm。一般钢筋混凝土结构中主梁的钢筋及其布置如图 5.14 所示。

(2) 主梁纵向钢筋的弯起和截断，原则上应在弯矩包络图上进行，并应满足有关构造要求，主梁下部的纵向受力钢筋伸入支座的锚固长度也应满足有关构造要求。

(3) 主梁的受剪钢筋宜优先采用箍筋，但当剪力很大、箍筋间距过小时也可在近支座处

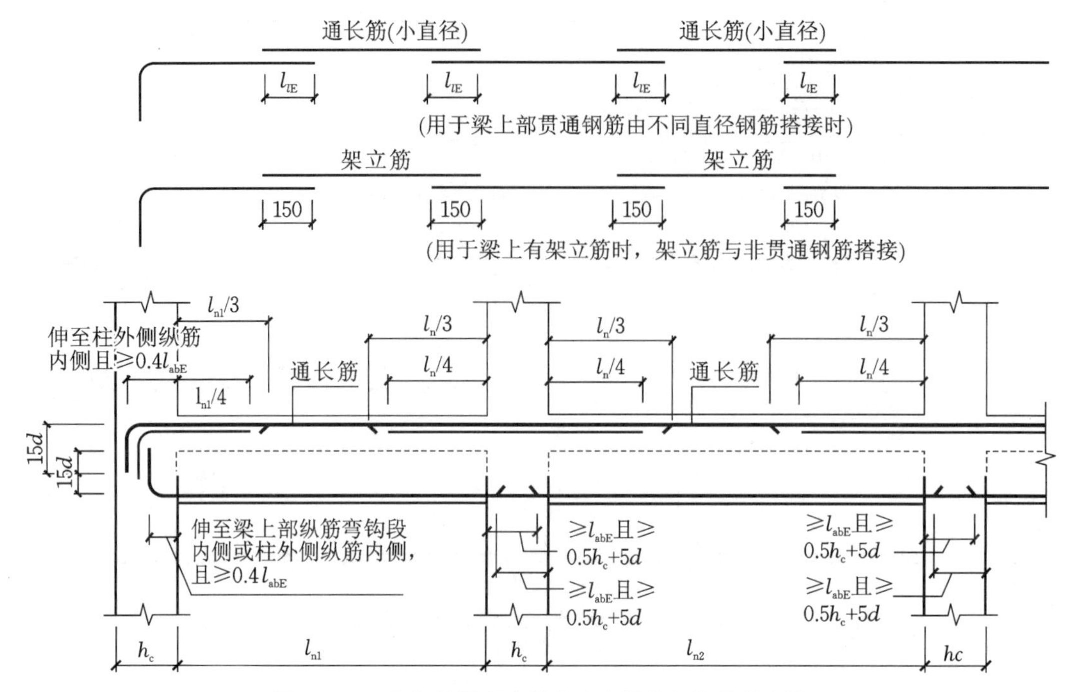

图 5.14 一般钢筋混凝土结构中主梁的钢筋及其布置

设置部分弯起钢筋或鸭筋抗剪。

(4) 在次梁与主梁交接处，主梁承受次梁传来的集中荷载，可能使主梁中下部产生约为45°的斜裂缝而发生局部破坏，因此应在主梁上的次梁截面两侧设置附加横向钢筋(主要包括附加箍筋和附加吊筋)，以承受次梁作用于主梁截面高度范围内的集中力(见图 5.15)。

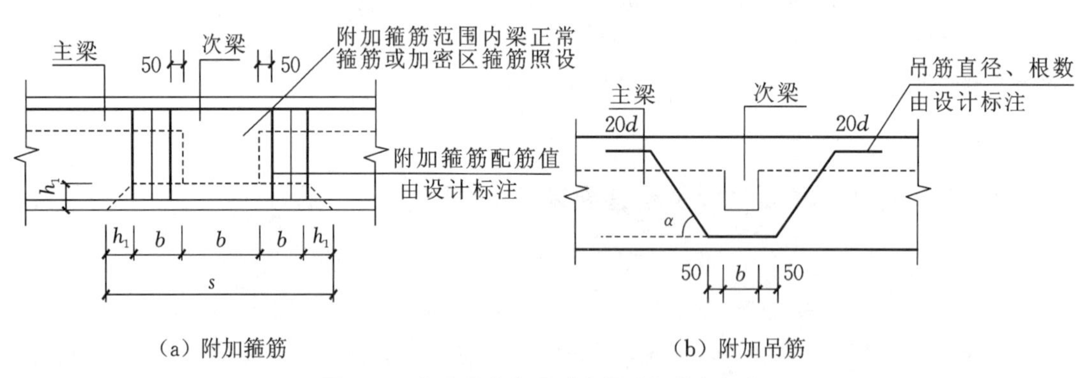

图 5.15 集中荷载作用时主梁附加横向钢筋

附加横向钢筋应布置在长度 $s=3b+2h_1$ 的范围内，b 为次梁宽度，h_1为主、次梁的底面高差。《混凝土结构设计规范》(GB 50010—2010)(2015 年版)建议附加横向钢筋宜采用箍筋，第一道附加箍筋距次梁侧 50 mm 处布置。附加横向钢筋的用量按下式计算：

$$F \leqslant mA_{sv}f_{yv}+2A_{sb}f_y\sin\alpha_s$$

式中：F——次梁传给主梁的集中荷载设计值；

f_{yv}、f_y——附加箍筋、吊筋的抗拉强度设计值；

A_{sb}——附加吊筋的截面面积；

α_s——附加吊筋与梁纵轴线的夹角，一般为 45°，梁高大于 800 mm 时为 60°；

A_{sv}——每道附加箍筋的截面面积，$A_{sv}=nA_{sv1}$，n 为每道箍筋的肢数，A_{sv1} 为单肢箍的截面面积；

m——在宽度范围内的附加箍筋道数。

5.2.7 单向板肋梁楼盖设计实例

例 5.1 某工业厂房初步设计标准层建筑平面图如图 5.16 所示。楼板活荷载标准值为 5.0 kN/m²，混凝土强度等级为 C30，梁板钢筋均采用 HRB400。试将该厂房设计成钢筋混凝土单向板肋形楼盖，绘制标准层初步设计结构平面布置图，在结构平面布置图中标注各结构构件的布置位置和截面尺寸。

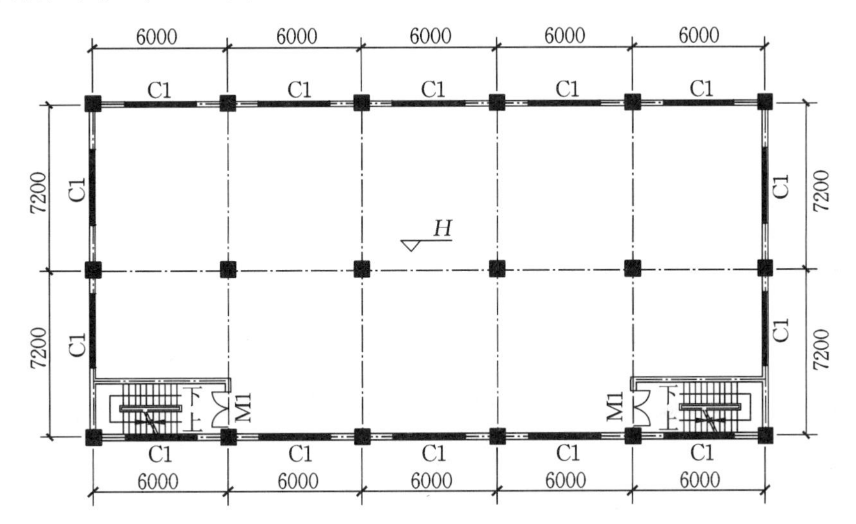

图 5.16 某工业厂房初步设计标准层建筑平面图

解 (1) 定主梁。该厂房建筑中柱的位置已经明确，直接在柱与柱之间按纵横两个方向设置主梁，主梁的跨度为 6.0 m 和 7.2 m，然后根据主梁跨度的 1/14～1/8 初步设计主梁的截面高度，再根据主梁高度的 1/3～1/2 确定梁的宽度(梁截面尺寸初步选定须满足建筑模数要求和最小截面尺寸要求)，这样即完成了主梁的初步设计。可取主梁尺寸为 250 mm×600 mm 和 300 mm×700 mm，具体过程如下。

① X 向主梁。

$h=\left(\frac{1}{14}\sim\frac{1}{8}\right)l_0=\left(\frac{1}{14}\sim\frac{1}{8}\right)\times 6000\ \text{mm}=429\sim750\ \text{mm}$，$X$ 向主梁梁高取 600 mm。

$b=\left(\frac{1}{3}\sim\frac{1}{2}\right)h=200\sim300\ \text{mm}$，$X$ 向主梁梁宽取 250 mm。

② Y 向主梁。

$h=\left(\frac{1}{14}\sim\frac{1}{8}\right)l_0=\left(\frac{1}{14}\sim\frac{1}{8}\right)\times 7200\ \text{mm}=514\sim900\ \text{mm}$，$Y$ 向主梁梁高取 700 mm。

$b=\left(\frac{1}{3}\sim\frac{1}{2}\right)h=233\sim350\ \text{mm}$，$Y$ 向主梁梁宽取 300 mm。

(2) 定次梁。次梁设计是钢筋混凝土肋形楼盖结构初步设计的难点，次梁的初步设计包括两个方面:确定次梁的位置和确定次梁的截面尺寸。次梁的布置可采用纵向布置或横向布置,次梁位置可根据楼板的经济跨度(2~3 m)确定,即将次梁布置后的单向板的跨度尽量控制在 1.8~2.7 m,可在横向布置次梁,将 7200 mm 分成三跨;次梁高度根据跨度的 1/18~1/12 初步选定,次梁宽度为高度的 1/3~1/2。次梁尺寸可定为 200 mm×400 mm,具体过程如下。

$h=\left(\frac{1}{18}\sim\frac{1}{12}\right)l_0=\left(\frac{1}{18}\sim\frac{1}{12}\right)\times6000\ \text{mm}=333\sim500\ \text{mm}$,次梁梁高取 400 mm。

$b=\left(\frac{1}{3}\sim\frac{1}{2}\right)h=133\sim200\ \text{mm}$,次梁梁宽取 200 mm。

(3) 定楼板。当设计完次梁,该楼盖中楼板的位置已经确定,楼板的初步设计只需要选定楼板厚度。楼板的厚度必须满足结构基本构造要求,可初步定板厚为 100 mm。

(4) 绘制标准层初步设计结构平面布置图,如图 5.17 所示。结构设计后续步骤,如荷载计算、配筋计算可利用软件进行,在此不再赘述。

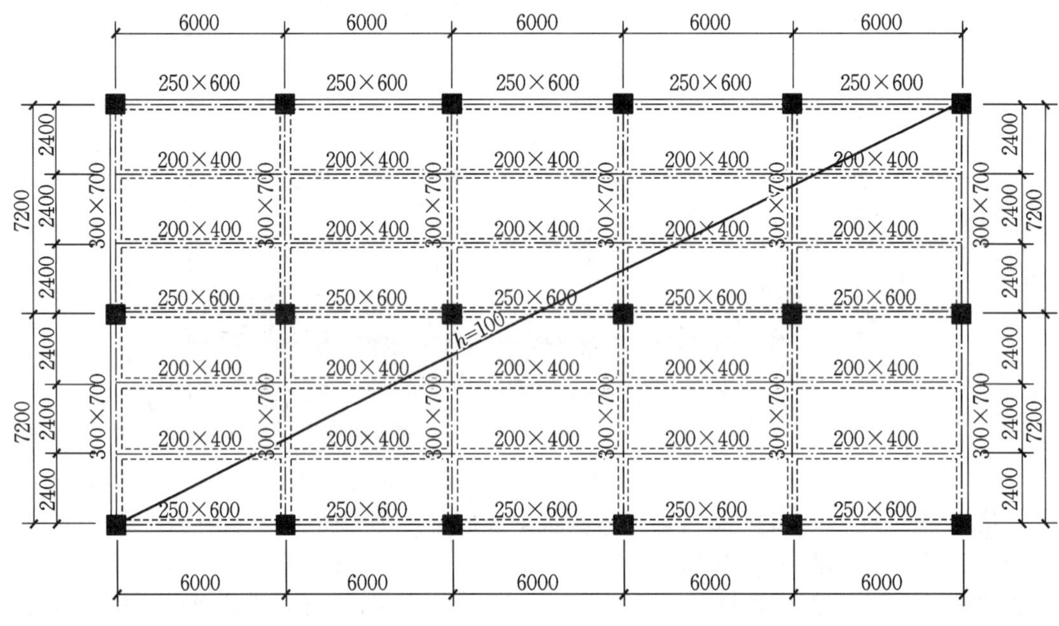

图 5.17 某工业厂房标准层初步设计结构平面布置图

5.3 双向板肋梁楼盖

5.3.1 双向板的受力特征

双向板的两个方向都存在弯矩作用,因此,双向板沿两个方向都应该配置受力钢筋。

双向板的受力情况较为复杂。在承受均布荷载的四边简支的矩形板中,第一批裂缝出现在板底中央且平行于长边方向(正方形板裂缝出现在板底中央),荷载继续增加时,裂缝逐渐延伸，并沿 45°方向向四周扩散，然后板顶四角出现圆弧形裂缝，导致板的破坏，如图 5.18 所示。

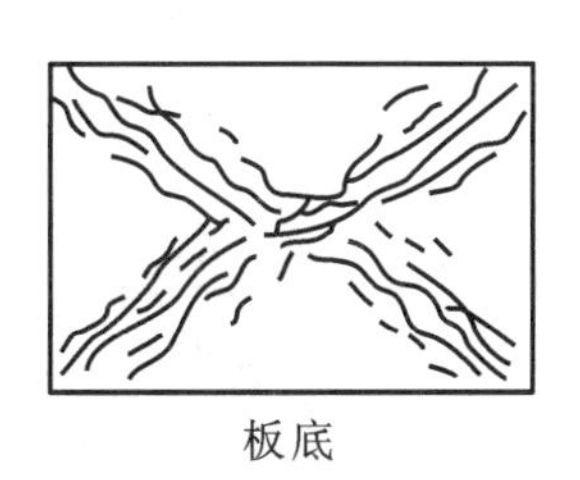

板底　板顶　板底

(a) 正方形板　(b) 长方形板

图 5.18　简支双向板破坏时的裂缝分布

5.3.2　双向板结构内力计算

双向板的内力计算方法有两种：弹性理论计算方法和塑性理论计算方法。塑性理论计算方法存在一定的局限性，因此在工程中较少采用。

为简化计算，单跨双向板的内力计算一般可直接查用双向板的计算系数表。附录 B 给出了常用的几种支承情况下的计算系数，通过表中查出计算系数后，每米宽度内的弯矩可由下式计算：

$$M=\text{表中系数}\times(g+q)l^2$$

式中：M——跨中及支座单位板宽内的弯矩；

g、q——均布恒荷载、活荷载的设计值；

l——板沿短边方向的计算跨度。

5.3.3　双向板的截面配筋计算要点和构造要求

1) 双向板的截面配筋计算特点

(1) 双向板在两个方向均配置受力钢筋，一般沿短方向弯矩大于长方向，故将短筋配在长筋的内层，故在计算长筋时，截面的有效高度 h 小于短筋。

(2) 对于四周与梁整体联结的双向板，除角区格外，考虑周边支承梁对板推力的有利影响，可将计算所得的弯矩按以下规定折减。

① 中间跨跨中截面及中间支座折减系数为 0.8。

② 边跨跨中截面及楼板边缘算起的第二支座截面：当 $l_c/l<1.5$ 时，折减系数为 0.8；当 $1.5\leqslant l_c/l\leqslant 2$ 时，折减系数为 0.9。l_c 为沿楼板边缘方向的计算跨度；l 为垂直于楼板边缘方向的计算跨度。

③ 角区格的各截面弯矩不应折减。

2) 双向板的构造要求

(1) 板的板厚。

双向板的厚度一般不宜小于 80 mm，且不大于 160 mm。同时，为满足刚度要求，简支板的厚度还应不小于 $l/45$，连续板的厚度不小于 $l/50$，l 为双向板的较小计算跨度。

(2) 受力钢筋。

受力钢筋常用分离式。短筋承受的弯矩较大,应放在外层,使其有较大的截面有效高度。支座负筋一般伸出支座边 $l_x/4$,l_x 为短向净跨。

当配筋面积较大时,在靠近支座 $l_x/4$ 的边缘板带内的跨中正弯矩钢筋可减少 50%。

(3) 构造钢筋。

底筋双向均为受力钢筋,但支座负筋还需设分布筋。当边支座视为简支计算,但实际上受到边梁或墙约束时,应配置支座构造负筋,其数量应不少于 1//3 受力钢筋和ф 8 @200,伸出支座边 $l_x/4$,l_x 为双向板的短向净跨度。

5.3.4 双向板支承梁的构造要求

双向板的荷载就近传递给支承梁。支承梁承受的荷载可从板角作 45°角平分线来分块。因此,长边支承梁承受的是梯形荷载,短边支承梁承受的是三角形荷载,支承梁的自重为均布荷载,如图 5.19 所示。

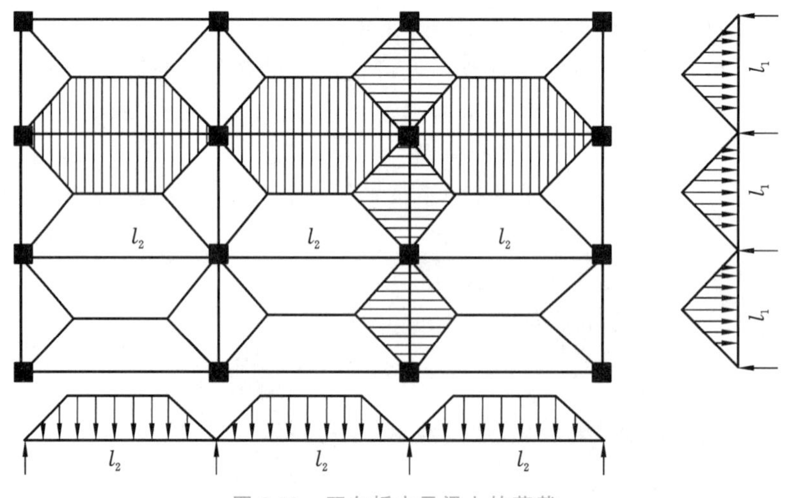

图 5.19 双向板支承梁上的荷载

梁的荷载确定后,其内力可按照结构力学的方法计算:当梁为单跨时,可按实际荷载直接计算内力。当梁为多跨且跨度差不超过 10%时,可先将梁上的三角形或梯形荷载按照《建筑结构静力计算手册》折算成等效均布荷载,然后计算出支座弯矩,最后按照取隔离体的办法,按实际荷载分布情况计算出跨中弯矩。

5.3.5 双向板肋梁楼盖设计实例

例 5.2 工业厂房初步设计标准层建筑平面图如图 5.20 所示。楼板活荷载标准值为 5.0 kN/m²,混凝土强度等级为 C30,梁板钢筋均采用 HRB400。试将该厂房设计成钢筋混凝土双向板肋形楼盖,绘制标准层初步设计结构平面布置图,在结构平面布置图中标注各结构构件的布置位置和截面尺寸。

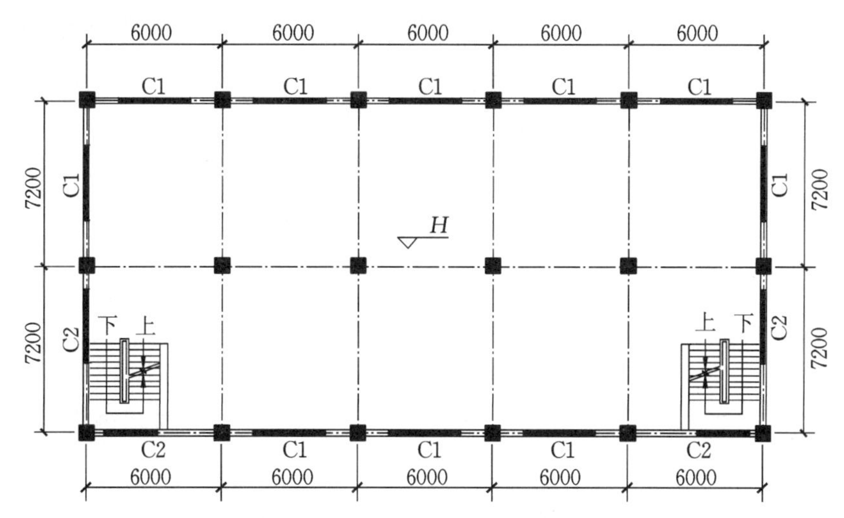

图 5.20　工业厂房初步设计标准层建筑平面图

解　(1) 定主梁。该厂房建筑中柱的位置已经明确，直接在柱与柱之间按纵横两个方向设置主梁，主梁的跨度分别为 6.0 m 和 7.2 m，然后根据主梁跨度的 1/14～1/8 初步设计主梁的截面高度，再根据主梁高度的 1/3～1/2 确定梁的宽度(梁截面尺寸初步选定须满足建筑模数要求和最小截面尺寸要求)，这样即完成了主梁的初步设计。可取主梁尺寸为 250 mm×600 mm 和 300 mm×700 mm，具体过程如下。

① X 向主梁。

$h=\left(\frac{1}{14}\sim\frac{1}{8}\right)l_0=\left(\frac{1}{14}\sim\frac{1}{8}\right)\times 6000\ \text{mm}=429\sim 750\ \text{mm}$，$X$ 向主梁梁高取 600 mm。

$b=\left(\frac{1}{3}\sim\frac{1}{2}\right)h=200\sim 300\ \text{mm}$，$X$ 向主梁梁宽取 250 mm。

② Y 向主梁。

$h=\left(\frac{1}{14}\sim\frac{1}{8}\right)l_0=\left(\frac{1}{14}\sim\frac{1}{8}\right)\times 7200\ \text{mm}=514\sim 900\ \text{mm}$，$Y$ 向主梁梁高取 700 mm。

$b=\left(\frac{1}{3}\sim\frac{1}{2}\right)h=233\sim 350\ \text{mm}$，$Y$ 向主梁梁宽取 300 mm。

(2) 定次梁。根据题意将楼盖中的楼板设计成双向板，次梁位置可根据楼板的经济跨度(2～3 m)确定，即将次梁布置后的肋形楼板的跨度尽量控制在 2～4 m，所以在纵横两个方向将 6000 mm×7200 mm 跨度的大板分成四块小板；次梁高度根据跨度的 1/18～1/12 初步选定，次梁宽度为高度的 1/3～1/2。次梁尺寸可定为 200 mm×400 mm，具体过程如下。

$h=\left(\frac{1}{18}\sim\frac{1}{12}\right)l_0=\left(\frac{1}{18}\sim\frac{1}{12}\right)\times 6000\ \text{mm}=333\sim 500\ \text{mm}$，次梁梁高取 400 mm。

$b=\left(\frac{1}{3}\sim\frac{1}{2}\right)h=133\sim 200\ \text{mm}$，次梁梁宽取 200 mm。

(3) 定楼板。当设计完次梁，该楼盖中楼板的位置已经确定，楼板的初步设计只需要选定楼板厚度。楼板的厚度必须满足结构基本构造要求，可初步定板厚为 100 mm。

(4) 绘制标准层初步设计结构平面布置图，如图 5.21 所示。结构设计后续步骤，如荷载计算、配筋计算可利用软件进行，在此不再赘述。

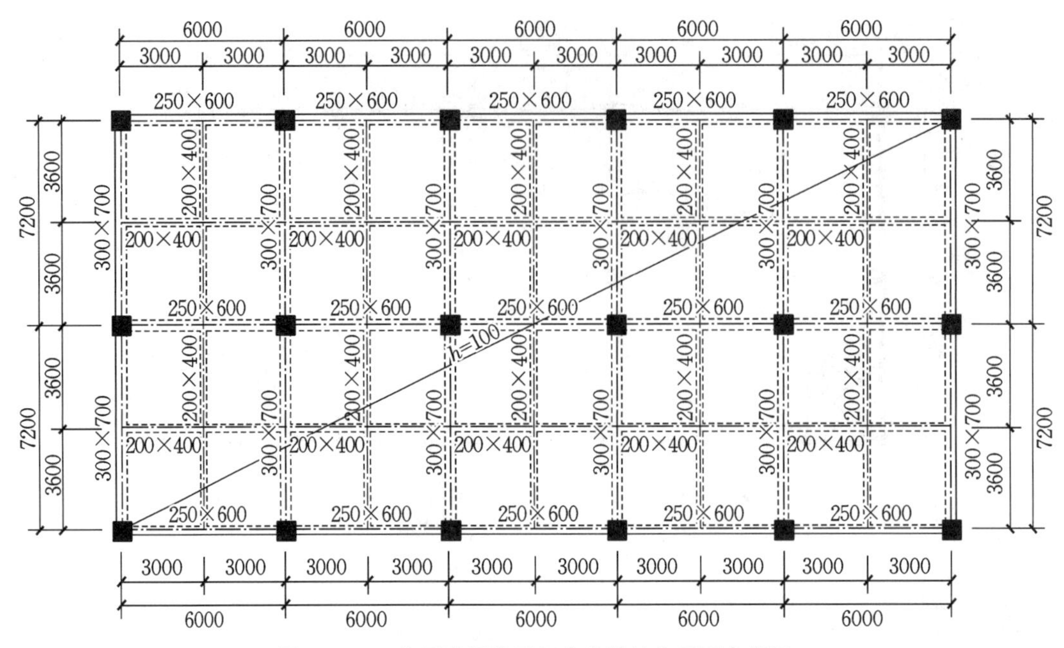

图 5.21 工业厂房标准层初步设计结构平面布置图

5.4 钢筋混凝土楼梯

楼梯是多层与高层房屋的竖向交通组织及消防疏散的重要通道，是房屋的重要组成部分。为了满足承重和防火要求，钢筋混凝土楼梯被广泛应用。

钢筋混凝土楼梯根据施工方法的不同分为现浇楼梯、预制楼梯；现浇整体式钢筋混凝土楼梯按其结构形式和受力特点分为板式楼梯、梁式楼梯、剪刀式楼梯、螺旋式楼梯等(见图 5.22)。楼梯的平面布置、踏步尺寸、栏杆形式等由建筑设计确定。

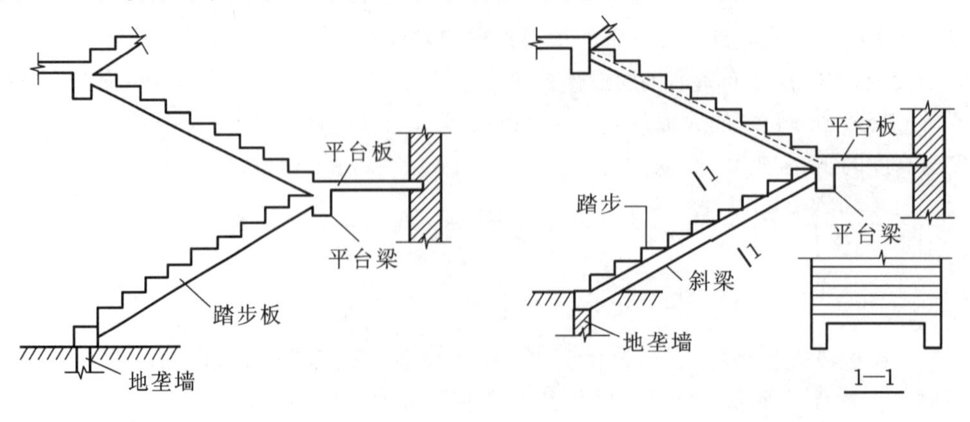

图 5.22 楼梯示意图

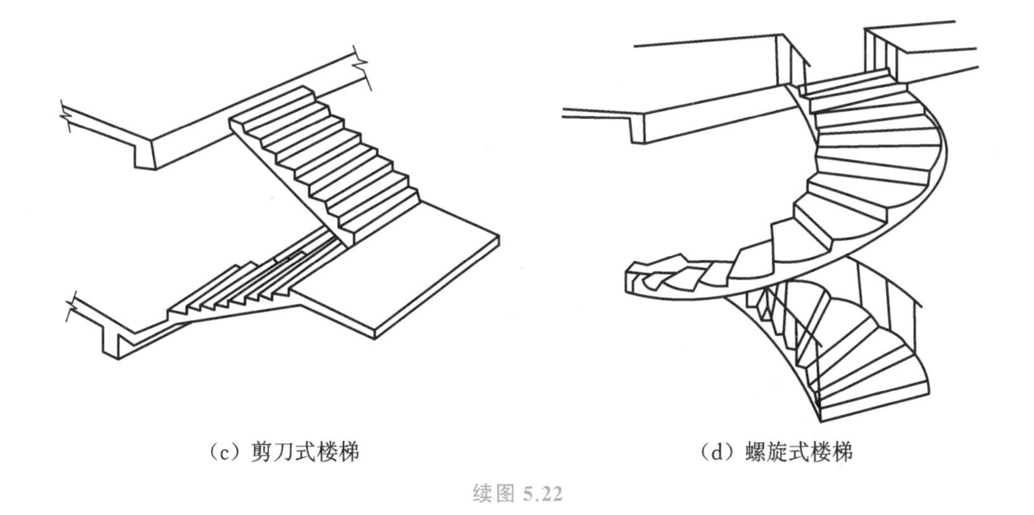

（c）剪刀式楼梯　　（d）螺旋式楼梯

续图 5.22

5.4.1　板式楼梯

1）结构组成与荷载传递

现浇钢筋混凝土楼梯

板式楼梯由梯段板、平台板和平台梁组成。梯段板支承在平台梁和楼层梁上。板式楼梯的优点是下表面平整、施工支模较方便、外观比较轻巧，应用较为广泛。楼梯跨度不大时可采用板式楼梯；楼梯跨度较大时，采用板式楼梯就不经济了。板式楼梯荷载传递途径如图 5.23 所示。

梯段荷载⟶梯段斜板⟶平台梁⟶楼梯柱

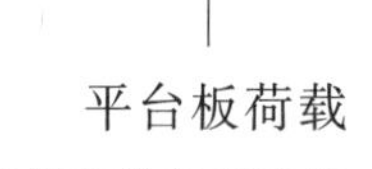

图 5.23　板式楼梯荷载传递途径

2）板式楼梯构造

（1）梯段板。

梯段板由平台梁支撑，按斜放的简支构件计算，梯段板计算时取斜板的水平投影跨度 l_0，梯段板厚度取 l_0 的 1/30～1/25。

计算梯段板时，可取 1 米宽板带或以整个梯段板作为计算单元。

虽然斜板按简支计算，但梯段与平台梁整浇，平台对斜板的变形有一定约束作用，故计算板的跨中弯矩时，也可以近似取 $M_{max}=(g+q)l_0^2/10$。为避免板在支座处产生裂缝，应在板上面配置一定量的板面负筋，一般采用φ 8@200 mm，长度为伸入斜板 $l_n/4$。分布钢筋可采用φ 6@200 或φ 8@200，放置在受力钢筋内侧。但在工程实际中，楼梯作为重要的消防疏散通道，较多采用双层双向配筋，如图 5.24 所示。

（2）平台板和平台梁。

平台板大多为单向板，可取 1 m 宽板带进行计算。平台板两端一般与平台梁整体连接，跨中弯矩可近似取 $M_{max}=(g+q)l_0^2/8$。当平台板为双向板时，可按四周简支的双向板计

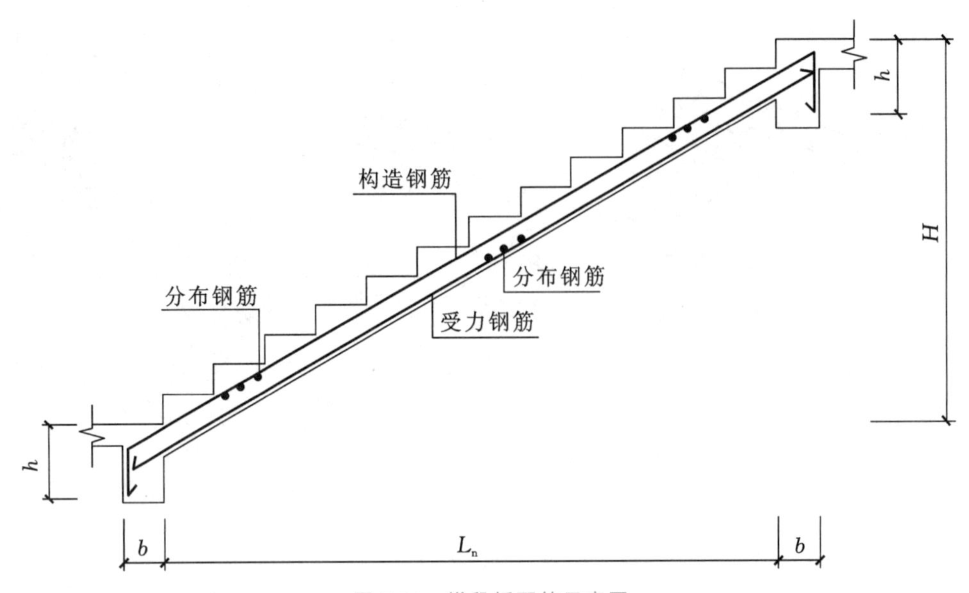

图 5.24 梯段板配筋示意图

算。考虑到板支座的转动会受到一定约束，应配置一定量构造负筋，一般为ϕ 8@200 mm，伸出支承边缘长度为 $l_n/4$。但在工程实际中，平台板面积一般较小，较多采用双层双向配筋，如图 5.25 所示。

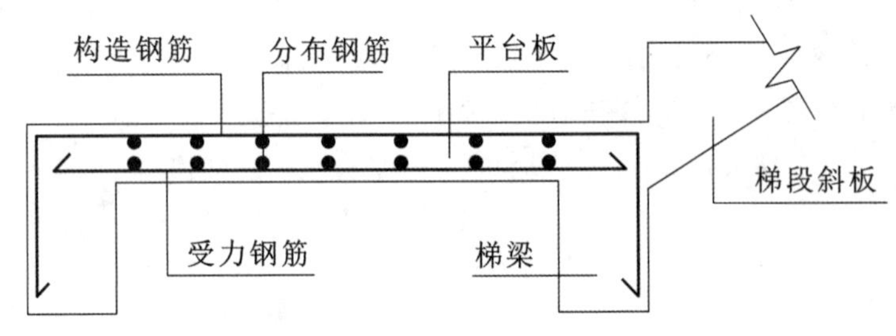

图 5.25 平台板配筋示意图

平台梁承受梯段板和平台板传来的均布荷载和平台梁自重，一般按简支梁计算，其构造要求与一般梁相同。

5.4.2 梁式楼梯

1）结构组成与荷载传递

梁式楼梯由踏步板、斜梁、平台板和平台梁组成。踏步板支承在斜梁上，斜梁支承在平台梁和楼层梁上。楼梯跨度较大或活荷载较大时可采用梁式楼梯，但梁式楼梯外观比较笨重、施工也较复杂，工程中应用较少。

2）梁式楼梯构造

(1) 踏步板。

踏步板按两端简支在斜梁上的单向板考虑，计算时一般取一个踏步作为计算单元。踏步板为梯形截面，板的计算高度可近似取平均高度 $h=(h_1+h_2)/2$，板厚一般不小于 30 mm～40 mm，每个踏步一般需配置不少于 2ф6 的受力钢筋，沿斜向布置ф6 分布钢筋，间距不大于 300 mm，如图 5.26 所示。

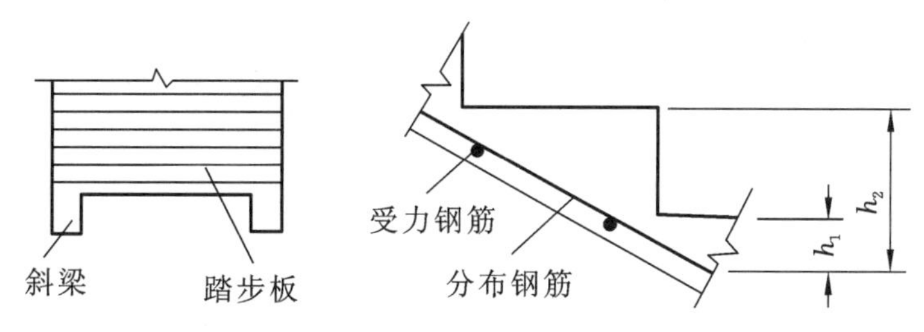

图 5.26　踏步板配筋示意图

(2) 斜梁。

斜梁的内力计算特点与梯段斜板相同。踏步板可能位于斜梁截面高度的上部，也可能位于下部，计算时可近似取为矩形截面。图 5.27 所示为斜梁的配筋示意图。

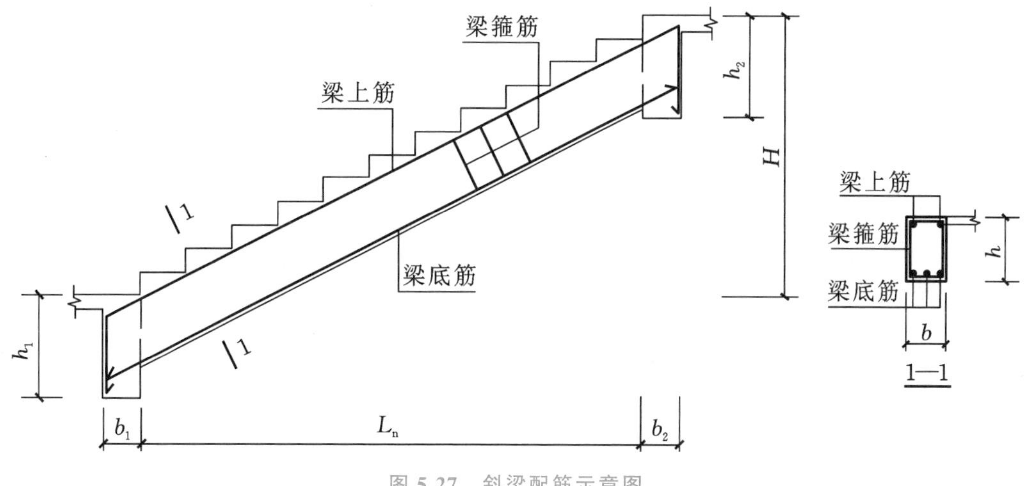

图 5.27　斜梁配筋示意图

(3) 平台板和平台梁。

平台板的计算和板式楼梯相同。

平台梁主要承受斜梁传来的集中荷载(由上、下楼梯斜梁传来)和平台板传来的均布荷载，平台梁一般按简支梁计算。

5.4.3　楼梯设计实例

例 5.3　图 5.28 所示为某办公楼内楼梯首层与二层楼梯建筑平面详图。试根据该楼梯的建筑构造尺寸进行该楼梯的结构设计，将该楼梯设计成板式楼梯的形式，完成楼梯初步设计结构平面图与结构剖面图。假设梯板的下部纵筋和上部纵筋均为ф10@150，分布筋为ф8@200，在结构剖面图中画出钢筋并进行标注。

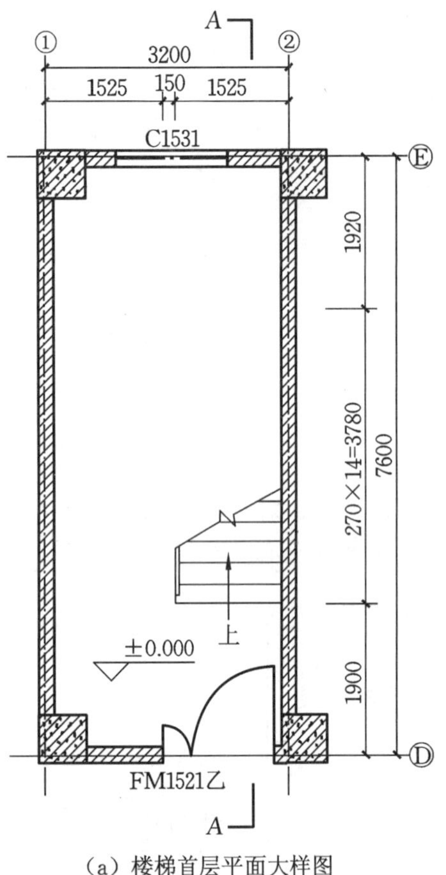

(a) 楼梯首层平面大样图

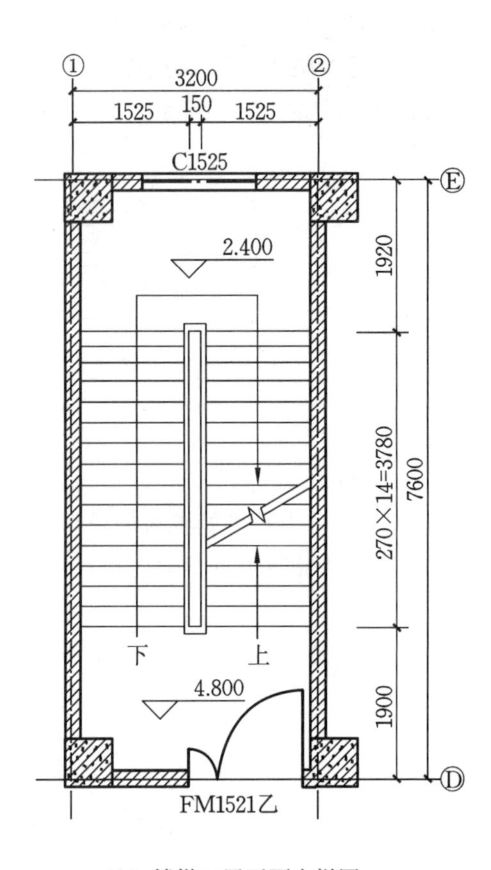

(b) 楼梯二层平面大样图

图 5.28 某办公楼内楼梯首层和二层楼梯建筑平面详图

解 (1) 设计斜板。斜板的厚度一般为(1/30～1/25)/l_0，其中 l_0 为梯段板的计算跨度，在平台与梯段交接处设置梯梁，则计算跨度为 3780 mm，同时考虑最小厚度与模数要求，取梯板厚度为 140 mm。

(2) 设计平台板。平台板往往设计成两边支撑在平台梁与梯梁上的单向板，一般满足单向板的基本构造要求，同时考虑最小厚度与模数要求，取平台板厚度为 100 mm。

(3) 设计梯梁与平台梁。梯梁一般承受斜板与平台板的荷载，平台梁一般只承受平台板的荷载。在建筑构造功能允许的情况下，梯梁往往设置在梯口的位置，梯梁的截面高度 $h \geqslant l_0/12$(l_0 为平台计算跨度)，为了使斜板内的主筋在梯梁中有足够的锚固长度，梯梁的最小截面高度常取为 350 mm，梯梁尺寸 $b \times h$ 为 200 mm×400 mm。

(4) 设计梯柱。梯柱一般作为梯梁的支撑而独立设置，设置在楼层至平台板的位置。梯柱承受的荷载仅为一层楼梯荷载，比较小，所以楼梯一般按照构造要求设置在梯板下面，梯柱的截面尺寸 $b \times h$ 常取为墙厚×200，以便将梯柱隐藏在楼梯间墙体中。

(5) 定好相关数据之后即可完善图纸，按制图规则完成楼梯结构初步设计图，如图 5.29 所示。

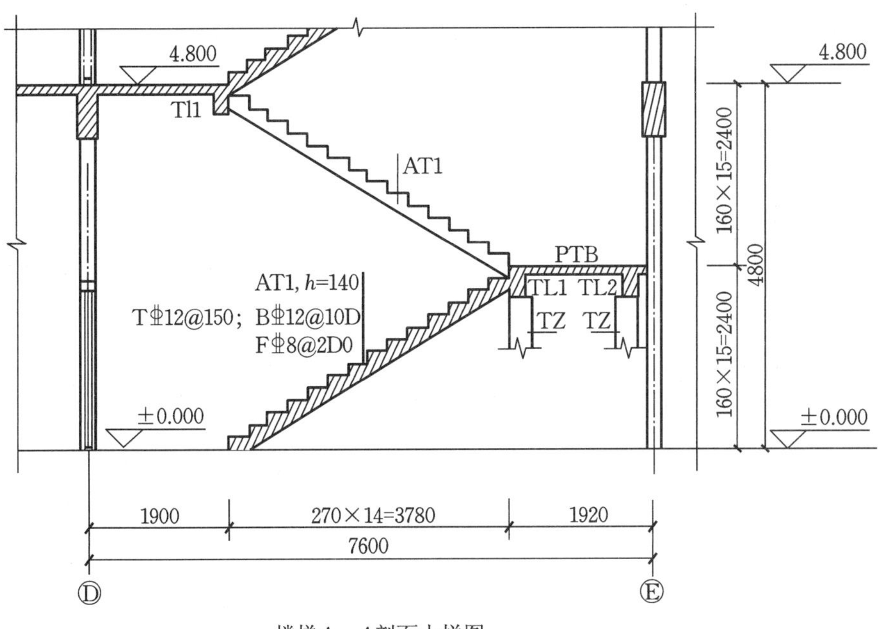

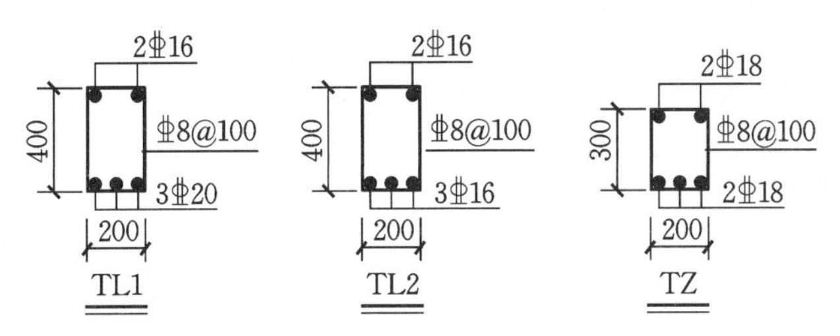

图 5.29　楼梯结构初步设计图

习　题

项目名称	钢筋混凝土梁板结构				
班级		学号		姓名	
填空题	1. 肋形楼盖是______、______、______等构件组成的。 2. 两对边支承的板应按______计算。 3. 单向板设计时通常取______宽板带作为计算单元计算荷载及配筋。 4. 按照楼梯的结构形式及受力特点，楼梯分为______和______。 5. 板在砖墙上的支承长度一般不小于板厚及______ mm。 6. 连续板受力钢筋的配筋方式有______和______两种。 7. 主梁上的次梁截面两侧设置的附加横向钢筋，有______和______。 8. 钢筋混凝土楼梯根据施工方法的不同分为______、______。 9. 板式楼梯由______、______和______组成。 10. 梁式楼梯由______、______、______和______组成。				

续表

项目名称	钢筋混凝土梁板结构
选择题	1. 不属于装配整体式楼盖优点的是(　　)。 A. 节省模板 B. 整体性好 C. 省工省料 2. 柱网和梁格布置要综合考虑使用要求并注意经济合理。单向板肋梁楼盖的板的经济跨度为(　　) m,荷载较小时宜取较大值,荷载较大时宜取较小值。 A. 2～4　　B. 3～5 C. 3～4　　D. 2～5 3. 次梁的间距即为(　　)的跨度。 A. 主梁　　B. 板 C. 柱　　D. 墙 4. 主梁的间距即为(　　)的跨度。 A. 次梁　　B. 板 C. 柱　　D. 墙 5. 连续板、梁的内力计算方法有(　　)计算法和塑性理论计算法两种。 A. 连续理论 B. 弹性理论 C. 独立构件 6. 分布钢筋是与受力钢筋垂直的钢筋,放在受力钢筋内侧;其截面面积不宜小于受力钢筋截面面积的(　　),且不宜小于该方向板截面面积的 0.15%;间距不宜大于 250 mm,直径不宜小于 6 mm。 A. 10%　　B. 12% C. 15%　　D. 18% 7. 板内分布钢筋不仅可使主筋定位、(　　),还可承受收缩及温度应力。 A. 承担负弯矩　　B. 分布局部荷载 C. 减小裂缝宽度　　D. 增加主筋与混凝土的黏结 8. 四边简支的矩形板,当其长短边长度之比 $2<l_1/l_2<3$ 时,(　　)。 A. 按双向板计算 B. 按单向板计算 C. 宜按双向板设计;若按单向板,应沿长边方向布置足够的构造钢筋 D. 无法确定
简答题	1. 现浇整体式楼盖有哪几种类型？它们各自的适用条件是什么？ 2. 单向板和双向板的区别是什么？各自的受力特点和构造有哪些？ 3. 单向板楼盖中板、次梁、主梁的经济跨度各是多少？ 4. 常见的单向板肋梁楼盖结构布置方案有哪几种？各自的适用范围是什么？ 5. 板中配有哪些种类的钢筋？板中分布钢筋有哪些作用？ 6. 单向板的板面附加钢筋设置时应考虑哪些情况,如何设置？ 7. 主梁中为什么设吊筋？吊筋的数量如何计算？ 8. 板式楼梯和梁式楼梯有何区别？两种形式楼梯的踏步板中的配筋有何不同？

续表

<table>
<tr><td>项目名称</td><td>钢筋混凝土梁板结构</td></tr>
<tr><td>绘图题</td><td>1. 某展厅局部初步设计标准层建筑平面图如图 5.30 所示。楼板活荷载标准值为 4.0 kN/m^2,混凝土强度等级为 C30,梁板钢筋均采用 HRB400。试将该展厅设计成钢筋混凝土单向板肋形楼盖,绘制标准层初步设计结构平面布置图,在结构平面布置图中标注各结构构件的布置位置和截面尺寸。
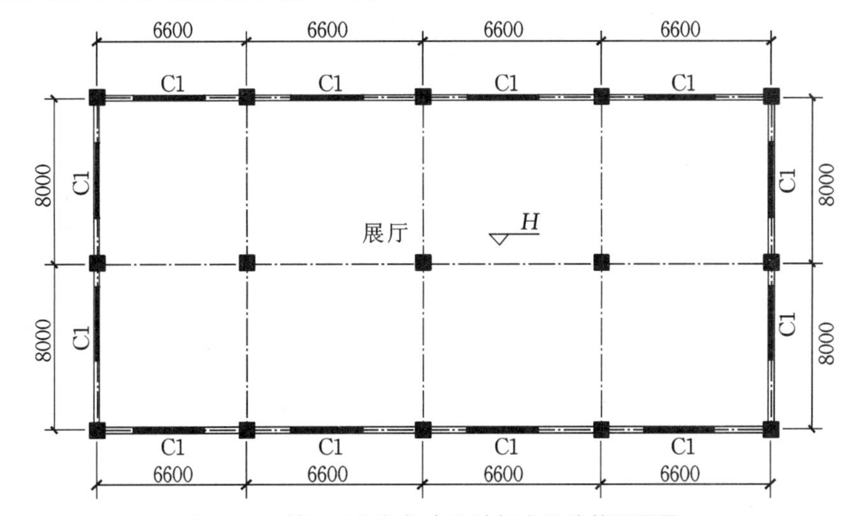

图 5.30 某展厅局部初步设计标准层建筑平面图
2. 试绘制单向板肋形楼盖的计算简图,并说明荷载传递途径。
3. 绘制板式楼梯、梁式楼梯的荷载传递途径。</td></tr>
<tr><td>教师评价</td><td></td></tr>
</table>

学习项目6

钢结构的连接

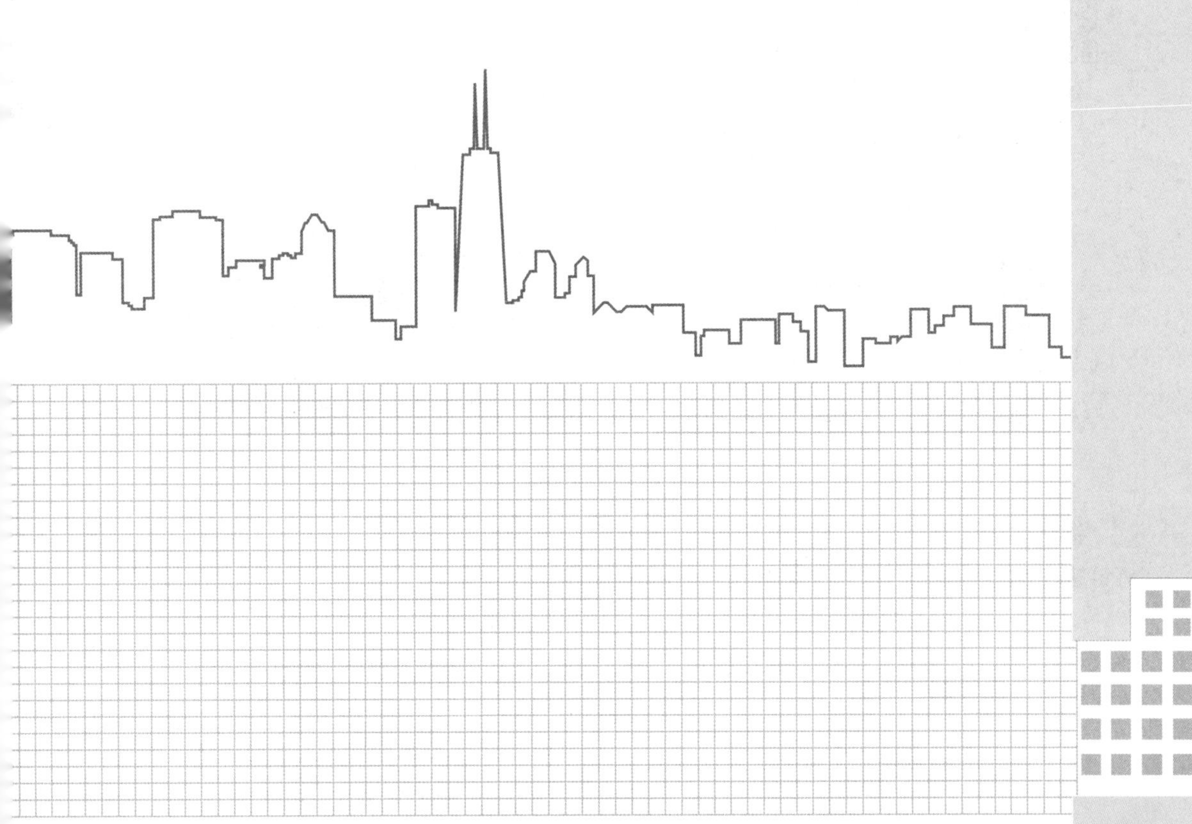

学习目标

(1) 知识目标：了解焊缝连接的方法、焊缝的分类及构造；了解钢结构连接螺栓的种类、特点及其构造；掌握焊缝连接的计算原理及螺栓连接的计算原理。

(2) 能力目标：能进行简单受力情况下的连接计算；具有钢结构连接施工质量检验的能力。

(3) 思政目标：通过钢结构在我国的发展介绍，激发学生的爱国热情、民族自豪感，培养学生的科学精神与职业素养。

从1949年中国钢产量15.8万吨到1996年突破1亿吨，中国从缺钢少铁的困境攀升至全球第一产钢大国，现在中国年产钢已突破10亿吨，并连续26年稳居钢产量世界冠军的宝座。中国钢铁建成了全球产业链最完备、规模最大的钢铁产业体系；在工艺装备、科技创新、品种质量、绿色智能等方面不断提升和突破。近年来，我国政府通过出台相关政策，提倡加大建筑用钢力度，鼓励医院、学校采用钢结构，推进钢结构住宅和农房建设，因此钢结构在建筑工程中的应用越来越广泛，在建筑结构中所占比重越来越高。

钢结构是由若干构件(包括钢梁、钢柱、支撑、系杆、屋面板等)连接组合而成的，如图6.1所示。连接的作用就是通过一定的手段将板材或型钢组合成构件或将若干构件组合成整体结构，以保证其共同工作。因此，连接方式及其质量优劣直接影响钢结构的工作性能。钢结构的连接必须符合安全可靠、传力明确、构造简单、制造方便、节约钢材和降低造价的原则。连接接头应有足够的强度，要有适宜施行连接手段的足够空间。

钢结构的连接

图6.1 钢结构建筑

钢结构的连接方法主要有焊缝连接、螺栓连接和铆钉连接三种，如图6.2所示。由于铆钉链接应用较少，我们主要介绍焊缝连接和螺栓连接。

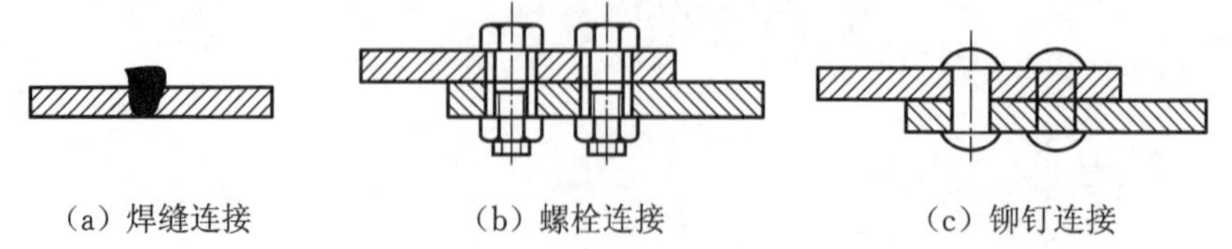

图6.2 钢结构的连接方法

6.1 焊缝连接

焊缝连接是现代钢结构主要的连接方法之一。优点：构造简单，任何形式的构件都可直接相连；用料经济，不削弱截面；制作加工方便，可实现自动化操作；连接的密闭性好，结构刚度大。缺点：在焊缝附近的热影响区内，钢材的金相组织发生改变，导致局部材质变脆；焊接残余应力和残余变形使受压构件承载力降低；焊接结构对裂纹很敏感，局部裂纹一旦发生，就容易扩展到整体，低温冷脆问题较为突出。

20世纪下半叶以来，由于焊缝连接技术的改进提高，焊缝连接目前已在钢结构连接中处于主宰地位。它不仅是制作构件时的基本连接方法，也是构件组合安装时的一种重要连接方法。除了少数直接承受动力荷载结构的某些部位（吊车梁的工地拼接、吊车梁与柱的连接等），因容易产生疲劳破坏而在采用时宜有所限制外，其他部位均可普遍应用。

6.1.1　焊缝的基本知识

6.1.1.1　钢结构常用的焊接方法

钢结构的焊接方法有很多，常用的是电弧焊，包括手工电弧焊、自动（或半自动）埋弧焊、气体保护焊等。

1. 手工电弧焊

手工电弧焊是钢结构中常用的焊接方法之一，如图6.3所示。手工电弧焊由焊条、焊钳、焊件、电焊机和导线等组成电路。工作原理：通电打火引弧后，在涂有焊药的焊条端和焊件之间的间隙中形成电弧并产生热量，高温使得焊条金属及焊件金属局部熔化形成焊口熔池，同时焊条外部包裹的焊药燃烧，在熔池周围形成保护气体，避免熔池中的液体金属与空气中的氧、氮等气体接触发生化学反应形成脆性化合物，焊缝金属冷却后即将焊缝两侧的母材（又称焊件或连接件）连成一体。

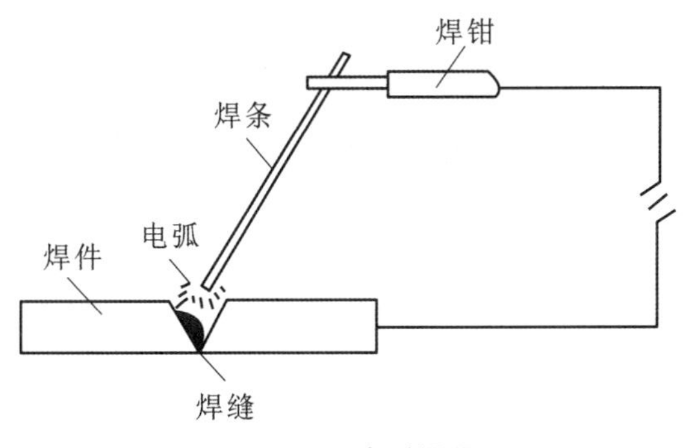

图6.3　手工电弧焊原理

手工电弧焊设备简单、操作方便、适应性强，对一些短焊缝、曲折焊缝以及现场高空施焊尤为方便，应用十分广泛。但其焊缝质量波动大，生产效率低。

在我国建筑钢结构中，手工电弧焊常用的焊条有碳钢焊条和低合金钢焊条，包括 E43 型、E50 型和 E55 型等。其中 E 表示焊条，两位数字表示焊条熔敷金属抗拉强度的最小值。按《钢结构设计标准》GB 50017—2017 的规定，手工焊接所用的焊条应符合现行国家标准《非合金钢及细晶粒钢焊条》(GB/T 5117—2012)的规定，所选用的焊条型号应与主体金属力学性能相适应且不应低于相应母材标准的下限值。一般情况下，Q235 钢采用 E43 型焊条，Q345 钢采用 E50 型焊条，Q390 钢采用 E55 型焊条，Q420 钢采用 E55 或 E60 型焊条。当不同强度的两种钢材进行连接时，应采用与低强度钢材相适应的焊条。

2. 自动(或半自动)埋弧焊

自动埋弧焊是利用电焊小车来完成全部施焊过程的焊接方法，如图 6.4 所示。自动埋弧焊的全部设备装在一个小车上，小车能沿轨道按规定速度移动。与手工电弧焊用的焊条不同，自动埋弧焊用的是缠绕在转盘上的焊丝，并可以通过送丝器进行输送，包裹在焊条外面的药皮也换成了装在焊剂漏斗里的焊剂。通电引弧后，电弧使焊丝及附近焊件金属熔化形成熔池，同时从焊剂漏斗中流下来并覆盖在熔池上方的焊剂也在高温下熔化形成熔渣和气体，可对熔池中的熔化金属进行有效的保护。在焊接过程中，电弧是在焊剂下方发生的，所以将这种焊接方法称为自动埋弧焊。如果焊机的移动是由人工操作的，则称为半自动埋弧焊。

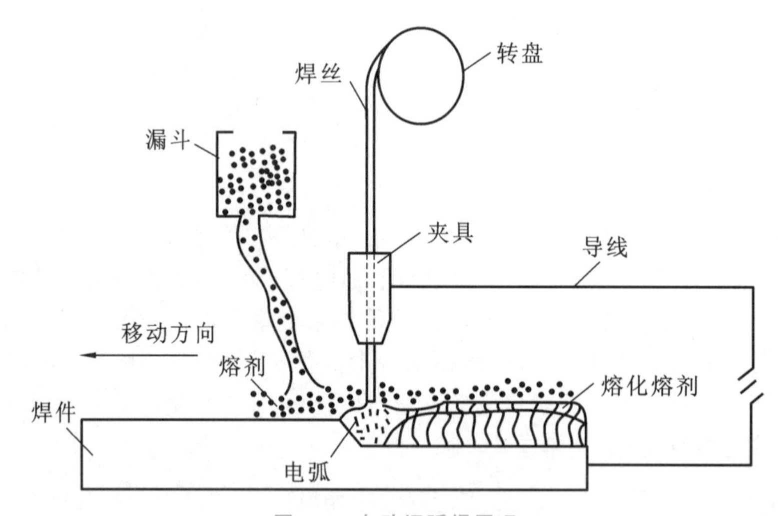

图 6.4 自动埋弧焊原理

由于自动埋弧焊有焊剂和熔渣覆盖保护，电弧热量集中，熔深大，可以焊接较厚的钢板。同时，由于采用了自动化操作，焊接工艺条件好，焊缝质量稳定，焊缝内部缺陷少，塑性和韧性好，因此其质量比手工电弧焊好。但它只适合焊接较长的直线焊缝。半自动埋弧焊质量介于二者之间，因由人工操作，适合焊接曲线或任意形状的焊缝。另外，自动或半自动埋弧焊的焊接速度快、生产效率高、成本低、劳动条件好。

自动或半自动焊埋弧均应采用与焊件金属强度匹配的焊丝，焊剂种类应根据焊接工艺要求确定并应符合国家标准的规定。

3. 气体保护焊

气体保护焊是用喷枪喷出 CO_2 气体或其他惰性气体，作为熔池的保护介质，把熔池与大气隔离。气体保护焊电弧加热集中、焊接速度较快、焊件熔深大、热影响区较窄、焊接变形较小、焊缝强度比手工焊高且具有较高的抗锈能力。但这种焊接方法的设备复杂，电弧光较强，金属飞溅多，焊缝表面成型不如前面所述的电弧焊平滑，一般用于厚钢板或特厚钢板的焊接。

气体保护焊作业一般在室内进行，如需室外作业则一般需要搭设防风棚，以防止保护气体被风吹散而失去对熔池的保护作用。

6.1.1.2　焊缝连接形式

焊缝连接形式可按不同的归类方式进行分类。

1. 按被连接构件的相对位置分

按被连接构件的相对位置分，焊缝连接形式可分为对接、搭接、T 型连接和角接四种形式，如图 6.5 所示。

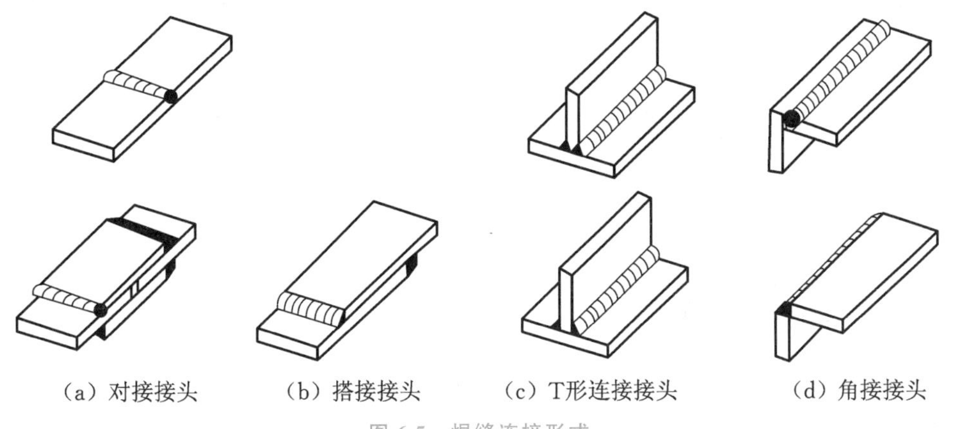

(a) 对接接头　(b) 搭接接头　(c) T形连接接头　(d) 角接接头

图 6.5　焊缝连接形式

2. 按焊缝的截面构造不同分

按焊缝的截面构造不同分，焊缝可分为对接焊缝和角焊缝两种形式，如图 6.6 所示。按作用力与焊缝方向的关系，对接焊缝可分为对接正焊缝和对接斜焊缝；角焊缝可分为正面角焊缝(端缝)、侧面角焊缝(侧缝)。

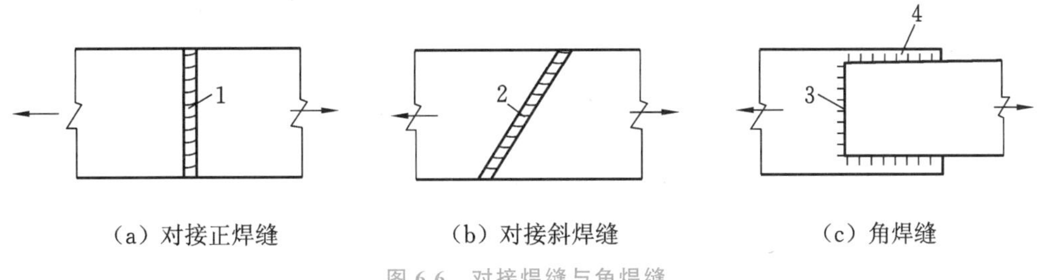

(a) 对接正焊缝　(b) 对接斜焊缝　(c) 角焊缝

图 6.6　对接焊缝与角焊缝

1—对接正焊缝；2—对接斜焊缝；3—正面角焊缝；4—侧面角焊缝

3. 按焊缝在焊件之间的空间相对位置分

按焊缝在焊件之间的空间相对位置分，焊缝连接形式可分为平焊、竖焊、横焊和仰焊四种，如图 6.7 所示。平焊也称为俯焊，施焊条件最好，质量易保证，因此质量最好；仰焊的施焊条件最差，质量不易保证，在设计和制造时应尽量避免。

在车间焊接时构件可以翻转，使其处于较方便的位置施焊。工字形或 T 形截面构件的翼缘与腹板间的角焊缝，常采用图 6.7(b)所示的平焊位置(称船形焊)施焊，这样施焊方便，质量容易保证。

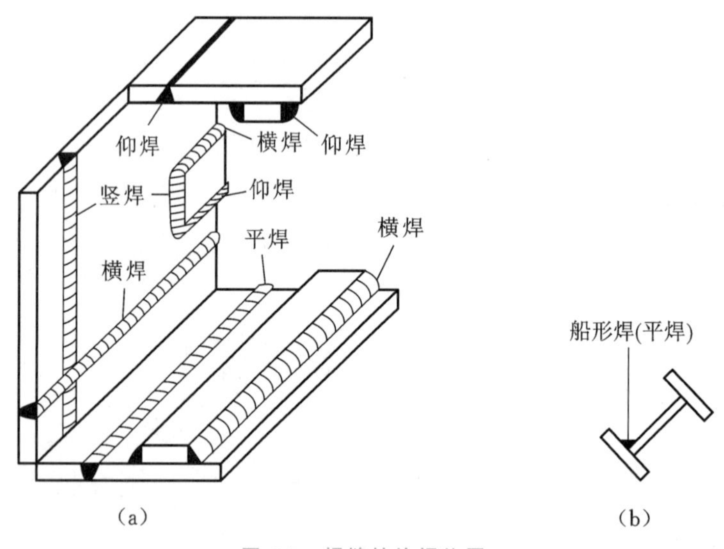

图 6.7 焊缝的施焊位置

6.1.1.3 焊缝的质量检验

焊缝质量的好坏直接影响连接的强度。试验证明，质量优良的对接焊缝的强度高于母材，受拉试件的破坏部位多位于焊缝附近热影响区的母材上。但是，当焊缝中存在气孔、夹渣、咬边等缺陷时，它们不但使焊缝的受力面积削弱，而且在缺陷处引起应力集中，易于形成裂纹，特别是在受拉连接中，裂纹更易扩展延伸，从而使焊缝在低于母材强度的情况下破坏。同样，缺陷的存在也降低了连接的疲劳强度，因此应对焊缝质量进行严格检验。

1. 焊缝缺陷

焊缝缺陷一般位于焊缝或其附近热影响区钢材的表面及内部，通常表现为裂纹、焊瘤、烧穿、弧坑、气孔、夹渣、咬边、未熔合、未焊透、电弧擦伤、根部收缩等，如图 6.8 所示。焊缝表面缺陷可通过外观检查确定，内部缺陷则用无损探伤(超声波或 x 射线、γ 射线)确定。它们将直接影响焊缝质量和连接强度，使焊缝受力面积削弱且引起应力集中，特别是裂纹受力后易扩展导致焊缝断裂。

2. 焊缝质量等级

我国规范《钢结构焊接规范》(GB 50661—2011)及《钢结构工程施工质量验收标准》(GB 50205—2020)将焊缝的质量分为一级、二级、三级 3 个等级。不同焊缝质量等级对焊缝的外观质量、外观尺寸、内部缺陷等要求也不同，对进行焊缝质量检测的方法和要求也不同。三级焊缝只要求对全部焊缝进行外观缺陷及几何尺寸检查；二级焊缝除要求对全部焊缝进行

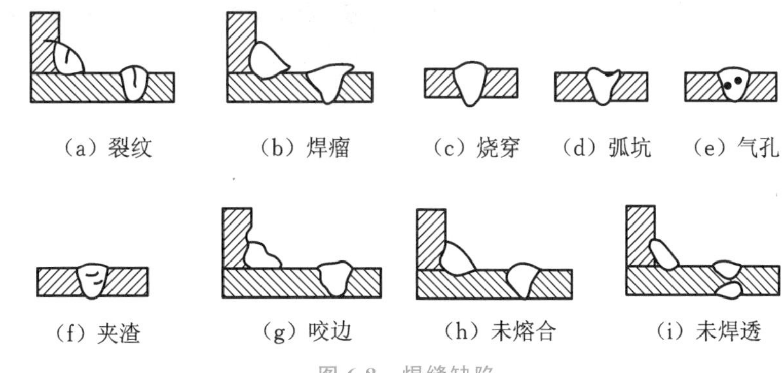

图 6.8　焊缝缺陷

外观检查外，还要求对部分焊缝进行超声波等无损探伤检查；一级焊缝要求对全部焊缝进行外观检查及无损探伤检查。这些检查必须符合各自的质量检验标准。

3. 焊缝质量等级的选用

钢结构设计施工图中应明确规定焊缝质量等级。《钢结构设计标准》(GB 50017—2017)规定，焊缝的质量等级应根据结构的重要性、荷载特性、焊缝形式、工作环境以及应力状态等情况，按下列原则选用。

(1) 在承受动荷载且需要进行疲劳验算的构件中，要求与母材等强连接的焊缝应焊透，其质量等级应符合下列规定：

① 作用力垂直于焊缝长度方向的横向对接焊缝或 T 形对接与角接组合焊缝，受拉时应为一级，受压时不应低于二级；

② 作用力平行于焊缝长度方向的纵向对接焊缝不应低于二级；

③ 重级工作制(A6～A8)和起重量 $Q \geqslant 50$ t 的中级工作制(A4、A5)吊车梁的腹板与上翼缘之间以及吊焊缝，其质量等级不应低于二级。

(2) 在工作温度等于或低于－20 ℃的地区，构件对接焊缝的质量不得低于二级。

(3) 不需要疲劳验算的构件中，要求与母材等强的对接焊缝宜焊透，其质量等级受拉时不应低于二级，受压时不宜低于二级。

(4) 部分焊透的对接焊缝、采用角焊缝或部分焊透的对接与角接组合焊缝的 T 形连接部位，以及搭接连接角焊缝，其质量等级应符合下列规定：

① 直接承受动荷载且需要疲劳验算的结构和吊车起重量等于或大于 50 t 的中级工作制吊车梁以及梁柱、牛腿等重要节点不应低于二级；

② 其他结构可为三级。

6.1.2　对接焊缝连接

6.1.2.1　对接焊缝的构造要求

1. 坡口处理

在对接焊缝的施焊中，为了保证焊缝质量、便于施焊、减小焊缝截面，通常按焊件厚度及施焊条件的不同，将焊口边缘加工成不同形式的坡口(见图 6.9)，通常有 I 形(即不开坡口)、单边 V 形、V 形、单边 U 形、U 形、K 形、X 形和加垫板的 V 形等。通常情况下，若采用手工焊，当焊件较薄($t\leqslant6$ mm)时，可采用 I 形坡口；板件稍厚($t=6\sim20$ mm)时，可用 V 形坡口，正面焊好后要在背面清底补焊；板件较厚($t>20$ mm)时，可采用 U 形或 X 形坡口。

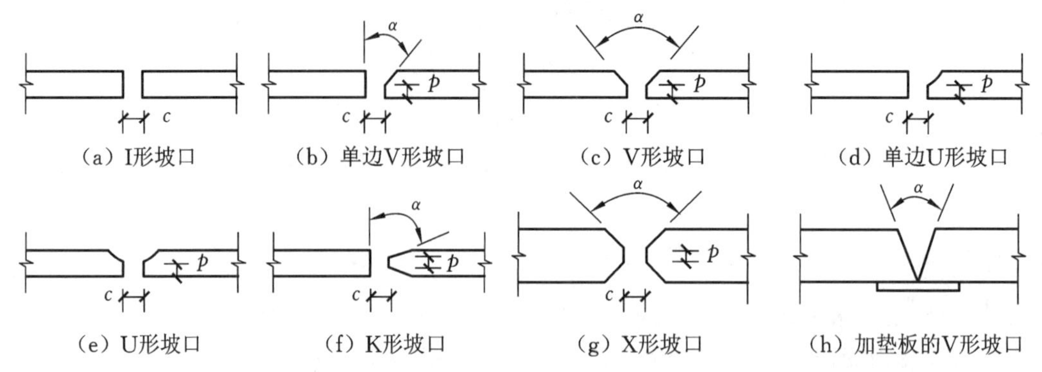

图 6.9　对接焊缝的坡口形式

2. 焊件处理

当对接焊缝处的焊件宽度不同或厚度相差超过规定值时，应将较宽或较厚的板件加工成坡度不大于 1∶2.5 的斜坡(动力荷载作用时，坡度不大于 1∶4)，形成平缓的过渡，使构件传力平顺，减少应力集中，如图 6.10(a)和图 6.10(b)所示。当厚度相差不大于规定值 Δt 时，可以不做斜坡，直接使焊缝表面形成斜坡即可，如图 6.10(c)所示。对 Δt 的规定：当较薄焊件厚度 $t=5\sim9$ mm 时，$\Delta t=2$ mm；$t=10\sim12$ mm 时，$\Delta t=3$ mm；$t>12$ mm 时，$\Delta t=4$ mm。

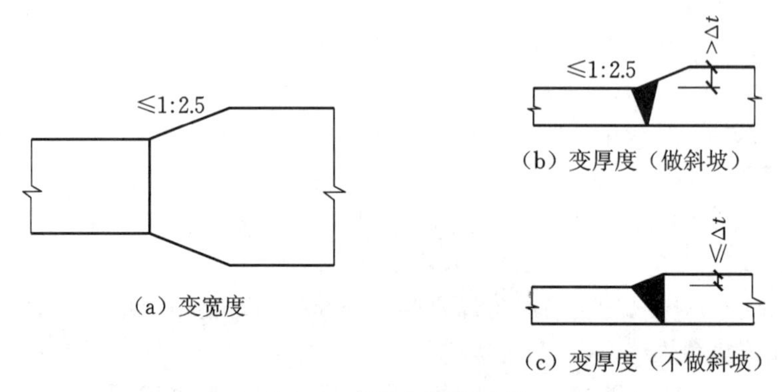

图 6.10　变截面钢板对接

3. 交叉焊缝处理

当钢板在纵横两个方向都进行了对接焊时，可采用十字交叉焊缝或 T 形交叉焊缝。若采用 T 形交叉焊缝，两个交叉点的间距 a 应不小于 200 mm 如图 6.11 所示。

4. 焊口处理

对接焊缝施焊时的引弧端和灭弧端，常会出现未焊透或未焊满的凹陷焊口，此处极易产生应力集中和裂纹，对承受动力荷载的结构尤为不利。为避免这种缺陷，施焊时可在焊缝两端设置引弧板，如图 6.12 所示。焊完后切除引弧板即可。当未采用引弧板时，需要考虑每条对接焊缝的引弧和灭弧端存在的焊口缺陷，将焊缝实际长度减去 $2t$ 作为计算长度(t 为较薄焊件厚度)。

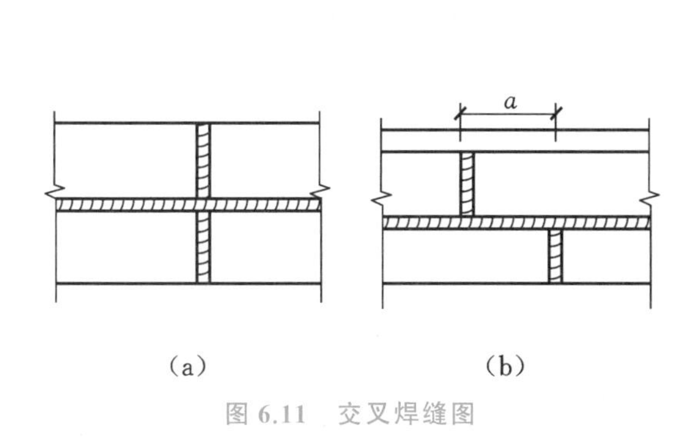

图 6.11　交叉焊缝图

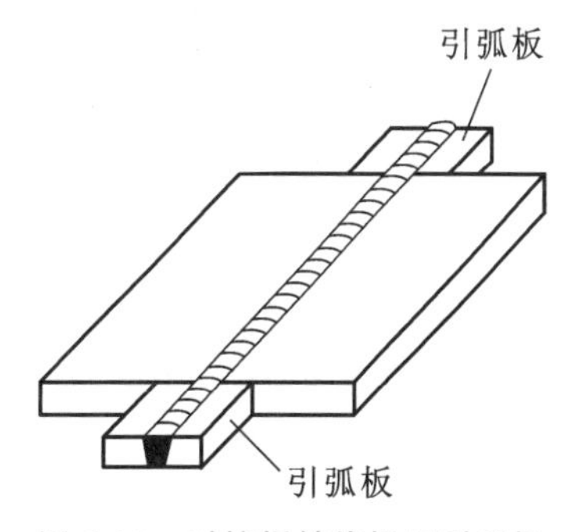

图 6.12　对接焊缝施焊用引弧板

6.1.2.2　对接焊缝的计算

焊透的对接焊缝的截面与被连接件连为一体，故焊缝中应力与被连接件截面的应力分布情况一致，设计时采用的强度计算公式与被连接件基本相同。

1. 轴心受力的对接焊缝计算

如图 6.13(a)所示，当对接焊缝受垂直于焊缝长度方向的轴心力作用时，焊缝强度可按下式计算：

$$\sigma=\frac{N}{l_{w}t}\leqslant f_{t}^{w} \text{ 或 } f_{c}^{w} \tag{6.1}$$

式中：N——轴心拉力或压力设计值；

l_w——焊缝的计算长度。采用引弧板时取焊缝的实际长度，未采用引弧板时每条焊缝取实际长度减去 $2t$；

t——在对接接头中为连接件的较小厚度，在 T 形接头中为腹板厚度；

f_t^w、f_c^w——对接焊缝的抗拉、抗压强度设计值，按附录 C 选用。

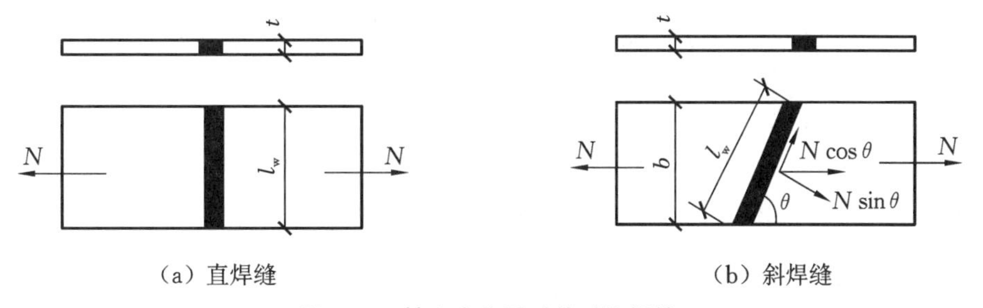

图 6.13　轴心力作用时的对接焊缝

比较钢材的强度设计值(见表 2.6)和焊缝的强度设计值可知，对接焊缝的抗压强度、抗剪强度设计值及质量为一级、二级的对接焊缝的抗拉强度设计值均与连接件钢材相同，质量为三级的对接焊缝的抗拉强度设计值则低于被连接钢材的抗拉强度设计值。所以，当采用引弧板施焊时，质量为一级、二级及不承受拉应力的三级对接焊缝的承载力与母材相同，无须计算；质量为三级且受拉应力作用或未采用引弧板的对接焊缝，必须进行强度计算。若计算不满足要求，可考虑采用引弧板、提高焊缝质量等级或改用对接斜焊缝连接，如图 6.13(b)所示。采用斜焊缝能使焊缝的计算长度加大，提高承载力，但需切角，浪费钢材。根据规范规定，当采用斜焊缝连接时，若斜焊缝与作用力的夹角 θ 满足 $\tan\theta\leqslant1.5$，可不再计算焊缝强度。

> **小贴士**
> 大部分情况下并不需要进行对接焊缝的连接计算，只有质量为三级且受拉应力作用或未采用引弧板的对接焊缝才需要进行对接焊缝的连接计算。

例 6.1 图 6.14 所示为两块钢板采用对接焊缝连接。已知钢板截面为 460 mm×10 mm，承受轴心拉力设计值 $N=850$ kN，钢材为 Q235，采用手工电弧焊，采用 E43 型焊条，焊缝质量为三级。试计算该焊缝的强度。

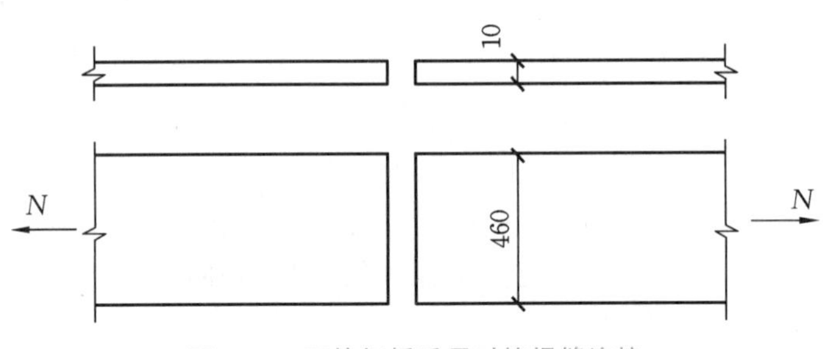

图 6.14 两块钢板采用对接焊缝连接

解 查附录 C 得 $f_t^w=185\ \text{N/mm}^2$。

(1)不用引弧板，则

$$l_w=460\ \text{mm}-2\times10\ \text{mm}=440\ \text{mm}$$

$$\sigma=\frac{N}{l_w t}=\frac{850\times10^3}{440\times10}\ \text{N/mm}^2=193\ \text{N/mm}^2$$

$\sigma>f_t^w$，不满足强度要求。

(2) 由上面的验算结果可知，虽然 $\sigma>f_t^w$，但相差不大，故考虑采用引弧板，此时 $l_w=460$ mm，则

$$\sigma=\frac{N}{l_w t}=\frac{850\times10^3}{460\times10}\ \text{N/mm}^2=185\ \text{N/mm}^2$$

$\sigma=f_t^w$，可满足要求。

2. 弯矩、剪力共同作用时对接焊缝计算

如图 6.15 所示，两段工字形截面梁采用对接焊缝进行连接，其焊缝截面与梁的截面相同且承受弯矩 M、剪力 V 共同作用。

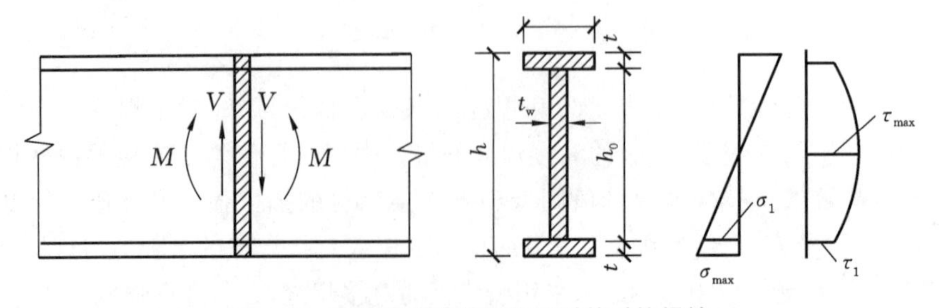

图 6.15 弯矩和剪力共同作用时的对接焊缝

根据我们掌握的力学知识可以知道，截面的下边缘将产生最大正应力σ_{max}，腹板中部将产生最大剪应力τ_{max}。为防止截面发生正应力强度破坏和剪应力强度破坏，需满足式(6.2)

和式(6.3)。此外，在翼缘和腹板的交接点处同时作用较大的正应力 σ_1 和较大的剪应力 τ_1，交接点可能因为 σ_1 和 τ_1 的共同作用而发生强度破坏，因此还应按式(6.4)验算该点的折算应力强度。

$$\sigma_{max}=\frac{M}{W_w}\leqslant f_t^w \tag{6.2}$$

$$\tau_{max}=\frac{VS_w}{I_w t_w}\leqslant f_v^w \tag{6.3}$$

$$\sigma_{eq}=\sqrt{\sigma_1^2+3\tau_1^2}\leqslant 1.1f_t^w \tag{6.4}$$

式中：M——计算截面的弯矩设计值；

W_w——焊缝计算截面的截面模量；

V——与焊缝方向平行的剪力设计值；

S_w——焊缝计算截面在计算剪应力处以上或以下部分截面对对中性轴的面积矩；

I_w——焊缝计算截面对中性轴的惯性矩；

f_v^w——对接焊缝的抗剪强度设计值，按附录C选用；

σ_{eq}——折算应力；

σ_1——翼缘和腹板的交接点处的正应力，截面对称时 $\sigma_1=\frac{h_0}{h}\sigma_{max}$；

τ_1——翼缘和腹板的交接点处的剪应力，$\tau_1=\frac{VS_{w1}}{I_w t_w}$，$S_{w1}$ 为工字形截面受拉（或受压）翼缘对截面中性轴的面积矩；

t_w——工字形截面腹板厚度；

1.1——考虑到最大折算应力只发生在局部而将焊缝强度设计值 f_t^w 提高10%后的系数。

例 6.2　某 6 m 跨度简支梁的截面和荷载（含梁自重的设计值）已知，如图 6.16 所示。在距支座 2.4 m 处有翼缘和腹板的对接连接，试验算该对接焊缝的强度。已知钢材为Q235，采用E43型焊条，手工焊，三级质量标准，施焊时采用引弧板。

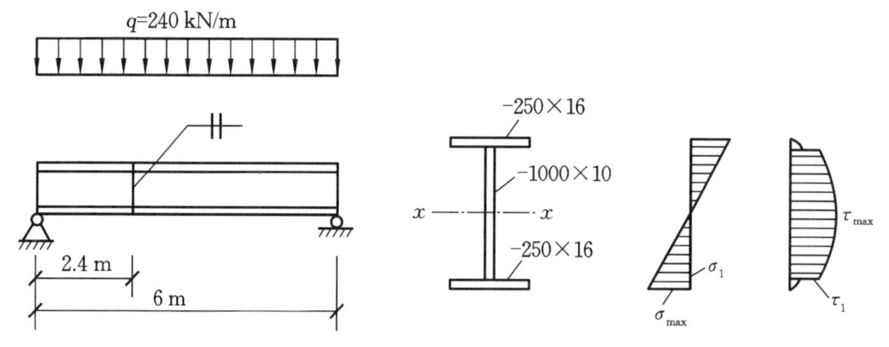

图 6.16　某 6 m 跨度简支梁的截面和荷载

解　(1)计算焊缝截面处的内力。

$$M=\frac{1}{2}qab=\frac{1}{2}\times240\times2.4\times(6-2.4)\ \text{kN}\cdot\text{m}=1036.8\ \text{kN}\cdot\text{m}$$

$$V=\frac{1}{2}ql-qa=240\times(3-2.4)\ \text{kN}=144\ \text{kN}$$

(2) 计算焊缝截面的几何特征值。

$$I_w=\frac{1}{12}\times(250\times1032^3-240\times1000^3)\ \text{mm}^4=2898\times10^6\ \text{mm}^4$$

$$W_w=2898\times10^6\div516\ \text{mm}^3=5.616\times10^6\ \text{mm}^3$$

$$S_{w1}=250\times16\times508\ \text{mm}^3=2.032\times10^6\ \text{mm}^3$$

$$S_w=S_{w1}+500\times10\times250\ \text{mm}^3=3.282\times10^6\ \text{mm}^3$$

(3) 计算焊缝强度。

查附录C得 $f_t^w=185\ \text{N/mm}^2$，$f_v^w=125\ \text{N/mm}^2$，则

$$\sigma_{max}=\frac{M}{W_w}=\frac{1036.8\times10^6}{5.616\times10^6}\ \text{N/mm}^2=184.6\ \text{N/mm}^2$$

$$\tau_{max}=\frac{VS_w}{I_wt_w}=\frac{144\times10^3\times3.282\times10^6}{2898\times10^6\times10}\ \text{N/mm}^2=16.3\ \text{N/mm}^2$$

$$\sigma_1=\frac{h_0}{h}\sigma_{max}=\frac{1000}{1032}\times184.6\ \text{N/mm}^2=178.9\ \text{N/mm}^2$$

$$\tau_1=\frac{VS_{w1}}{I_wt_w}=\frac{144\times10^3\times2.032\times10^6}{2898\times10^6\times10}\ \text{N/mm}^2=10.1\ \text{N/mm}^2$$

折算应力为

$$\sigma_{eq}=\sqrt{\sigma_1^2+3\tau_1^2}=\sqrt{178.9^2+3\times10.1^2}\ \text{N/mm}^2=179.8\ \text{N/mm}^2$$

$$1.1f_t^w=1.1\times185\ \text{N/mm}^2=203.5\ \text{N/mm}^2$$

$\sigma_{max}<f_t^w$，$\tau_{max}<f_v^w$，$\sigma_{eq}<1.1f_t^w$，焊缝的正应力强度、剪应力强度及折算应力强度均满足要求。

想一想

根据所学知识，对于该钢梁，除了计算对接焊缝连接的强度以外，可能还需要进行哪些强度的计算或验算？

前述以工字形截面对接焊缝为例，介绍了弯矩和剪力共同作用下的计算方法。在实际工程中还可能遇到其他各种截面形式的对接焊缝承受各种内力作用的情况，其一般的解题步骤如下：①计算焊缝截面内力(弯矩、剪力、轴力、扭矩)；②分析焊缝截面的应力，求出所有危险点的正应力和剪应力(危险点是指最大正应力和最大剪应力作用点及有较大的正应力和较大的剪应力共同作用的点)；③按强度公式对危险点进行验算，即需满足 $\sigma_{max}\leqslant f_t^w$、$\tau_{max}\leqslant f_v^w$ 及 $\sigma_{eq}\leqslant1.1f_t^w$。

6.1.3 角焊缝连接

6.1.3.1 角焊缝连接形式与构造

1. 角焊缝的形式

角焊缝按其与外力作用方向的不同分为垂直于外力作用方向的正面角焊缝(端焊缝)、平行于外力作用方向的侧面角焊缝(侧焊缝)和与外力作用方向斜交的斜向角焊缝三种，如图6.17所示。

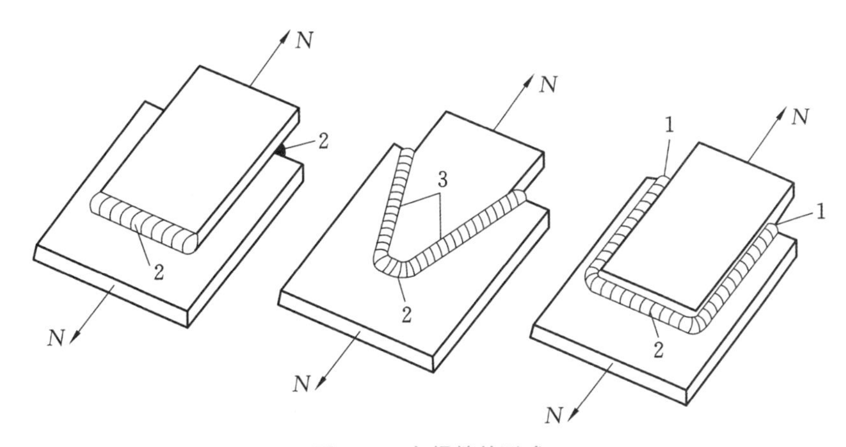

图 6.17　角焊缝的形式

1—侧面角焊缝；2—正面角焊缝；3—斜向角焊缝

按两焊脚边的夹角不同，角焊缝可分为直角角焊缝($\alpha=90°$)和斜角角焊缝($\alpha<90°$，$\alpha>90°$)两种。直角角焊缝的受力性能较好，应用广泛；斜角角焊缝的两焊脚边夹角 $\alpha<60°$或$\alpha>120°$时，除钢管结构外，不宜用作受力结构。

直角角焊缝按截面形式可分为普通型、凹面型和平坦型三种，如图 6.18 所示。一般情况下采用普通型角焊缝，但其力线曲折较大，传力性能较差，应力集中严重。为改善传力性能，正面角焊缝可采用平坦型或凹面型角焊缝；对直接承受动力荷载的结构，为使传力平缓，正面角焊缝宜采用平坦型(长边顺内力方向)，侧面角焊缝宜采用凹面型。

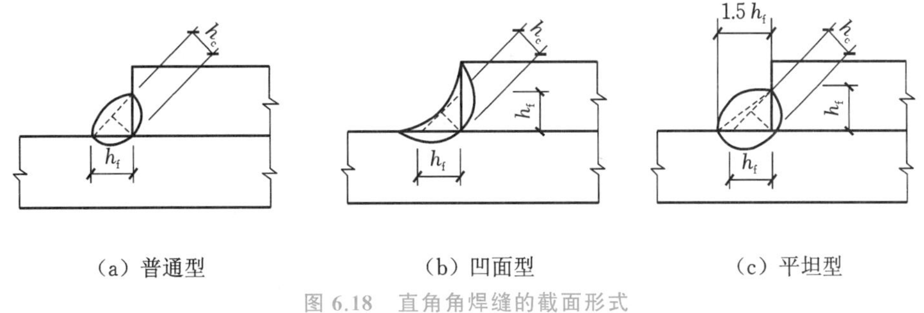

(a) 普通型　　(b) 凹面型　　(c) 平坦型

图 6.18　直角角焊缝的截面形式

普通型角焊缝截面的两个直角边长 h_f 称为焊脚尺寸，如图 6.18(a)。凹面型及平坦型角焊缝的焊脚尺寸 h_f 的取法见图 6.18(b)和图 6.18(c)。计算焊缝承载力时，焊缝截面可忽略多余的部分，按边长为 h_f 的等边直角三角形考虑。焊缝的破坏面取最小截面，即 45°角处截面，该截面称为有效截面或计算截面，其截面高度称为计算高度，用 h_e 表示，$h_e=0.7h_f$。

2. 角焊缝的构造要求

① 最小焊脚尺寸。角焊缝的最小焊脚尺寸如表 6.1 所示。承受动荷载时，角焊缝的焊脚尺寸不宜小于 5 mm。

表 6.1　角焊缝的最小焊脚尺寸

母材厚度	角焊缝的最小焊脚尺寸/mm
$t\leqslant6$	3
$6<t\leqslant12$	5

续表

母材厚度	角焊缝的最小焊脚尺寸/mm
12＜t≤20	6
t＞20	8

② 最大焊脚尺寸。当板厚不大于 6 mm 时，搭接焊缝沿母材棱边的最大焊脚尺寸应为母材厚度，当板厚大于 6 mm 时，搭接焊缝沿母材棱边的最大焊脚尺寸应为母材厚度减去 1～2 mm，如图 6.19 所示。

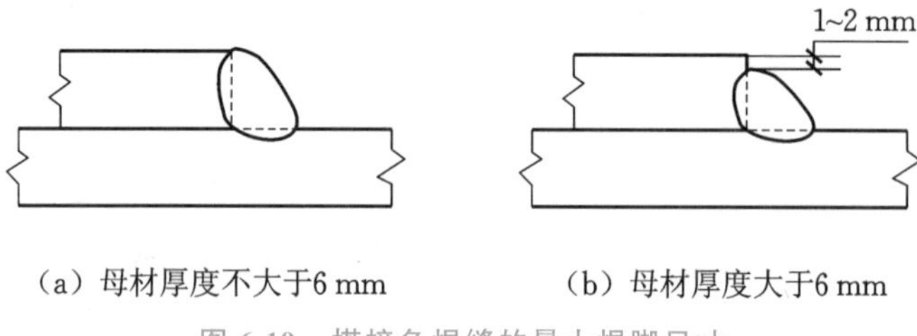

图 6.19　搭接角焊缝的最大焊脚尺寸

③ 最小计算长度。角焊缝的最小计算长度应为其焊脚尺寸 h_f 的 8 倍且不应小于 40 mm。焊缝计算长度 l_w 应为扣除引弧、收弧长度后的焊缝长度，这是因为如果角焊缝的长度过短，会使焊件局部受热集中，容易产生缺陷。

④ 在搭接连接中，搭接长度不得小于焊件较小厚度的 5 倍并不得小于 25 mm，如图 6.20 所示。

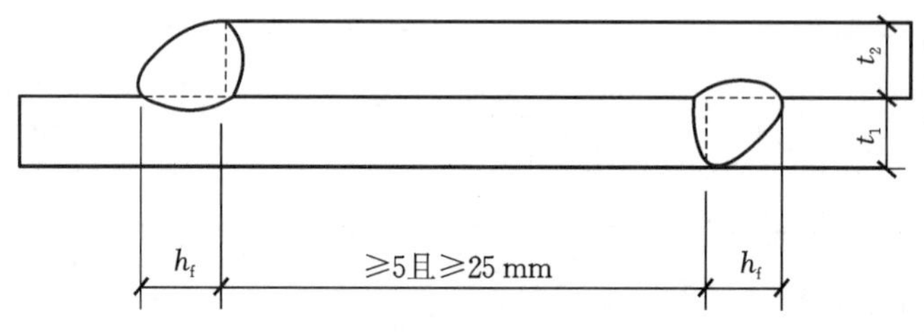

图 6.20　钢板搭接和侧焊缝构造

⑤ 当型钢杆件端部只采用侧面角焊缝与节点板连接时，型钢杆件的宽度不应大于 200 mm，当宽度大于 200 mm 时，应加端面角焊缝或中间塞焊；型钢杆件每一侧纵向角焊缝的长度不应小于型钢杆件的宽度。

⑥ 型钢杆件搭接连接采用围焊时，在转角处应连续施焊。杆件端部搭接角焊缝绕角焊时，绕焊长度不应小于焊脚尺寸的 2 倍并应连续施焊，如图 6.21 所示。

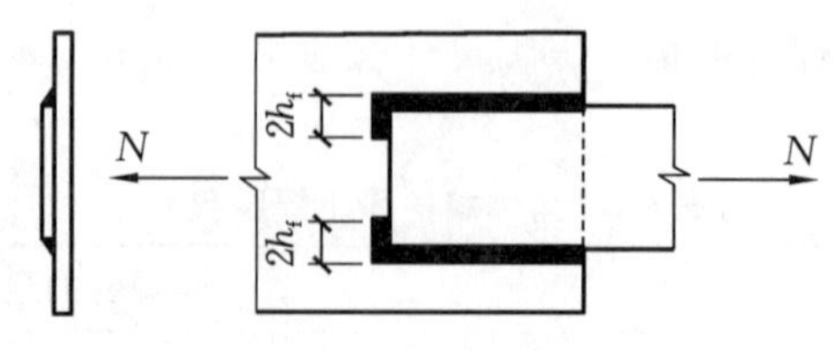

图 6.21　角焊缝的绕角焊

6.1.3.2　角焊缝连接的计算

要对角焊缝进行精确的计算是十分困难的，实际计算采用简化的方法：假定角焊缝的破坏均发生在最小截面，其面积为角焊缝的计算厚度 h_e 与焊缝计算长度 l_w 的乘积，此截面称为角焊缝的计算截面：假定截面上的应力沿焊缝计算长度均匀分布，正面焊缝和侧面焊缝均按破坏时计算截面上的平均应力来确定其强度。侧面焊缝的强度设计值为 f_f^w，正面焊缝的强度设计值为 $\beta_f f_f^w$。

这里仅对角焊缝承受轴心力作用时的角焊缝计算进行介绍，其他情况的计算可参见《钢结构设计标准》(GB 50017—2017)中相关条文的规定。

1. 正面角焊缝(作用力垂直于焊缝长度方向)

$$\sigma_f=\frac{N}{h_e l_w}\leqslant\beta_f f_f^w \tag{6.5}$$

式中：σ_f——按焊缝有效截面($h_e l_w$)计算的垂直于焊缝长度方向的应力；

h_e——角焊缝的破坏面高度，对直角角焊缝等于 $0.7h_f$；

l_w——角焊缝的计算长度，若有焊口缺陷，则每端需扣除的缺陷长度为焊脚尺寸 h_f；

f_f^w——角焊缝的设计强度，查附录C；

β_f——正面角焊缝的强度设计增加系数，承受静力荷载和间接承受动力荷载的结构的 $\beta_f=1.22$，直接承受动力荷载的结构的 $\beta_f=1.0$。

2. 侧面角焊缝(作用力平行于焊缝长度方向)

$$\tau_f=\frac{N}{h_e l_w}\leqslant f_f^w \tag{6.6}$$

式中：τ_f——按焊缝有效截面计算的沿焊缝长度方向的剪应力。

3. 斜焊缝或作用力与焊缝长度方向斜交成 θ 的角焊缝

先将外力分解到与焊缝平行和垂直的方向，分别算出各方向力作用下焊缝的应力 σ_f 和 τ_f，再按下式进行计算：

$$\sqrt{\left(\frac{\sigma_f}{\beta_f}\right)^2+\tau_f^2}\leqslant f_f^w \tag{6.7}$$

例6.3　图6.22所示为双盖板对接连接。已知钢板宽度 $a=240$ mm，厚度 $t=10$ mm，钢材为Q235，焊条为E43，手工焊，轴力设计值 $N=600$ kN。试进行焊接计算。

解　(1) 确定盖板尺寸。

为保证施焊，盖板宽 b 取为 $b=a-2\times20$ mm$=(240-40)$ mm$=200$ mm。

按盖板与构件板等强度原则计算盖板厚度，即

$$t_1\geqslant\frac{240\times10}{2\times200}\text{ mm}=6\text{ mm}$$

(2) 计算焊缝。

查附录C得 $f_t^w=160$ N/mm^2，按构造要求确定焊脚高度 h_f，即

$$h_{fmin}\geqslant1.5\sqrt{t_{max}}=4.7\text{ mm}$$

$t_1=6$ mm，$h_{fmax}\leqslant t_1$，因此，取 $h_f=6$ mm。

若只设侧面角焊缝，则每侧共有四条侧缝，每条角焊缝长度为

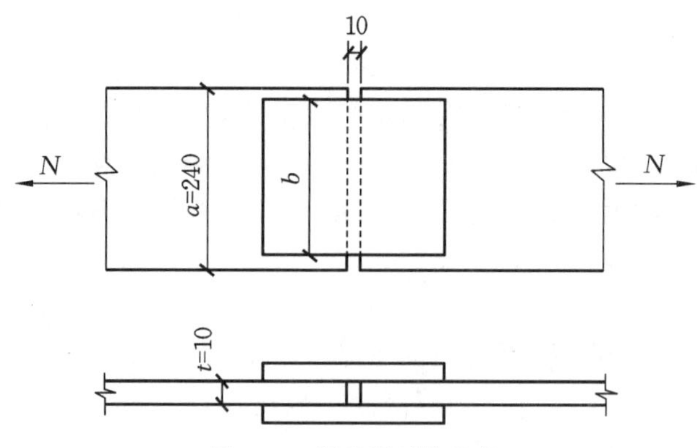

图 6.22 双盖板对接连接

$$l_w=\frac{N}{4\times0.7h_f\times f_t^w}+2h_f=\left(\frac{600\times10^3}{4\times0.7\times6\times160}+12\right)\text{ mm}=223\text{ mm}$$

取 $l_w=240$ mm，$l_w>200$ mm，所需盖板全长 $l=2l_w+10$ mm=490 mm。

若采用三面围焊，则端缝承载力为

$$N_1=2bh_e\beta_f f_f^w=2\times200\times0.7\times6\times1.22\times160\text{ N}=327\ 936\text{ N}=328\text{ kN}$$

每条侧缝的长度为

$$l_w=\frac{N-N_1}{4\times0.7h_f\times f_t^w}+h_f=\left[\frac{(600-328)\times10^3}{4\times0.7\times6\times160}+6\right]\text{ mm}=101\text{ mm}$$

取 $l_w=110$ mm，所需盖板全长 $l=2l_w+10$ mm=230 mm。

6.2 螺栓连接

螺栓连接的操作方法是通过扳手施拧，使螺栓产生紧固力，从而使被连接件连接成为一体。

螺栓连接的优点是安装方便、可以拆卸、施工需要技术工人少；其缺点是连接构造复杂、连接件需要开孔、构件有削弱、安装需要拼装对孔、增加制造工作量、耗费钢材较多。

6.2.1 螺栓的种类及特点

螺栓连接根据螺栓使用的钢材性能等级分为普通螺栓连接和高强度螺栓连接两种。螺栓和与之配套的螺母、垫圈合称连接副，即一个连接副由螺栓、螺母和垫圈组成。

1. 普通螺栓

普通螺栓可分为六角头螺栓、双头螺栓和地脚螺栓，如图 6.23 所示。本书主要介绍六角头螺栓。

六角头螺栓按产品质量和制作公差的不同，分为 A、B、C 三个等级，其中，A、B 级为精制螺栓,C 级为粗制螺栓。在钢结构螺栓连接中,除特别注明外,一般均为 C 级粗制螺栓。

（a）六角头螺栓

（b）双头螺栓

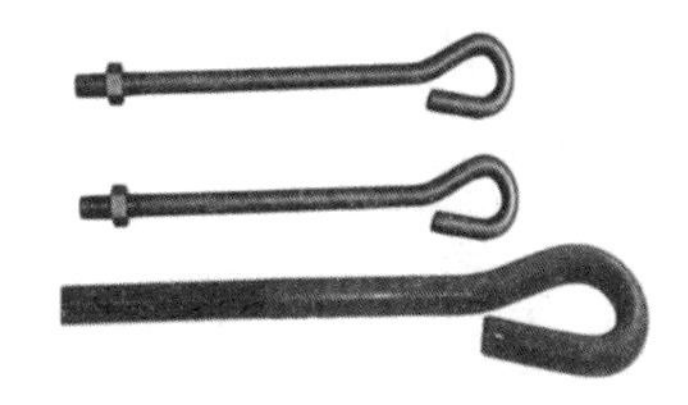

（c）地脚螺栓

图 6.23　普通螺栓

A、B 级精制螺栓是由毛坯在车床上经过切削加工精制而成的,表面光滑,尺寸准确,对配套的螺栓孔成孔质量要求高。螺孔需用钻模钻成,或在单个零件上先冲成较小的孔,然后在装配好的构件上再扩钻至设计孔径(Ⅰ类孔)。A、B 级精制螺栓有较高的精度,因此受剪性能好,但制作和安装复杂,价格较高,已很少在钢结构中采用。

C 级螺栓由未经加工的圆钢压制而成,螺栓表面粗糙,配套使用的螺栓孔成孔质量要求相对较低,一般在单个零件上一次冲成(Ⅱ类孔),螺栓孔的直径比螺栓杆的公称直径大 1.0～1.5 mm。对于采用 C 级螺栓的连接,由于螺栓杆与螺栓孔之间有较大的间隙,受剪力作用时,将会产生较大的剪切滑移,连接的变形大,但安装方便,且能有效地传递拉力,故一般可用于沿螺栓杆轴受拉的连接,以及次要结构的抗剪连接或安装时的临时固定。一些受拉或拉剪联合作用的临时安装连接也经常采用 C 级螺栓。

普通螺栓代号用字母 M 和公称直径的数值表示。螺栓直径 d 应根据整个结构及其主要连接的尺寸和受力情况选定,受力螺栓一般用 M16,建筑工程中常用 M16、M20、M24 等。

2. 高强度螺栓

高强度螺栓用高强度钢材经热处理制成,安装时用特制的扳手拧紧螺栓。拧紧时螺栓杆被迫伸长,栓杆受拉,其拉力称为预拉力。由此产生的反作用力使连接钢板压紧,导致板件之间产生摩阻力,可阻止板件相对滑移。特制的扳手有相应的预拉力指示计,螺栓紧固施工时必须保证螺栓预拉力达到规定的数值。

高强度螺栓连接副分为六角头高强度螺栓连接副和扭剪型高强度螺栓连接副,如图 6.24 所示。

（a）六角头高强度螺栓连接副

（b）扭剪型高强度螺栓连接副

图 6.24　高强度螺栓连接副

六角头高强度螺栓连接副含一个螺栓、一个螺母、两个垫圈(螺头和螺母各一个);扭剪型高强度螺栓连接副含一个螺栓、一个螺母、一个垫圈。螺栓、螺母、垫圈在组成一个连接副时,其性能等级要匹配。

高强度螺栓连接按其传力方式可分为摩擦型连接和承压型连接两种。摩擦型连接受剪时，以外剪力达到板件接触面间最大摩擦力为极限状态，即保证在整个使用期间外剪力不超过最大摩擦力为准则。这样，板件之间不会发生相对滑移变形，连接板件始终是整体弹性受力，因此连接刚性好、变性小、受力可靠、耐疲劳。承压型连接则允许接触面间摩擦力被克服，板件之间产生滑移，直至栓杆与孔壁接触，由栓杆受剪或孔壁受挤压传力直至破坏，此时受力性能与普通螺栓相同。

高强度螺栓孔应用钻孔。承压型高强螺栓连接配套使用标准圆形螺栓孔，摩擦型高强度螺栓因受力时不产生滑移，故其孔径可比螺栓公称直径大一些，可选用标准孔、大圆孔和槽孔，但采用大圆孔和槽孔连接时，同一连接面只能在盖板和芯板其中之一的板上采用。高强度螺栓连接的孔型尺寸匹配如表 6.2 所示。

表 6.2　高强度螺栓连接的孔型尺寸匹配

螺栓公称直径			M12	M16	M20	M22	M24	M27	M30
孔型	标准孔	直径/mm	13.5	17.5	22	24	26	30	33
	大圆孔	直径/mm	16	20	24	28	30	35	38
	槽孔	短向/mm	13.5	17.5	22	24	26	30	33
		长向/mm	22	30	37	40	45	50	55

高强度螺栓可广泛应用于厂房、高层建筑和桥梁等钢结构重要部位的安装连接，但根据摩擦型连接和承压型连接的不同特点，其应用还应有所区别。摩擦型连接以所承受外剪力不超过最大摩擦力为设计准则，板件之间不会发生相对滑移变形，整体性和连接刚度好，剪切变形小，耐疲劳，特别适用于承受动力荷载的结构，如吊车梁的工地拼接、重级工作制吊车梁与柱的连接等。受剪的高强度螺栓连接中，承压型连接的设计承载力显然高于摩擦型连接，但其整体性和刚度相对较差，实际强度储备相对较小，一般多用于承受静力或间接动力荷载的连接。

目前我国采用的高强度螺栓主要有 10.9 级和 8.8 级两种。其中整数部分(10 和 8)表示螺栓成品的抗拉强度 f_u 不低于 1000 N/mm^2 和 800 N/mm^2，小数部分(0.9 和 0.8)则表示其屈强比 f_y/f_u 为 0.9 和 0.8。

想一想

材料屈强比的大小对材料的应用有什么意义？

6.2.2 普通螺栓连接

6.2.2.1 螺栓连接的排列与构造

1. 螺栓及孔的图例

钢结构施工图采用的螺栓及孔的图例应符合《建筑结构制图标准》(GB/T 50105—2010)的规定，如表 6.3 所示。

表 6.3　螺栓及孔图例

<table>
<tr><th>序号</th><th>名称</th><th>图例</th><th>备注</th></tr>
<tr><td>1</td><td>永久螺栓</td><td></td><td rowspan="6">1. 细“＋”线表示定位线；
2. M 表示螺栓型号；
3. ϕ 表示螺栓孔直径；
4. d 表示膨胀螺栓、电焊铆钉直径；
5. 采用引出线标注螺栓时，横线上标注螺栓规格，横线下标注螺栓孔直径</td></tr>
<tr><td>2</td><td>高强螺栓</td><td></td></tr>
<tr><td>3</td><td>安装螺栓</td><td></td></tr>
<tr><td>4</td><td>膨胀螺栓</td><td></td></tr>
<tr><td>5</td><td>圆形螺栓孔</td><td></td></tr>
<tr><td>6</td><td>长圆形螺栓孔
(槽孔)</td><td></td></tr>
</table>

2. 螺栓连接的排列

螺栓连接宜采用紧凑布置，其连接中心宜与被连接构件截面的重心一致。螺栓的排列有并列和错列两种基本形式，如图 6.25 所示。并列较简单，但栓孔对截面削弱较多；错列较紧凑，可减少截面削弱，但排列较复杂。螺栓在构件上的排列，应保证螺栓间距及螺栓至构件边缘的距离不应太小，否则螺栓之间的钢板以及边缘处螺栓孔前的钢板可能沿作用力方向被剪断；同时，螺栓间距及边距太小也不利扳手操作。螺栓的间距及边距也不应太大，否则连接钢板不易夹紧，潮气容易侵入缝隙引起钢板锈蚀。对于受压构件，螺栓间距过大还容易引起钢板鼓曲。因此，《钢结构设计标准》(GB 50017—2017)根据螺栓孔直径、钢材边缘加工情况(轧制边、切割边)及受力方向，规定了螺栓中心间距及边距的最大、最小限值，如表 6.4 所示。

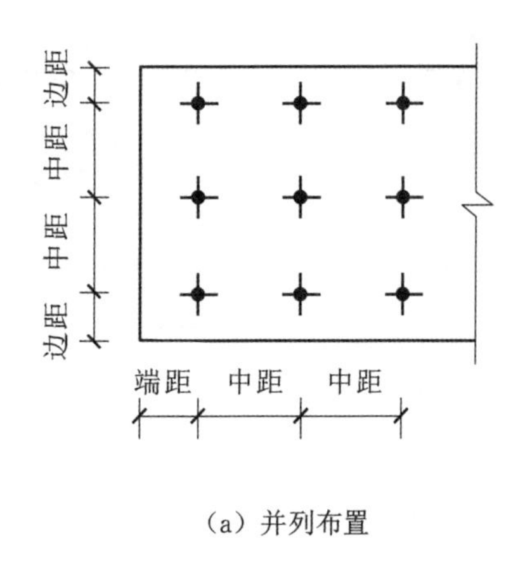

(a) 并列布置

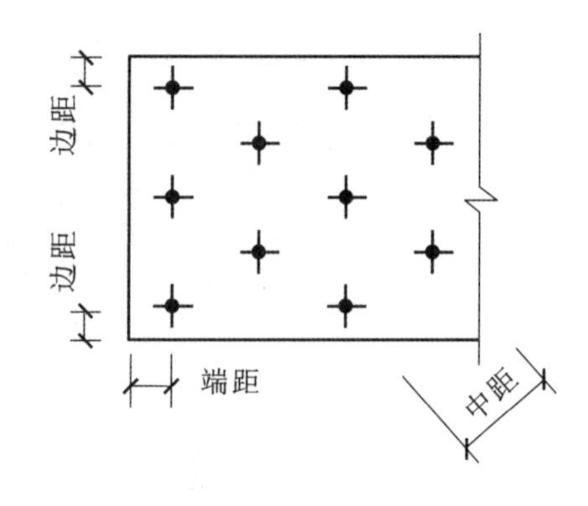

(b) 错列布置

图 6.25 螺栓的排列

表 6.4 螺栓的孔距、边距和端距容许值

<table>
<tr><th>名称</th><th colspan="3">位置和方向</th><th>最大容许距离
(取两者的较小值)</th><th>最小容许距离</th></tr>
<tr><td rowspan="5">中心间距</td><td colspan="3">外排(垂直内力方向或顺内力方向)</td><td>$8d_0$或 $12t$</td><td rowspan="5">$3d_0$</td></tr>
<tr><td rowspan="3">中间排</td><td colspan="2">垂直内力方向</td><td>$16d_0$或 $24t$</td></tr>
<tr><td rowspan="2">顺内力方向</td><td>构件受压力</td><td>$12d_0$或 $18t$</td></tr>
<tr><td>构件受拉力</td><td>$12d_0$或 $24t$</td></tr>
<tr><td colspan="3">沿对角线方向</td><td></td></tr>
<tr><td rowspan="4">中心至构件
边缘的距离</td><td colspan="3">顺内力方向</td><td rowspan="4">$4d_0$或 $8t$</td><td>$2d_0$</td></tr>
<tr><td rowspan="3">垂直内力方向</td><td colspan="2">剪切边或手工切割边</td><td rowspan="2">$1.5d_0$</td></tr>
<tr><td rowspan="2">轧制边、自动
气割或锯割边</td><td>高强度螺栓</td></tr>
<tr><td>其他螺栓或铆钉</td><td>$1.2d_0$</td></tr>
</table>

注:1.d_0为螺栓的孔径,对槽孔为短向尺寸,t 为外层较薄板件的厚度。

2.钢板边缘与刚性构件(如角钢、槽钢等)相连的高强度螺栓的最大间距,可按中间排的数值采用。

3.计算螺栓孔引起的截面削弱时可取 $d+4$ mm 和 d_0的较大者。

6.2.2.2 普通螺栓连接计算

普通螺栓连接按螺栓传力方式可分为受剪螺栓连接、受拉螺栓连接和拉剪螺栓连接三种,如图 6.26 所示。受剪螺栓连接是靠栓杆受剪和孔壁承压传力,受拉螺栓连接是靠螺栓沿杆轴方向受拉传力,拉剪螺栓连接则是同时兼有上述两种传力方式。

1. 受剪螺栓连接计算

1) 破坏形式

受剪螺栓连接在达极限承载力时可能出现五种破坏形式:栓杆剪断,螺栓直径较小而钢板相对较厚时可能发生,如图 6.27(a)所示;孔壁挤压坏,螺栓直径较大而钢板相对较薄时可能发生,如图 6.27(b)所示;钢板拉断,钢板因螺孔削弱过多时可能发生,如图 6.27(c)所示;

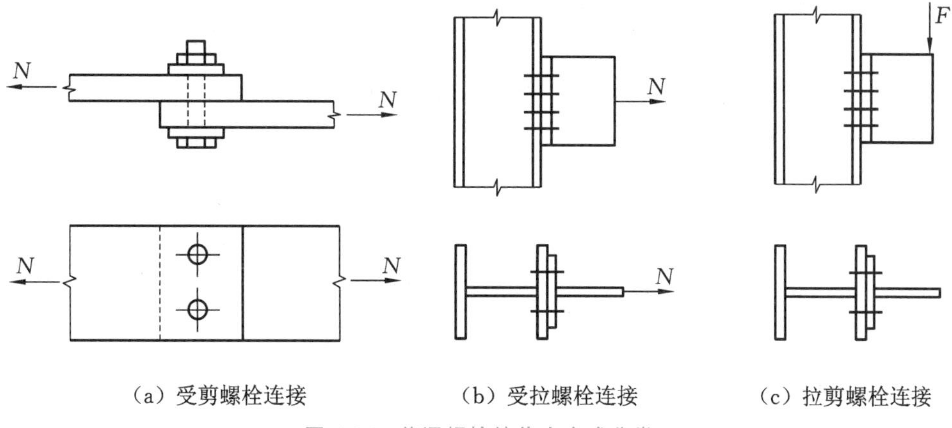

（a）受剪螺栓连接　（b）受拉螺栓连接　（c）拉剪螺栓连接

图 6.26　普通螺栓按传力方式分类

端部钢板剪断，顺受力方向的端距过小时可能发生，如图 6.27(d)所示；栓杆受弯破坏，螺栓过长时可能发生，如图 6.27(e)所示。

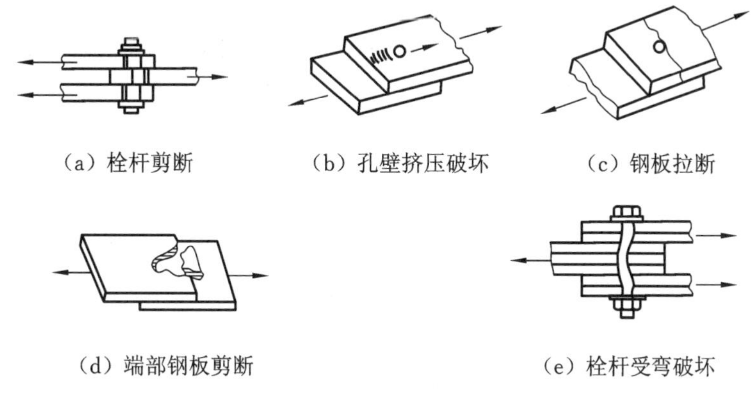

（a）栓杆剪断　（b）孔壁挤压破坏　（c）钢板拉断

（d）端部钢板剪断　（e）栓杆受弯破坏

图 6.27　受剪螺栓连接的破坏形式

为保证螺栓连接能安全承载，栓杆剪断和孔壁挤压破坏通过计算单个螺栓承载力来控制；钢板拉断由验算构件净截面强度来控制；端部钢板剪断通过保证螺栓间距及边距不小于规定值(见表 6.4)来控制；栓杆受弯破坏通过使螺栓的夹紧长度不超过 4～6 倍螺栓直径来控制。

2) 受剪螺栓的承载力

受剪螺栓(见图 6.28)中，假定栓杆剪应力沿受剪面均匀分布，孔壁承压应力换算为沿栓杆直径投影宽度内板件面上均匀分布的应力。这样，单个受剪螺栓的承载力设计值用如下方法计算。

抗剪承载力设计值为

$$N_v^b = n_v \frac{\pi d^2}{4} f_v^b \tag{6.8}$$

抗压承载力设计值为

$$N_c^b = d \sum t f_c^b \tag{6.9}$$

式中：n_v——螺栓受剪面数，单剪时 $n_v=1$，双剪时 $n_v=2$，四剪时 $n_v=4$；

d——螺栓杆直径；

$\sum t$——同一方向承压构件厚度之和的较小值；

f_v^b、f_c^b——螺栓的抗剪和抗压强度设计值，按附录 C 采用。

单个受剪螺栓的承载力设计值应取 N_v^b 和 N_c^b 中的较小值，即 $N_{min}^b = \min(N_v^b, N_c^b)$。

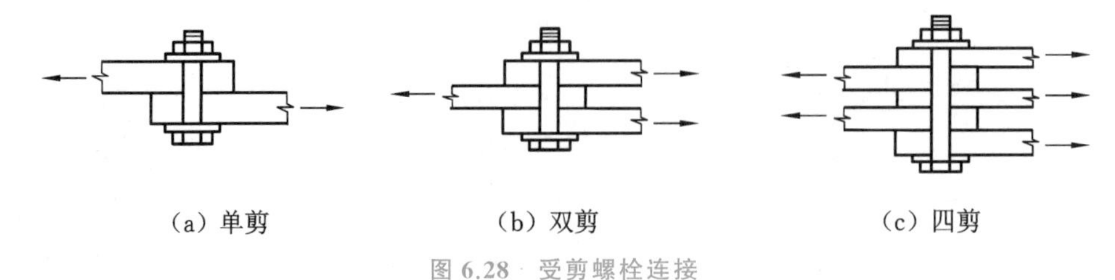

图 6.28 受剪螺栓连接

为保证连接能正常工作，每个螺栓在外力作用下所受实际剪力不得超过其承载力设计值，即 $N_v \leqslant N_{min}^b$。

3）受剪螺栓连接受轴心力作用的计算

（1）连接所需螺栓数目。

图 6.29 所示，两块钢板通过双盖板用螺栓连接。在轴心拉力作用下，螺栓群同时承压和受剪。由于拉力 N 通过螺栓中心，为计算方便，假定每个螺栓的受力完全相同，则连接一侧所需的螺栓数，由下式确定。

$$n = \frac{N}{N_{min}^b} \tag{6.10}$$

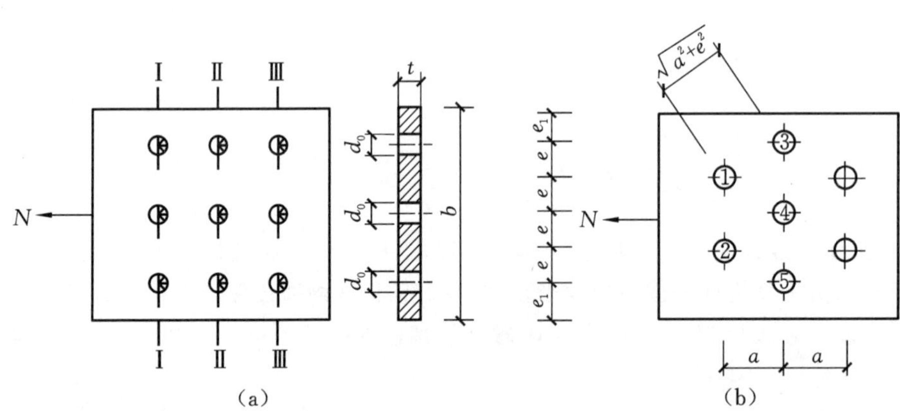

图 6.29 受剪螺栓连接受轴心力作用

（2）构件净截面强度计算。

螺栓连接中，螺栓孔削弱了构件截面，因此需要验算构件开孔处的净截面强度，即验算构件最薄弱截面的净截面强度。

$$\sigma = \frac{N}{A_n} \leqslant f \tag{6.11}$$

式中：N——连接所受轴心力；

N_{min}^b——单个受剪螺栓承载力设计值；

f——钢材的抗拉（或抗压）强度设计值；

A_n——构件或连接板最薄弱截面净截面面积。

在图 6.29 中，若为并列布置，A_n 应为Ⅰ—Ⅰ或Ⅲ—Ⅲ截面处构件或连接板的净截面面积；若为错列布置，应为沿孔折线[图 6.29(b)中的 3—1—4—2—5]截得的最小净截面面积。注意连接盖板各截面的内力恰好与被连接构件相反。图 6.29(a)中，被连接构件截面最不利截面为截面Ⅰ—Ⅰ，其内力最大为 N；连接盖板最不利截面为Ⅲ—Ⅲ，受力最大亦为 N。因此还须比较连接盖板截面Ⅲ—Ⅲ和被连接构件截面Ⅰ—Ⅰ的净截面面积，以确定最不利截面，然后按公式进行验算。

例 6.4　两截面为－400×14 的钢板，采用双盖板、C 级普通螺栓拼接，螺栓采用 M20，钢板为 Q235，承受轴心拉力设计值 $N=920$ kN。试设计此连接。

解　① 选定连接盖板截面。

采用双盖板截面，强度不低于被连接构件，故选截面为－400×7，钢板为 Q235。

② 计算所需螺栓数目和排列布置。

$f_v^b=140\ \text{N/mm}^2$，$f_c^b=305\ \text{N/mm}^2$，则单个螺栓抗剪承载力设计值 N_v^b 为

$$N_v^b=n_v\frac{\pi d^2}{4}f_v^b=2\times\frac{\pi\times 20^2}{4}\times 140\ \text{N}=87\ 965\ \text{N}$$

单个螺栓抗压承载力设计值 N_c^b 为

$$N_c^b=d\sum tf_c^b=20\times 14\times 305\ \text{N}=85\ 400\ \text{N}$$

则 $N_{min}^b=85\ 400$ N，连接一侧所需螺栓数目为

$$n=\frac{N}{N_{min}^b}=\frac{920\times 10^3}{85\ 400}=10.77$$

取 $n=12$。

如图 6.30 所示，采用并列布置，连接盖板尺寸采用 2 块－400×7×490 钢板，其中螺栓的端距、边距和中距均满足表 6.4 的构造要求。

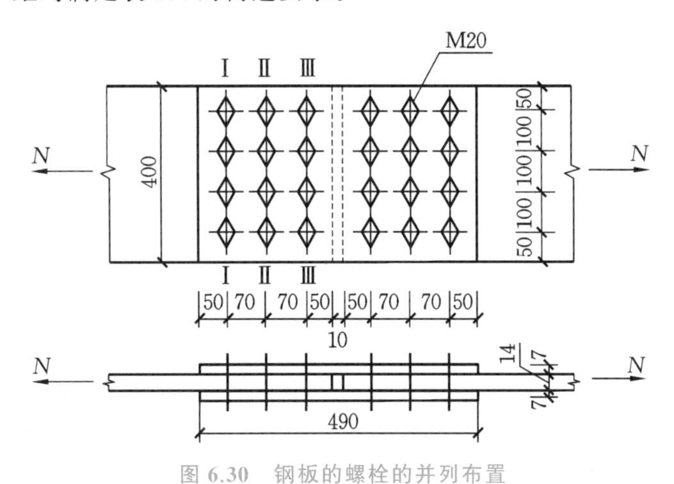

图 6.30　钢板的螺栓的并列布置

③ 验算连接板件的净截面强度。

查钢材的强度设计值(见表 2.6)得 $f=215\ \text{N/mm}^2$。

连接钢板与盖板受最大内力相同，均为 N，且两者在最大内力处的材料、净截面均相同。按螺栓孔直径 $d_0=21.5$ mm，则

$$A_n=(b-nd_0)t=(400-4\times21.5)\times14\ \text{mm}^2=4396\ \text{mm}^2$$

$$\sigma=\frac{N}{A_n}=\frac{920\times10^3}{4396}\ \text{N/mm}^2=209.3\ \text{N/mm}^2$$

$\sigma<f$，满足要求。

4）受剪螺栓连接受扭矩及轴心力共同作用的计算

如图6.31所示，螺栓连接受外荷载 F 及 N 作用，将 F 移至螺栓群中心 O，产生扭矩 $T=F\cdot e$ 及竖向轴心力 $V=F$。扭矩 T、竖向轴心力 F 及水平轴心力 N 均使各螺栓受剪。其计算公式和计算方法可查看相关资料，在此不再详述。

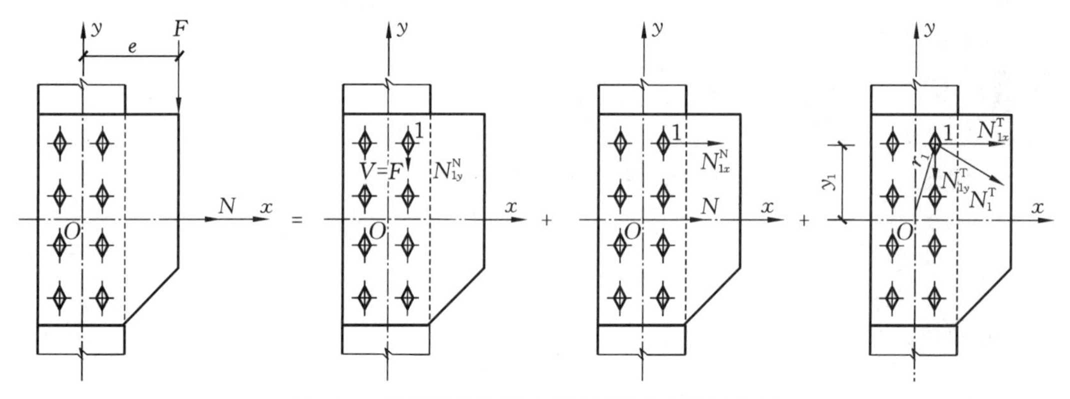

图6.31　受剪螺栓连接受扭矩及轴心力共同作用

2. 受拉螺栓连接计算

如图6.32所示，T型连接为借助角钢用螺栓连接。图中构件受外力 N 作用，N 通过受剪螺栓1传给中间受力构件角钢，角钢又通过受拉螺栓2将力传给翼缘。受拉螺栓破坏的特点是栓杆被拉断，拉断的部位通常位于螺纹削弱的截面处。

与受拉螺栓相连的角钢如果刚度不大，总会有一定的弯曲变形，因此外力 N 使螺栓受拉的同时，也使角钢肢尖处由杠杆作用产生撬力 Q（压力），如图6.32(b)所示。这样，图中螺栓实际所受拉力不是 $N/2$，而是 $N/2+Q$。由于精确计算 Q 十分困难，设计时一般不计算 Q，而是将螺栓抗拉强度设计值 f_t^b 的取值降低，f_t^b 取螺栓钢材抗拉强度设计值的0.8倍（$f_t^b=0.8f$），以此来考虑 Q 的不利影响。

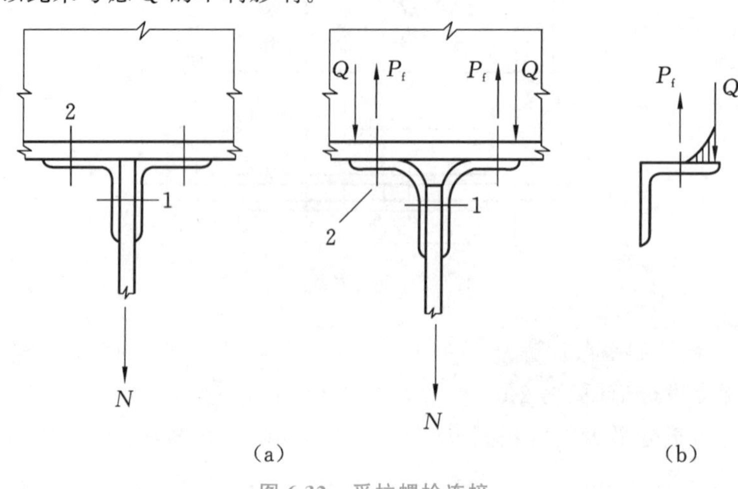

图6.32　受拉螺栓连接

单个受拉螺栓的承载力设计值为

$$N_t^b = A_e f_t^b = \frac{1}{4}\pi d_e^2 f_t^b \tag{6.12}$$

式中：d_e、A_e——螺栓螺纹处的有效直径和有效面积，按附录C选用；

f_t^b——螺栓抗拉强度设计值，查附录C。

3. 拉剪螺栓连接计算

当螺栓同时受V和N_t作用时，其强度应满足下式要求：

$$\sqrt{\left(\frac{N_v}{N_v^b}\right)^2 + \left(\frac{N_t}{N_t^b}\right)^2} \leqslant 1 \tag{6.13}$$

同时，为防止板件较薄引起承压破坏，还应满足下式要求：

$$N_v \leqslant N_c^b \tag{6.14}$$

式中：N_v、N_t——单个螺栓承受的剪力和拉力；

N_v^b、N_t^b、N_c^b——单个螺栓的抗剪、抗拉和抗压承载力设计值。

6.2.3　高强度螺栓连接

6.2.3.1　高强度螺栓的预拉力和紧固方法

在抗剪连接中，摩擦型高强度螺栓的承载力取决于板件接触面间可能产生的最大摩擦力。所以，通过紧固螺栓、压紧连接板件提高板件接触面的摩擦力，对提高抗剪承载力至关重要。紧固螺栓时，螺杆受拉，因此螺栓紧固的程度可用栓杆产生的预拉力反映。为了提高摩擦型高强度螺栓在抗剪连接中的承载力，预拉力应尽可能高些，但也必须保证螺栓在拧紧过程中不会屈服或断裂，因此为保证连接质量，必须控制预拉力。预拉力与螺栓材料的强度和栓杆直径有关，如表6.5所示。

承压型高强度螺栓的预拉力的施拧工艺和设计值取值应与摩擦型高强度螺栓相同。

表6.5　一个高强度螺栓的预拉力设计值

螺栓的性能等级	预应力设计值/kN					
	M16	M20	M22	M24	M27	M30
8.8级	80	125	150	175	230	280
10.9级	100	155	190	225	290	355

施工时，为保证满足预拉力的要求，应严格控制螺母的紧固程度，不得漏拧、欠拧或超拧。

高强度螺栓的紧固方法有转角法、扭矩法和扭掉螺栓尾部的梅花卡头法。

1. 转角法

转角法用控制螺栓应变，即控制螺母的转角来获得规定的预拉力，不需专用扳手，故简单有效。紧固时，先用短扳手将螺帽拧至不转动的位置并做好标记，然后用长扳手将螺帽拧过一定角度，以达到预拉力。转角一般为1/3～2/3圈(120°～240°)，与板叠厚度和螺栓直径等有关，可预先测定。

2. 扭矩法

扭矩法是指先用普通扳手初拧(不小于终拧扭矩的 50%),使板叠靠拢,然后用一种可显示扭矩的定扭矩扳手终拧。终拧扭矩根据预先测定的扭矩和预拉力(增加 5%~10%以补偿紧固后的松弛影响)的关系确定,施拧时偏差不得大于±10%。此法在我国应用广泛。

3. 扭掉螺栓尾部的梅花卡头法

此法适用于扭剪型高强度螺栓,先对螺栓初拧,然后用特制电动扳手的两个套筒分别套住螺母和螺栓尾部的梅花卡头,如图 6.33 所示。操作时,大套筒正转施加紧固扭矩,小套筒则施加紧固反扭矩。将螺栓紧固后,沿尾部槽口将梅花卡头扭掉。螺栓尾部槽口深度是按终拧扭矩和预拉力的关系确定的,故当梅花卡头拧掉,螺栓即达到规定的预拉力。扭剪型高强度螺栓具有施工简便且便于检查漏拧的优点,近年来在我国也得到广泛应用。

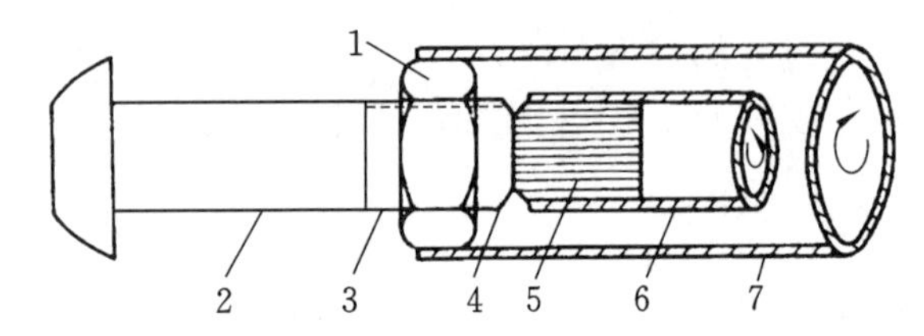

图 6.33 扭掉扭剪型高强度螺栓尾部

1—螺母;2—栓杆;3—螺纹;4—槽口;5—螺栓尾部的梅花卡头;6—小套筒;7—大套筒

6.2.3.2 高强度螺栓连接摩擦面抗滑移系数

提高连接摩擦面抗滑移系数 μ 是提高高强度螺栓连接承载力的另一有效措施。μ 与钢材品种及钢材表面处理方法有关。一般干净的钢材轧制表面,若不经处理或只用钢丝刷除去浮锈,其值很低。若对轧制表面进行处理,提高表面的平整度、清洁度及粗糙度,μ 可以提高。《钢结构设计标准》(GB 50017—2017)针对接触面不同的处理方法,给出了摩擦面抗滑移系数的取值,如表 6.6 所示。

表 6.6 摩擦面抗滑移系数

连接处构件接触面的处理方法	构件的钢材牌号		
	Q235 钢	Q345 钢或 Q390 钢	Q420 钢或 Q460 钢
喷硬质石英砂或铸钢棱角砂	0.45	0.45	0.45
抛丸(喷砂)	0.40	0.40	0.40
钢丝刷清除浮锈或未经处理的干净轧制面	0.35	0.30	

6.2.3.3 高强度螺栓连接的计算

和普通螺栓连接一样,高强度螺栓连接按传力方式分为受剪螺栓连接、受拉螺栓连接和拉剪螺栓连接三种。我们仅对高强度螺栓连接受剪时的计算进行介绍,其余受力情况下的连接计算可参见《钢结构设计标准》(GB 50017—2017)。

1. 摩擦型高强度螺栓受剪连接计算

高强度螺栓的预拉力高，连接板件之间产生的法向压力大，因此其间的摩擦阻力也大。摩擦型高强度螺栓受剪连接即以摩擦阻力刚被克服、连接即将产生相对滑移作为承载能力极限状态，就是说摩擦型高强度螺栓的承载力取决于连接板件接触面上产生的摩擦力。

1）单个螺栓的承载力设计值

摩擦型高强度螺栓在被连接板件间的摩擦阻力与板叠间的法向压力（螺栓的预拉力 P）、摩擦面的抗滑移系数 μ 和传力摩擦面数 n_f 成正比。因此，摩擦型高强度螺栓单个螺栓的极限抗剪承载力可写为 $n_f\mu P$，除以抗力分项系数 1.111，可得单个螺栓的承载力设计值为

$$N_v^b=0.9kn_f\mu P \tag{6.15}$$

式中：n_f——传力摩擦面数；

k——孔型系数，标准孔取 1.0，大圆孔取 0.85，内力与槽孔长向垂直时取 0.7，内力与槽孔长向平行时取 0.6；

P——每个高强度螺栓的预拉力，按表 6.5 采用；

μ——摩擦面的抗滑移系数，按表 6.6 采用。

2）螺栓数量的计算

螺栓群受轴心力作用时，摩擦型高强度螺栓的受力分析方法和普通螺栓的一样，故前述普通螺栓的计算公式均可加以利用。连接一侧所需的螺栓数目为

$$n=\frac{N}{N_v^b} \tag{6.16}$$

式中：N——连接承受的外力（轴心拉力）；

N_v^b——单个螺栓的承载力设计值。

3）构件净截面强度计算

对受轴心力作用的构件净截面强度进行验算，和普通螺栓的稍有不同。摩擦型高强度螺栓传力依靠的摩擦力一般可认为均匀分布于螺孔四周，故孔前接触面即已经传递每个螺栓所传内力的一半，如图 6.34 所示的最外列螺栓截面Ⅰ—Ⅰ处。这种通过螺栓孔中心线以前构件接触面之间的摩擦力来传递截面内力的现象称为孔前传力。此时一般只验算最外排螺栓所在截面，因为此处内力最大，该截面螺栓的孔前传力为 $0.5n_1N/n$。

连接开孔截面的净截面强度按下式计算：

$$\sigma=\frac{N'}{A_n}=\left(1-0.5\frac{n_1}{n}\right)\frac{N}{A_n}\leqslant 0.7f_u \tag{6.17}$$

式中：n_1——截面Ⅰ—Ⅰ处的高强度螺栓数目；

n——连接一侧高强度螺栓数目；

A_n——截面Ⅰ—Ⅰ处的净截面面积；

f_u——构件的强度设计值。

和普通螺栓一样，其他各列螺栓处，若螺孔数未增多，亦可不验算。毛截面处承受全部 N，故可能比开孔处截面还危险，因此还应按式(6.18)对其强度进行计算：

$$\sigma=\frac{N}{A}\leqslant f \tag{6.18}$$

式中：A——构件或连接板的毛截面面积。

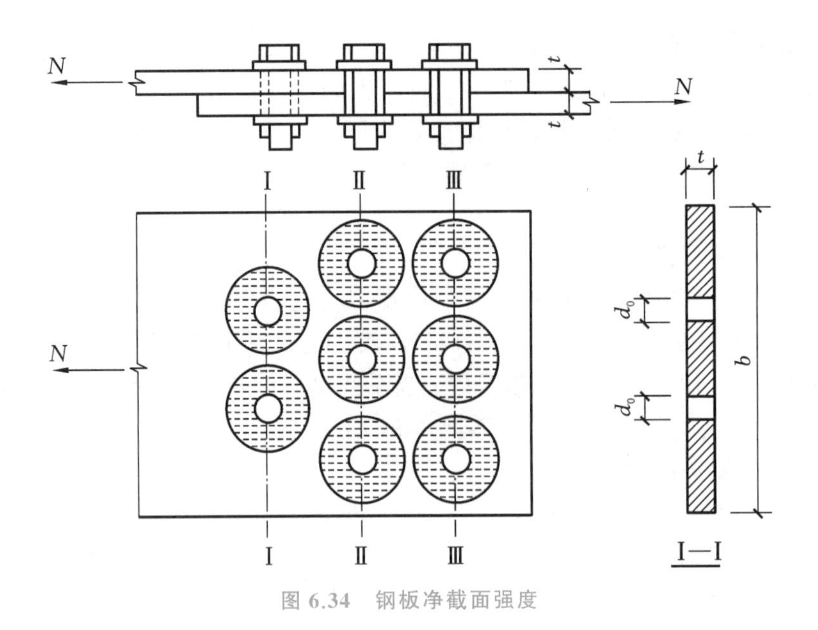

图 6.34 钢板净截面强度

例 6.5 如图 6.35 所示，截面为－300×16 的轴心受拉钢板，用双盖板和摩擦型高强度螺栓连接。已知钢材为 Q345，螺栓为 10.9 级 M20，采用标准圆形螺栓孔，接触面抛丸处理，承受轴力 $N=1200$ kN。试验算连接的强度。

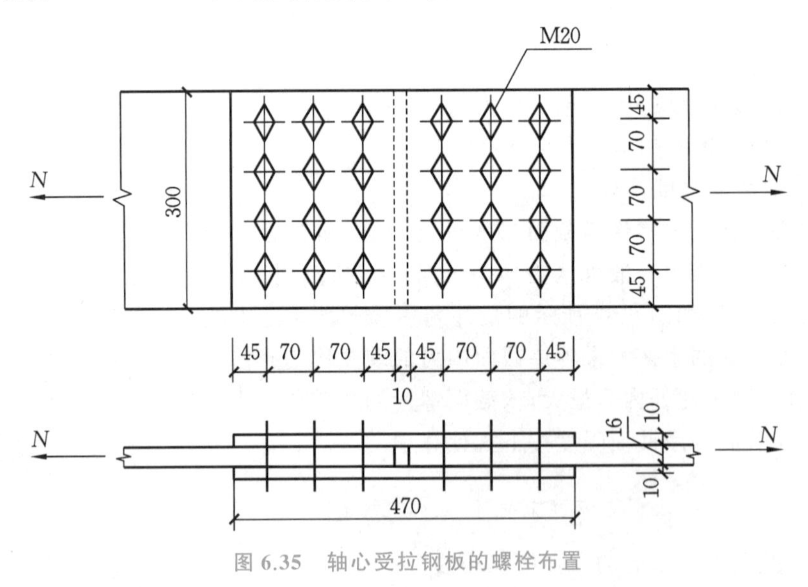

图 6.35 轴心受拉钢板的螺栓布置

解 (1) 验算螺栓连接强度。

查表 6.5 得一个高强度螺栓的预拉力设计值 $P=155$ kN，查表 6.6 得摩擦面抗滑移系数 $\mu=0.40$，圆形标准螺栓孔的 $k=1.0$，则单个高强度螺栓的承载力为

$$N_v^b=0.9kn_f\mu P=0.9\times1.0\times2\times0.4\times155\ \text{kN}=111.6\ \text{kN}$$

实际单个高强度螺栓承受的内力为

$$\frac{N}{n}=\frac{1200}{12}\ \text{kN}=100\ \text{kN}$$

(2) 验算钢板强度。

构件厚度 $t=16\ \mathrm{mm}$，$2t_1=20\ \mathrm{mm}$，$t<2t_1$，故应验算构件截面。查钢材的强度设计值(见表 2.6)得 $f=310\ \mathrm{N/mm^2}$，则构件毛截面强度为

$$\sigma=\frac{N}{A}=\frac{1200\times10^3}{300\times16}\ \mathrm{N/mm^2}=250\ \mathrm{N/mm^2}$$

若取螺栓孔直径 $d_0=22\ \mathrm{mm}$，则构件净截面强度为

$$\sigma=\left(1-0.5\frac{n_1}{n}\right)\frac{N}{A_n}=\left(1-0.5\times\frac{4}{12}\right)\times\frac{1200\times10^3}{(300-4\times22)\times16}\ \mathrm{N/mm^2}$$
$$=294.8\ \mathrm{N/mm^2}$$

$\frac{N}{n}<N_v^b$，$\sigma<f$，螺栓强度、构件截面及净截面强度均满足要求。

2. 承压型高强度螺栓受剪连接计算

承压型高强度螺栓的预拉力 P 的施拧工艺和设计值取值与摩擦型高强度螺栓相同，但对连接处构件接触面的处理只需清除油污及浮锈，不必做进一步处理。

承压型连接受剪在后期的受力特性，即产生滑移后由栓杆受剪和孔壁承压直至破坏达到承载能力极限状态，均和普通螺栓连接相同，故单个承压型高强度螺栓受剪连接时的抗剪和抗压承载力设计值亦可用式(6.8)和式(6.9)计算，但式中的 f_v^b 和 f_c^b 应按附录 C 中承压型高强度螺栓的取用。当剪切面在螺纹处时，式(6.8)中的螺栓直径 d 应取螺纹处的有效直径 d_e，即应按螺纹处的有效截面面积计算(普通螺栓的抗剪强度设计值是根据试验数据且不分剪切面是否在螺纹处均按栓杆面积确定的，故无此规定)。

习　题

项目名称	钢结构的连接				
班级		学号		姓名	
思考题	1. 钢结构常用的连接方法有哪几种？各自的优缺点及适用范围如何？ 2. 角焊缝的尺寸应满足哪些构造要求？ 3. 螺栓在钢板和型钢上的允许距离都有哪些规定？它们是根据哪些要求制定的？ 4. 普通螺栓的受剪螺栓连接有哪几种破坏形式？如何防止螺栓受剪破坏？ 5. 高强度螺栓摩擦型连接和普通螺栓连接的受力特点有何不同？				
选择题	1. 在弹性阶段，侧面角焊缝应力沿长度方向(　　)。 A. 均分分布　　B. 一端大、一端小 C. 两端大、中间小　　D. 两端小、中间大 2. 重级工作制吊车焊接吊车梁的腹板与上翼缘间的焊缝，(　　)。 A. 必须采用一级焊透对接焊缝　　B. 可采用三级焊透对接焊缝 C. 可采用角焊缝　　D. 可采用二级焊透对接焊缝 3. 钢结构在搭接连接中，搭接的长度不得小于焊件较小厚度的(　　)。 A. 4 倍，并不得小于 20 mm　　B. 5 倍，并不得小于 25 mm C. 6 倍，并不得小于 30 mm　　D. 7 倍，并不得小于 35 mm				

续表

<table>
<tr><th>项目名称</th><th>钢结构的连接</th></tr>
<tr><td>选择题</td><td>4. 采用螺栓连接时，构件发生冲剪破坏是因为(　　)。
A. 螺栓较细　　B. 钢板较薄
C. 截面削弱过多　　D. 边距或栓间距太小
5. 一个普通剪力螺栓在抗剪连接中的承载力是(　　)。
A. 栓杆的抗剪承载力　　B. 被连接构件(板)的抗压承载力
C. A、B 选项中的较大值　　D. A、B 中的较小值
6. 高强度螺栓承压型连接可用于(　　)。
A. 直接承受动力荷载
B. 承受反复荷载作用的结构的连接
C. 冷弯薄壁钢结构的连接
D. 承受静力荷载或间接承受动力荷载结构的连接
7. 每个受剪力作用的高强度螺栓摩擦型连接所受的拉力应低于其预拉力的(　　)倍。
A. 1.0　　B. 0.5
C. 0.8　　D. 0.7
8. 摩擦型连接的高强度螺栓在杆轴方向受拉时，承载力(　　)。
A. 与摩擦面的处理方法有关　　B. 与摩擦面的数量有关
C. 与螺栓直径有关　　D. 与螺栓的性能等级无关
9. 钢结构连接中使用的焊条应与被连接构件的强度匹配，通常在被连接构件选用 Q345 时，焊条选用(　　)。
A. E55　　B. E50
C. E43　　D. 以上三种均可
10. 在承受静力荷载的角焊缝连接中，与侧面角焊缝相比，正面角焊缝(　　)。
A. 承载能力高，同时塑性变形能力也较好
B. 承载能力高，而塑性变形能力较差
C. 承载能力低，而塑性变形能力较好
D. 承载能力低，同时塑性变形能力也较差
11. 当角焊缝无法采用引弧施焊时，其计算长度等于(　　)。
A. 实际长度　　B. 实际长度 $-2t$
C. 实际长度 $-2h_f$　　D. 实际长度 $-2h_e$
12. 采用螺栓连接时，构件发生冲剪破坏是因为(　　)。
A. 螺栓较细　　B. 钢板较薄
C. 截面削弱过多　　D. 边距或栓间距太小</td></tr>
<tr><td>计算题</td><td>1. 验算由三块钢板焊成的工字形截面梁(见图 6.36)的对接焊缝强度。已知工字形截面尺寸：翼缘宽度 $b=100$ mm，厚度 $t=12$ mm；腹板高度 $h_0=200$ mm，厚度 $t_w=8$ mm。截面上作用的轴心拉力设计值 $N=240$ kN，弯矩设计值 $M=50$ kN·m，剪力设计值 $V=240$ kN。钢材为 Q345，采用手工焊，焊条为 E50 型，施焊时采用引弧板，采用三级质量标准。

图 6.36　由三块钢板焊成的工字形截面梁</td></tr>
</table>

续表

项目名称	钢结构的连接
计算题	2. 设计某双盖板的钢板对接接头(见图 6.37)。已知钢板截面为-300×14,承受轴心拉力设计值 $N=800$ kN(静力荷载)。钢材为Q235,焊条用E43型,采用手工焊。 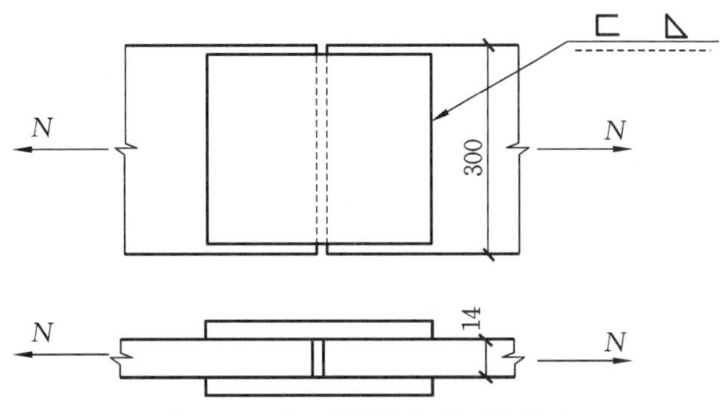 图 6.37　某双盖板的钢板对接接头 3. 截面为 340×12 的钢板采用双盖板普通螺栓连接,盖板厚度为 8 mm,钢材为Q235。螺栓为C级M20,构件承受轴心拉力设计值 $N=600$ kN。试设计该拼接接头的普通螺栓连接。 4. 如图 6.38 所示,某双盖板连接接头采用C级M20螺栓,钢材为Q235,$d_0=22$ mm。试计算此拼接能承受的最大轴心力设计值 N。 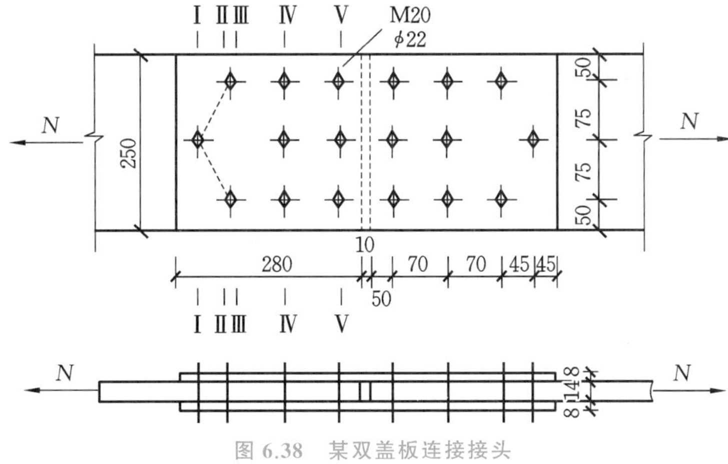 图 6.38　某双盖板连接接头
教师评价	

学习项目 7

钢结构构件

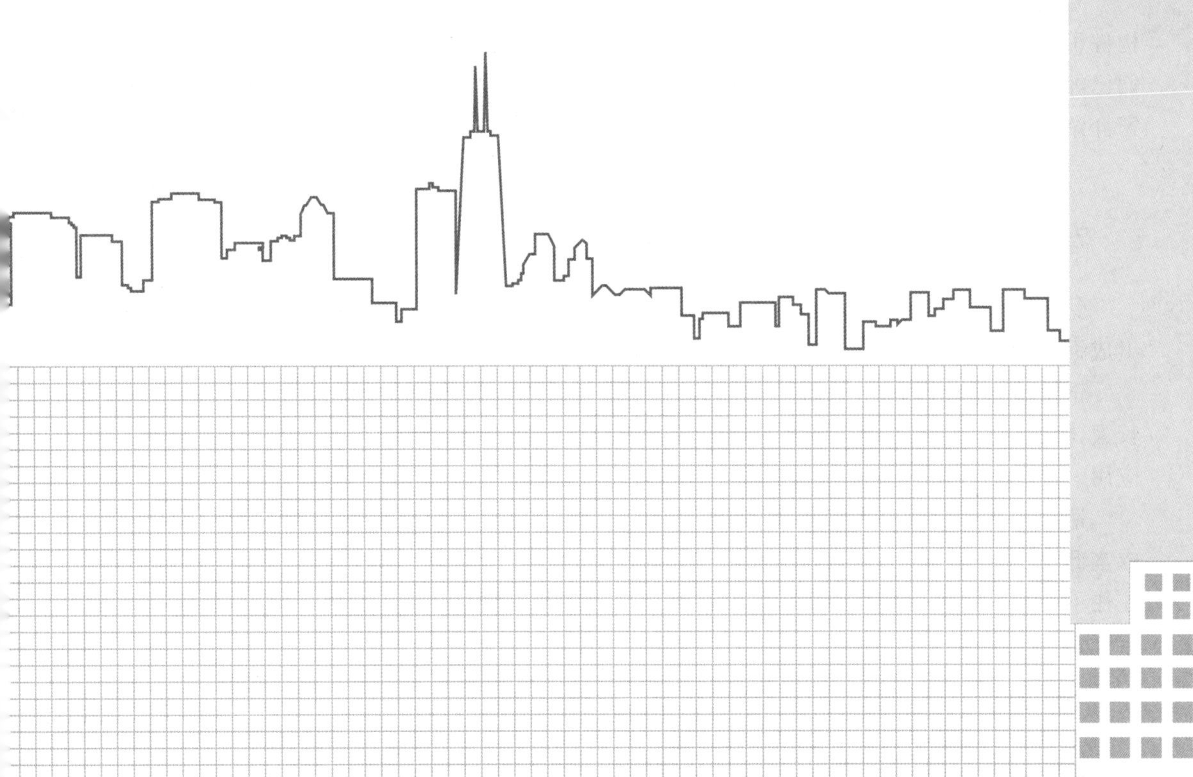

学习目标

(1) 知识目标：了解受弯构件、轴心受力构件、拉弯及压弯构件的受力特点；掌握受弯构件、轴心受压构件的强度计算、刚度计算及整体稳定计算的主要方法；了解受弯构件、轴心受压构件局部稳定的保证措施；了解梁与梁的连接、梁与柱的连接及柱脚的主要做法及构造。

(2) 能力目标：初步具备构件强度计算、稳定性计算的能力，能对轴心受力构件、受弯构件等基本构件进行强度计算、稳定计算。

(3) 思政目标：通过钢结构设计标准的学习，帮助学生建立爱岗敬业的价值观，培养学生的工匠精神和职业道德，激励学生自觉遵守职业规范要求，理解土木工程师应承担的责任。

7.1 概述

与钢筋混凝土结构一样，钢结构也是由众多构件通过某种方式连接、组合而成的，这些构件可以是各种形状的杆件。对这些杆件进行受力分析可以知道，其受力不外乎力学中我们已经知道的受拉、受压、受弯、受剪、受扭或其中某两种或某几种受力的组合。我们将向大家介绍一些简单且常见的受力构件的构造及设计知识。

7.1.1 受弯构件的受力特点和截面形式

受弯构件也称为钢梁，是一种承受横向荷载作用而主要发生弯曲变形的钢构件。它是组成钢结构的基本构件之一，如楼盖梁、屋盖梁、工作平台梁、檩条、墙梁、吊车梁等。

钢梁按支承情况可分为简支梁、连续梁、悬臂梁等。与连续梁相比，简支梁的弯矩虽然较大，但它不受支座沉陷及温度变化的影响，并且制造、安装、维修、拆换方便，因此得到广泛应用。

钢梁按截面形式分为型钢梁和组合梁两大类，如图 7.1 所示。型钢梁制造简单、方便，成本低，故应用较多。当构件的跨度或荷载较大，所需梁截面尺寸较大时，现有的型钢规格往往不能满足要求，这时常采用由几块钢板组成的组合梁，如焊接工字形组合梁、焊接箱形组合梁。

想一想

钢梁与钢筋混凝土梁相比有什么优点和缺点？它们的应用场合有何不同？钢梁能否与钢筋混凝土梁“合一”呢？

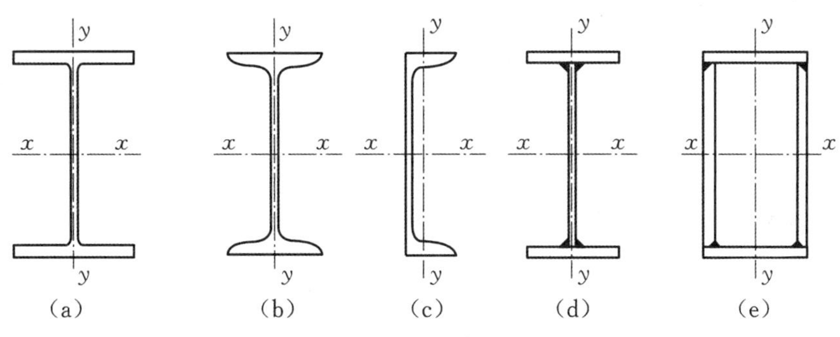

图 7.1　钢梁的截面形式

7.1.2　轴心受力构件的受力特点和截面形式

轴心受力构件是指承受通过截面形心的轴向拉力或压力的构件，可分为轴心受拉构件或轴心受压构件。轴心受力构件一般出现在桁架、网架、塔架、支撑体系等铰接杆件体系结构中。钢屋架的上弦杆和一部分腹杆是轴心受压构件，屋架的下弦杆及一部分腹杆是轴心受拉杆件。

轴心受力构件的截面形式很多，与受弯构件一样，一般也可分为型钢截面和组合截面两类，如图 7.2 所示。型钢截面适合受力较小的构件，常用的型钢有圆钢、圆管、方管、角钢、槽钢、工字钢、H 型钢及 T 型钢等。

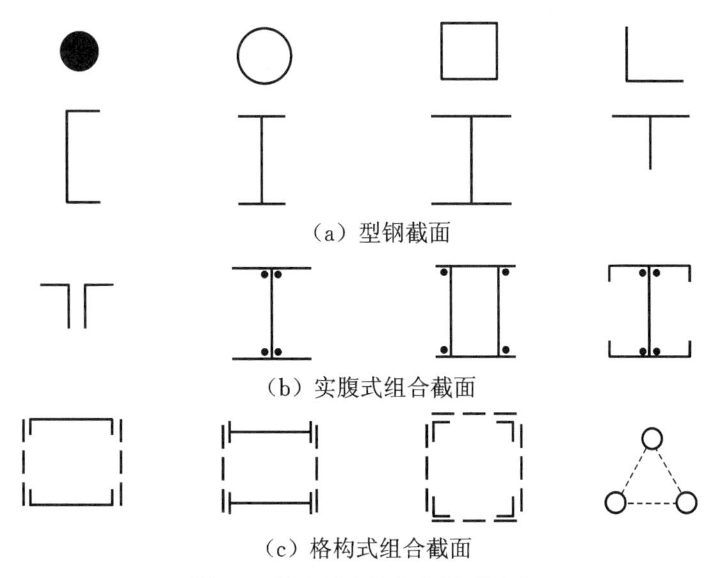

图 7.2　轴心受力构件的截面形式

组合截面由型钢或钢板连接而成，按其构造形式可分为实腹式组合截面和格构式组合截面两类。型钢只需要少量加工就可以用作构件，制造工作量小，省时省工，成本较低，同时承载力也较低；组合截面的形状和尺寸几乎不受限制，可以根据构件受力性质和力的大小选用合适的截面，可以节约用钢，但制造比较费工费时，通常适合受力较大的构件。

> **想一想**
>
> 实腹式组合截面与格构式组合截面有什么不同?

7.1.3 拉弯、压弯构件的受力特点和截面形式

在实际工程中,真正的轴心受力构件是不多的,主要应用于铰接杆系结构的简化计算。大部分情况下的钢构件在受拉或受压的同时,还受弯。通常将轴心拉力和弯矩或横向力共同作用下的构件称为拉弯构件,而将轴心压力和弯矩或横向力共同作用下的构件称为压弯构件。如图7.3所示,钢屋架,节点之间有横向荷载作用的下弦杆视为拉弯构件,节点之间有横向荷载作用的上弦杆视为压弯构件。相比拉弯构件,压弯构件在钢结构中的应用更为广泛,除了上面提到的有节间荷载作用的屋架的上弦杆以外,厂房的框架柱(见图7.4)、高层建筑的框架柱等大部分钢柱都是压弯构件。

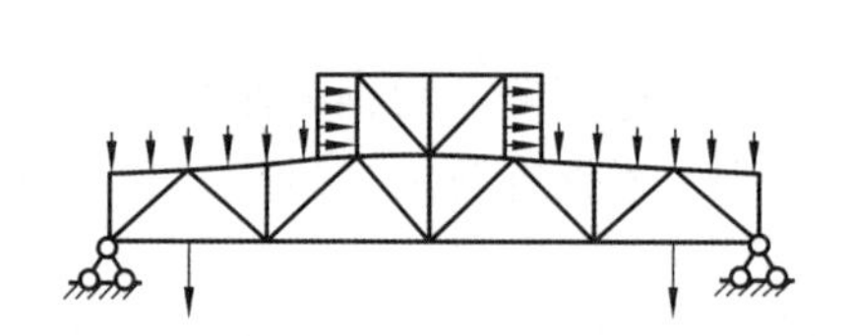

图7.3 屋架中的压弯构件和拉弯构件

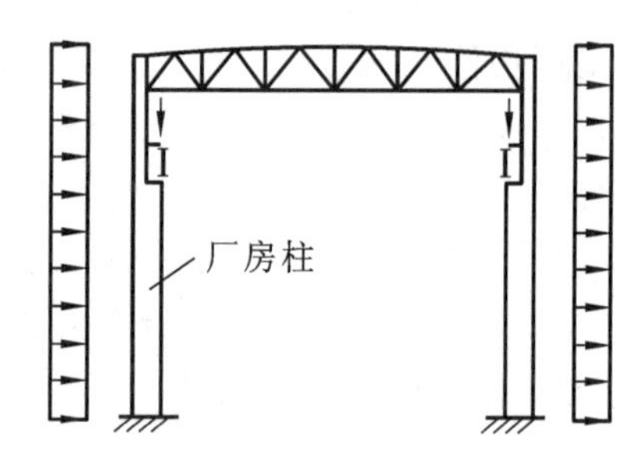

图7.4 单层工业厂房框架柱

当压弯构件承受的轴心压力很大而弯矩很小时,可采用轴心受压构件的截面形式,如图7.2所示;如果承受的弯矩较大,也可采用图7.5所示的单轴对称截面,并使较大翼缘位于受压一侧。

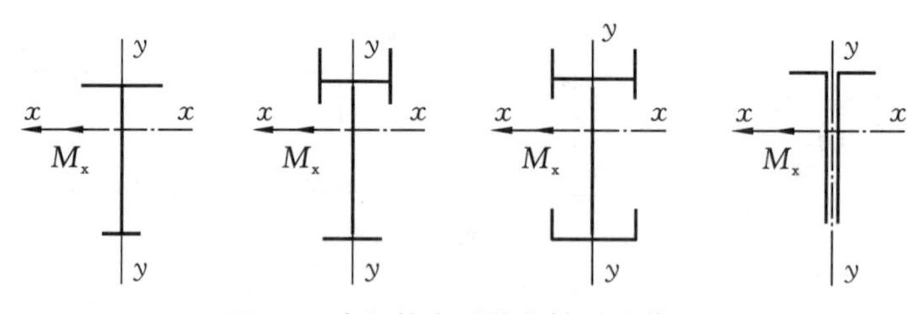

图7.5 弯矩较大时的单轴对称截面

7.2 受弯构件的设计要点

受弯构件的设计主要需要满足强度、刚度及稳定性三个方面的计算要求及构造要求。

7.2.1　受弯构件的强度

受弯构件(梁)中的内力主要是弯矩和剪力。在弯矩作用下,梁的横截面上将产生正应力;在剪力作用下,梁的横截面上将产生剪应力。为了保证强度安全,产生的正应力和剪应力不应超过钢材的强度设计值。梁内同时作用有较大正应力、较大剪应力处(对于工字形截面通常发生在翼缘板与腹板交接处),还应满足两种应力共同作用的折算应力强度。

1. 抗弯强度

我们曾学习过梁的抗弯强度条件,即 $\sigma=\frac{M_x}{W_x}\leqslant f$。该强度条件是建立在弹性理论基础之上的,即以边缘纤维的最大正应力达到屈服强度作为极限状态。但对于钢梁而言,由于钢材具有较好的塑性,截面边缘纤维的应力达到屈服强度时并不会立即发生破坏,随着外荷载的增大,截面边缘纤维的最大应力不再增加,而截面内纤维的应力则由外向内逐渐增大,截面可以继续承受外荷载。图 7.6 反映了随着弯矩增大,钢梁截面上正应力的分布情况,图中的 M_y 为弹性极限弯矩,M_p 为塑性极限弯矩,f_y 为钢材的屈服强度。

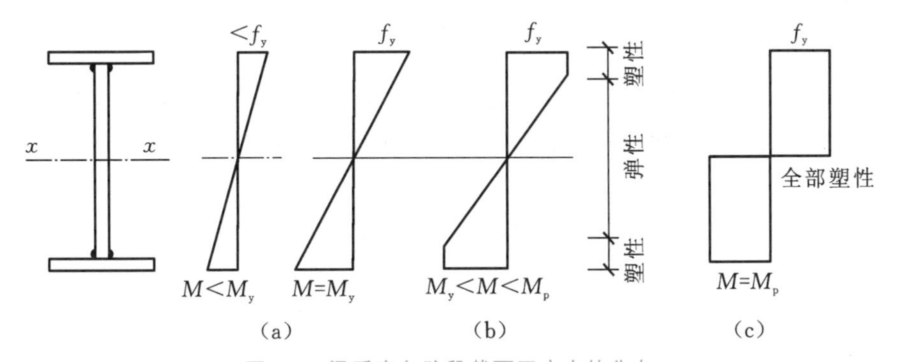

图 7.6　梁受弯各阶段截面正应力的分布

力学中的抗弯强度计算公式实际上就是按图 7.6(a)所示的应力图形建立的,没有考虑钢梁截面允许塑性发展这一潜能,偏保守。因此,《钢结构设计标准》(GB 50017—2017)对承受静力荷载或间接承受动力荷载作用的受弯构件按图 7.6(b)所示的应力图形建立抗弯强度计算公式,计算时通过引入截面塑性发展系数 γ 来反映截面塑性发展对承载力的影响。绕强轴(x 轴)受弯的梁的抗弯强度按下式计算:

$$\sigma=\frac{M_x}{\gamma_x W_{nx}}\leqslant f \tag{7.1}$$

式中:M_x——绕 x 轴的弯矩;

W_{nx}——对 x 轴的净截面抵抗矩;

γ_x——绕 x 轴受弯时的截面塑性发展系数;

f——钢材的抗弯强度设计值,见表 2.6。

常见的工字形截面一般取 $\gamma_x=1.05$(x 轴为强轴),详细规定可查阅《钢结构设计标准》(GB 50017—2017)中的相关条文;对直接承受动力荷载作用的受弯构件,偏安全起见,不考虑截面塑性变形的发展,仍以边缘纤维屈服作为极限状态。

> **想一想**
>
> 塑性发展系数 $\gamma_x=1.05$ 相当于将梁的承载力提高了多少？

2. 抗剪强度

梁截面在剪力的作用下要产生剪应力，《钢结构设计标准》(GB 50017—2017)以截面最大剪应力达到所用钢材剪应力屈服点作为抗剪承载力极限状态。其抗剪强度计算公式如下：

$$\tau=\frac{VS}{It_w}\leqslant f_v \tag{7.2}$$

式中：V——计算截面沿腹板平面作用的剪力；

I——毛截面绕强轴(x 轴)的惯性矩；

S——中和轴以上或以下截面对中和轴的面积矩，按毛截面计算；

t_w——腹板的厚度；

f_v——钢材抗剪强度设计值，见表 2.6。

轧制工字钢和槽钢因受轧制条件限制，腹板厚度 t_w 相对较大，抗剪能力较强，当无较大的截面削弱(如切割或开孔等)时，一般可不计算剪应力。

3. 折算应力强度

图 7.7(a)所示的焊接组合梁，在集中荷载作用 1 和 2 截面处有较大的弯矩、剪力，图 7.7(b)所示的连续组合梁，在中间支座 3 截面也作用有较大弯矩、剪力，在这些截面的腹板与翼缘板交接处，则同时受到较大的正应力和剪应力作用。为防止在较大的正应力和较大的剪应力共同作用下发生破坏，应按下式验算其折算应力：

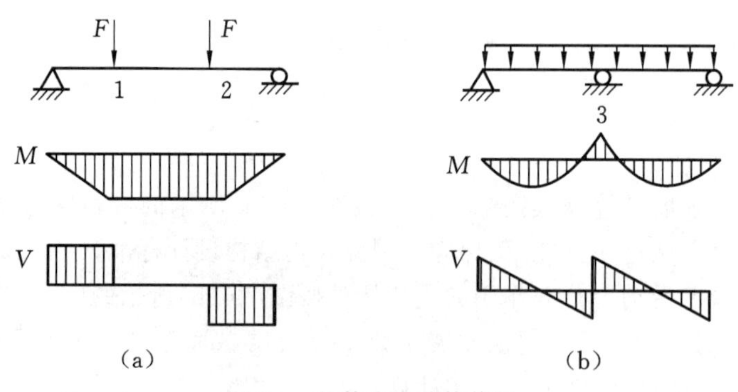

图 7.7 折算应力计算截面

$$\sigma_{eq}=\sqrt{\sigma_1^2+3\tau_1^2}\leqslant\beta_1 f \tag{7.3}$$

式中：σ_1——腹板计算高度边缘处的正应力，$\sigma_1=\frac{M}{I_n}y_1$；

τ_1——验算点处的剪应力，$\tau_1=\frac{VS_1}{It_w}$；

I_n——梁净截面惯性矩；

y_1——计算点至梁中和轴的距离；

S_1——腹板上边缘处以上翼缘面积对中和轴的面积矩；

β_1——考虑复合应力状态下钢材强度的增大系数，这里取 $\beta_1=1.1$。

在进行梁的强度计算时，要注意计算截面、验算点以及设计强度的取值方法。例如正应力验算是取最大弯矩截面，验算点是截面最外边缘处。因此，对焊接组合截面，f 要由翼缘板厚度来确定；折算应力计算是弯矩和剪力均较大的截面，验算点是腹板计算高度边缘处，因此，f 要由腹板的厚度来确定。

对于型钢梁，腹板厚度较大，一般也不需要验算折算应力强度。

小贴士

钢材的抗拉、抗压、抗弯及抗剪强度除了与钢材的牌号有关以外，还与钢材的厚度有关。

7.2.2　钢梁的刚度

钢梁的刚度反映了其抵抗变形的能力，通常钢梁必须具有一定的刚度才能保证正常使用。刚度不足时，会产生较大的挠度。楼盖梁或屋盖梁挠度太大，会引起居住者不适或面板开裂；支承吊顶的梁挠度太大，会引起吊顶抹灰开裂脱落；吊车梁挠度过大，可能使吊车不能运行。在设计时，梁的刚度通常是用控制其挠度的形式来表达的。梁的挠度 w 或相对挠度 w/l 不超过规定的容许值，即

$$w \leqslant [w] \tag{7.4}$$

$$w/l \leqslant [w]/l \tag{7.5}$$

式中：w——梁的最大挠度，计算时取荷载标准值；

$[w]$——梁的容许挠度，按相关规范或标准中的规定取用。

几种常见情况下的最大挠度可按以下公式计算。

1. 简支梁在各种荷载作用下的跨中最大挠度的计算公式

（1）均布荷载：$w=\dfrac{5q_k l^4}{384EI}$。

（2）跨中一个集中荷载：$w=\dfrac{P_k l^3}{48EI}$。

（3）跨间等距离布置两个相等的集中荷载：$w=\dfrac{6.81P_k l^3}{384EI}$。

（4）跨间等距离布置三个相等的集中荷载：$w=\dfrac{6.33P_k l^3}{384EI}$。

2. 悬臂梁在简单荷载作用下的自由端最大挠度的计算公式

（1）受均布荷载作用：$w=\dfrac{q_k l^4}{8EI}$。

（2）自由端受集中荷载作用：$w=\dfrac{P_k l^3}{3EI}$。

式中：q_k——均布荷载标准值；

P_k——各个集中荷载标准值之和；

l——梁的跨度；

E——钢材弹性模量，$E=206\ 000\ \text{N/mm}^2$；

I——梁的毛截面惯性矩。

7.2.3 梁的整体稳定

7.2.3.1 梁的整体稳定概念

如图 7.8 所示，单向受弯梁(只在一个主平面内弯曲的梁)，当荷载不大时，梁基本上在其最大刚度平面(yz 平面)内产生弯曲，但当荷载达到某一数值时，其受压区不能保持其原来的位置而发生侧向屈曲，梁的受拉部分对其侧向弯曲产生牵制，出现侧向弯曲的同时发生截面的扭转。当梁产生较大的侧向弯曲和扭转变形时，很快丧失继续承载的能力，这种现象称为梁丧失了整体稳定性。因此梁的整体失稳表现为侧向弯扭屈曲，梁维持其平衡状态所能承担的最大荷载或最大弯矩称为临界荷载或临界弯矩。

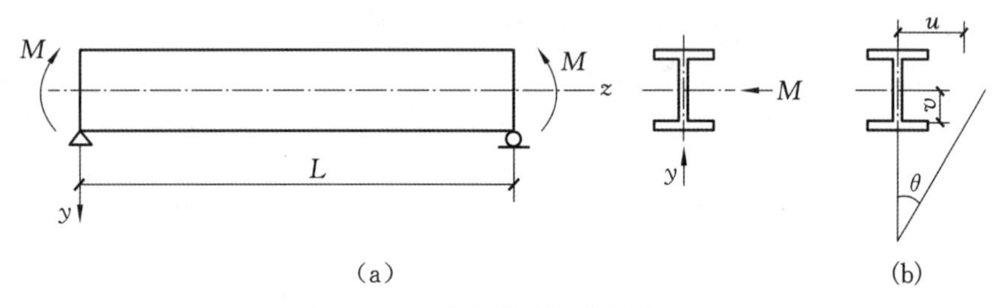

图 7.8 梁丧失整体稳定的情况

影响梁的整体稳定性的因素很多，主要有以下几个方面。

(1) 与梁的侧向抗弯刚度和抗扭刚度有关。梁的侧向抗弯刚度 EI_y 和抗扭刚度 GI_t 越大，稳定性越好。

(2) 与梁的自由长度有关。梁的跨度 l(或侧向支承点的间距)越小，稳定性越好。

(3) 与梁上外荷载的类型有关。集中荷载情况下稳定性最好，均布荷载情况下次之，纯弯情况下稳定性最差。

(4) 与梁上荷载作用位置有关。荷载作用在梁的上翼缘时比作用在下翼缘时的稳定性差。

(5) 与梁两端的约束情况有关。梁端约束越强，梁的整体稳定性越好。

想一想

增大截面高度和增大截面宽度哪种做法更有利于提高梁的整体稳定性？

7.2.3.2 梁整体稳定的计算

1. 整体稳定的计算方法

当铺板密铺在梁的受压翼缘上并与其牢固相连，能阻止梁受压翼缘的侧向位移时，可不计算梁的整体稳定性，如果不满足前述条件，则需验算梁的整体稳定性。

对于工程中较为常见的绕强轴受弯的梁，《钢结构设计标准》(GB 50017—2017)给出了整体稳定性验算公式，即

$$\frac{M_x}{\varphi_b W_x} \leqslant f \tag{7.6}$$

式中：M_x——绕强轴作用的最大弯矩；

W_x——按受压翼缘确定的梁毛截面抵抗矩；

φ_b——梁的整体稳定系数。

对于稳定系数 φ_b，《钢结构设计标准》(GB 50017—2017)给出了等截面焊接工字形和轧制 H 型钢简支梁、轧制普通工字形简支梁、轧制槽钢简支梁、双轴对称工字形等截面悬臂梁等情况下的计算方法，这里不再赘述。

小贴士

稳定系数 $\varphi_b \leqslant 1$。

2. 提高钢梁整体稳定性的措施

前面已探讨过影响整体稳定性的一些因素，从这些影响因素入手，我们可以在设计、施工环节采取一些合理有效的措施提高钢梁的整体稳定性，常用的措施有以下几种。

(1) 采用合理截面形状，如增大翼缘宽度或采用稳定性较好的箱形截面。

(2) 合理设置梁的侧向支撑，减少梁受压翼缘的自由长度。为了能有效阻止梁侧弯和扭转，侧向支撑应设置在梁受压翼缘处，布置也要合理。

(3) 梁的支座处采取构造措施，以防止梁端截面的扭转，如采用固定支座。

例 7.1　工字形简支主梁的示意图如图 7.9 所示，采用 Q235F 钢，$f=215\ \text{N/mm}^2$，$f_v=125\ \text{N/mm}^2$，承受两个次梁传来的集中力 $P=250$ kN 作用(设计值)，次梁作为主梁的侧向支承，不计主梁自重，$\gamma_x=1.05$。验算主梁的强度并判别梁的整体稳定性是否需要验算。

解　(1)主梁的强度验算。

主梁的最不利截面为次梁作用截面(图 7.1 中集中力 P 作用截面)，此截面将产生最大的弯矩和剪力。由于其对称性，此两截面受力相同。

$$M=P\times4=250\times4\ \text{kN}\cdot\text{m}=1000\ \text{kN}\cdot\text{m}$$

$$V=P=250\ \text{kN}$$

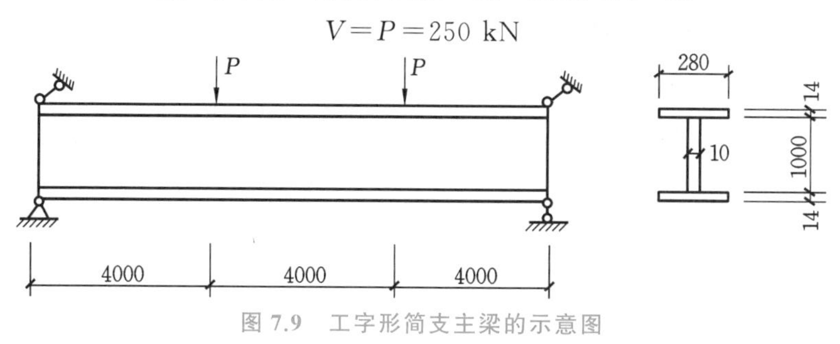

图 7.9　工字形简支主梁的示意图

梁的截面特性如下。

$$I_x=\left(2\times280\times14\times507^2+\frac{1}{12}\times10\times1000^3\right)\ \text{mm}^4=2.848\ 6\times10^9\ \text{mm}^4$$

$$W_x=\frac{2I_x}{h}=\frac{2.848\ 6\times10^9}{514}\ \text{mm}^3=5.542\times10^6\ \text{mm}^3$$

$$S=(280\times14\times507+500\times10\times250)\ \text{mm}^3=3.237\times10^6\ \text{mm}^3$$

正应力强度为

$$\sigma=\frac{M}{\gamma_x W_x}=\frac{1000\times10^3\times10^3}{1.05\times5.542\times10^6}\ \text{N/mm}^2=171.8\ \text{N/mm}^2$$

剪应力强度：

$$\tau=\frac{VS}{I_x t_w}=\frac{250\times10^3\times3.237\times10^6}{2.848\ 6\times10^9\times10}\ \mathrm{N/mm^2}=28.4\ \mathrm{N/mm^2}$$

该截面上腹板与翼缘连接处正应力、剪应力都较大，所以需验算折算应力。

$$\sigma_1=\frac{My_1}{I_x}=\frac{1000\times10^6\times500}{2.848\ 6\times10^9}\ \mathrm{N/mm^2}=175.5\ \mathrm{N/mm^2}$$

$$S_1=280\times14\times507\ \mathrm{mm^3}=1.99\times10^6\ \mathrm{mm^3}$$

$$\tau_1=\frac{VS_1}{I_x t_w}=\frac{250\times10^3\times1.99\times10^6}{2.848\ 6\times10^9\times10}\ \mathrm{N/mm^2}=17.5\ \mathrm{N/mm^2}$$

$$\sigma_{eq}=\sqrt{\sigma_1^2+3\tau_1^2}=178.1\ \mathrm{N/mm^2}$$

$$\beta_1 f=1.1\times215\ \mathrm{N/mm^2}=236.5\ \mathrm{N/mm^2}$$

$\sigma<f$，$\tau<f_v$，$\sigma_{eq}<\beta_1 f$，所以强度满足要求。

(2) 梁的整体稳定性验算。

按《钢结构设计标准》(GB 50017—2017)中的规定，求得稳定系数 $\varphi_b=0.925$(过程略)，则按式(7.6)计算得

$$\frac{M_x}{\varphi_b W_x}=\frac{1000\times10^6}{0.925\times5.542\times10^6}\ \mathrm{N/mm^2}=195.1\ \mathrm{N/mm^2}$$

$\frac{M_x}{\varphi_b W_x}<f$，所以整体稳定性满足要求。

想一想

为什么说梁的承载力一般取决于梁的整体稳定性而不是抗弯强度？

7.2.4 组合梁的局部稳定

型钢截面梁加工制作方便，但受规格所限，其承载力不是很高，所以当承受外荷载较大、要求梁具有较高的承载力的时候，一般选用由钢板焊接而成的组合截面梁。在做截面设计的时候，合理的截面形式应该是“肢宽壁薄”，即腹板宜高一些、薄一些；翼缘宜宽一些、薄一些，因为这样的截面可具有更高的承载力和整体稳定性。但是太宽、太薄的板(翼缘和腹板)在压应力、剪应力作用下，也容易产生局部的凹凸屈曲变形，即丧失局部稳定，如图 7.10 所示。

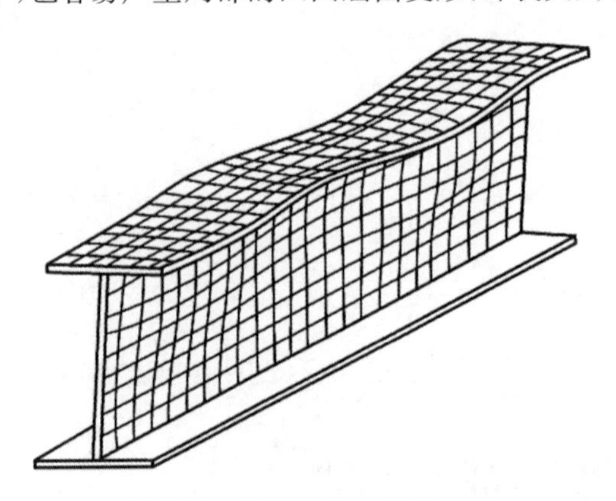

图 7.10 钢梁局部失稳示意图

因此截面设计时要选取合理的宽厚比。需要说明的是，型钢梁的板件厚度较大，不需要考虑局部稳定。

现行《钢结构设计标准》(GB 50017—2017)将受弯构件(也包括压弯构件)截面板件宽厚比划分为 S1～S5 五个等级并给出了相应的宽厚比限值(钢材牌号为 Q235)，如表 7.1 所示。设计时可根据截面宽厚比等级验算宽厚比限值或根据板件实际的宽厚比确定截面板件的宽厚比等级。

表 7.1　压弯和受弯构件的截面板件宽厚比等级及限值

构件	截面类型		S1 级	S2 级	S3 级	S4 级	S5 级
受弯构件	工字形截面	翼缘 b/t	9	11	13	15	20
		腹板 h_0/t_w	65	72	93	124	250
	箱形截面	腹板间翼缘 b_0/t	25	32	37	42	

对于梁腹板，用限制高厚比(增加板厚、减小高度)的办法来保证局部稳定通常是不经济的，实际工程中一般根据具体情况利用设置各种加劲肋的办法来保证腹板的局部稳定，其布置方式有以下几种。

(1) 设置横向加劲肋，如图 7.11 所示。

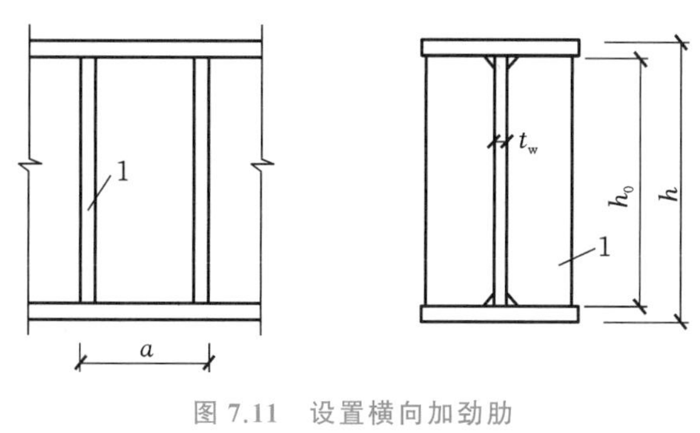

图 7.11　设置横向加劲肋

1—横向加劲肋

(2) 同时设置横向加劲肋和纵向加劲肋，如图 7.12 所示。

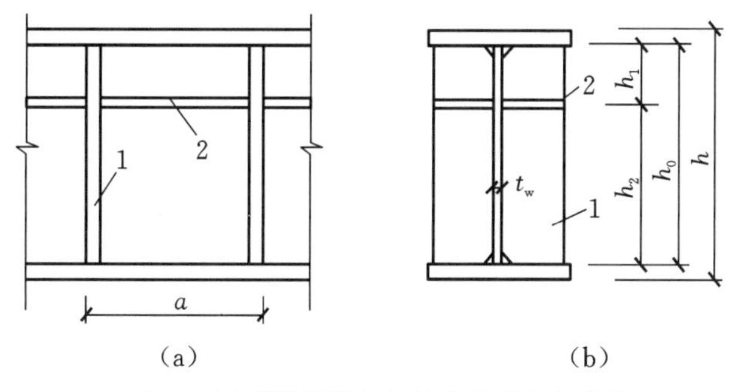

图 7.12　同时设置横向加劲肋和纵向加劲肋

1—横向加劲肋；2—纵向加劲肋

(3) 同时设置横向加劲肋、纵向加劲肋及短加劲肋，如图 7.13 所示。

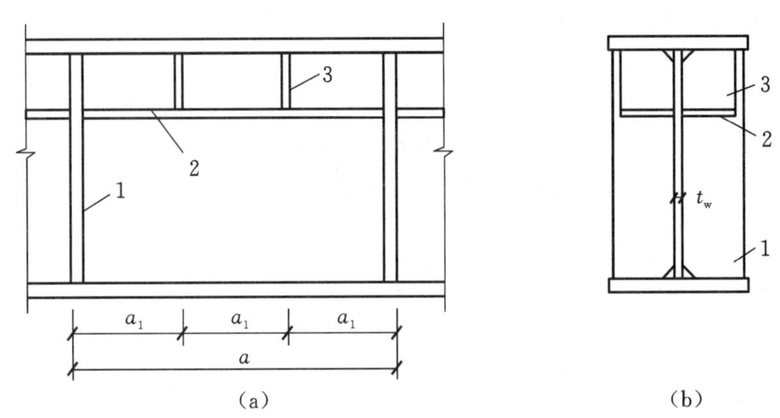

图 7.13 同时设置横向加劲肋、纵向加劲肋和短加劲肋

1—横向加劲肋；2—纵向加劲肋；3—短加劲肋

组合梁腹板加劲肋布置的规定如表 7.2 所示。

表 7.2 组合梁腹板加劲肋布置的规定

项次	腹板情况		加劲肋布置的规定
1	$\frac{h_0}{t_w} \leqslant 80\sqrt{\frac{235}{f_y}}$	$\sigma_c = 0$	可以不设加劲肋
2		$\sigma_c \neq 0$	应按构造要求设置横向加劲肋
3	$\frac{h_0}{t_w} \leqslant 80\sqrt{\frac{235}{f_y}}$		应设置横向加劲肋，并满足构造要求和计算要求
4	$\frac{h_0}{t_w} \leqslant 170\sqrt{\frac{235}{f_y}}$，受压翼缘扭转受约束		应在弯应力较大区格的受压区配置纵向加劲肋，并满足构造要求和计算要求
5	$\frac{h_0}{t_w} \leqslant 150\sqrt{\frac{235}{f_y}}$，受压翼缘扭转无约束		
6	按计算需要时		
7	局部压应力很大时		必要时宜在受压区配置短加劲肋，并满足构造要求和计算要求
8	梁支座处		宜设置支承加劲肋，并满足构造要求和计算要求
9	上翼缘有较大固定集中荷载处		
10	任何情况下		$\frac{h_0}{t_w}$不应超过 $250\sqrt{\frac{235}{f_y}}$

注：1.横向加劲肋间距 a 应满足 $0.5h \leqslant a \leqslant 2h_0$，但对于 $\sigma_c = 0$ 且 $h_0/t_w \leqslant 100$ 的梁，允许 $a = 2.5h_0$。

2.纵向加劲肋距腹板计算固定受压边缘的距离应为 $h_c/2.5 \sim h_c/2$。

3.h_c 为腹板受压区高度；h_0 为腹板计算高度，对于单轴对称的梁截面，第 4、5 项有关纵向加劲肋规定中的 h_0 应取为腹板受压区高度 h_c 的 2 倍；t_w 为腹板的厚度。

梁腹板布置好加劲肋后，腹板就被分成许多区格，需对各区格逐一进行局部稳定验算。如果验算不满足要求或者富余过多，还应调整间距重新布置加劲肋，然后再做验算，直到满意。具体计算方法请参见《钢结构设计标准》(GB 50017—2017)中的相关内容。

7.3 轴心受力构件的设计要点

与受弯构件(钢梁)一样,轴心受力构件的设计同样需要满足强度、刚度、整体稳定和局部稳定性的要求。

7.3.1 轴心受力构件的强度

轴心受力构件横截面上仅作用有均匀分布的正应力σ,所以只需要验算截面的正应力强度条件。

(1) 轴心受拉构件需要按以下几种情况验算。

① 除采用高强度螺栓摩擦型连接者外,应分别按毛截面和净截面验算屈服强度和断裂强度,其计算公式如下:

$$\sigma=\frac{N}{A}\leqslant f \tag{7.7}$$

$$\sigma=\frac{N}{A_n}\leqslant 0.7f_u \tag{7.8}$$

② 采用高强度螺栓摩擦型连接的构件,其毛截面强度计算应采用式(7.7),净截面断裂应按下式计算:

$$\sigma=\left(1-0.5\frac{n_1}{n}\right)\frac{N}{A_n}\leqslant 0.7f_u \tag{7.9}$$

③ 当沿构件长度方向有排列较密的螺栓孔时,应由净截面屈服控制,以免变形过大。其截面强度应按下式计算:

$$\sigma=\frac{N}{A_n}\leqslant f \tag{7.10}$$

式中:N——轴心力的设计值;

A——构件的毛截面面积;

A_n——构件的净截面面积,构件多个截面有孔时取最不利的截面;

f——钢材的抗拉、抗压强度设计值;

f_u——钢材的抗拉强度最小值。

n——在节点或拼接处,构件一端连接的高强度螺栓数目;

n_1——计算截面(最外列螺栓处)高强度螺栓数目。

(2) 轴心受压构件截面强度仍需按式(7.7)计算;轴心受压构件孔洞有螺栓填充者,不必验算净截面强度,但含有虚孔的构件尚需在孔心所在截面按式(7.8)计算净截面强度。

(3) 轴心受拉构件和轴心受压构件,当其组成板件在节点或拼接处并非全部直接传力时,应将危险截面的面积乘以有效截面系数η,如表7.3所示。

表 7.3 轴心受力构件节点或拼接处危险截面有效截面系数

构件截面形式	连接形式	η	图例
角钢	单边连接	0.85	
工字形、H形	翼缘连接	0.90	
	腹板连接	0.70	

7.3.2 轴心受力构件的刚度

轴心受力构件应有足够的刚度，以免构件在制造、运输和安装过程中产生过大变形；以免构件在使用期间，因构件过于细长，在风荷载或动力荷载作用下引起不必要的振动或晃动；以免构件在自重作用下，因刚度不足发生弯曲变形。根据长期的工程实践经验，轴心受力构件的刚度是以它的长细比来衡量的。刚度应满足下式要求：

$$\lambda=\frac{l_0}{i}\leqslant[\lambda] \tag{7.11}$$

式中：λ——构件在最不利方向的长细比；

l_0——相应方向的构件计算长度；

i——相应方向的截面回转半径，$i=\sqrt{I/A}$，I、A 为构件截面惯性矩和截面面积；

$[\lambda]$——构件的容许长细比。

(1) 轴心受压构件的容许长细比宜符合下列规定。

① 跨度等于或大于 60 m 的桁架，其受压弦杆、端压杆和直接承受动力荷载的受压腹杆的长细比不宜大于 120。

② 轴心受压构件的长细比不宜超过表 7.4 规定的容许值，但当杆件内力设计值不大于承载能力的 50%时，容许长细比可取 200。

表 7.4 轴心受压构件的容许长细比

项次	构件名称	容许长细比
1	轴心受压柱、桁架和天窗架中的压杆	150
	柱的缀条、吊车梁或吊车桁架以下的柱间支撑	
2	支撑	200
	用来减小受压构件长细比的杆件	

(2) 轴心受拉构件的容许长细比不宜超过表 7.5 规定的容许值。

表 7.5　轴心受拉构件的容许长细比

构件名称	承受静力荷载或间接承受动力荷载的结构			
	一般建筑结构	对腹杆提供平面外支点的弦杆	有重级工作制起重机的厂房	直接承受动力荷载的结构
桁架的构件	350	250	250	250
吊车梁或吊车桁架以下柱间支撑	300		200	
除张紧的圆钢外的其他拉杆、支撑、系杆等	400		350	

例 7.2　钢桁架的轴心受拉构件的截面如图 7.14 所示。钢材为 Q235。试按强度条件、刚度条件确定其所能承受的最大荷载设计值和最大容许计算长度。

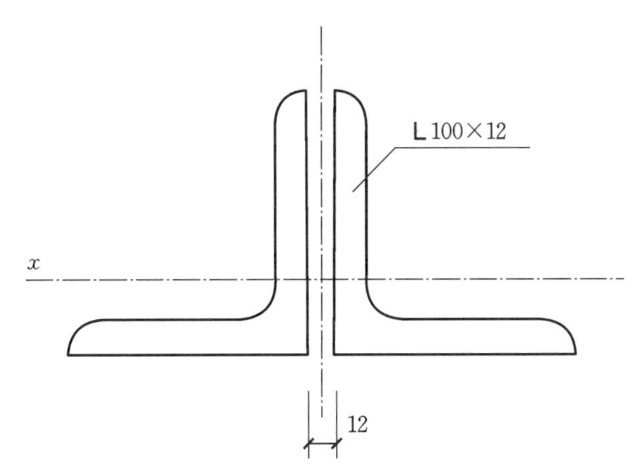

图 7.14　钢桁架的轴心受拉构件的截面

解　查表得：$f=215\ \mathrm{N/mm^2}$，$A=2\times22.8\ \mathrm{cm^2}=45.6\ \mathrm{cm^2}$，$i_y=4.63\ \mathrm{cm}$，$i_x=3.03\ \mathrm{cm}$。

按强度条件要求，最大荷载设计值为

$$N=fA=215\times45.6\times10^2\ \mathrm{N}=980\ 400\ \mathrm{N}=980\ \mathrm{kN}$$

由表 7.5 查得$[\lambda]=350$。按刚度要求，拉杆的最大计算长度为

$$l_{0x}=[\lambda]i_x=350\times3.03\ \mathrm{cm}=1060.5\ \mathrm{cm}=10.61\ \mathrm{m}$$

7.3.3　轴心受力构件的整体稳定

7.3.3.1　轴心受力构件整体稳定的概念

对于轴心受拉的构件，由于在拉力作用下，构件总有拉直绷紧的倾向，它的平衡状态总是稳定的，因此不存在稳定问题。因此这里要介绍的整体稳定主要针对轴心受压构件。

在力学中，我们曾学习过压杆稳定的概念，我们知道粗短的杆件在轴心压力作用下只产生压缩变形，当截面上均匀分布的压应力超过材料的强度时就要发生破坏，这种破坏称为强度破坏；对于细长的杆件，在所承受的轴心压力达到某一值后，杆件不可避免地发生纵向弯曲（或扭曲、弯扭）并随着变形的增大而失去稳定性（见图 7.15），从而使压杆失去承载能力，这种破坏称为失稳破坏。杆件越细长稳定性越差。

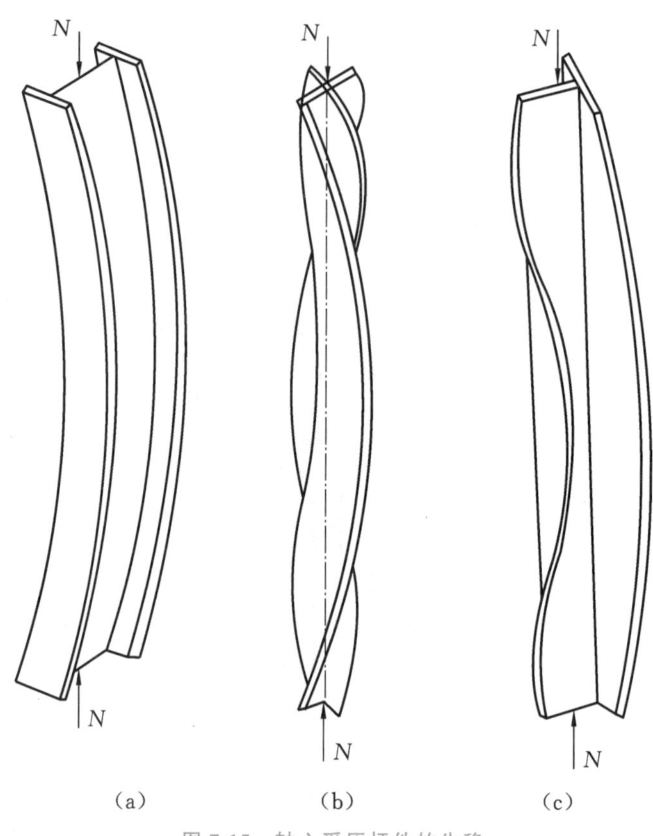

图 7.15　轴心受压杆件的失稳

轴心受压构件除了要满足强度条件外，还必须满足整体稳定性要求。一般情况下失稳破坏的承载力小于强度破坏的承载力，所以轴心受压构件的承载能力通常是由稳定条件控制的。

7.3.3.2　轴心受压构件整体稳定的计算

影响轴心受压构件的整体稳定性的因素很多，除了前面提到的杆件的细长程度以外，还有构件的截面形式和尺寸、杆端约束、初始缺陷、加工制作过程中产生的残余应力、杆件轴线的初始弯曲以及轴向力的初始偏心等。要准确地分析和计算整体稳定是十分复杂的。《钢结构设计标准》(GB 50017—2017)提出了不同类型的轴心受压构件整体稳定的实用计算方法，并提出了统一的标准计算公式。

$$\sigma=\frac{N}{A}\leqslant\varphi\cdot f \tag{7.12}$$

式中：N——轴心压力设计值；

A——构件截面的毛面积；

f——钢材的抗压强度设计值；

φ——轴心受压构件的整体稳定系数，取截面两主轴稳定系数中的较小者。

轴心受压构件的整体稳定系数 φ 与三个因素有关，即截面类型、钢材屈服强度和构件长细比 λ，计算时可先确定上述三个因素，然后查《钢结构设计标准》(GB 50017—2017)中的稳定系数表取用。

1. 截面类型

截面类型划分为 a、b、c、d 四种类型，如表 7.6 和表 7.7 所示。

表 7.6　轴心受压构件的截面分类(板厚 $t<40$ mm)

截面形式		对 x 轴	对 y 轴
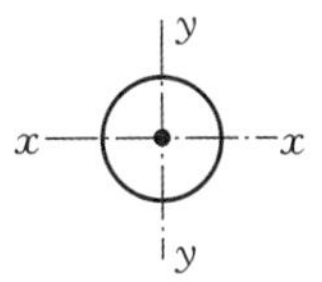 轧制		a 类	a 类
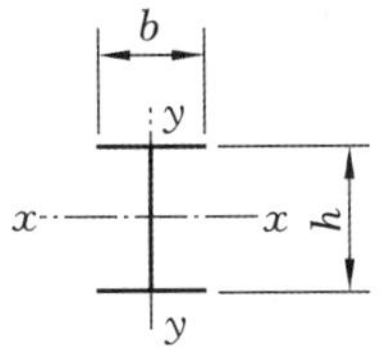 轧制	$b/h \leqslant 0.8$	a 类	b 类
	$b/h > 0.8$	a* 类	b* 类
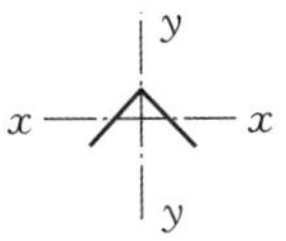 轧制等边角钢		a* 类	a* 类
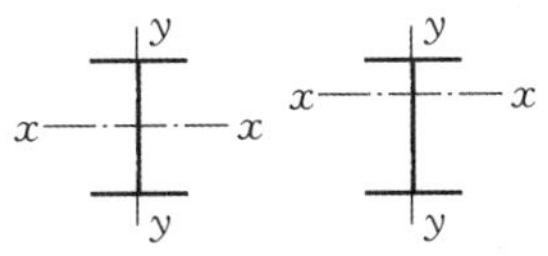 焊接、翼缘为焰切边	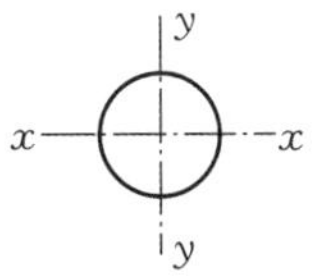 焊接	b 类	b 类
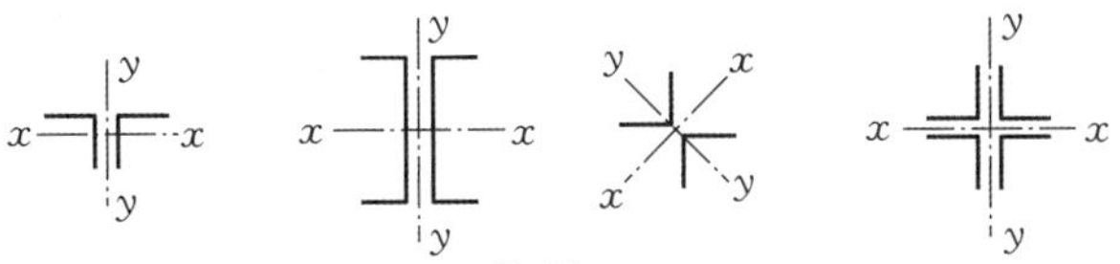 轧制			
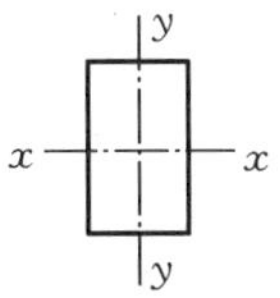 轧制、焊接(板件宽厚比大于20)	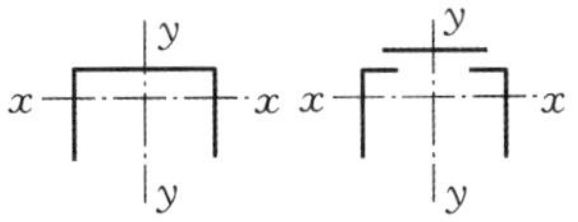 轧制或焊接	b 类	b 类

续表

截面形式		对 x 轴	对 y 轴
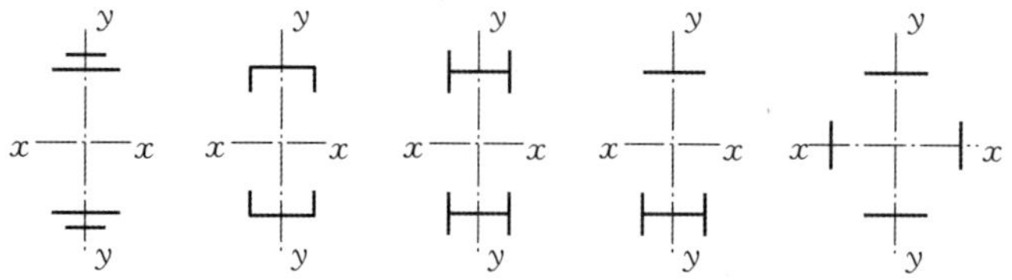 焊接	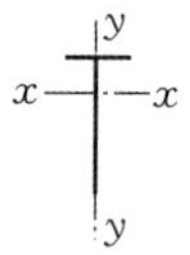 轧制截面和翼缘为焰切边的焊接截面	b类	b类
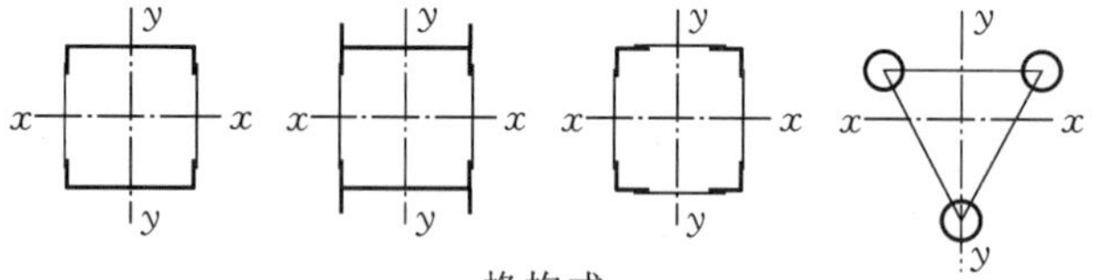 格构式	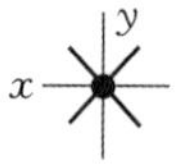 焊接，板件边缘焰切		
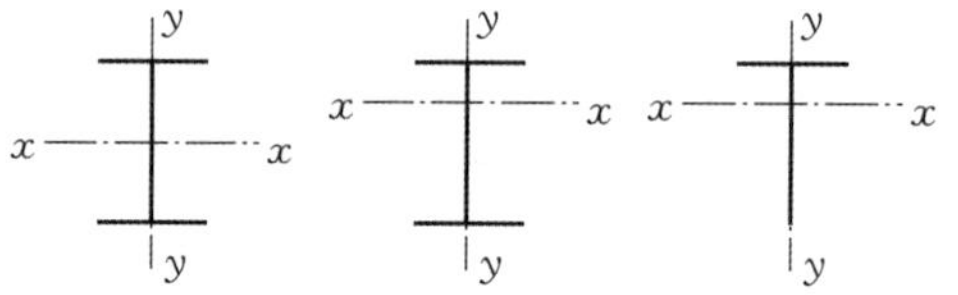 焊接、翼缘为轧制或剪切边		b类	c类
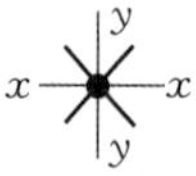 焊接，板件边缘轧制或剪切	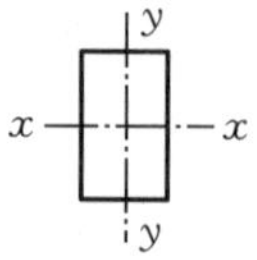 轧制、焊接(板件宽厚比不大于20)	c类	c类

表 7.7　轴心受压构件的截面分类(板厚 $t \geqslant 40$ mm)

截面形式		对 x 轴	对 y 轴
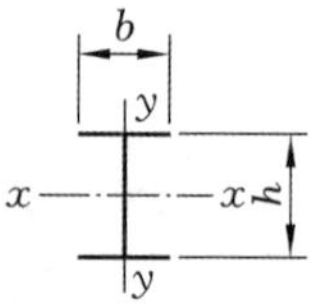 轧制工字形或H形截面	$t<80$ mm	b类	c类
	$t \geqslant 80$ mm	c类	d类
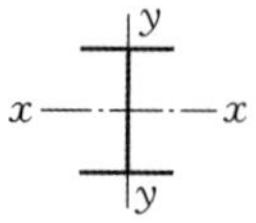 焊接工字形截面	翼缘为焰切边	b类	b类
	翼缘为轧制或剪切边	c类	d类

续表

截面形式		对 x 轴	对 y 轴
焊接箱形截面	板件宽厚比大于20	b类	b类
	板件宽厚比不大于20	c类	c类

2. 长细比

现行《钢结构设计标准》(GB 50017—2017)对于长细比的计算规定比较复杂，但是对于工程中较为常见的双轴对称和极对称截面形心与剪心重合的实腹式柱的长细比的计算规定相对比较简单。

$$\lambda_x=\frac{l_{0x}}{i_x};\quad \lambda_y=\frac{l_{0y}}{i_y} \tag{7.13}$$

式中：l_{0x}、l_{0y}——杆件对主轴 x 和 y 的计算长度；

i_x、i_y——杆件截面对主轴 x 和 y 的回转半径。

其他情况下的长细比的计算方法可参见《钢结构设计标准》(GB 50017—2017)中的规定。

为便于设计应用，《钢结构设计标准》(GB 50017—2017)将a、b、c、d四种截面类型的稳定系数制成四个表格，即附录D，φ 可按相应的截面类型及考虑钢材屈服强度影响以后的长细比查附录D得到。

特别说明一点，通过稳定系数表，我们可以发现，其他条件相同的情况下，随着长细比的增大，稳定系数逐渐变小，即稳定承载力降低。所以，在计算压杆稳定承载力时，我们可以根据 λ_x、λ_y 中的较大值直接查表求得 φ 的较小值。

练一练

某焊接工字形截面受压柱，翼缘为焰切边，$\lambda_x=50$，$\lambda_y=80$，钢材为Q390，查表求稳定系数。

7.3.4　轴心受力构件的局部稳定

在组合式轴心受压构件中，如果组成截面的板件(如工字形组合截面中的腹板或翼缘板)太宽、太薄，就可能在构件丧失整体稳定之前产生局部凹凸屈曲变形，这种现象称为局部失稳(见图7.16)。板件局部失稳后，虽然构件还能继续承受荷载，但由于屈曲部分退出工作，构件应力分布恶化，构件可能提前破坏。

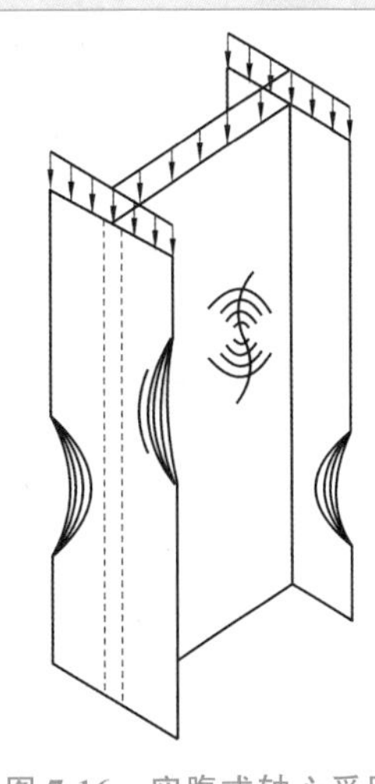

图7.16　实腹式轴心受压构件局部屈曲

《钢结构设计标准》(GB 50017—2017)规定，对于要求不出现失稳的实腹式轴心受压构件，板件宽厚比应符合下列规定。

1. H 形截面腹板

$$\frac{h_0}{t_w} \leqslant (25+0.5\lambda)\sqrt{\frac{235}{f_y}} \tag{7.14}$$

式中：λ——构件的较大长细比，$\lambda<30$ 时取 30，$\lambda>100$ 时取 100；

h_0、t_w——腹板计算高度和厚度，mm；

f_y——钢材的屈服强度。

2. H 形截面翼缘

$$\frac{b}{t_f} \leqslant (10+0.1\lambda)\sqrt{\frac{235}{f_y}} \tag{7.15}$$

式中：b、t_f——翼缘板自由外伸宽度和厚度，mm。

3. 箱形截面壁板

$$\frac{b}{t} \leqslant 40\sqrt{\frac{235}{f_y}} \tag{7.16}$$

式中：b——壁板的净宽度，当箱形截面设有纵向加劲肋时，为壁板与加劲肋之间的净宽度。

对于截面十分宽大的工形、H 形或箱形柱，当板件宽厚比超过前述规定的宽厚比限值时，可采用纵向加劲肋加强。纵向加劲肋由一对沿纵向焊接于腹板中央两侧的肋板组成，一侧外伸宽度不应小于 $10t_w$，厚度不应小于 $0.75t_w$，能有效阻止腹板凹凸变形，因此能提高腹板的局部稳定性（见图 7.17）。有关纵向加劲肋的设计详见《钢结构设计标准》(GB 50017—2017)。

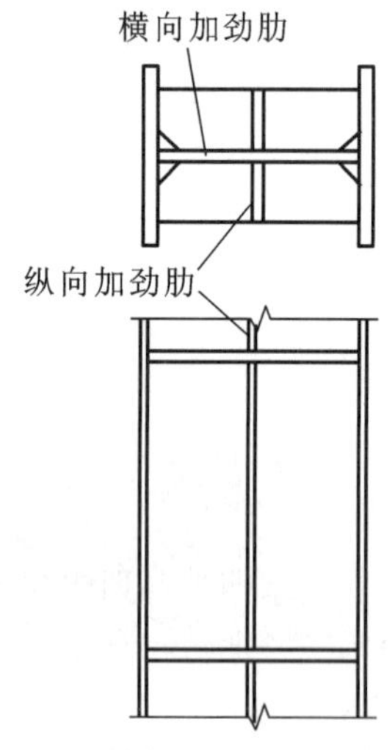

图 7.17　腹板的纵向加劲肋

7.4 梁、柱的连接构造

钢结构作为一种典型的装配式结构，是由众多构件组合而成的；构件是由最基本的钢板或型钢组合而成的。本节将介绍钢结构中最常见的钢梁与钢柱的连接构造知识。

7.4.1 梁的拼接和连接构造

7.4.1.1 梁的拼接

如果梁的长度、高度大于钢材的尺寸，常需要先将腹板和翼缘用几段钢材拼接起来，然后焊接成梁。这些工作一般在工厂进行，因此称为工厂拼接（见图 7.18）。跨度大的梁，由于运输或吊装条件限制，需将梁分成几段运至工地或吊至高空就位后再拼接起来。这种拼接是在工地进行的，因此称为工地拼接（见图 7.19）。

1. 工厂拼接

钢结构梁、柱的连接构造

工厂拼接常采用焊接方法。施工时,先将梁翼缘和腹板分别接长,然后焊接成梁。拼接位置一般根据材料尺寸和梁的受力确定。翼缘和腹板的拼接位置最好错开并避免与加劲肋、次梁的连接处重合,以防焊缝密集与交叉。腹板的拼接焊缝与平行于它的加劲肋和次梁连接位置至少相距 $10t_w$。

腹板和翼缘宜采用对接焊缝拼接并用引弧板。一、二级质量检验级别的焊缝无须进行焊缝验算。当采用三级焊缝时,因焊缝抗拉强度低于钢材的强度,可采用斜缝或将拼接位置布置在应力较小的区域。斜焊缝连接比较费工费料,较宽的腹板不宜采用。

2. 工地拼接

工地拼接位置主要由运输及安装条件确定,但最好在弯曲应力较小处,一般应使翼缘和腹板在同一截面和接近于同一截面处断开,以便分段运输。当在同一截面断开时[见图 7.18(a)],端部平齐,运输时不易碰损,但同一截面拼接会导致薄弱位置集中。为提高焊缝质量,上下翼缘要做成向上的 V 形坡口,以便俯焊。为使焊缝收缩比较自由、减少焊缝残余应力,靠近拼接处的翼缘板要预留 500 mm 在工厂不焊,到工地焊接时再按照图 7.19(a)所示的序号施焊。

图 7.19(b)所示为翼缘和腹板拼接位置相互错开的拼接方式。这种拼接方式受力较好,但端部突出部分在运输中易碰损,要注意保护。

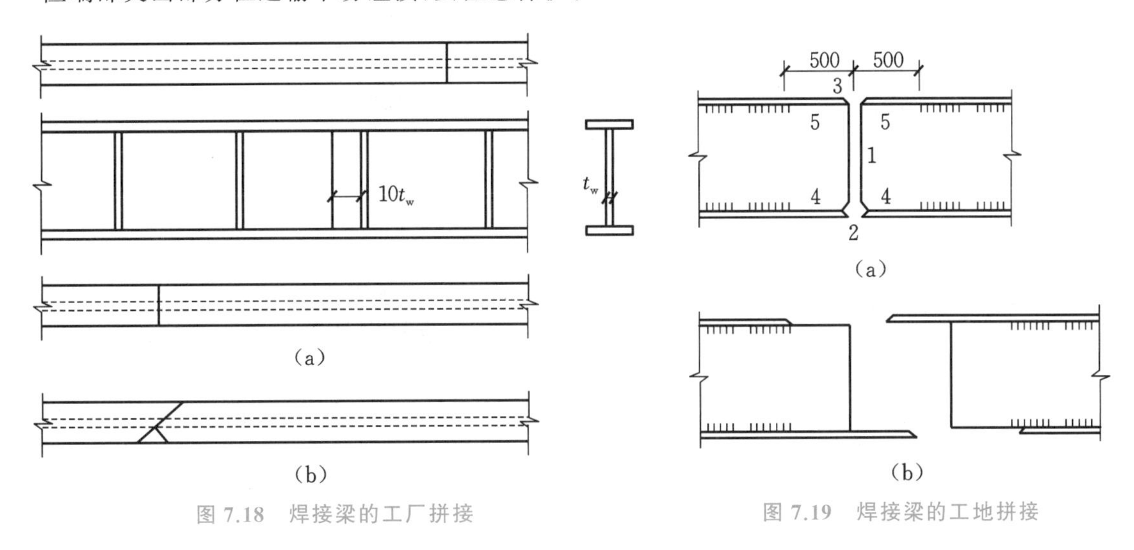

图 7.18 焊接梁的工厂拼接

图 7.19 焊接梁的工地拼接

对于需要在高空拼接的梁,常考虑高空焊接操作困难,采用摩擦型高强度螺栓连接。对于较重要的或承受动荷载的大型组合梁,考虑工地焊接条件差,焊接质量不易保证,也可采用摩擦型高强度螺栓进行梁的拼接。这时梁的腹板和翼缘在同一截面断开,吊装就位后用拼接板和螺栓连接(见图 7.20)。设计时使拼接处的剪力 V 全部由腹板承担,使弯矩 M 由腹板和翼缘共同承担并按各自刚度成比例分配。

7.4.1.2 次梁与主梁的连接

1. 简支次梁与主梁连接

简支次梁与主梁连接的形式有叠接和侧面连接两种,如图 7.21 和图 7.22 所示。

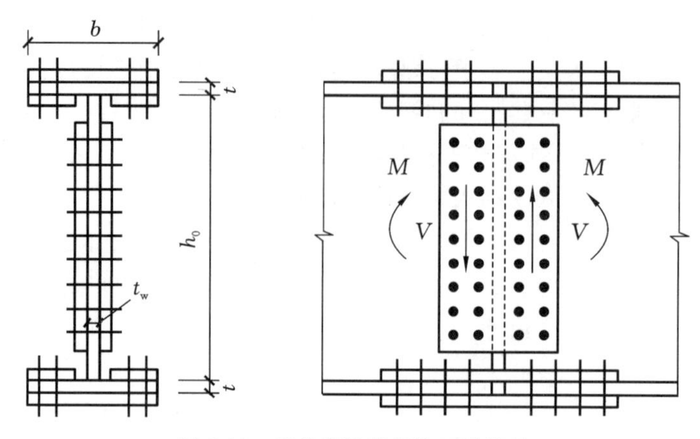

图 7.20 梁的高强度螺栓工地拼接

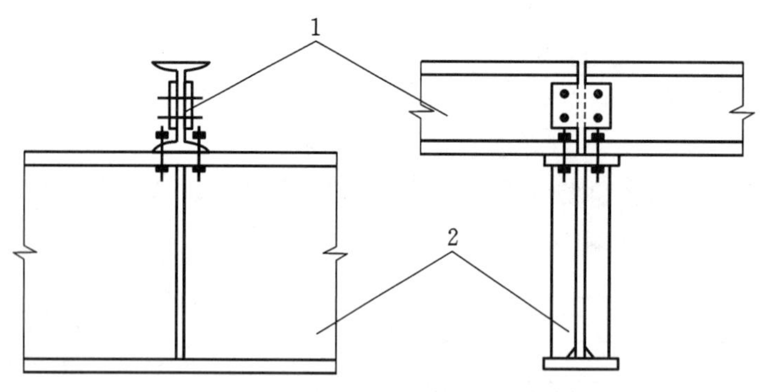

图 7.21 简支次梁与主梁叠接

1—次梁;2—主梁

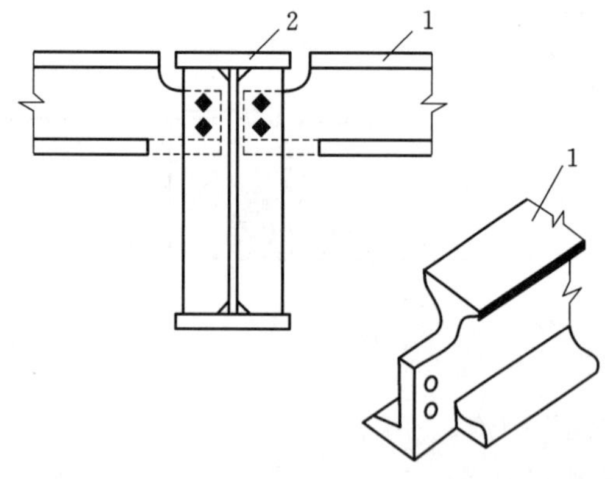

图 7.22 简支次梁与主梁侧面连接

1—次梁;2—主梁

叠接时,次梁直接搁置在主梁上,用螺栓和焊缝固定。这种形式构造简单,但占用建筑高度大,连接刚性差一些。侧面连接是将次梁端部上翼缘切去,将端部下翼缘切去一边,然后将次梁端部与主梁加劲肋用螺栓相连。如果次梁支座反力较大,螺栓承载力不够,可用围焊缝(角焊缝)将次梁端部腹板与加劲肋连牢传递反力,这时螺栓只用作安装定位。实际设计时,考虑连接偏心,计算焊缝或螺栓时通常将反力增大20%~30%。

2. 连续次梁与主梁连接

连续次梁与主梁的连接也分叠接和侧面连接两种形式。叠接时,次梁在主梁处不断开,直接搁置在主梁上并用螺栓或焊缝固定,次梁只有支座反力传给主梁。侧面连接时,次梁在主梁处断开,分别连于主梁两侧,除支座反力传给主梁外,连续次梁在主梁支座处的左右弯矩也要通过主梁传递,因此构造稍复杂。连续次梁与主梁连接的安装过程如图7.23所示。按图中构造,先在主梁上次梁相应位置处焊上承托,承托由竖板及水平顶板组成,如图7.23(a)所示。安装时,先将次梁端部上翼缘切去并安放在主梁承托水平顶板上，用安装螺栓定位，然后将次梁下翼缘与顶板焊牢[见图7.23(b)]，最后用连接盖板将主、次梁上翼缘用焊缝连接起来[见图7.23(c)]。为避免仰焊，连接盖板的宽度应比次梁上翼缘稍窄，承托顶板的宽度应比次梁下翼缘稍宽。

在图7.23所示的连接中，次梁支座反力 R 直接传递给承托顶板，通过承托竖板传至主梁。左、右次梁的支座负弯矩分解为上翼缘的拉力和下翼缘的压力组成的力偶。上翼缘的拉力由连接盖板传递；下翼缘的压力传给承托顶板后，再由承托顶板传给主梁腹板。这样，次梁上翼缘与连接盖板之间的焊缝、次梁下翼缘与承托顶板之间的焊缝，以及承托顶板与主梁腹板之间的焊缝应按各自传递的拉力或压力设计。

设计次梁与主梁连接时，若次梁截面较大，需采取构造措施防止支承处截面扭转。

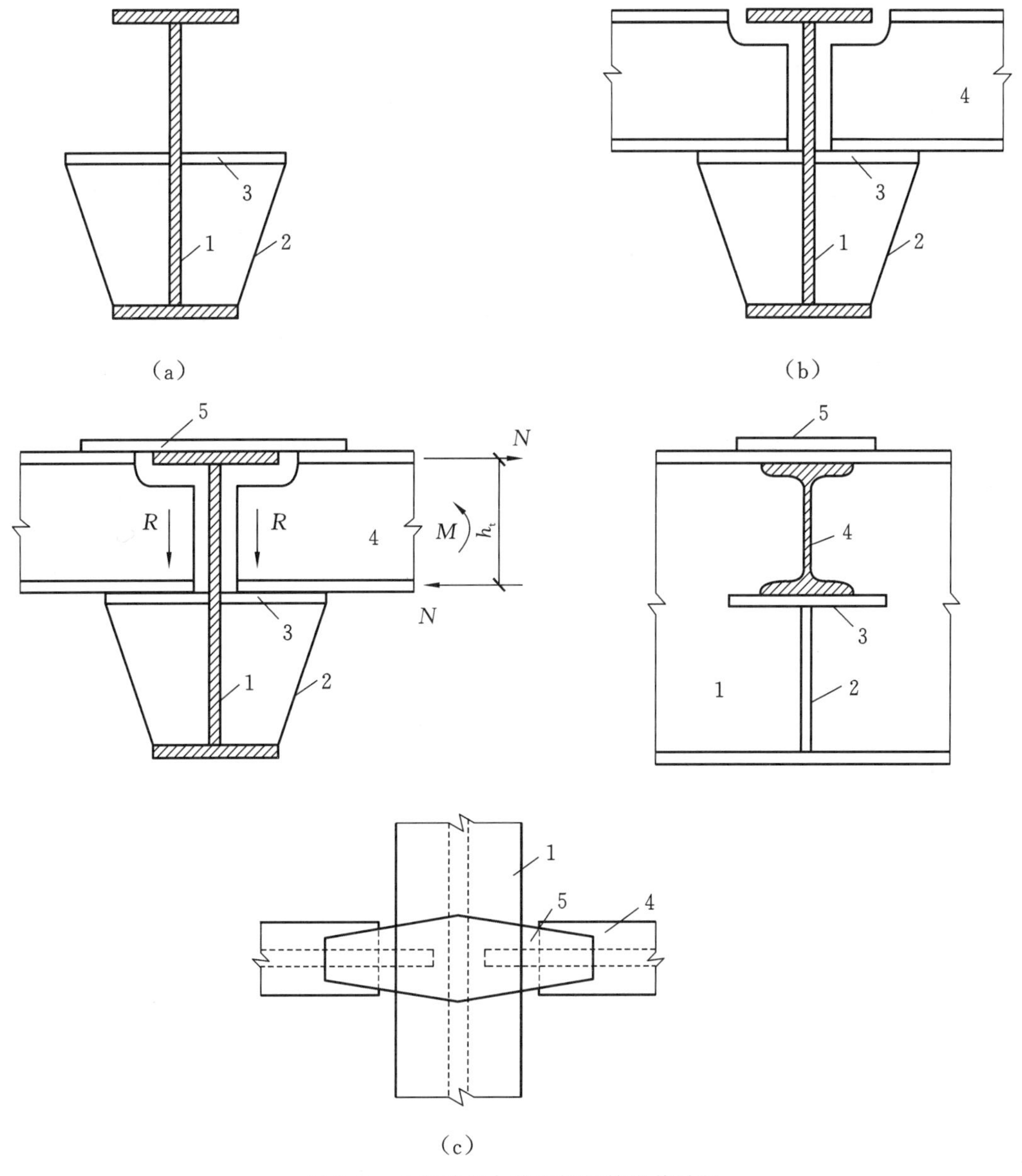

图7.23　连续次梁与主梁连接的安装过程

1—主梁；2—承托竖板；3—承托顶板；4—次梁；5—连接盖板

7.4.2 梁与柱的连接

根据钢梁与钢柱的连接构造，梁与柱的连接可分为铰接与刚接两种形式。两种连接的最本质区别：铰接只能传递梁端压力，不能传递弯矩；刚接既可传递梁端压力，又可传递梁端弯矩。

7.4.2.1 梁与柱的铰接

图 7.24 所示为梁支承于柱顶的铰接连接。梁的荷载通过顶板传给柱。顶板一般厚 16～20 mm，与柱焊接并与梁用普通螺栓相连。在图 7.24(a)所示的构造中，梁的支承加劲肋对准柱的翼缘，在相邻梁之间留有间隙并用夹板和构造螺栓相连。这种构造形式简单、受力明确，但当两侧梁的反力不等时，易引起柱的偏心受力。在图 7.24(b)所示的构造中，在梁端增加了带突缘的支承加劲肋连接于柱顶，直接对准柱的轴线附近，加劲肋的底部刨平并顶紧于柱顶板，这时，柱的腹板是主要承力部分，不能太薄。柱顶板之下腹板两侧应设置加劲肋。这种构造形式可以防止由上部相邻梁反力不等引起的柱受力的偏心。

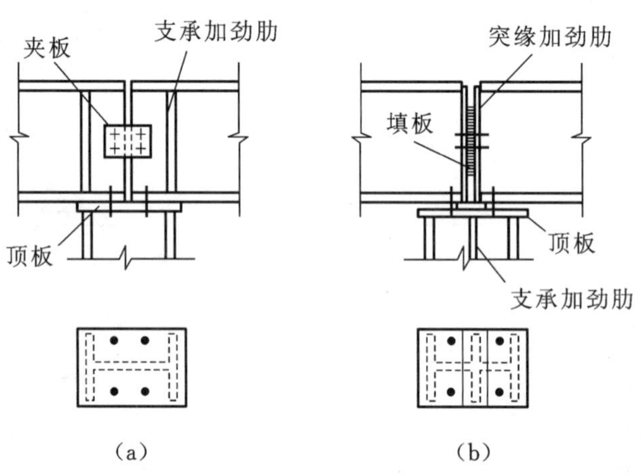

图 7.24 梁支承于柱顶的铰接连接

图 7.25 所示为梁支承于柱侧的铰接连接。图 7.25(a)所示的方案是将梁直接搁置在承托上，用普通螺栓连接。梁与柱侧面之间留有间隙，用角钢和构造螺栓相连，这种连接方式最简便，适用于梁传递的反力较小时。图 7.25(b)所示的方案是用厚钢板作为承托，直接焊于柱侧，梁与柱侧仍留有空隙，梁吊装就位后，用填板和构造螺栓将柱翼缘和梁端板连接起来。

当梁沿柱翼缘平面方向与柱相连时，采用图 7.25(c)所示的连接方式：在柱腹板上直接设置承托，梁端板支承在承托上，梁安装就位后，用填板和构造螺栓将梁端板与柱腹板连接起来。这种连接方式使梁端反力直接传递给柱腹板。

7.4.2.2 梁与柱的刚接

图 7.26 所示为梁与柱刚接的构造形式。刚接不仅要传递竖向反力，还要传递梁端弯矩，所以制作、施工较复杂。

在图 7.26(a)所示的构造中，梁与柱连接前，应先在柱身侧面连接位置处焊上衬板(垫板)，

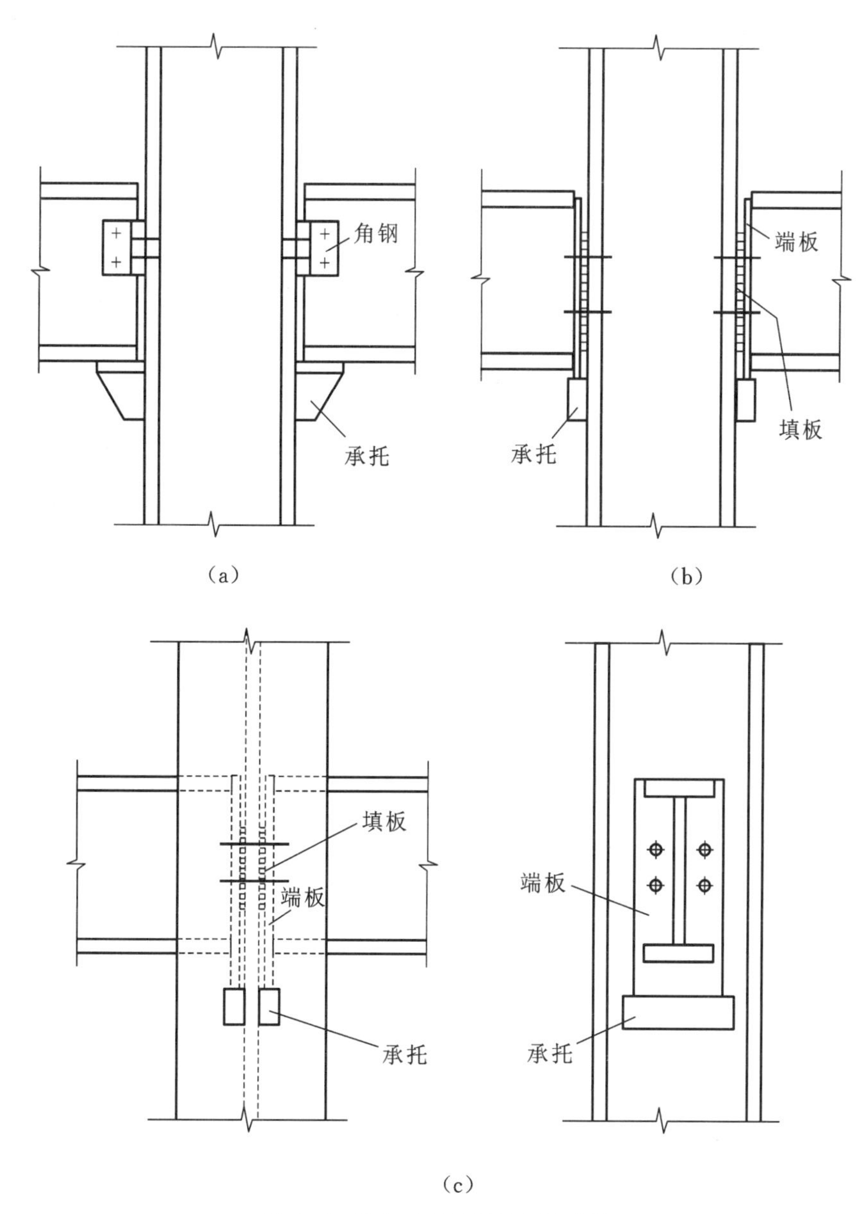

图 7.25　梁支承于柱侧的铰接连接

将梁翼缘端部做成剖口,在梁腹板端部留出槽口,上槽口是为了让出衬板位置,下槽口供焊缝通过。梁吊装就位后,梁腹板与柱翼缘用角焊缝相连,梁翼缘与柱翼缘用剖口对接焊缝相连。这种连接的优点是构造简单、省工省料,缺点是要求构件尺寸加工精确且需高空施焊。

为了克服图 7.26(a)所示的构造的缺点,可采用图 7.26(b)所示的连接形式。这种形式在梁与柱连接前,先在柱身侧面梁上、下翼缘连接位置分别焊上、下两个支托,同时在梁端上翼缘及腹板处留出槽口。梁吊装就位后,梁腹板与柱身上支托竖板用安装螺栓相连定位,梁下翼缘与柱身下支托水平板用角焊缝相连。梁上翼缘与上支托水平板用另一块短板通过角焊缝连接。梁端弯矩形成的上下拉压轴力由梁翼缘传给上下支托水平板,再传给柱身。梁端剪力通过下支托传给柱身。这种连接比图 7.26(a)所示的构造稍微复杂一些,但安装时对中就位比较方便。

图 7.26(c)所示的构造也是对图 7.26(a)所示的构造的一种改进。这种连接将梁在跨间内力较小处断开，将靠近柱的一段梁在工厂制造时焊在柱上形成悬臂短梁段，安装时将跨间一段梁吊装就位后，用摩擦型高强度螺栓将它与悬臂短梁段连接起来。这种连接的优点是连接处内力小、所需螺栓数相应较少、安装时对中就位比较方便，同时不需高空施焊，在实际工程中应用较多。

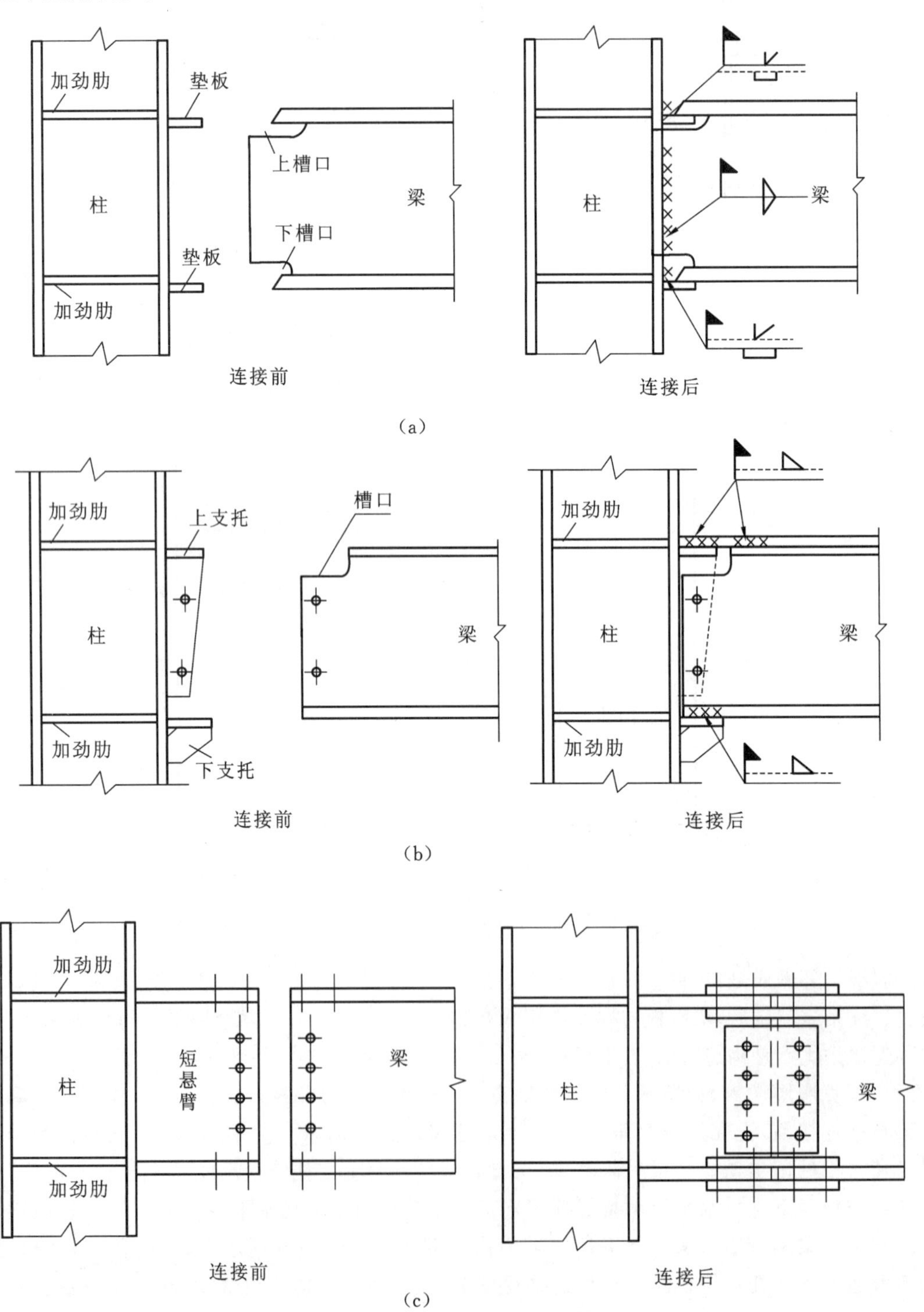

图 7.26　梁与柱刚接的构造形式

7.4.3　柱脚

柱的下端与基础连接部分称为柱脚。柱脚的作用是承受柱身的荷载并将其传递给基础。

柱脚构造可以分为刚接和铰接两种不同的形式。铰接柱脚只承受轴力及剪力；刚接柱脚除了承受轴力和剪力以外，还要承受弯矩。下面，我们对两种形式柱脚的概念做简单介绍。

7.4.3.1　铰接柱脚

轴心受压柱的柱脚多为铰接平板式柱脚，一般由底板、靴梁、隔板和肋板等组成。底板由锚栓固定于混凝土基础上。铰接柱脚如图 7.27 所示。

小型柱所受压力较小，可在柱的端部焊接一块不太厚的底板，柱身的压力通过底板传到基础上，如图 7.27(a)所示。

大、中型柱所受压力较大，所需底板较大、较厚，为了保证较好地传递压力，可考虑焊接有靴梁、隔板和肋板的柱脚。这种柱脚的底板被焊接于底板的各种板件分隔为若干较小区格，减小了底板所受弯矩，最终达到减小底板厚度的目的，如图 7.27(b)、图 7.27(c)、图 7.27(d)所示。

靴梁是沿柱脚长度方向设于柱两侧的钢板，由竖向焊缝与柱翼缘连接，由水平焊缝与底板相连；隔板是竖向布置在靴梁内侧的钢板，用来侧向支撑靴梁并减小底板格局；肋板是竖向布置在靴梁外侧并垂直于靴梁设置的加劲肋板。

柱脚通过锚栓固定于基础。铰接柱脚只沿着一条轴线设置两个连接于底板的锚栓，锚栓的直径一般为 20～25 mm。为了便于安装，底板上的锚栓孔径为锚栓直径的 1.5～2 倍，待柱就位并调整到设计位置后，再用垫板套住锚栓并与底板焊牢。

7.4.3.2　刚接柱脚

刚接柱脚通常有三种做法：埋入式柱脚、外包式柱脚和插入式柱脚。

1. 埋入式柱脚

埋入式柱脚是指将钢柱底端直接埋入混凝土基础筏板、地基梁或地下室墙体的刚性连接的柱脚，如图 7.28 所示。其特点是埋入相对自身绝对刚性的基础中形成刚性固定柱脚节点。这种柱脚构造可靠，常用于高层钢结构框架柱的柱脚。

埋入式柱脚的受力特点如下。

(1) 柱的轴向压力由钢柱的柱脚底板直接传递给钢筋混凝土基础；柱的轴向拉力通过柱脚底板悬出部分将其上部混凝土的反向压力传递给基础或由锚栓(地脚螺栓)直接传给基础。

(2) 柱的弯矩有 2 种传递方式：①均由 H 型钢柱翼缘上的抗剪圆柱头焊钉传递给基础，在实际工程设计中大多采用该方法；②依靠钢筋混凝土对钢柱翼缘的侧向承压力产生的抵抗矩传递给基础。

(3) 柱脚顶部的水平剪力由钢柱翼缘与基础混凝土侧向承压力来传递。

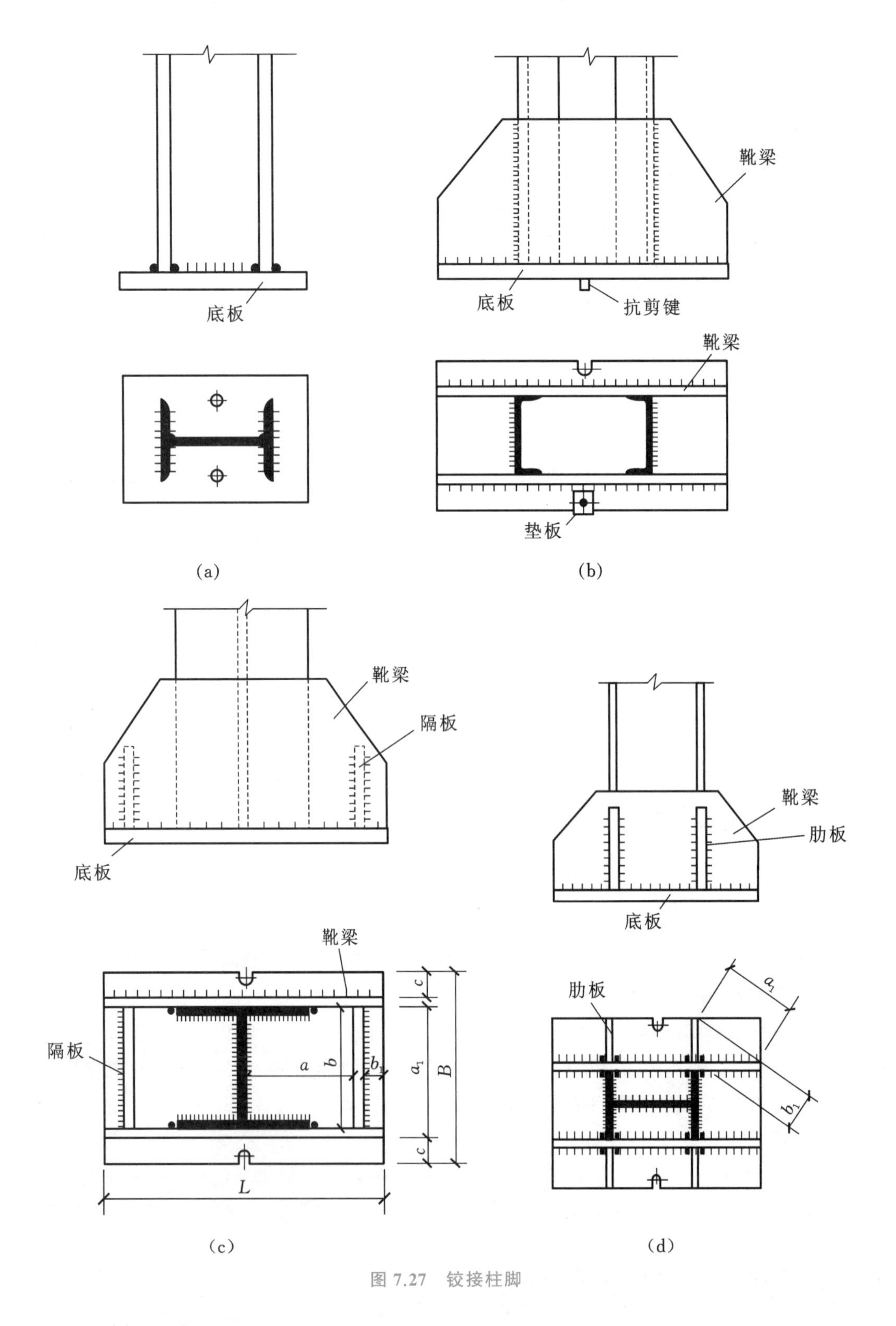

图 7.27 铰接柱脚

2. 外包式柱脚

外包式柱脚是指将钢柱底板放在基础面上，再由基础伸出钢筋混凝土短柱将钢柱柱脚

浇筑包裹住成为一个整体，如图 7.29 所示。

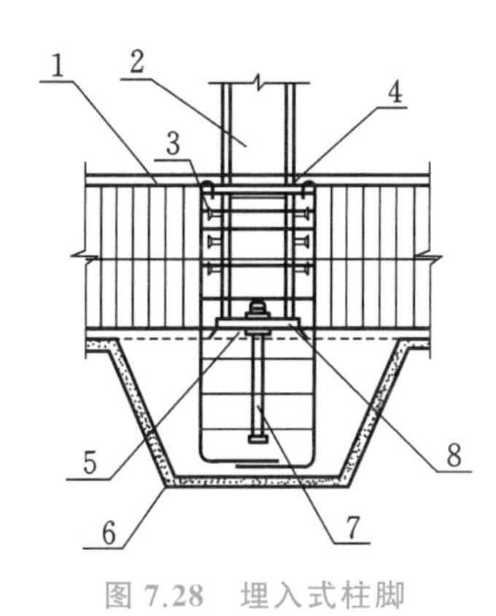

图 7.28　埋入式柱脚

1—钢筋混凝土基础(梁)；2—钢柱；3—栓钉；4—加劲肋；5—梁底板；6—混凝土基础；7—锚栓；8—柱脚底板

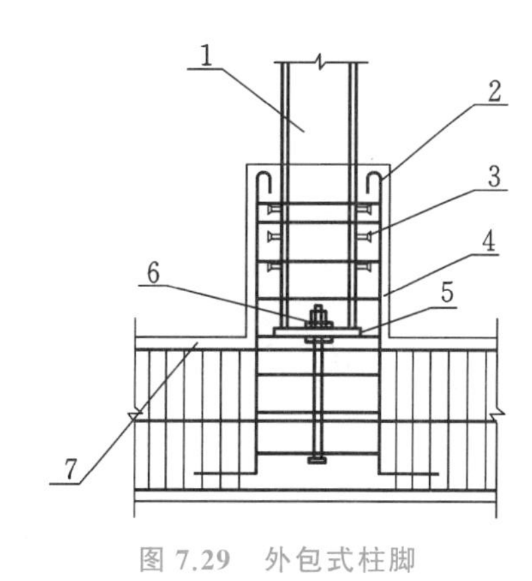

图 7.29　外包式柱脚

1—钢柱；2—柱中钢筋；3—栓钉；4—钢筋混凝土短柱；5—柱脚底板；6—锚栓；7—钢筋混凝土基础(梁)

外包式柱脚的受力特点如下。

(1) 柱的轴向压力由钢柱的柱脚底板直接传递给钢筋混凝土基础；柱的轴向拉力通过柱脚底板悬出部分和锚栓传给基础。

(2) 柱的弯矩由钢柱翼缘的栓钉传递给包脚钢筋混凝土短柱，并由钢筋混凝土短柱传递给基础。因此，在外包式柱脚中，栓钉起着重要的传力作用。同时，短柱配筋由弯矩的大小决定，但是在计算短柱垂直纵向主筋的配置时，不考虑钢柱承担的内力。

(3) 包脚处顶部的水平剪力由包脚混凝土和短柱箍筋共同承担。栓钉起着重要的传力作用。

3. 插入式柱脚

插入式柱脚是指将钢柱脚插入混凝土杯口基础，采用二次浇筑微膨胀细石混凝土固定，其具有构造简单、节约钢材、安全可靠、施工方便等优点。插入式柱脚一般仅用于单层钢结构工业厂房，不适合高层建筑钢结构。

插入式柱脚的受力特点与外包式柱脚相同。

习　题

<table>
<tr><td>项目名称</td><td colspan="5">钢结构构件</td></tr>
<tr><td>班级</td><td></td><td>学号</td><td></td><td>姓名</td><td></td></tr>
<tr><td>思考题</td><td colspan="5">1. 以轴心受压构件为例，说明构件强度计算与稳定计算的区别。
2. 影响轴心受压构件的稳定承载力的因素有哪些？
3. 轴心受压构件的整体稳定不能满足要求时，若不增大截面面积，是否还可以采取其他措施提高其承载力？
4. 钢梁的强度计算包括哪些内容？如何计算？
5. 影响钢梁整体稳定的主要因素有哪些？提高钢梁整体稳定性的有效措施有哪些？
6. 组合梁的腹板和翼缘可能发生哪些形式的局部失稳？《规范》采取哪些措施防止发生这些形式的局部失稳？
7. 钢梁的拼接、主次梁连接各有哪些方式？其主要设计原则是什么？</td></tr>
</table>

续表

项目名称	钢结构构件
选择题	1. 实腹式轴心受拉构件计算的内容包括(　　)。 A. 强度　　B. 强度和整体稳定 C. 强度、局部稳定和整体稳定　　D. 强度、刚度(长细比) 2. 对有孔眼等削弱的轴心拉杆承载力,《钢结构设计标准》(GB 50017—2017)采用的准则为净截面(　　)。 A. 最大应力达到钢材屈服点　　B. 平均应力达到钢材屈服点 C. 最大应力达到钢材抗拉强度　　D. 平均应力达到钢材抗拉强度 3. 为提高轴心受压构件的整体稳定,在杆件截面面积不变的情况下,杆件截面的形式应使其面积分布(　　)。 A. 尽可能集中于截面的形心处　　B. 尽可能远离形心 C. 任意分布,无影响　　D. 均匀分布 4. 轴心受压构件的整体稳定系数与(　　)等因素有关。 A. 构件截面类别、两端连接构造、长细比 B. 构件截面类别、钢号、长细比 C. 构件截面类别、计算长度系数、长细比 D. 构件截面类别、两个方向的长度、长细比 5. 提高轴心受压构件局部稳定常用的合理方法是(　　)。 A. 增加板件宽厚比　　B. 增加板件厚度 C. 增加板件宽度　　D. 设置横向加劲肋 6. 轴心受力构件应满足正常使用极限状态的(　　)要求。 A. 变形　　B. 强度 C. 刚度　　D. 挠度 7. 轴心受力构件应满足承载能力极限状态的(　　)要求。 A. 变形　　B. 强度 C. 刚度　　D. 挠度 8. 对于轴心受压构件或偏心受压构件,保证其满足正常使用极限状态的方法是(　　)。 A. 要求构件的跨中挠度不得低于设计规范规定的容许挠度 B. 要求构件的跨中挠度不得超过设计规范规定的容许挠度 C. 要求构件的长细比不得低于设计规范规定的容许长细比 D. 要求构件的长细比不得超过设计规范规定的容许长细比 9. 某截面无削弱的热轧型钢实腹式轴心受压柱,设计时应计算(　　)。 A. 整体稳定、局部稳定　　B. 强度、整体稳定、长细比 C. 整体稳定、长细比　　D. 强度、局部稳定、长细比 10. 钢结构梁的计算公式 $\sigma=\frac{M_x}{\gamma_x W_{nx}}$ 中的 γ_x(　　)。 A. 与材料强度有关 B. 是极限弯矩与边缘屈服弯矩之比 C. 表示截面部分进入塑性 D. 与梁所受荷载有关 11. 焊接工字形截面简支梁,其他条件均相同的情况下,当(　　)时,梁的整体稳定性最好。 A. 加大梁的受压翼缘宽度 B. 加大梁的受拉翼缘宽度 C. 受压翼缘与受拉翼缘宽度相同 D. 在距支座 $l/6$(l 为跨度)处减小受压翼缘宽度

续表

<table>
<tr><td>项目名称</td><td>钢结构构件</td></tr>
<tr><td>选择题</td><td>12. 为了提高梁的整体稳定性，(　　)是最经济有效的办法。
A. 增大截面　　B. 增加侧向支撑点
C. 设置横向加劲肋　　D. 改变翼缘的厚度
13. 梁的支承加劲肋应设置在(　　)。
A. 弯曲应力大的区段　　B. 剪应力大的区段
C. 上翼缘或下翼缘有固定荷载作用的部位　　D. 有吊车轮压的部位
14. 一简支梁受均布荷载作用，其中永久荷载标准值为 15 kN/m，仅一个可变荷载，其标准值为 20 kN/m，则强度计算时的设计荷载为(　　)。
A. $q=1.2\times15+1.4\times20$　　B. $q=15+20$
C. $q=1.2\times15+0.85\times1.4\times20$　　D. $q=1.2\times15+0.6\times1.4\times20$</td></tr>
<tr><td>计算题</td><td>1. 计算某屋架下弦杆所能承受的最大拉力 N。下弦杆截面为 2L100×10，如图 7.30 所示，有 2 个安装螺栓，螺栓孔径为 21.5 mm，钢材为 Q235。
2. 如图 7.31 所示，两个轴心受压柱的截面面积相等，两端铰接，柱高 45 m，材料用 Q235 钢，翼缘火焰切割以后又经过刨边。判断这两个柱的承载能力的大小。
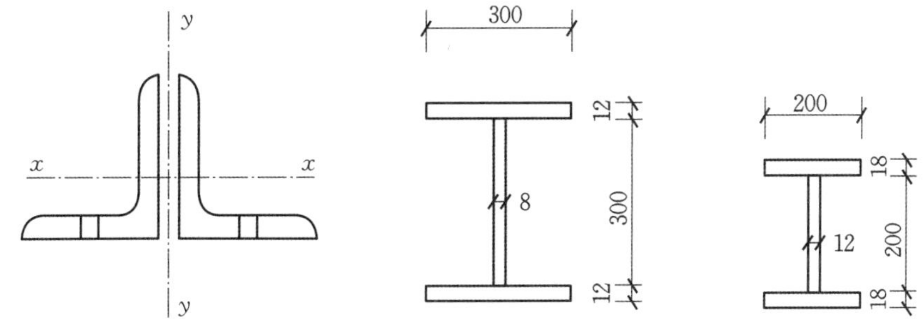

图 7.30　某屋架下弦杆的截面　　图 7.31　轴心受压柱的截面
3. 如图 7.32 所示，某轴心受压实腹柱长 $L=5$ m，中点 $L/2$ 处有侧向支撑，采用三块钢板焊成的工字形柱截面，翼缘尺寸为 300 mm×12 mm，腹板尺寸为 200 mm×6 mm。钢材为 Q235，$f=215\ \text{N/mm}^2$。求最大承载力。
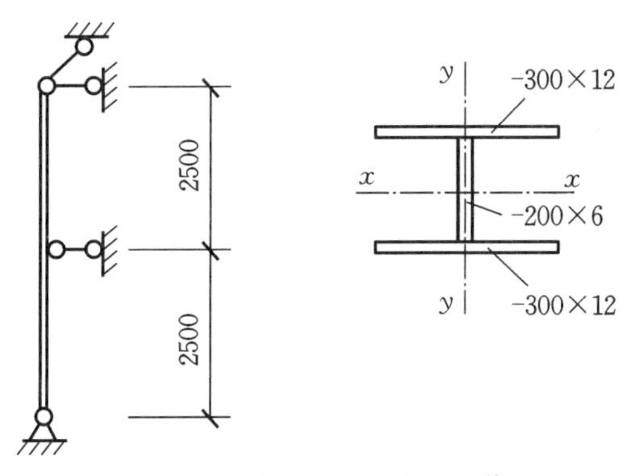

图 7.32　某轴心受压实腹柱及截面
4. 某水平放置、两端铰接的 Q345 钢做成的轴心受拉构件长 9 m，截面为由 2∟90×8 组成的肢尖向下的 T 形截面。判断构件是否能承受设计值为 870 kN 的轴心力。</td></tr>
</table>

续表

项目名称	钢结构构件
计算题	5. 某车间工作平台柱高 2.6 m,按两端铰接的轴心受压柱考虑。如果柱采用 I16(16 号热轧工字钢),试经过计算解答以下问题。 (1) 钢材采用 Q235 钢时,设计承载力为多少? (2) 改用 Q345 钢时,设计承载力是否显著提高? 6. 如图 7.33 所示,两种火焰切割边缘截面的截面积相等,钢材均为 Q235 钢。当用作长度为 10 m 的两端铰接轴心受压柱时,是否能安全承受 3200 kN 的设计荷载? 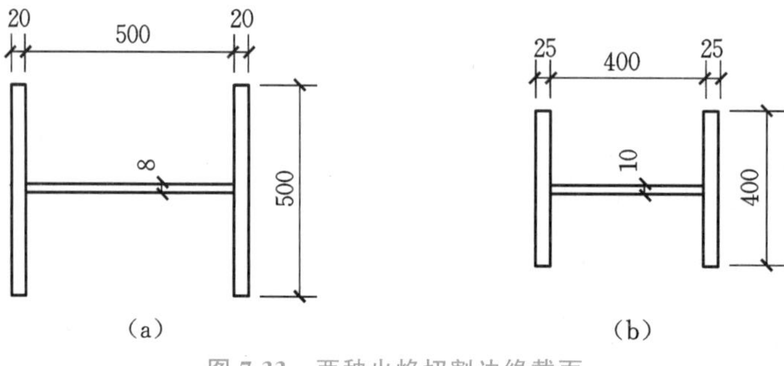 图 7.33 两种火焰切割边缘截面 7. 跨度为 9 m 的工作平台简支梁截面如图 7.34 所示,受均布荷载 g_k 为 35 kN/m(分项系数为 1.2),q_k 为36 kN/m(分项系数为 1.4),采用 Q235F 钢。试验算其强度。 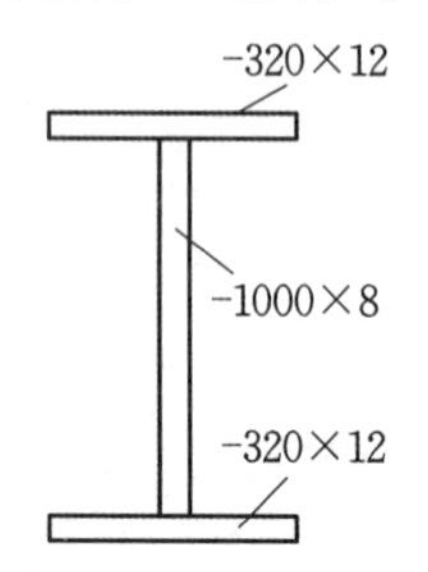 图 7.34 跨度为 9 m 的工作平台简支梁截面 8. 某焊接工字形简支梁的荷载设计值及截面如图 7.35 所示。材料为 Q235F 钢,$F=300$ kN,集中力位置处设置侧向支承。试验算其强度是否满足要求。若稳定系数 $\varphi_b=0.84$,该梁的整体稳定性是否满足要求? 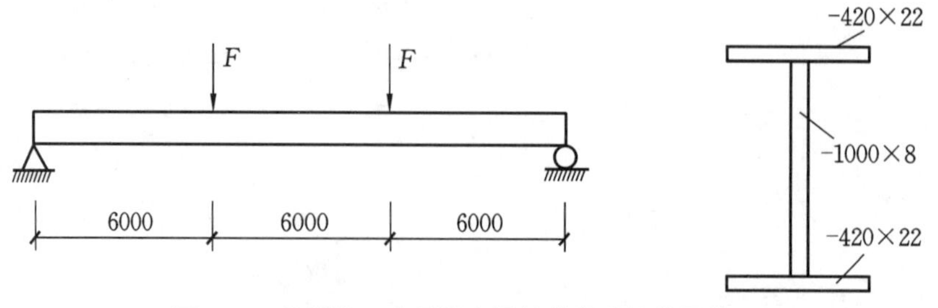 图 7.35 某焊接工字形简支梁的荷载设计值及截面

续表

<table>
<tr><td>项目名称</td><td>钢结构构件</td></tr>
<tr><td>计算题</td><td>9. 某焊接工字形简支梁(见图 7.36)的跨度 $l=4$ m，钢材为 Q235，承受均布荷载设计值为 p(包括自重)。假定不考虑该梁局部稳定及刚度要求，试求该梁能承受的荷载 p。(提示：承载力可根据强度条件和整体稳定条件求得，假定稳定系数 $\varphi_x=0.88$。) 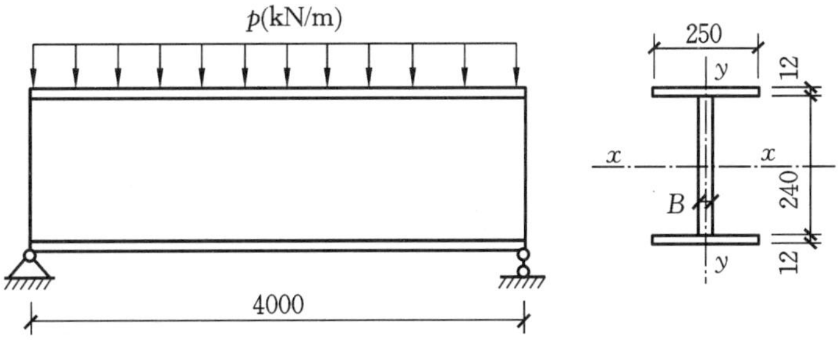

图 7.36　某焊接工字形简支梁</td></tr>
<tr><td>教师评价</td><td></td></tr>
</table>

学习项目8

钢筋混凝土结构平法识图

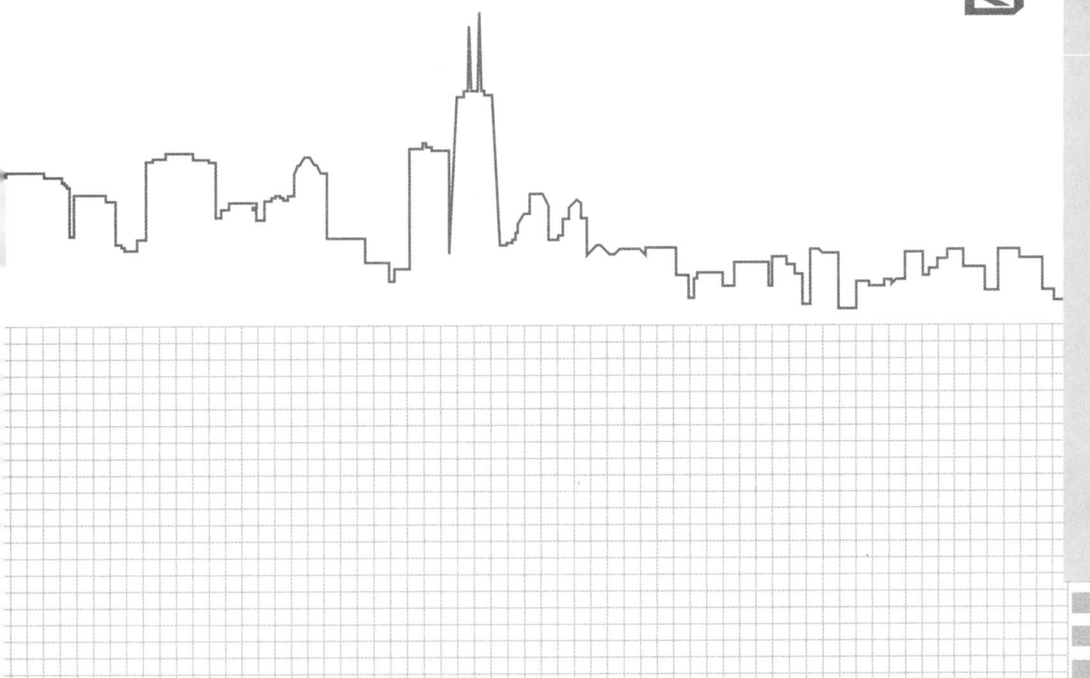

学习目标

(1) 知识目标:了解钢筋混凝土结构中柱、梁、板构件的作用和类型;掌握钢筋混凝土结构中柱、梁、板构件中钢筋的作用;掌握钢筋混凝土结构中柱、梁、板构件的平法识图规则。

(2) 能力目标:能根据平法识图规则正确识读柱、梁、板的平法施工图。

(3) 思政目标:培养规范意识,培养严谨、细致的工作态度。

8.1 柱平法施工图识读

8.1.1 钢筋混凝土柱的认知

建筑结构类型

柱是钢筋混凝土结构中最重要的承重构件之一。钢筋混凝土柱一般会出现在钢筋混凝土框架结构、框架抗震墙结构、框支抗震墙结构、框架-核心筒结构等结构中。

想一想

上课的教学楼属于什么结构类型?

柱主要承受竖向荷载,是主要的竖向受力构件,但柱有时也要承受横向荷载或较大的偏心压力。

8.1.1.1 柱的类别

根据柱的平面位置不同,钢筋混凝土柱分为中柱、角柱和边柱,如图 8.1 所示。

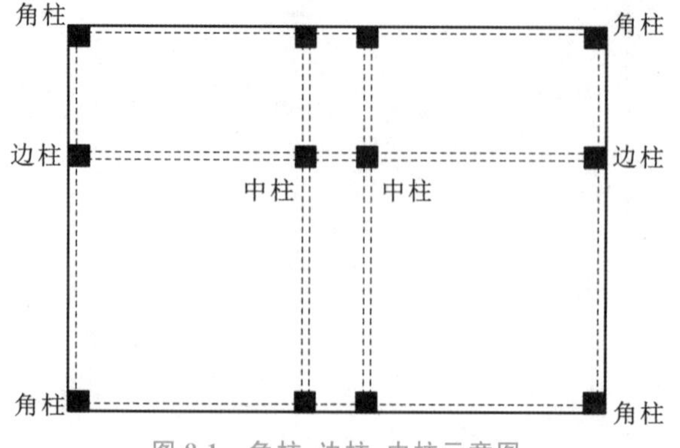

图 8.1 角柱、边柱、中柱示意图

根据柱的位置及作用,钢筋混凝土柱分为框架柱、转换柱、梁上起框架柱、墙上起框架柱、芯柱。

框架柱是指钢筋混凝土结构中承受梁和板传来的荷载，并将荷载传给基础的竖向受力构件，如图 8.2 所示。一般情况下，框架柱由基础到屋面连续设置，楼层越往下，框架柱的截面尺寸及配筋越大。

转换柱是转换层的竖向结构构件，当建筑功能要求下部空间大，上部的部分竖向构件不能直接连续贯通落地，而是通过水平转换构件与下部的竖向构件连接。当布置转换梁支撑上部剪力墙的时候，转换梁叫框支梁，支撑框支梁的柱叫转换柱，如图 8.3 所示。

转换柱三维模型

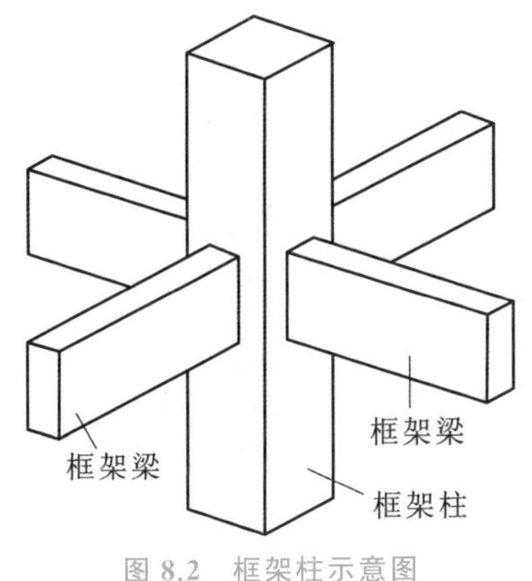

图 8.2　框架柱示意图

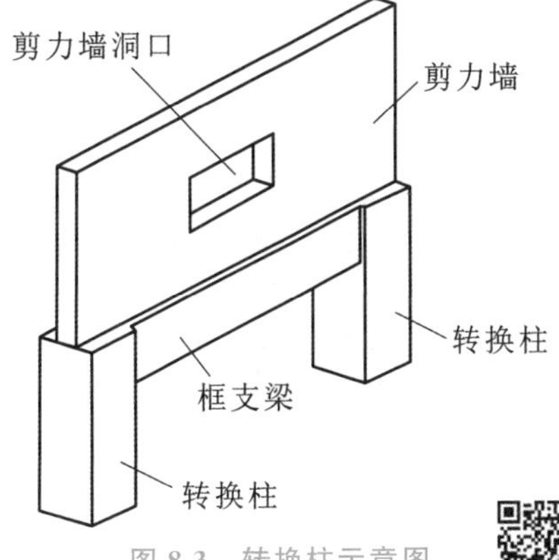

图 8.3　转换柱示意图

梁上起框架柱，是指支承在楼层梁上的柱，如图 8.4 所示。由于建筑功能的需要，楼层某些部位下层无框架柱，而在上一层又需设框架柱，框架柱只能从下层的梁上起根，称为梁上起框架柱。

梁上起框架柱三维模型

想一想

建筑结构中哪个位置会存在梁上起框架柱？

墙上起框架柱，是指嵌固在剪力墙上的柱，如图 8.5 所示。由于建筑功能的需要，下层有墙无柱，而上层无墙设柱，框架柱从剪力墙上起根，称为墙上起框架柱。

墙上起框架柱三维模型

在钢筋混凝土结构中，当底层柱受力较大、设计截面尺寸较大时，为了提高其配筋率，在大截面柱中部设置较小的钢筋笼，称为芯柱。

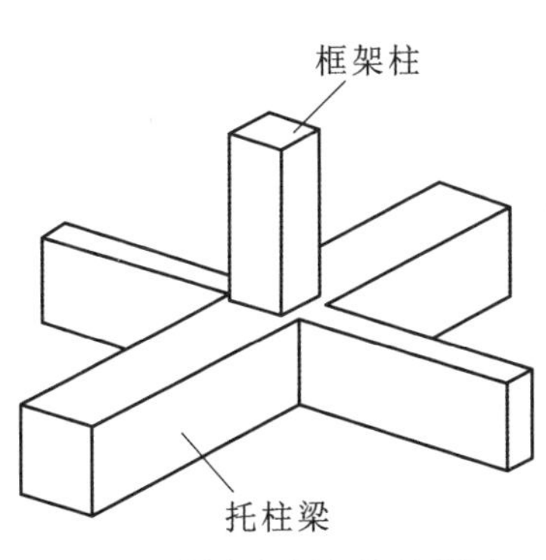

图 8.4　梁上起框架柱示意图

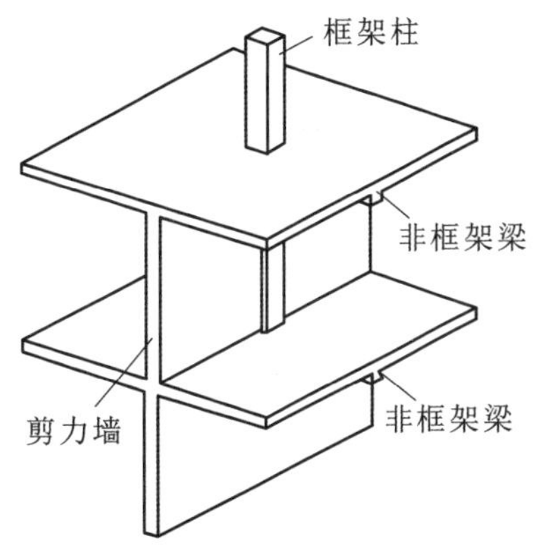

图 8.5　墙上起框架柱示意图

柱钢筋三维模型

8.1.1.2 柱内钢筋

柱内钢筋有纵向钢筋和箍筋，如图 8.6 所示。柱内的纵向钢筋的作用是帮助混凝土抵抗压力，以及截面上可能产生的拉力。柱内的箍筋的作用是与纵向钢筋形成钢筋骨架，承担柱的剪力和扭矩，并与纵筋一起形成对芯部混凝土的围箍约束。

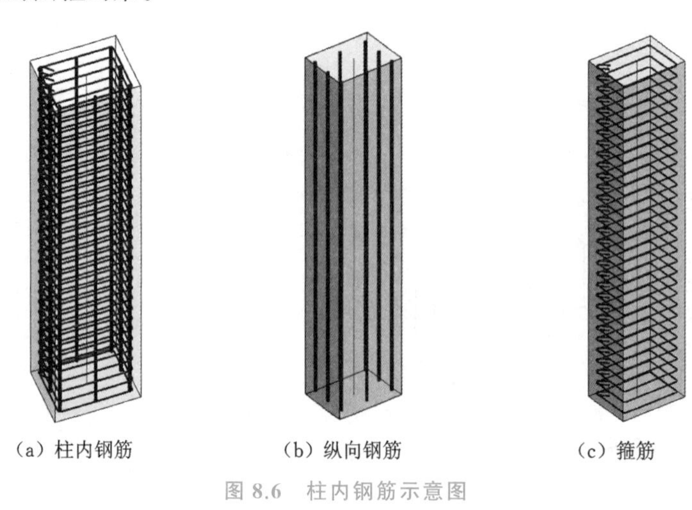
（a）柱内钢筋　（b）纵向钢筋　（c）箍筋

图 8.6　柱内钢筋示意图

8.1.2 钢筋混凝土柱识读

钢筋混凝土柱的平法表示有列表注写法和截面注写法。列表注写法是指在柱平面布置图上，分别在同一编号的柱中选择一个（有时需要选择几个）截面标注几何参数代号，在柱表中注写柱号、柱段起止标高、几何尺寸（含柱截面对轴线的偏心情况）与配筋的具体数值，并配以柱截面形状及其箍筋类型来表达柱的平法施工图。截面注写法是指在柱平面布置图上，分别在同一编号的柱中选择一个截面，以直接注写截面尺寸和配筋等的方式来表达柱的平法施工图。

柱平法施工图识读

8.1.2.1 柱编号识读

柱编号由类型代号和序号组成，如表 8.1 所示。类型代号是根据柱的类型用字的汉语拼音首字母表示的，如框架柱的代号为 KZ。同类柱不同的截面和配筋加序号进行区别，如 KZ1、KZ2 等。

表 8.1　柱编号表

编号	柱类型	类型代号	序号
1	框架柱	KZ	××
2	转换柱	ZHZ	××
3	芯柱	XZ	××

注：1.根据 22G101-1 柱构件制图规则。

2.梁上起框架柱、墙上起框架柱采用框架柱的表示方法。

8.1.2.2　柱标高识读

柱各段的起止标高，自柱根部往上以变截面位置或截面未变但配筋改变处为界分段注写，如图 8.7 所示。在图 8.7 中，KZ1 分 4 段注写，－4.530～－0.030 段和－0.030～19.470 段柱的截面配筋发生了改变。

从基础起的框架柱和转换柱，其根部标高是指基础顶面标高。当屋面框架梁上翻时，框架柱顶标高应为梁顶面标高。梁上起框架柱的根部标高是指梁顶面标高；剪力墙上起框架柱的根部标高为墙顶面标高。

8.1.2.3　柱截面识读

柱截面有矩形和圆形两种。矩形柱上、下两条边的长度用 b 表示，左、右两条边的长度用 h 表示，截面尺寸用 $b \times h$ 表示。圆柱用在圆柱直径数字前加 d 表示。柱截面与轴线关系用几何参数代号 b_1、b_2 和 h_1、h_2 表示。在图 8.7 中，－0.030～19.470 的 KZ1(C 轴)的截面尺寸为 750 mm×700 mm，柱的左、右边缘距轴线都是 375 mm，轴线处于 b 边的中间，柱的上边缘距轴线 150 mm，柱的下边缘距轴线 550 mm。

根据结构需要，芯柱在某些框架柱的一定高度范围内的内部中心位置设置。芯柱中心应与柱中心重合，并标注其截面尺寸(可按标准构造详图取值)。芯柱定位随框架柱，不需要注写其与轴线的几何关系。在图 8.7 中，芯柱在－4.530～8.670 高度设置，截面尺寸按标准构造详图取值(见图 8.8)。

芯柱三维模型

8.1.2.4　柱纵筋识读

柱纵筋按照位置分为角筋(柱子四个角的钢筋)、截面 b 边中部筋和 h 边中部筋。当柱纵筋直径相同，各边根数也相同时，统一注写为“全部纵筋”。对称配筋的矩形截面柱，只注写一侧的中部筋。非对称配筋的矩形截面柱，必须注写每侧的中部筋。在图 8.7 中，19.470～37.470 的 KZ1 角筋是 4 ⌀22，b 边一侧中部筋是 5 ⌀22，h 边一侧中部筋是 4 ⌀20 (见图 8.9)。

8.1.2.5　柱箍筋识读

柱箍筋的注写包括箍筋的钢筋级别、直径与间距，用“@”表示箍筋的间距，用斜线“/”区分柱端箍筋加密区与柱身非加密区长度范围内箍筋的不同间距。当箍筋沿全高为一种间距时，则不使用“/”。在图 8.7 中，箍筋Φ 10@100/200，表示箍筋为 HPB300 级钢筋，直径为 10 mm，加密区间距为 100 mm，非加密区间距为 200 mm。

当圆柱采用螺旋箍筋时，需在箍筋前加“L”。

箍筋有各种组成方式，矩形箍筋肢数用 $m \times n$ 表示(见图 8.10)。

> **小贴士**
>
> 柱箍筋加密区范围是柱子的两端以及梁柱节点的位置。矩形柱两端加密区的长度取 max(柱长边尺寸，柱净高/6，500 mm)，作为嵌固部位的柱根部加密区长度大于柱净高的三分之一。

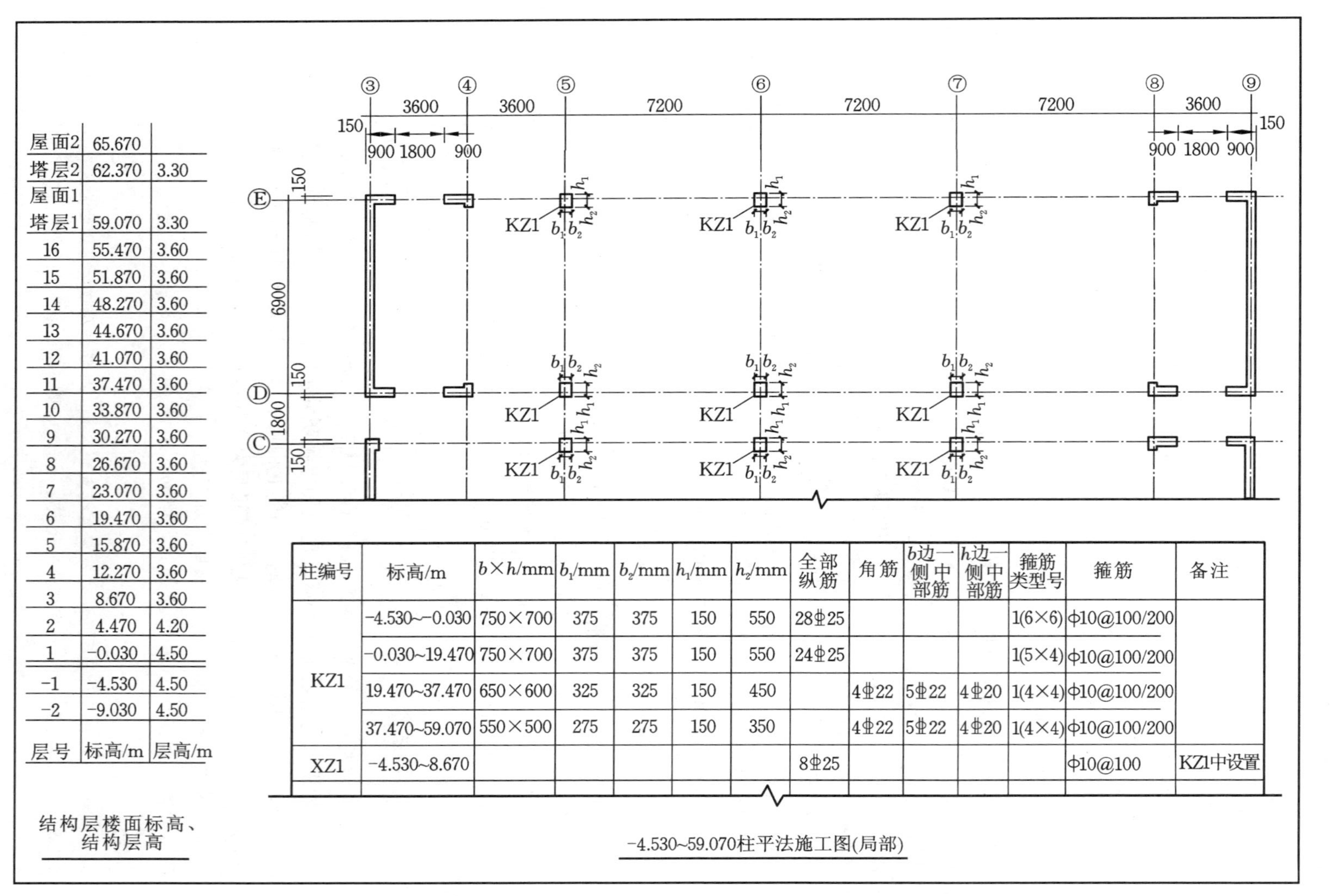

层号	标高/m	层高/m
屋面2	65.670	
塔层2	62.370	3.30
屋面1		
塔层1	59.070	3.30
16	55.470	3.60
15	51.870	3.60
14	48.270	3.60
13	44.670	3.60
12	41.070	3.60
11	37.470	3.60
10	33.870	3.60
9	30.270	3.60
8	26.670	3.60
7	23.070	3.60
6	19.470	3.60
5	15.870	3.60
4	12.270	3.60
3	8.670	3.60
2	4.470	4.20
1	−0.030	4.50
−1	−4.530	4.50
−2	−9.030	4.50

结构层楼面标高、结构层高

柱编号	标高/m	$b\times h$/mm	b_1/mm	b_2/mm	h_1/mm	h_2/mm	全部纵筋	角筋	b边一侧中部筋	h边一侧中部筋	箍筋类型号	箍筋	备注
KZ1	−4.530~−0.030	750×700	375	375	150	550	28⌀25				1(6×6)	ф10@100/200	
	−0.030~19.470	750×700	375	375	150	550	24⌀25				1(5×4)	ф10@100/200	
	19.470~37.470	650×600	325	325	150	450		4⌀22	5⌀22	4⌀20	1(4×4)	ф10@100/200	
	37.470~59.070	550×500	275	275	150	350		4⌀22	5⌀22	4⌀20	1(4×4)	ф10@100/200	
XZ1	−4.530~8.670						8⌀25					ф10@100	KZ1中设置

−4.530~59.070柱平法施工图(局部)

图8.7 柱平法施工图

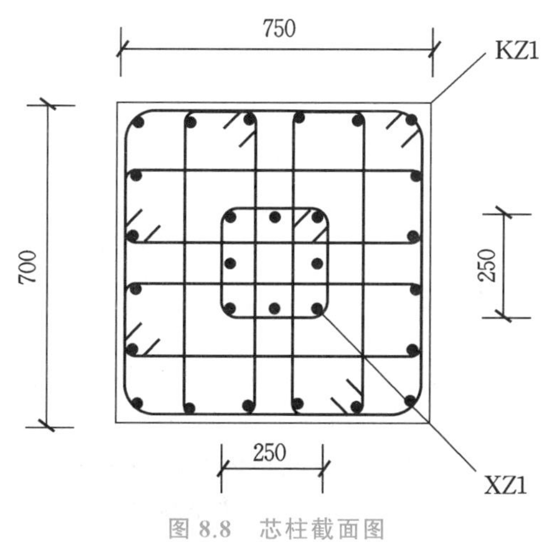

图 8.8　芯柱截面图

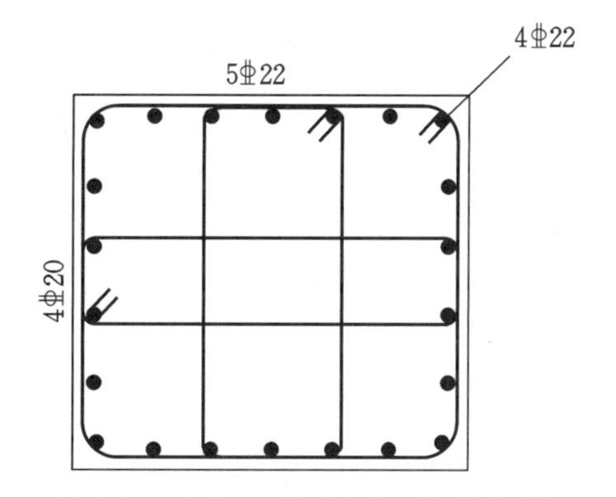

图 8.9　19.470～37.470 的 KZ1 截面图

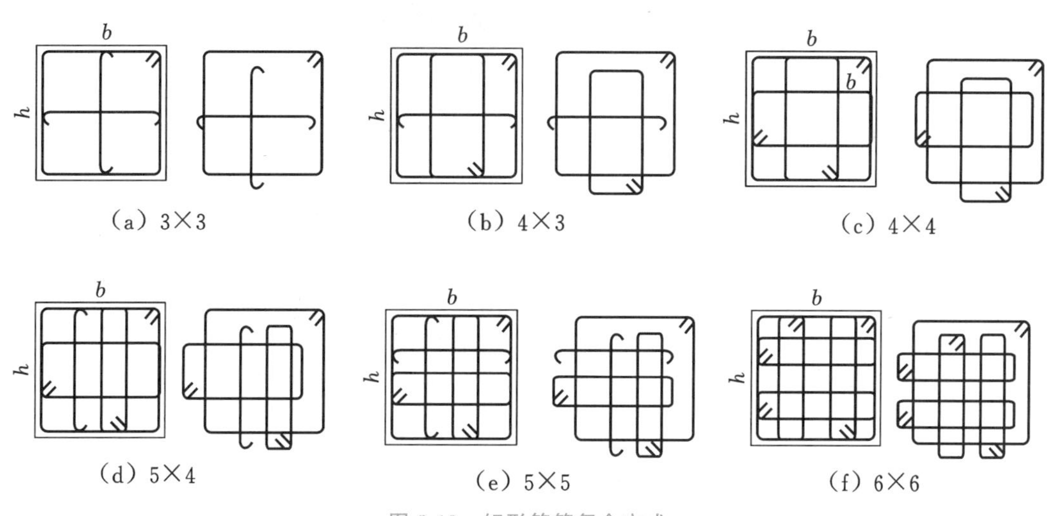

图 8.10　矩形箍筋复合方式

8.2 梁平法施工图识读

8.2.1 钢筋混凝土梁的认知

梁是钢筋混凝土结构中经常出现的构件。梁是承受竖向荷载的构件，以受弯为主。梁一般水平放置，用来支撑板并承受板传来的各种竖向荷载、梁上墙板的荷载以及自重。

在框架结构中，梁把各个方向的柱连接成整体。在剪力墙结构中，洞口上方的连梁，将两个墙肢连接起来，使之共同工作。在框架-剪力墙结构中，梁既有框架结构中的作用，又有剪力墙结构中的作用。

8.2.1.1 梁的类别

根据梁的位置及作用，钢筋混凝土梁分为框架梁、楼层框架扁梁、框支梁、非框架梁、悬挑梁、井字梁等。

框架梁是指两端与框架柱相连的梁或两端与剪力墙相连但跨高比不小于 5 的梁。处在楼层位置的框架梁，称为楼层框架梁（见图 8.2）。处在屋顶位置的框架梁，称为屋面框架梁（见图 8.11）。

楼层框架扁梁
三维模型

楼层框架扁梁是框架梁的一种。当梁宽大于梁高时，梁就称为扁梁（见图 8.12）。框架扁梁可以减小梁高度对室内净高的影响。

框支梁是转换层的水平结构构件，当建筑功能要求下部空间大，上部的部分竖向构件不能直接连续贯通落地，而是通过水平转换构件与下部竖向构件连接。当布置转换梁支撑上部剪力墙的时候，转换梁叫框支梁（见图 8.3）。

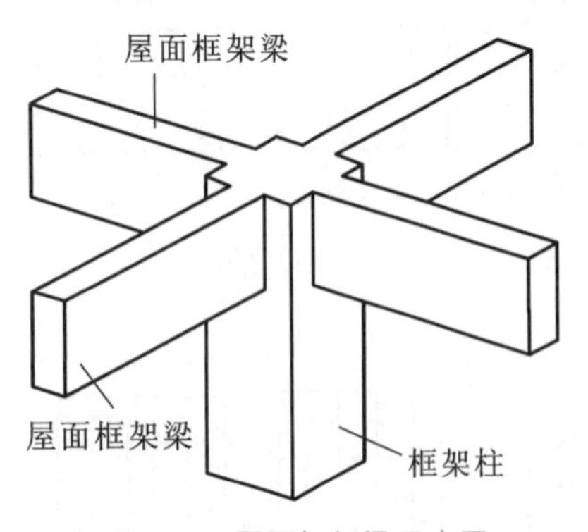

图 8.11 屋面框架梁示意图

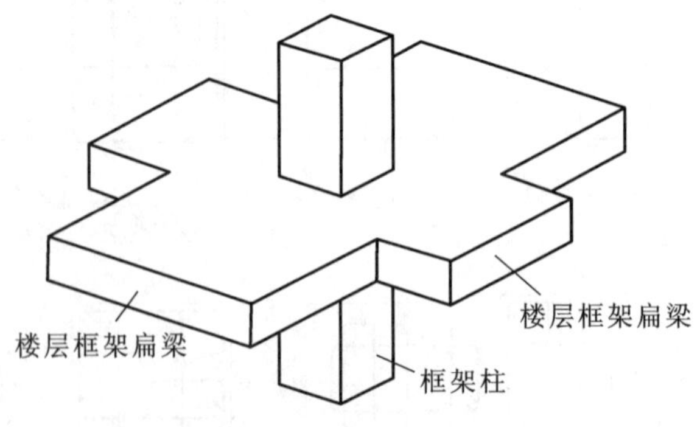

图 8.12 楼层框架扁梁示意图

非框架梁是指框架结构中在框架梁之间设置的将楼板的重量传给框架梁的其他梁（见图 8.13），也称次梁。

悬挑梁是指一端埋在或者浇筑在支撑物上，另一端挑出支撑物的梁（见图 8.14）。

> **想一想**
> 建筑结构中哪些位置会存在悬挑梁？

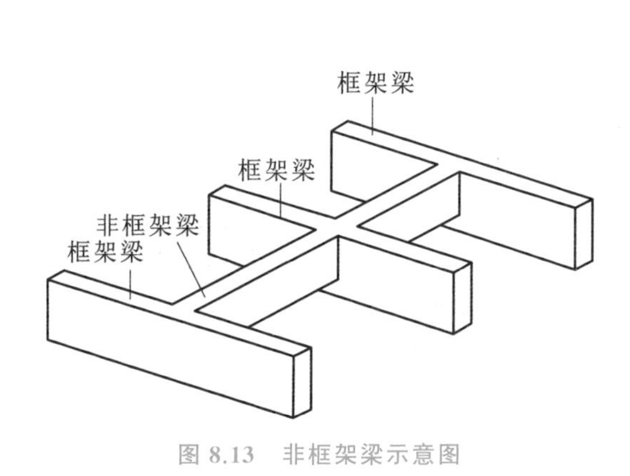

图 8.13 非框架梁示意图

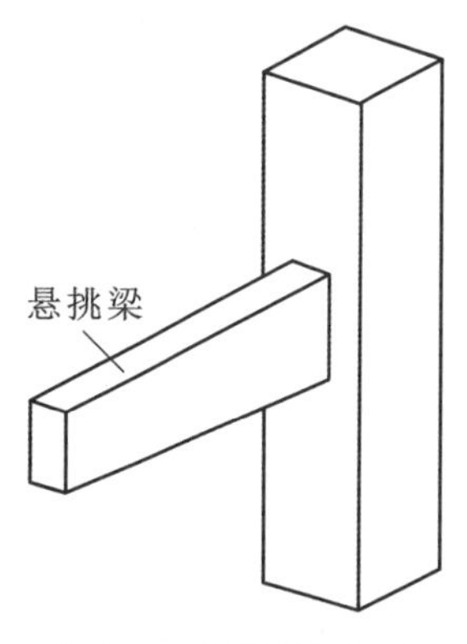

图 8.14 悬挑梁示意图

井字梁是指同一平面内相互正交或斜交的梁组成的结构构件，又称交叉梁或格形梁（见图 8.15）。井字梁不分主次，高度相当，同位相交，呈井字形。这种梁一般用在正方形楼板或者长宽比小于 1.5 的矩形楼板，在建筑的大厅比较多见。

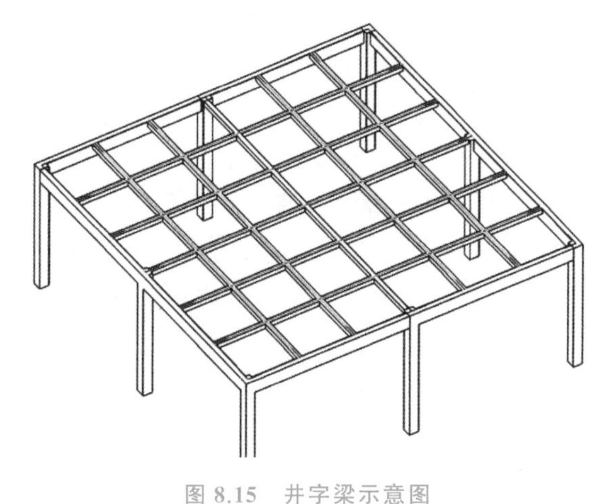

井字梁三维模型

图 8.15 井字梁示意图

8.2.1.2 梁内钢筋

梁内钢筋有纵向钢筋和箍筋（见图 8.16）。

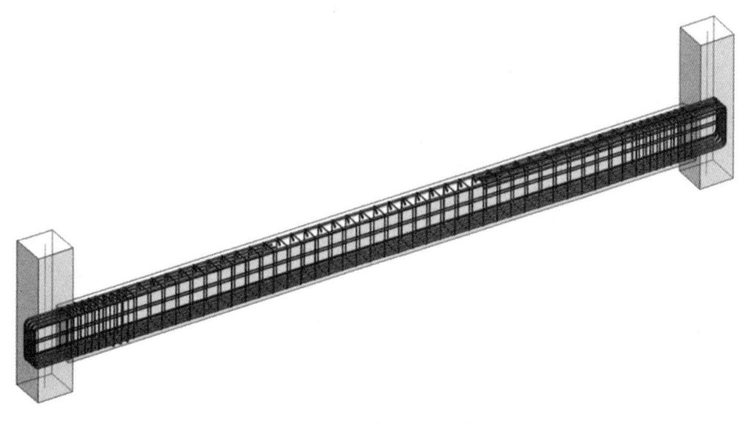

图 8.16 梁内钢筋示意图

梁内纵向钢筋根据位置不同分为上部钢筋、中间侧部钢筋、底部钢筋(见图 8.17)。

图 8.17　梁内纵向钢筋示意图

梁内钢筋三维模型

上部钢筋的作用是承受由负弯矩作用产生的拉力,同时固定箍筋。仅起固定箍筋作用的纵向上部钢筋称为架立筋。上部钢筋有通长筋(全跨通长,当超过钢筋的定尺长度时,中间用焊接、搭接或机械连接方式接长)、非通长筋。通长筋可以兼作架立钢筋。

中间侧部钢筋分为构造钢筋和受扭钢筋。构造钢筋又称腰筋,作用是承受梁侧面温度变化及混凝土收缩引起的应力,并抑制混凝土裂缝的开展。当梁腹板高度大于等于 450 mm 时需要配置。受扭钢筋是指当框架梁两侧荷载不同使框架梁产生一定扭矩时,配置的起抵抗扭矩的钢筋。受扭钢筋满足构造钢筋的间距要求时,可不再重复配置构造钢筋。

小贴士

构造钢筋是根据构造配置的,不需要计算。受扭钢筋是根据受到的扭矩计算配置的。

底部钢筋的作用是承受由正弯矩作用产生的拉力,同时固定箍筋。

梁内箍筋(见图 8.18)的作用除保证斜截面抗剪强度外,还有固定纵向受力钢筋。

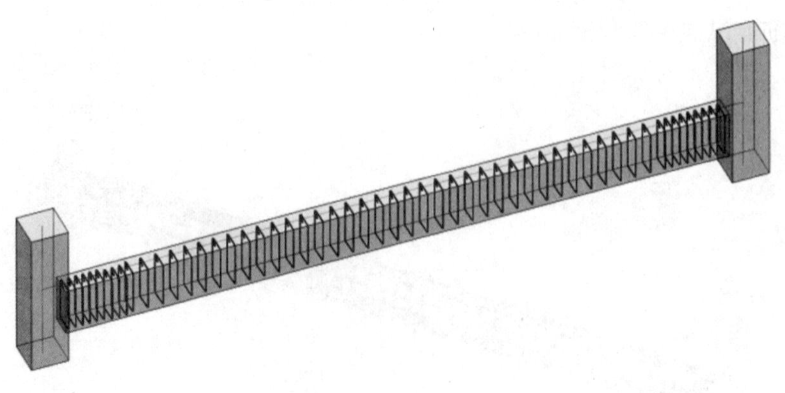

图 8.18　梁内箍筋示意图

8.2.2　钢筋混凝土梁识读

梁平法施工图是在梁平面布置图上采用平面注写方式或截面注写方式表达。

梁的平面注写方式，是在梁平面布置图上，分别在不同编号的梁中各选一根梁，在其上注写梁的截面尺寸和配筋的具体数值。平面注写包括集中标注和原位标注（见图 8.19）。集中标注表达梁的通用数值，有 5 项必注值（编号、截面尺寸、箍筋、上部通长筋或架立筋、侧面构造钢筋或受扭钢筋）和 1 项选注值（梁顶面标高高差）。原位标注表达梁的特殊数值。当集中标注中的某项数值不适用于梁的某部位时，则将该项数值用原位标注。使用时，原位标注取值优先。

梁平法施工图识读

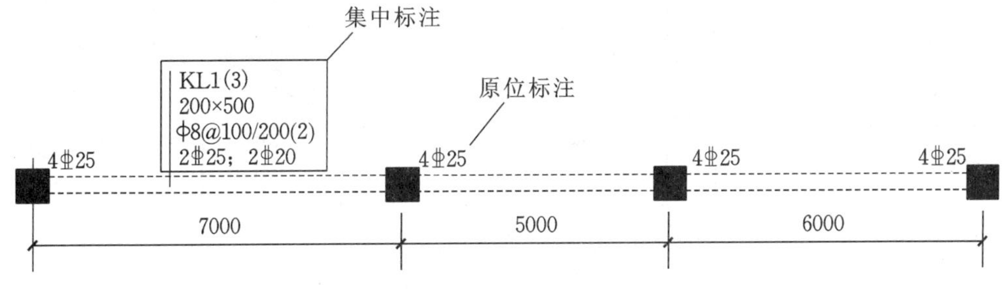

图 8.19　集中标注和原位标注示意图

梁的截面注写方式，是在分标准层绘制的梁平面布置图上，分别在不同编号的梁中各选择一根梁用剖面号引出配筋图，并在其上注写截面尺寸和配筋具体数值。

8.2.2.1　梁编号识读

梁编号由梁类型代号、序号、跨数及是否有悬挑几项组成，如表 8.2 所示。类型代号根据梁的类型用字的汉语拼音首字母表示，如楼层框架梁的代号 KL。同类梁的截面、配筋等信息不同时，加序号进行区别，如 KL1、KL2 等。

表 8.2　梁编号表

编号	梁类型	类型代号	序号	跨数及是否有悬挑
1	楼层框架梁	KL	××	(××)、(××A)或(××B)
2	楼层框架扁梁	KBL	××	(××)、(××A)或(××B)
3	屋面框架梁	WKL	××	(××)、(××A)或(××B)
4	框支梁	KZL	××	(××)、(××A)或(××B)
5	托柱转换梁	TZL	××	(××)、(××A)或(××B)
6	非框架梁	L	××	(××)、(××A)或(××B)
7	悬挑梁	XL	××	(××)、(××A)或(××B)
8	井字梁	JZL	××	(××)、(××A)或(××B)

注：1.根据 22G101-1 梁构件制图规则。

2.A 表示一端悬挑，B 表示两端悬挑，悬挑段不计入跨数。

例如，KL7(5A)表示第 7 号楼层框架梁，5 跨，一端有悬挑；L9(7B)表示第 9 号非框架梁，7 跨，两端有悬挑。

梁水平加腋
三维模型

8.2.2.2 梁截面识读

梁截面通常是矩形，矩形等截面梁的宽度用 b 表示，高度用 h 表示，截面尺寸用 $b\times h$ 表示。为防止梁中心和柱中心的偏心对梁柱节点核心区的不利影响，梁要水平加腋。为提高梁两端的抗剪承载力，且不影响建筑净空高度，梁要竖向加腋。梁水平加腋和竖向加腋示意图如图 8.20 所示。

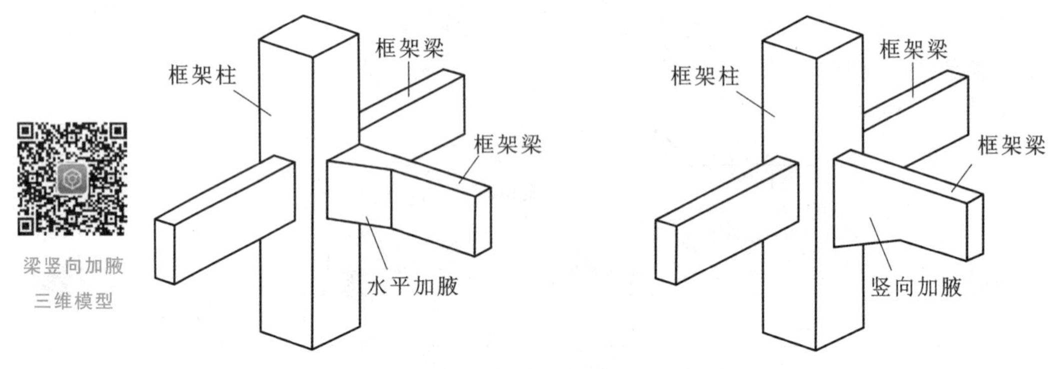

图 8.20 梁水平加腋和竖向加腋示意图

水平加腋梁用 $b\times h$、PY$c_1\times c_2$表示(见图 8.21)，其中 c_1 为腋长，c_2 为腋宽；竖向加腋梁用 $b\times h$、Y$c_1\times c_2$表示(见图 8.22)，其中 c_1 为腋长，c_2 为腋高。

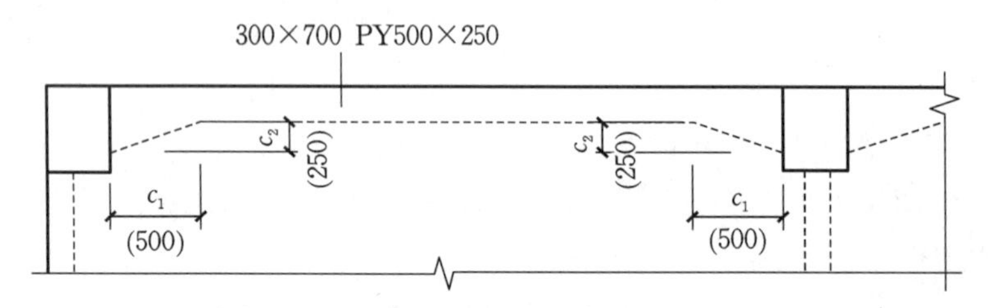

图 8.21 梁水平加腋截面注写示意图

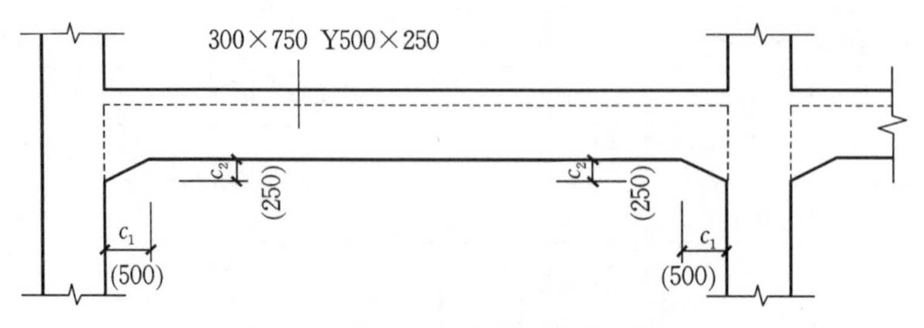

图 8.22 梁竖向加腋截面注写示意图

悬挑梁的根部和端部不同时，用 $b\times h_1/h_2$ 表示(见图 8.23)，其中 h_1 为根部高，h_2 为端部高。

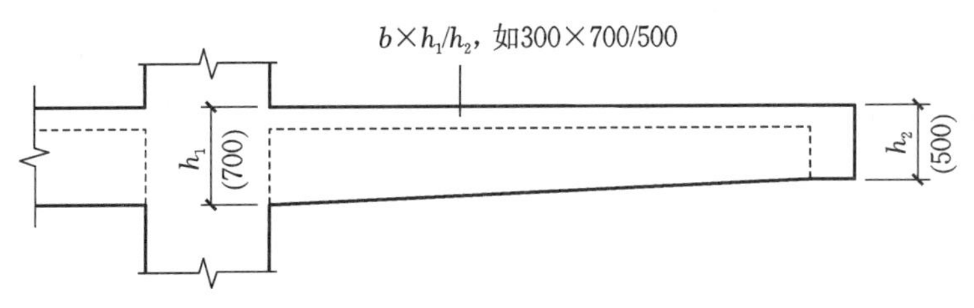

图 8.23　悬挑梁不等高截面注写示意图

8.2.2.3　梁标高识读

梁顶面标高
高差三维模型

通常情况下，梁顶面标高同结构层楼面标高。梁顶面标高与结构层楼面标高有高差时，需将高差写入括号内进行注写，无高差时不注。梁的顶面高于所在结构层的楼面标高时，其标高高差为正值，反之为负值。对于位于结构夹层的梁，高差指与结构夹层楼面标高的高差。

例如，某结构标准层的楼面标高为 44.950 m，当这个标准层中某梁的梁顶面标高高差注写为(－0.100)时，表明该梁顶面标高相对于 44.950 m 低 0.100 m。

8.2.2.4　梁箍筋识读

梁内箍筋的注写包括钢筋级别、直径、加密区与非加密区间距及肢数，用“@”表示箍筋的间距，用斜线“/”区分箍筋加密区与非加密区的不同间距及肢数，加密区长度（见图 8.24）按相应抗震等级的标准构造详图采用。箍筋肢数写在间距后的括号内。梁内箍筋肢数示意图如图 8.25 所示。

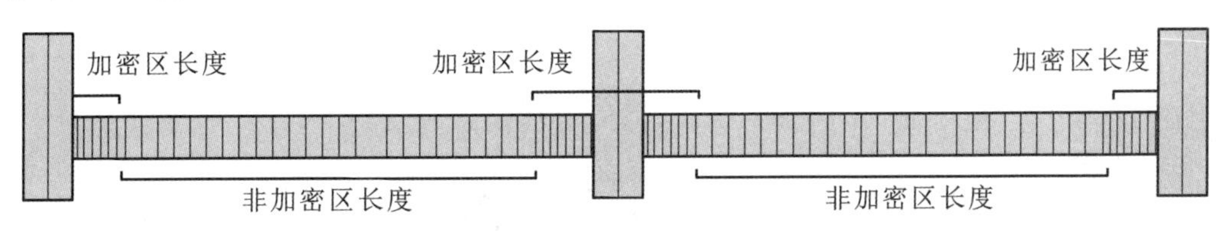

图 8.24　梁内箍筋加密区与非加密区示意图

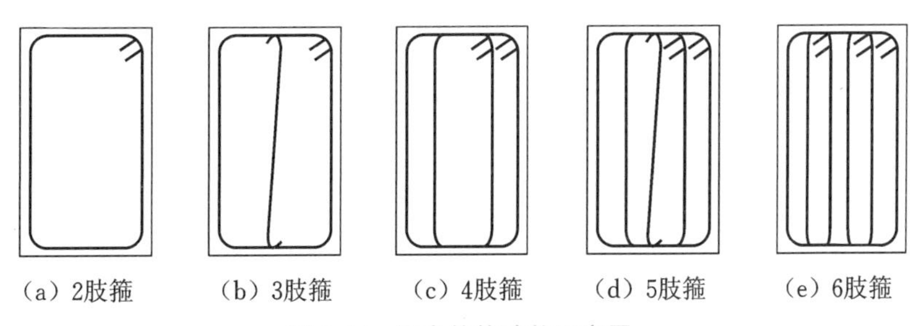

图 8.25　梁内箍筋肢数示意图

小贴士

加密区长度与抗震等级、梁的高度有关，至少大于 500 mm，如抗震等级为三级的框架梁的加密区长度取 max(1.5 倍梁高，500 mm)。

当梁内箍筋为同一种间距及肢数时，不需用斜线；当梁内箍筋加密区与非加密区的箍筋肢数相同时，将肢数注写一次；当梁内箍筋加密区和非加密区的箍筋肢数不同时，要分别写在各间距后的括号内。

> **想一想**
>
> 梁内箍筋与柱内箍筋的肢数表达有什么不同？

例如，箍筋Φ10@100/200(2)，表示箍筋为HPB300级钢筋，直径为10 mm，加密间距为100 mm，非加密间距为200 mm，均为2肢箍。

例如，箍筋Φ10@100(4)/200(2)，表示箍筋为HPB300级钢筋，直径为10 mm，加密间距为100 mm，4肢箍；非加密间距为200 mm，2肢箍。

非框架梁、悬挑梁、井字梁采用不同的箍筋间距及肢数时，也用斜线“/”将其分隔。注写时，先注写梁支座端部的箍筋的肢数、钢筋种类、直径、间距与肢数，在斜线后注写梁跨中部分的箍筋间距及肢数。

例如，18Φ12@150(4)/200(2)，表示箍筋为HPB300钢筋，直径为12 mm；梁的两端各有18个4肢箍，间距为150 mm；梁跨中部分为2肢箍，间距为200 mm。

> **小贴士**
>
> 框架梁（主梁）与非框架梁（次梁）交接处，主梁还需配置附加箍筋，用线引注总配筋值，如8Φ8(2)，表示主梁每侧配置4道直径为8 mm的箍筋，箍筋的肢数为2。

8.2.2.5　梁纵筋识读

框架梁平法施工图如图8.26所示。

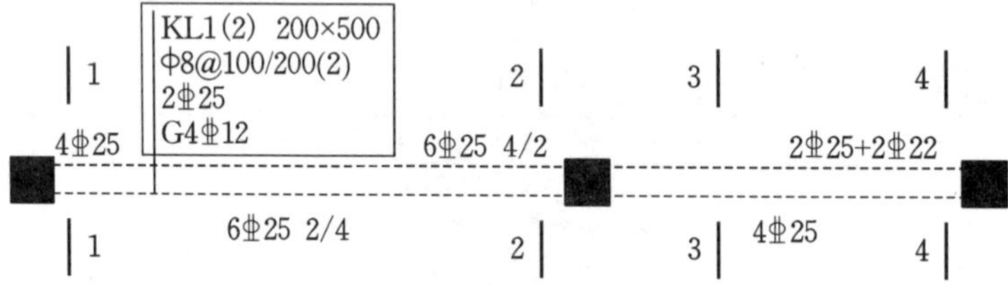

图8.26　框架梁平法施工图

> **练一练**
>
> 绘制1—1、2—2、3—3、4—4截面配筋图。

1）梁上部钢筋

梁上部通长筋，注写在梁集中标注中。在图8.26中，集中标注的2Φ25表示梁上部配置2Φ25的通长筋。

梁支座位置的原位标注表示支座处配置的上部钢筋，包括集中标注的通长筋在内的所有钢筋。在图8.26中，原位标注的4Φ25表示支座处配置4Φ25的上部钢筋，其中2Φ25属于通长筋。

当梁支座上部钢筋多于一排时，用斜线“/”将各排纵筋自上而下分开。在图8.26中，原位标注的6Φ25 4/2表示支座上部纵筋共两排，上排为4Φ25，下排为2Φ25。

当梁上部同排纵筋中既有通长筋又有架立筋时，应用加号“＋”将通长筋和架立筋相连。注写时须将角部纵筋写在加号的前面，将架立筋写在加号后面的括号内，以示不同直径及与通长筋的区别。

例如，2⌀20＋(4⌀12)中的2⌀20为通长筋，4⌀12为架立筋。

想一想

上面举例中的箍筋是几肢箍？

2）梁中间侧部钢筋

纵向构造钢筋，用大写字母G表示；受扭钢筋，用大写字母N表示。纵向构造钢筋和受扭钢筋都注写总数，且对称配置。

在图8.26中，集中标注的G4⌀12，表示梁的两个侧面共配置4⌀12的纵向构造钢筋，两侧各配置2⌀12。若注写N4⌀18，表示梁的两个侧面共配置4⌀18的受扭纵向钢筋，两侧各配置2⌀18。

3）梁下部钢筋

梁下部纵筋全跨相同，或多数跨配筋相同时，将下部纵筋的配筋值注写在梁集中标注中，用分号“；”分隔，注写在上部钢筋的后面，如图8.19所示。

梁跨中位置的原位标注表示梁配置的下部钢筋，梁下部纵筋与上部纵筋标注类似，多于一排时，用斜线“/”将各排纵筋自上而下分开。在图8.26中，6⌀25 2/4表示下部纵筋共两排，上排为2⌀25，下排为4⌀25。

梁上部钢筋和下部钢筋的同排纵筋有两种不同直径时，用加号“＋”将两种直径的纵筋相连，且角部纵筋写在前面。在图8.26中，2⌀25＋2⌀22表示梁上部钢筋4根一排放置，其中角部为2⌀25，中间为2⌀22。

当梁下部纵筋不全部伸入支座时，将不伸入梁支座的下部纵筋数量写在括号内。在图8.26中，若梁下部纵筋注写为6⌀25　2(－2)/4，表示上排2⌀25纵筋不伸入支座；下排4⌀25纵筋全部伸入支座。

8.3　板平法施工图识读

8.3.1　钢筋混凝土板的认知

板是钢筋混凝土结构中的基本构件之一。板也是承受竖向荷载的构件，以受弯为主。板一般水平放置，但有时也斜向放置，如楼梯板和坡度较大的屋面板。

8.3.1.1　板的类别

根据板的受力特点和支承情况，钢筋混凝土板分为单向板和双向板。单向板是指沿两对边支承的板、四边支承但长短边之比大于或等于3的板。双向板是指四边支承且长跨与短跨相差不大的板（一般长短边之比小于3）。四边支承的单向板基本上沿短边方向受力，双向板长短边方向都受力。

> **想一想**
>
> 教学楼中的楼梯板是单向板还是双向板?

根据板的位置,钢筋混凝土板分为楼面板、屋面板、悬挑板(见图 8.27)。楼面板是指楼层位置处,起分隔和承重作用的板。屋面板是指屋面位置处,起围护和承重作用的板。悬挑板是指从梁(墙)悬挑,只有一边支承的板。

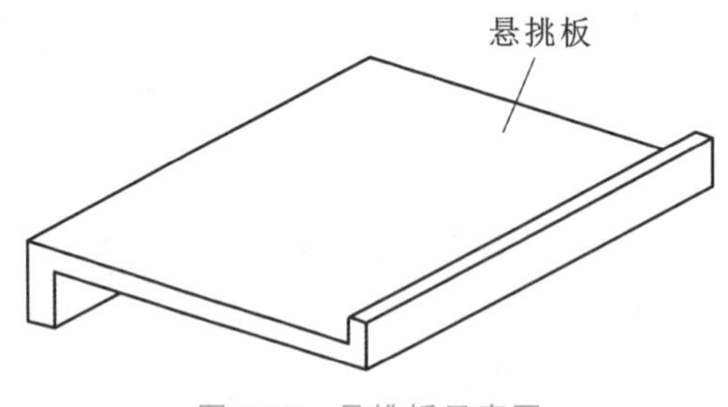

图 8.27 悬挑板示意图

根据板的结构类型不同,钢筋混凝土板分为有梁板(见图 8.28)、无梁板(见图 8.29)。本书只介绍有梁板平法施工图的相关内容。

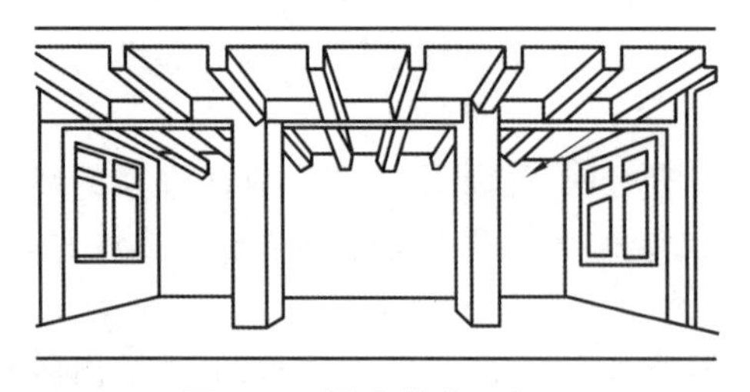

图 8.28 梁式楼盖示意图

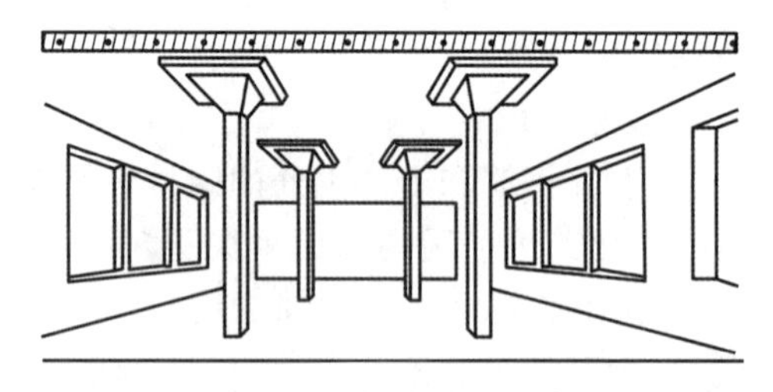

图 8.29 无梁式楼盖示意图

8.3.1.2 板内钢筋

板内钢筋(见图 8.30)根据作用不同分为受力钢筋、分布钢筋。受力钢筋承担由弯矩作用产生的拉力。分布钢筋与受力钢筋垂直,设置在受力钢筋的内侧,将荷载均匀地传给受力钢筋,抵抗因混凝土收缩及温度变化而在分布钢筋方向产生的拉力,保证浇注混凝土时受力钢筋的位置。

板三维模型

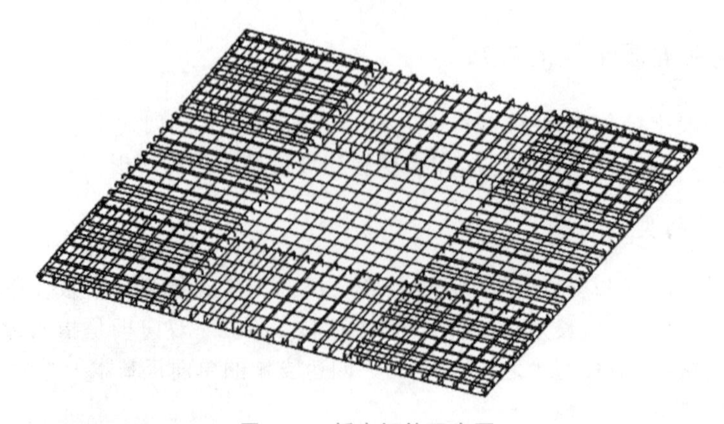

图 8.30 板内钢筋示意图

板内钢筋根据位置不同分为板下部钢筋(见图 8.31)、板上部钢筋(见图 8.32)。

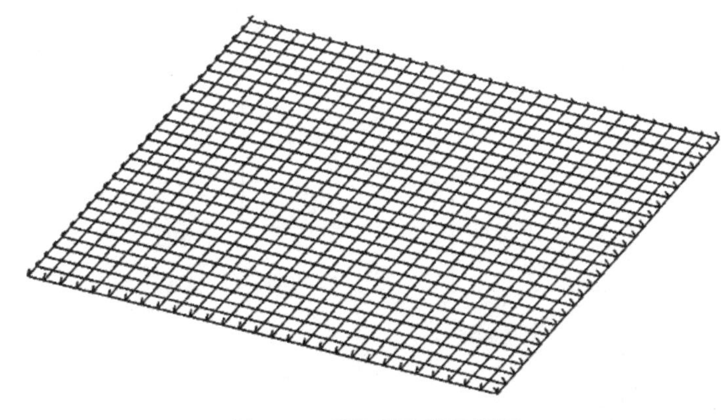

图 8.31　板下部钢筋示意图

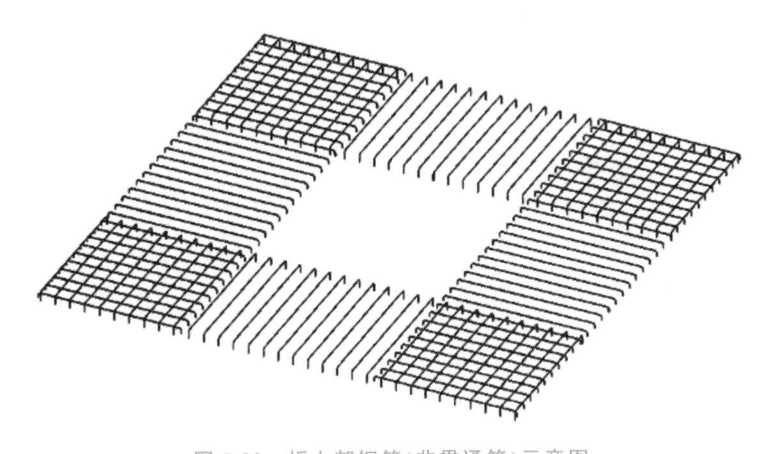

图 8.32　板上部钢筋(非贯通筋)示意图

板下部钢筋(板底筋),沿着板的两个方向布置。对于四边支撑的单向板,沿板的短边方向布置的钢筋是受力钢筋,沿板的长边方向布置的钢筋是分布钢筋。对于双向板,两个方向的钢筋都是受力钢筋,兼具分布钢筋的作用。

想一想

对于双向板两个方向的钢筋,哪个方向的钢筋放置在下面,哪个方向的钢筋放置在上面?

板上部钢筋(板面筋)的布置同板下部钢筋,有贯通筋配置和非贯通筋配置。

8.3.2　有梁楼盖识读

有梁楼盖平法施工图,是在楼面板和屋面板布置图上采用平面注写的表达方式。板平面注写主要包括集中标注和原位标注(见图 8.33)。集中标注的内容是板块编号、板厚、上部贯通纵筋、下部钢筋以及当板面标高不同时的标高高差。原位标注的内容是板支座上部非贯通纵筋(若为悬挑板,上部受力钢筋注写在原位标注)。

板平法施工图识读

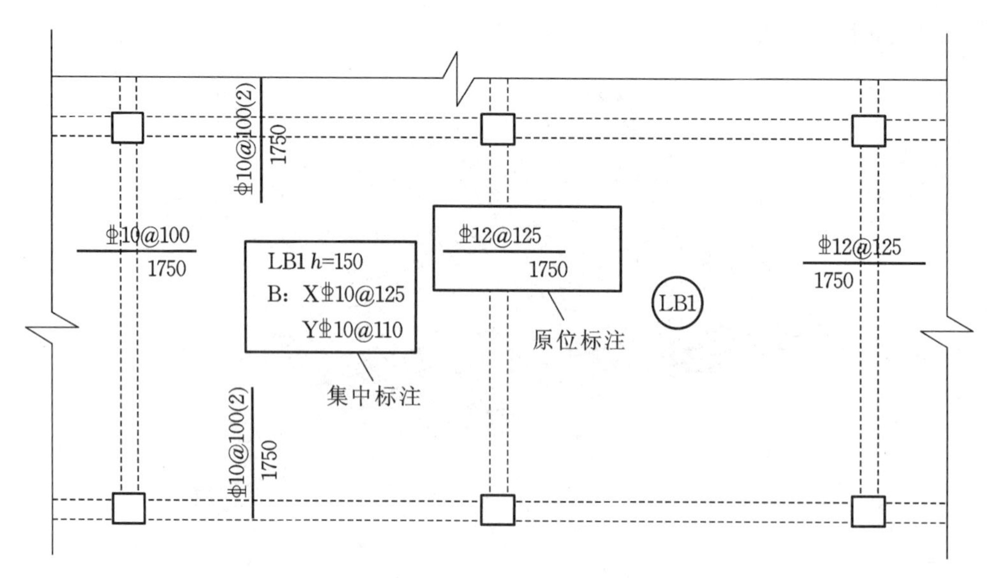

图 8.33 板集中标注和原位标注示意图

8.3.2.1 板编号识读

有梁楼盖(见图 8.34)划分为若干板块，所有板块逐一编号，相同编号的板块只有其中一块集中标注，其他仅标注板编号。普通楼面，两向均以一跨为一板块。密肋楼盖，两向主梁(框架梁)均以一跨为一板块(非主梁密肋不计)。

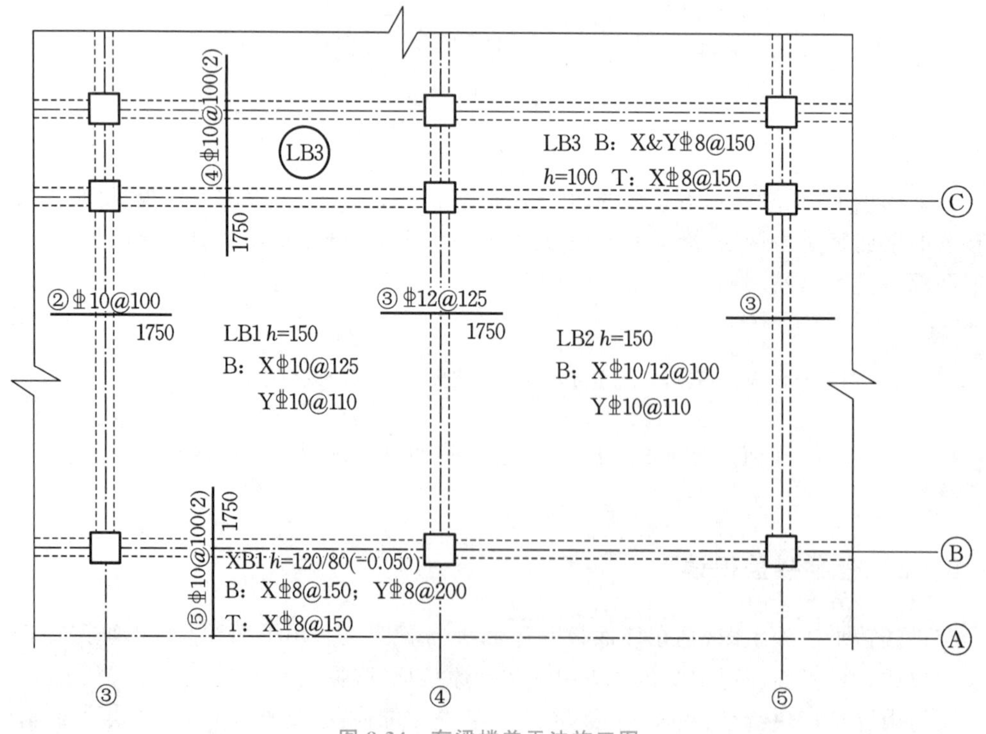

图 8.34 有梁楼盖平法施工图

板块编号由板块类型代号、序号组成，如表 8.3 所示。类型代号根据板块的类型用字的汉语拼音首字母表示，如楼面板的代号 LB。

表 8.3　板块编号表

编号	板块类型	类型代号	序号
1	楼面板	LB	××
2	屋面板	WB	××
3	悬挑板	XB	××

8.3.2.2　板厚及标高识读

板厚是指垂直于板面的尺寸，用 h=××表示。悬挑板的端部改变截面厚度时，用斜线分隔根部与端部的高度值，用 h=××/××表示。图纸的文字注写中统一说明板厚时，板厚可以不用表示。

在图 8.34 中，1 号楼面板和 2 号楼面板的板厚都是 150 mm，3 号楼面板的板厚是 100 mm，1 号悬挑板的根部厚度为 120 mm，端部厚度为 80 mm。

通常情况下，板面标高同结构层楼面标高。板面标高高差是指与结构层楼面标高的高差，有高差时，需将高差在括号内进行注写，无高差时不注。板的顶面高于所在结构层的楼面标高时，其标高高差为正值，反之为负值。在图 8.34 中，1 号悬挑板板面标高相对于结构层楼面标高低 0.050 m。

8.3.2.3　板内钢筋识读

1）板下部钢筋

板下部钢筋注写在板的集中标注中，用 B 代表，*X* 方向的钢筋以 X 开头，*Y* 方向的钢筋以 Y 开头（当两向轴网正交布置时，图面从左至右为 *X* 方向，从下至上为 *Y* 方向）。若 *X* 方向和 *Y* 方向的钢筋配置相同时则以 X&Y 开头。在图 8.34 中，1 号楼面板下部配置的钢筋在 *X* 方向为Φ10@125，在 *Y* 方向为Φ10@110。3 号楼面板下部配置的钢筋在 *X* 方向和 *Y* 方向都为Φ8@150。1 号悬挑板下部配置的钢筋在 *X* 方向为Φ8@150，在 *Y* 方向为Φ8@200。

板下部钢筋采用两种直径时，采用“隔一布一”的方式，表示为 *XX*/*YY*@*XXX*，表示直径为 *XX* 的钢筋和直径为 *YY* 的钢筋间距相同，两者组合后的实际间距为 *XXX*。直径为 *XX* 的钢筋间距为组合后实际间距的 2 倍，直径为 *YY* 的钢筋间距为组合后实际间距的 2 倍。在图 8.34 中，2 号楼面板下部配置的钢筋在 *X* 方向为Φ10/12@100，表示板下部配置的钢筋在 *X* 方向为Φ10、Φ12 隔一布一，Φ10 钢筋与Φ12 钢筋的间距为 100 mm，Φ10 钢筋的间距为 200 mm，Φ12 钢筋的间距也为 200 mm。

2）板上部钢筋

板上部贯通钢筋注写在板的集中标注中，用 T 代表，同板下部钢筋一样，*X* 方向的钢筋以 X 开头，*Y* 方向的钢筋以 Y 开头。板上部贯通钢筋和板下部钢筋配置相同时则以 B&T 表示。在图 8.34 中，3 号楼面板上部 *X* 方向配置Φ8@150 的贯通钢筋。1 号悬挑板上部 *X* 方向配置Φ8@150 的贯通纵筋。

板支座上部非贯通筋、悬挑板上部受力钢筋都注写在板的原位标注中，在垂直板支座

(梁或墙)上以一段适宜长度的中粗实线表示,线段上方注写钢筋编号、配筋值、横向连续布置的跨数(写入括号内,1跨可不注写);线段下方注写自梁支座边线向跨内延伸的长度(贯通全跨或贯通全悬挑长度时可不注写),对于中间支座,当两边对称延伸时,另一侧可不标注。在图8.34中,1号楼面板上部左、右支座的上部钢筋分别为②号筋(ф10@100)和③号筋(ф12@125),②号筋和③号筋从梁边线向跨内伸入长度都是1750 mm。1号楼面板上部上、下支座的上部钢筋分别为④号筋(ф10@100)和⑤号筋(ф10@100),④号筋和⑤号筋中的"(2)"表示横向连续布置的跨数是2跨,即④号筋和⑤号筋布置的范围是3号轴线~5号轴线。1号悬挑板上部受力钢筋是⑤号筋(ф10@100),长度为贯通全悬挑长度,未注写。

板上部配有贯通钢筋(注写在集中标注中),若需增配板支座上部非贯通钢筋,应结合已配置的同向贯通钢筋的直径与间距采取"隔一布一"方式配置。若楼面板的板上部已配置贯通钢筋ф10@250,该跨同向配置的上部支座非贯通钢筋为ф10@250,表示在该支座上部设置的实际钢筋为ф10@125,其中1/2为贯通钢筋,1/2为⑤号非贯通纵筋。

8.3.3 楼板相关构造识读

楼板相关构造,在平法施工图上采用直接引注方式表达。

8.3.3.1 后浇带识读

后浇带是在建筑施工中为防止出现钢筋混凝土板由于自身收缩不均匀可能产生的有害裂缝,按照设计或施工规范要求,在板相应位置留设的混凝土带。

板后浇带100%搭接钢筋三维模型

板后浇带贯通钢筋三维模型

后浇带用HJD表示,后面加上编号和留筋方式,如图8.35所示。留筋方式有贯通和100%搭接两种。后浇带使用的混凝土宜采用补偿混凝土,应注明混凝土的强度等级。

在图8.35中,编号为1的后浇带,在距离轴线1800 mm的位置,宽度为800 mm,采用贯通留筋的方式,混凝土的强度等级为C30。

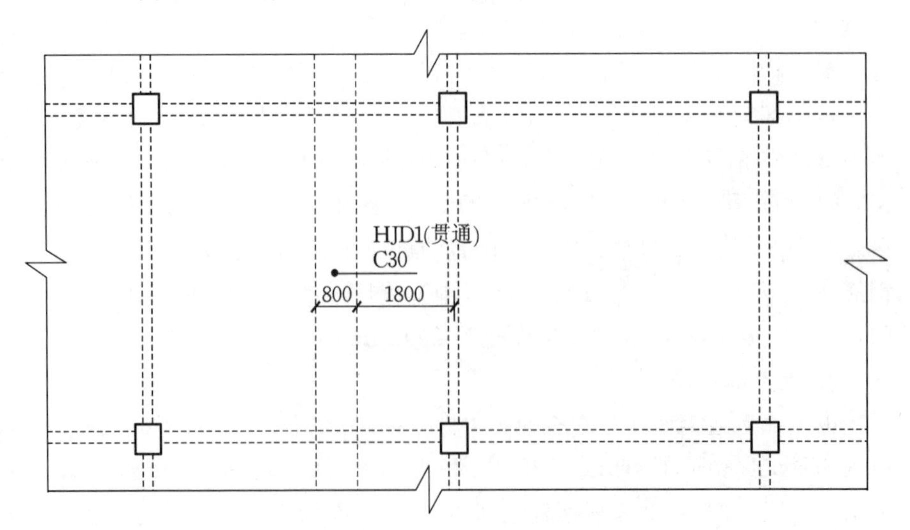

图8.35 后浇带图示

8.3.3.2　局部升降板识读

局部升降板是指楼板局部升高或者降低，起到让楼面有高低差的作用，如在设置下沉式卫生间时就会局部降板。

局部升降板用 SJB 表示，后面加上编号，如图 8.36 所示。局部升降板的平面形状及定位在平面布置图中表达。局部升板时，在编号下方的标高高差注写为正值；局部降板时，在编号下方的标高高差注写为负值。

在图 8.36 中，编号为 1 的局部降板，范围为 2000 mm×2000 mm，在距离轴线 2000 mm 的位置，降板高度为 300 mm。

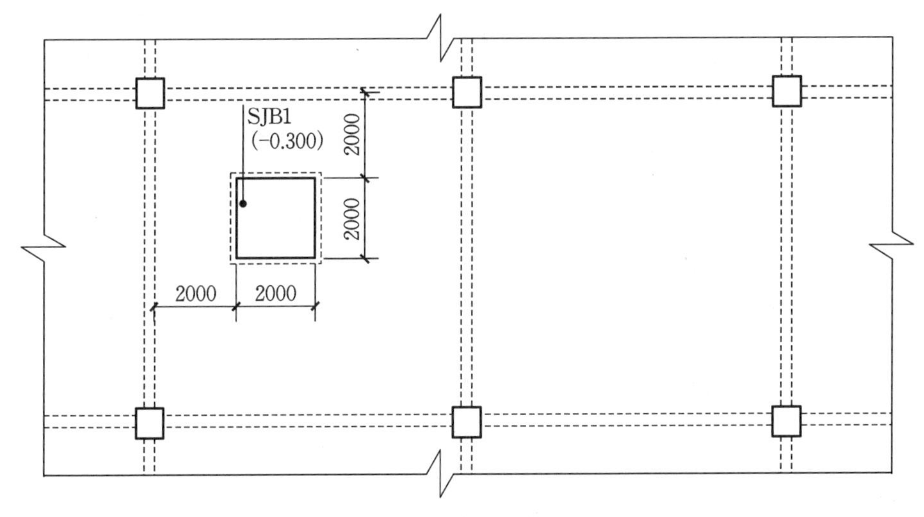

图 8.36　局部升降板图示

8.3.3.3　板加腋识读

板加腋是指将楼板与梁相接的位置（板支座）的板截面加厚，作用是提高板的承载能力。

板加腋用 JY 表示，后面加上编号和加腋跨数（一跨时不注写跨数），如图 8.37 所示。板加腋的位置与范围在平面布置图中表达。腋宽、腋高用 $c_1 \times c_2$ 表示，其中 c_1 为腋宽，c_2 为腋宽（腋宽与腋高同板厚时不用注写）。板底加腋时，腋线在平面布置图中为虚线；板面加腋时，腋线在平面布置图中为实线。

在图 8.37 中，编号为 1 的板底加腋，加腋跨数是 2 跨，腋宽为 400 mm，腋高为 200 mm。

8.3.3.4　板洞识读

当管道需要竖向穿过楼板的时候就需要在楼板上开洞口，洞口形状有圆形和矩形。

板洞用 BD 表示，后面加上编号，如图 8.38 所示。矩形洞口尺寸用 $X \times Y$ 表示，X 表示洞口 X 方向的宽度，Y 表示洞口 Y 方向的宽度；圆形洞口尺寸用 $D = X$ 表示，D 表示直径。板洞的位置在平面布置图中表达。

在图 8.38 中，编号为 1 的矩形板洞，X 方向的宽度为 1000 mm，Y 方向的宽度为 600 mm，洞口边缘距离梁边分别是 1100 mm 和 1400 mm。编号为 2 的圆形板洞，直径为 600 mm，洞口中心距离梁边分别是 1600 mm 和 2100 mm。

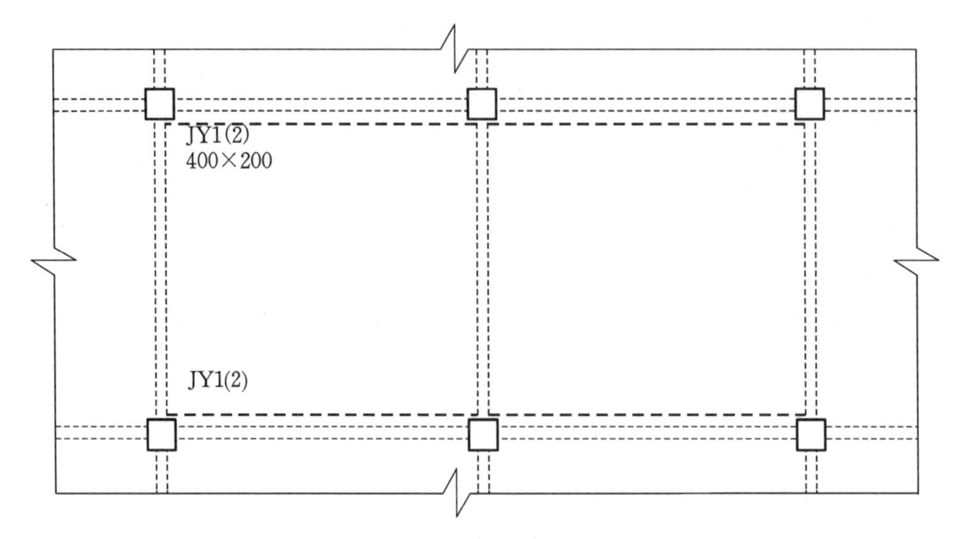

图 8.37 板加腋图示

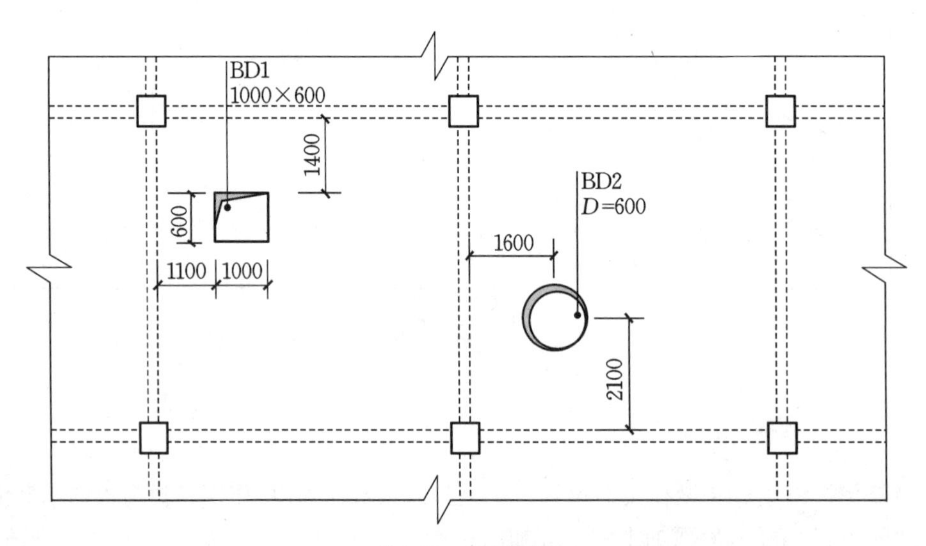

图 8.38 板洞图示

8.3.3.5 板翻边识读

板翻边(见图 8.39)是指板的边缘上翻或者下翻一个小的沿。

板上翻边三维模型

板翻边用 FB 表示,后面加上编号和翻边跨数。板翻边的尺寸用 $b\times h$ 表示,其中 b 为翻边宽度,h 为翻边高度。下翻边在平面布置图中为虚线,上翻边在平面布置图中为实线。

在图 8.39 中,编号为 1 的上翻边,翻边跨数是 3 跨,翻边宽度为 200 mm,翻边高度为 600 mm。编号为 2 的下翻边,翻边跨数是 3 跨,翻边宽度为 200 mm,翻边高度为 600 mm。

8.3.3.6 板角部加强筋识读

为防止板角部出现裂缝,可在板平面图的端跨外角部位加密板面钢筋。

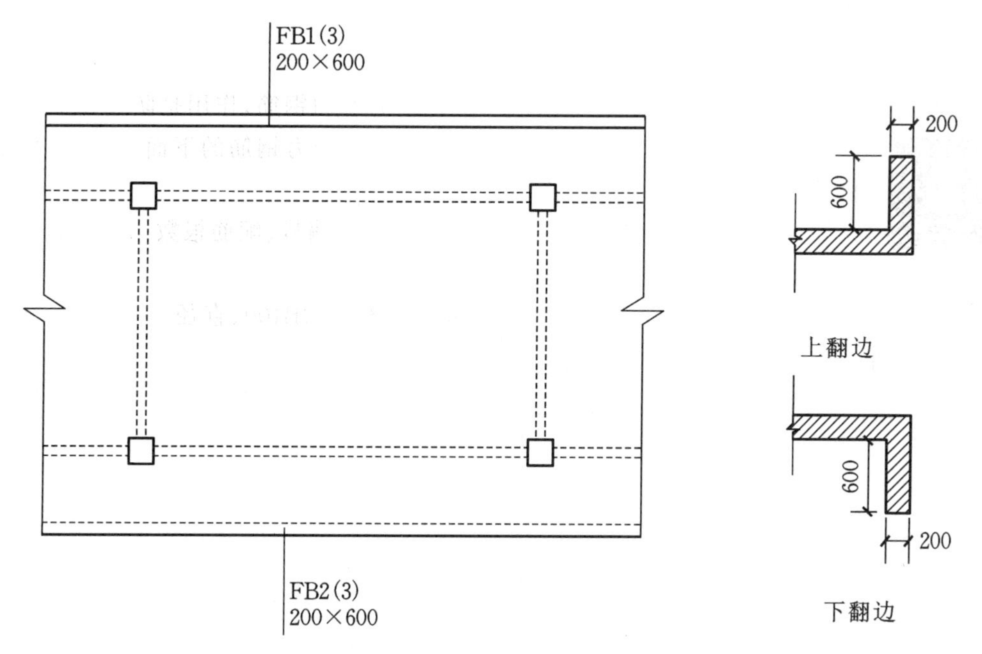

图 8.39　板翻边图示

板角部加强筋将在其分布范围内取代原配置的板支座上部非贯通纵筋，当其分布范围内配有板上部贯通纵筋时则间隔布置。

板角部加强筋用 Crs 表示，后面加上编号和配筋，如图 8.40 所示。板角部加强筋的长度注写在编号下方。

在图 8.40 中，板块配置 1 号角部加强筋，配筋为⌀10@150，加强筋从支座边向跨内伸出长度为 1500 mm。

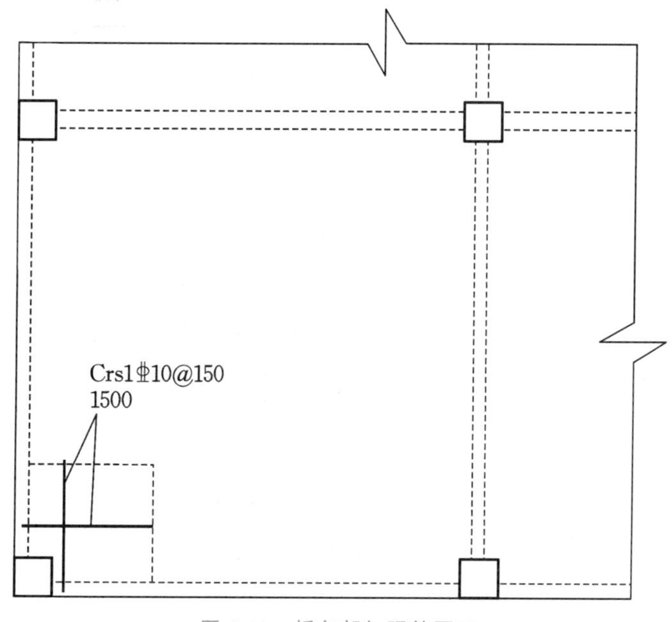

图 8.40　板角部加强筋图示

8.3.3.7 悬挑板阴角附加筋识读

悬挑板阴角附加筋是指在悬挑板的阴角部位斜放的附加钢筋，作用是防止局部应力集中引起裂缝。该附加钢筋设置在板上部悬挑受力钢筋的下面，自阴角位置向内分布。

悬挑板阴角
三维模型

悬挑板阴角附加筋用 Cis 表示，后面加上编号、配筋根数、直径和间距，如图 8.41 所示。

在图 8.41 中，1 号阴角位置配置了 5 根 HRB400、直径为 12 mm，间距为 200 mm 的附加钢筋。

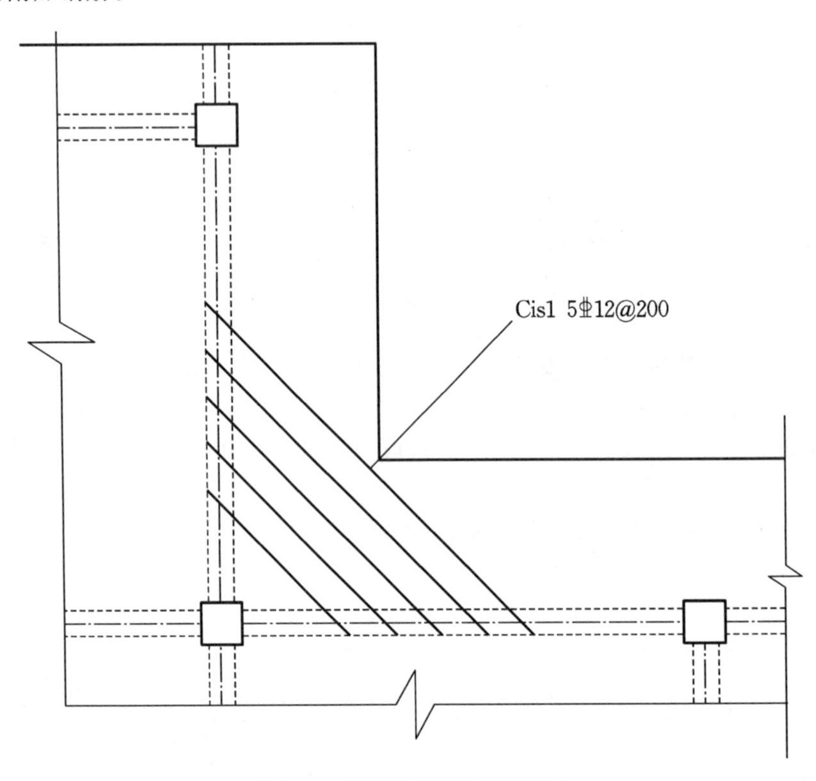

图 8.41 悬挑板阴角附加筋图示

8.3.3.8 悬挑板阳角放射筋识读

悬挑板阳角放射筋是指在悬挑板的阳角部位放射状放置的附加钢筋，作用是防止混凝土产生裂缝。该放射筋设置在板上部悬挑受力钢筋的下面。

悬挑板阳角放射筋用 Ces 表示，后面加上编号、配筋根数和直径，如图 8.42 所示。

悬挑板阳角
三维模型

在图 8.42 中，1 号阳角位置配置了 7 根 HRB400、直径为 12 mm 的附加钢筋，跨内伸出长度为 1200 mm。

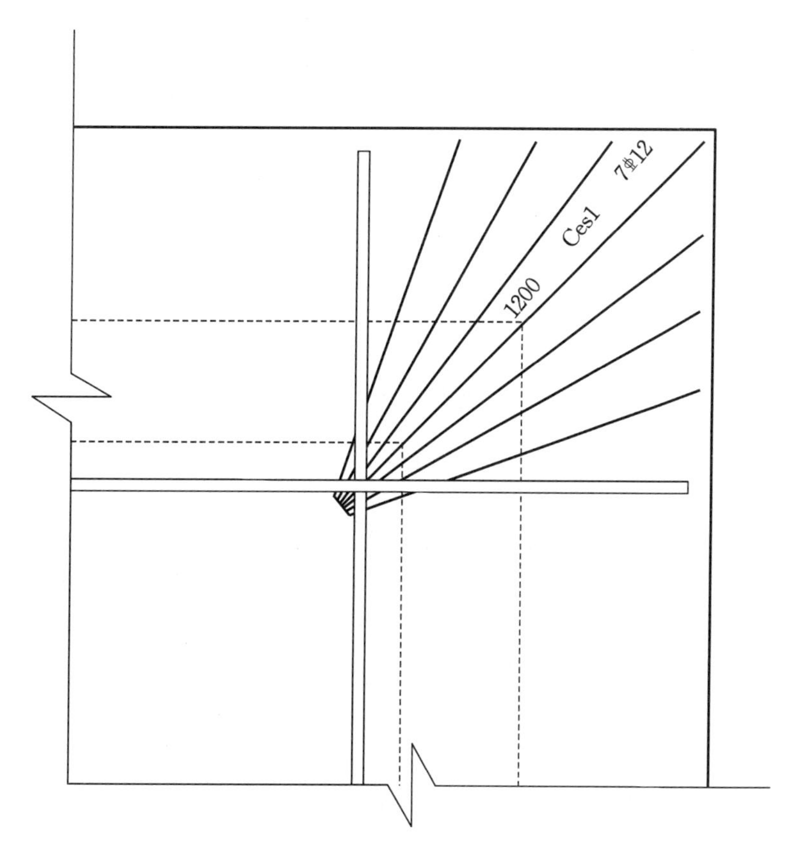

图 8.42　悬挑板阳角放射筋图示

习　题

项目名称	钢筋混凝土结构平法识图				
班级		学号		姓名	
填空题	1. 根据柱的位置及作用，柱构件分为________、________、________、________、________。 2. 某柱箍筋为ϕ10@100/200，表示箍筋采用钢筋等级为________，直径为________，加密区间距为________mm。 3. 如图 8.43 所示，柱子中箍筋的肢数分别是________、________、________。 图 8.43　柱子中箍筋的肢数示意图 4. 框架梁的支座负筋在梁在________（上部、下部）。 5. KL7(3)300×700 PY500×250 表示________________________。				

续表

项目名称	钢筋混凝土结构平法识图
填空题	6. 框架梁集中标注中，2Φ25＋(2Φ20)中的2Φ25表示________。 7. 框架梁的侧面钢筋包括________和________，代号为________和________。 8. 根据是否有梁，楼盖分为________和________。 9. LB代表________，WB代表________，XB代表________。 10. 如图8.44所示，线上标注的含义为________________。 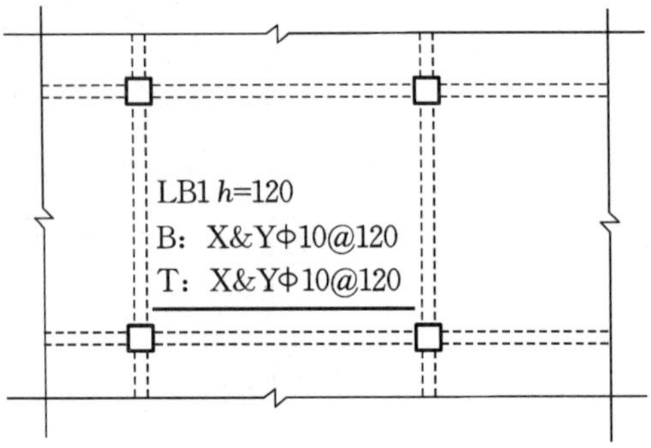 LB1 h=120 B：X&YΦ10@120 T：X&YΦ10@120 图8.44　楼面板的局部平法施工图
选择题	1. 框架梁平法施工图中集中标注内容的选注值为(　　)。 A. 梁编号　　B. 梁顶面标高高差 C. 梁箍筋　　D. 梁截面尺寸 2. 下列关于梁、柱平法施工图制图规则的论述中正确的是(　　)。 A. 梁采用平面注写方式时，集中标注取值优先 B. 梁原位标注的支座上部纵筋是指该部位不含通长筋的纵筋 C. 梁集中标注中受扭钢筋用G表示 D. 梁编号由梁类型、代号、序号、跨数及是否悬挑代号几项组成 3. 下列关于柱平法施工图制图规则论述中错误的是(　　)。 A. 钢筋混凝土柱的平法表示有列表注写法和截面注写法 B. 柱平法施工图中应按规定注明各结构层的楼面标高、结构层高及相应的结构层号 C. 注写各段柱的起止标高时，自柱根部往上以变截面位置为界分段注写，截面未变但配筋改变处无须分界 D. 柱编号由类型代号和序号组成 4. 框架结构某层的结构楼面标高是9.9 m，这层某框架梁的集中标注中有(－0.05)，框架梁的梁顶标高为(　　)。 A. 9.9 m　　B. 9.85 C. 9.95　　D. 不能确定 5. 下列关于板平法施工图制图规则论述中错误的是(　　)。 A. 板上部钢筋(板面筋)的布置同板下部钢筋，有贯通筋配置和非贯通筋配置 B. 板下部配置的钢筋在X方向为Φ10/12@100，表示Φ10、Φ12隔一布一，Φ10钢筋与Φ12钢筋的间距为50 mm，Φ10钢筋的间距为100 mm，Φ12钢筋的间距也为100 mm C. 板的顶面高于所在结构层的楼面标高时，其标高高差为正值，反之为负值 D. 后浇带用HJD表示，留筋方式有贯通和100%搭接两种

续表

<table>
<tr><td>项目名称</td><td>钢筋混凝土结构平法识图</td></tr>
<tr><td>绘图题</td><td>
1. 根据图8.45，绘制KZ1在第3层和第8层的配筋截面图。
KZ3　KZ3　KZ3　KZ3
KZ1　KZ1　KZ2　KZ2
b_1 b_2 h_1 h_2
-0.03~15.87柱平法施工图
箍筋类型1　箍筋类型2　箍筋类型3
箍筋类型
<table>
<tr><td>10</td><td>33.87</td><td>3.6</td></tr>
<tr><td>9</td><td>30.27</td><td>3.6</td></tr>
<tr><td>8</td><td>26.67</td><td>3.6</td></tr>
<tr><td>7</td><td>23.07</td><td>3.6</td></tr>
<tr><td>6</td><td>19.47</td><td>3.6</td></tr>
<tr><td>5</td><td>15.87</td><td>3.6</td></tr>
<tr><td>4</td><td>12.27</td><td>3.6</td></tr>
<tr><td>3</td><td>8.67</td><td>3.6</td></tr>
<tr><td>2</td><td>4.47</td><td>4.2</td></tr>
<tr><td>1</td><td>−0.03</td><td>4.5</td></tr>
<tr><td>层号</td><td>标高/m</td><td>层高/m</td></tr>
</table>
结构层楼面标高、结构层高
<table>
<tr><td>柱编号</td><td>标高</td><td>b×h</td><td>b1</td><td>b2</td><td>h1</td><td>h2</td><td>全部纵筋</td><td>角筋</td><td>b边一侧中部筋</td><td>h边一侧中部筋</td><td>箍筋类型号</td><td>箍筋</td><td>备注</td></tr>
<tr><td rowspan="2">KZ1</td><td>−0.03~15.87</td><td>600×600</td><td>300</td><td>300</td><td>300</td><td>300</td><td></td><td>4Φ25</td><td>2Φ25</td><td>2Φ25</td><td>1(4×4)</td><td>Φ10@100/200</td><td></td></tr>
<tr><td>15.87~33.87</td><td>500×500</td><td>300</td><td>300</td><td>300</td><td>300</td><td></td><td>4Φ25</td><td>2Φ25</td><td>2Φ25</td><td>1(4×4)</td><td>Φ10@100/200</td><td></td></tr>
</table>
图8.45　框架柱的平法施工图
</td></tr>
</table>

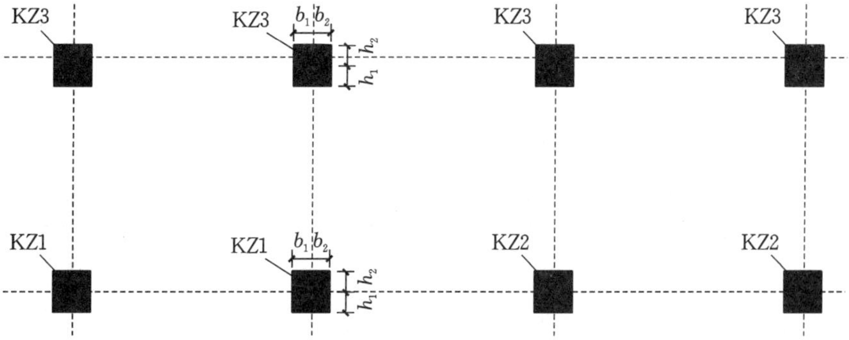

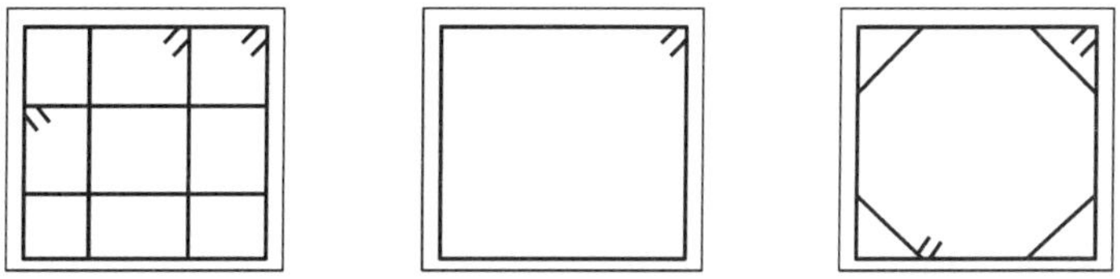

续表

项目名称	钢筋混凝土结构平法识图
绘图题	2. 根据图 8.46，绘制 KL15 的 1—1、2—2 配筋截面图。 KL15(3) 200×500 Φ8@100/200(2) 4Φ25；4Φ25 300 300　1　300 300　300 300　2　300 300 6Φ25 4/2　6Φ25 4/2　6Φ25 4/2　6Φ25 4/2 1　2 7000　5000　6000 图 8.46　框架梁 KL15 的平法施工图
教师评价	

附录

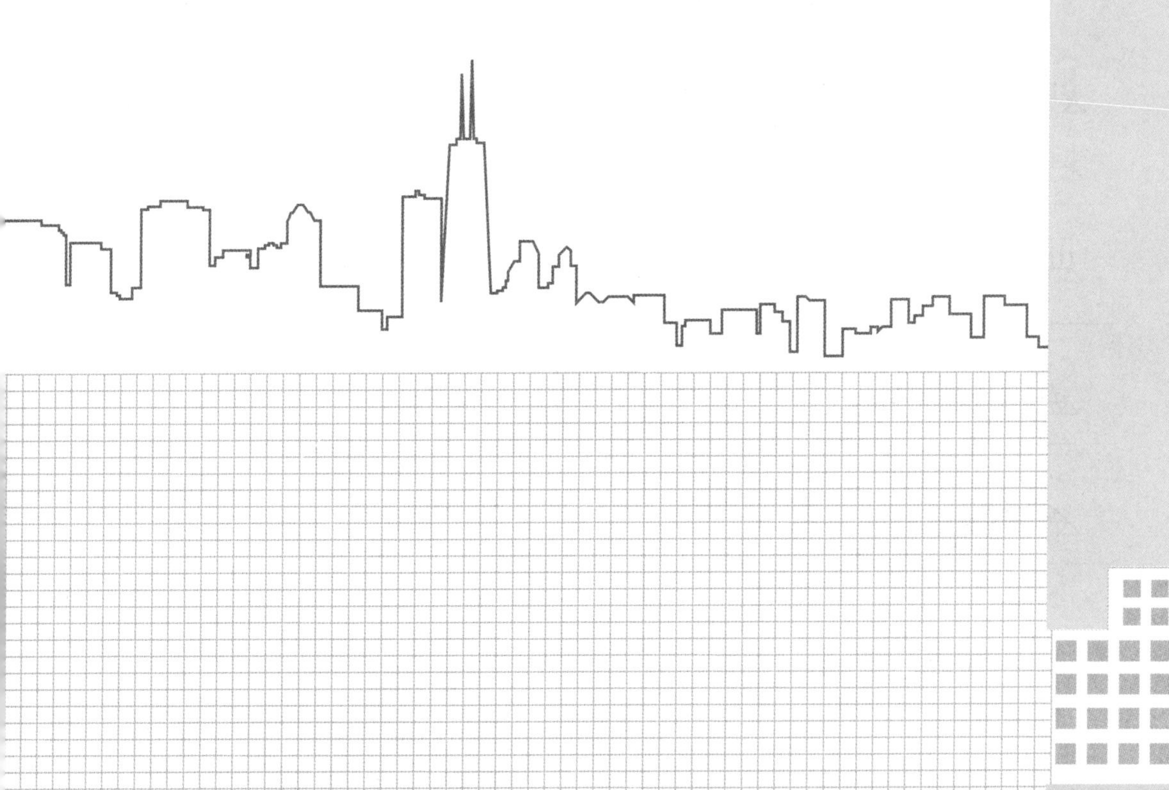

附录A 等截面等跨连续梁在常用荷载作用下按弹性分析的内力系数表

(1) 在均布及三角形荷载作用下,弯矩和剪力的计算公式为

$$M=\text{表中系数}\times ql_0^2$$

$$V=\text{表中系数}\times ql_0$$

(2) 在集中荷载作用下,弯矩和剪力的计算公式为

$$M=\text{表中系数}\times Fl_0$$

$$V=\text{表中系数}\times F$$

(3) 内力正负号规定如下。

使截面上部受压、下部受拉时,弯矩为正。

对邻近截面产生的力矩沿顺时针方向时,剪力为正。

两跨梁

荷载图	跨内最大弯矩		支座弯矩	剪力		
	M_1	M_2	M_B	V_A	V_{Bl} V_{Br}	V_C
满跨均布荷载 q(A、B、C,l_0、l_0)	0.070	0.070	−0.125	0.375	−0.625 0.625	−0.375
第一跨均布荷载 q(M_1、M_2)	0.096		−0.063	0.437	−0.563 0.063	0.063
两跨三角形荷载 q	0.048	0.048	−0.078	0.172	−0.328 0.328	−0.172
第一跨三角形荷载 q	0.064		−0.039	0.211	−0.289 0.039	0.039
两跨跨中集中荷载 F、F	0.156	0.156	−0.188	0.312	−0.688 0.688	−0.312
第一跨跨中集中荷载 F	0.203		−0.094	0.406	−0.594 0.094	0.094

续表

荷载图	跨内最大弯矩		支座弯矩	剪力		
	M_1	M_2	M_B	V_A	V_{Bl} V_{Br}	V_C
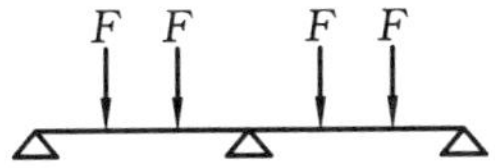 F F F F	0.222	0.222	−0.333	0.667	−1.333 1.333	−0.667
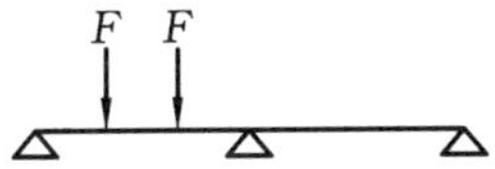 F F	0.278		−0.167	0.833	−1.167 0.167	0.167

三跨梁

荷载图	跨内最大弯矩		支座弯矩		剪力			
	M_1	M_2	M_B	M_C	V_A	V_{Bl} V_{Br}	V_{Cl} V_{Cr}	V_D
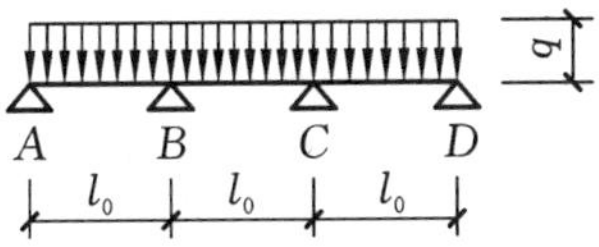 q A B C D l_0 l_0 l_0	0.080	0.025	−0.100	−0.100	0.400	−0.600 0.500	−0.500 0.600	−0.400
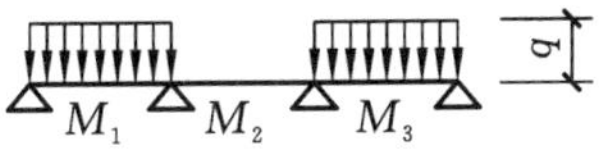 q M_1 M_2 M_3	0.101		−0.050	−0.050	0.450	−0.550 0	0 0.550	−0.450
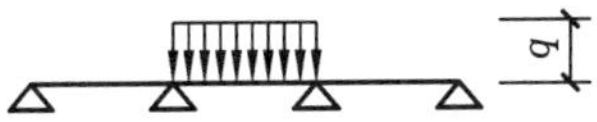 q		0.075	−0.050	−0.050	−0.050	−0.500 0.500	−0.500 0.050	0.050
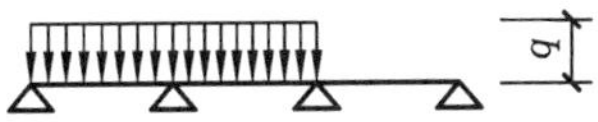 q	0.073	0.054	−0.117	−0.033	0.383	−0.617 0.583	−0.417 0.033	0.033
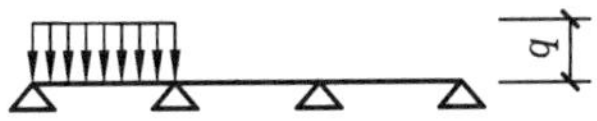 q	0.094		−0.067	0.017	0.433	−0.567 0.083	0.083 −0.017	−0.017
 q	0.054	0.021	−0.063	−0.063	0.183	−0.313 0.250	−0.250 0.313	−0.188
 q	0.068		−0.031	−0.031	0.219	−0.281 0	0 0.281	−0.219
 q		0.052	−0.031	−0.031	−0.031	−0.031 0.250	−0.250 0.031	0.031

续表

荷载图	跨内最大弯矩		支座弯矩		剪力			
	M_1	M_2	M_B	M_C	V_A	V_{Bl} V_{Br}	V_{Cl} V_{Cr}	V_D
 q	0.050	0.038	−0.073	−0.021	0.177	−0.323 0.302	−0.198 0.021	0.021
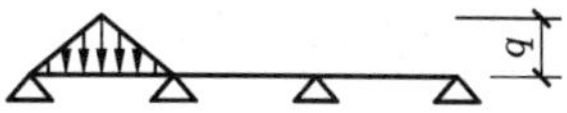 q	0.063		−0.042	0.010	0.208	−0.292 0.052	0.052 −0.010	−0.010
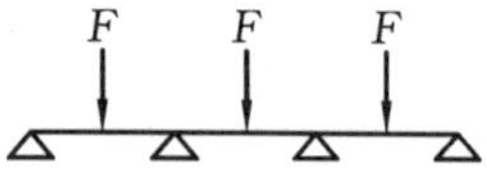 F F F	0.175	0.100	−0.150	−0.150	0.350	−0.650 0.500	−0.500 0.650	−0.350
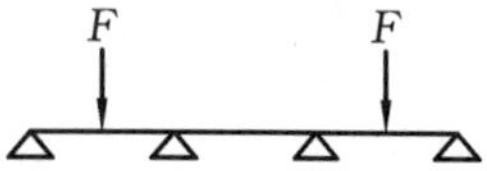 F F	0.213		−0.075	−0.075	0.425	−0.575 0	0 0.575	−0.425
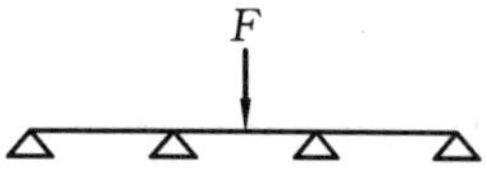 F		0.175	−0.075	−0.075	−0.075	−0.075 0.500	−0.500 0.075	0.075
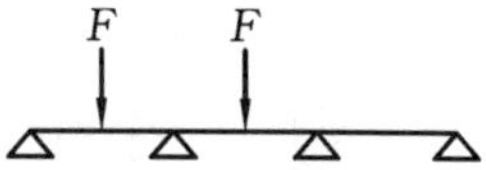 F F	0.162	0.137	−0.175	−0.050	0.325	−0.675 0.625	−0.375 0.050	0.050
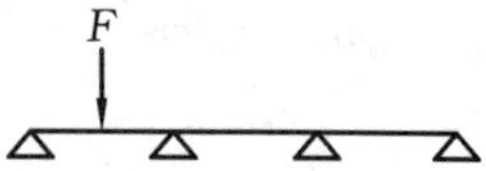 F	0.200		−0.100	0.025	0.400	−0.600 0.125	0.125 −0.025	−0.025
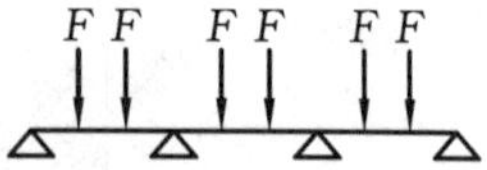 F F F F F F	0.244	0.067	−0.267	−0.267	0.733	−1.267 1.000	−1.000 1.267	−0.733
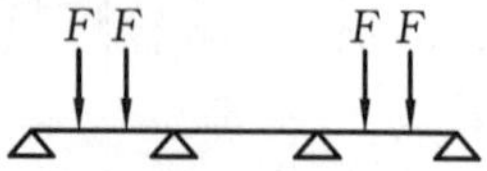 F F F F	0.289		−0.133	−0.133	0.866	−1.134 0	0 1.134	−0.866
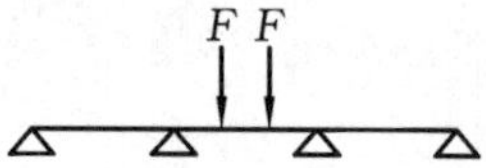 F F		0.200	−0.133	−0.133	−0.133	−0.133 1.000	−1.000 0.133	0.133
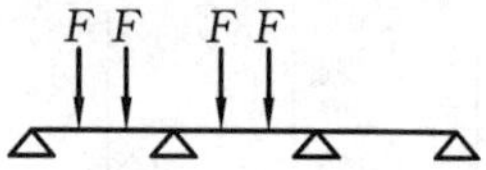 F F F F	0.229	0.170	−0.311	−0.089	0.689	−1.311 1.222	−0.778 0.089	0.089
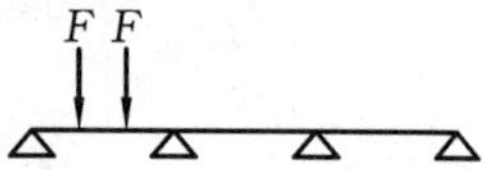 F F	0.274		−0.178	0.044	0.822	−1.178 0.222	0.222 −0.044	−0.044

四跨梁

荷载图	跨内最大弯矩				支座弯矩			剪力				
	M_1	M_2	M_3	M_4	M_B	M_C	M_D	V_A	V_{Bl} V_{Br}	V_{Cl} V_{Cr}	V_{Dl} V_{Dr}	V_E
A B C D E; l l l l; b	0.077	0.036	0.036	0.077	−0.107	−0.071	−0.107	0.393	−0.607 0.536	−0.464 0.464	−0.536 0.607	−0.393
M_1 M_2 M_3 M_4; b	0.100		0.081		−0.054	−0.036	−0.054	0.446	−0.554 0.018	0.018 0.482	−0.518 0.054	0.054
b	0.072	0.061		0.098	−0.121	−0.018	−0.058	0.380	−0.620 0.603	−0.397 −0.040	−0.040 0.558	−0.442
b		0.056	0.056		−0.036	−0.107	−0.036	−0.036	−0.036 0.429	−0.571 0.571	−0.429 0.036	0.036
b	0.094				−0.067	0.018	−0.004	0.433	−0.567 0.085	0.085 −0.022	−0.022 0.004	0.004
b		0.071			−0.049	−0.054	0.013	−0.049	−0.049 0.496	−0.504 0.067	0.067 −0.013	−0.013

续表

荷载图	跨内最大弯矩				支座弯矩			剪力				
	M_1	M_2	M_3	M_4	M_B	M_C	M_D	V_A	V_{Bl} V_{Br}	V_{Cl} V_{Cr}	V_{Dl} V_{Dr}	V_E
	0. 052	0. 028	0. 028	0. 052	−0. 067	−0. 045	−0. 067	0. 183	−0. 317 0. 272	−0. 228 0. 228	−0. 272 0. 317	−0. 183
	0. 067	0. 055			−0. 034	−0. 022	−0. 034	0. 217	−0. 284 0. 011	0. 011 0. 239	−0. 261 0. 034	0. 034
	0. 049	0. 042		0. 066	−0. 075	−0. 011	−0. 036	0. 175	−0. 325 0. 314	−0. 186 −0. 025	−0. 025 0. 286	−0. 214
		0. 040	0. 040		−0. 022	−0. 067	−0. 022	−0. 022	−0. 022 0. 205	−0. 295 0. 295	−0. 205 0. 022	0. 022
	0. 063				−0. 042	0. 011	−0. 003	0. 208	−0. 292 0. 053	0. 053 −0. 014	−0. 014 0. 003	0. 003
		0. 051			−0. 031	−0. 034	0. 008	−0. 031	−0. 031 0. 247	−0. 253 0. 042	0. 042 −0. 008	−0. 008

续表

荷载图	跨内最大弯矩				支座弯矩			剪力				
	M_1	M_2	M_3	M_4	M_B	M_C	M_D	V_A	V_{Bl} V_{Br}	V_{Cl} V_{Cr}	V_{Dl} V_{Dr}	V_E
F F F F	0.169	0.116	0.116	0.169	−0.161	−0.107	−0.161	0.339	−0.661 0.554	−0.446 0.446	−0.554 0.661	−0.339
F F	0.210		0.183		−0.080	−0.054	−0.080	0.420	−0.580 0.027	0.027 0.473	−0.527 0.080	0.080
F F F	0.159	0.146		0.206	−0.181	−0.027	−0.087	0.319	−0.681 0.654	−0.346 −0.060	−0.060 0.587	−0.413
F F		0.142	0.142		−0.054	−0.161	−0.054	0.054	−0.054 0.393	−0.607 0.607	−0.393 0.054	0.054
F	0.200				−0.100	0.027	−0.007	0.400	−0.600 0.127	0.127 −0.033	−0.033 0.007	0.007
F		0.173			−0.074	−0.080	0.020	−0.074	−0.074 0.493	−0.507 0.100	0.100 −0.020	−0.020

续表

荷载图	跨内最大弯矩				支座弯矩			剪力				
	M_1	M_2	M_3	M_4	M_B	M_C	M_D	V_A	V_{Bl} V_{Br}	V_{Cl} V_{Cr}	V_{Dl} V_{Dr}	V_E
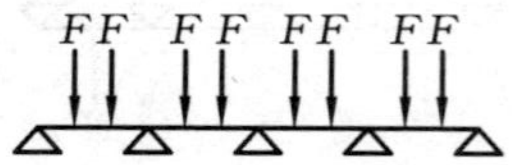	0.238	0.111	0.111	0.238	−0.286	−0.191	−0.286	0.714	1.286 1.095	−0.905 0.905	−1.095 1.286	−0.714
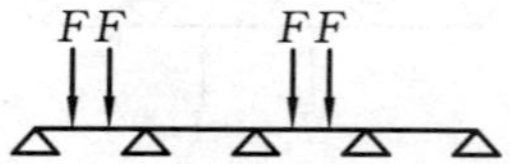	0.286		0.222		−0.143	−0.095	−0.143	0.857	−1.143 0.048	0.048 0.952	−1.048 0.143	0.143
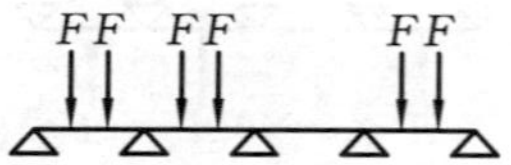	0.226	0.194		0.282	−0.321	−0.048	−0.155	0.679	−1.321 1.274	−0.726 −0.107	−0.107 1.155	−0.845
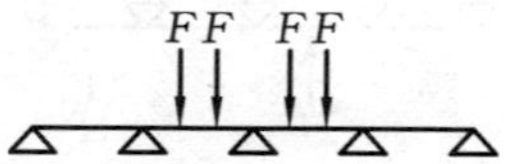		0.175	0.175		−0.095	−0.286	−0.095	−0.095	−0.095 0.810	−1.190 1.190	−0.810 0.095	0.095
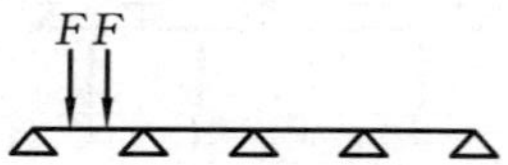	0.274				−0.178	0.048	−0.012	0.822	−1.178 0.226	0.226 −0.060	−0.060 0.012	0.012
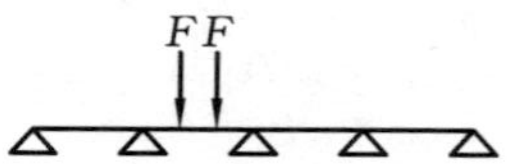		0.198			−0.131	−0.143	0.036	−0.131	−0.131 0.988	−1.012 0.178	0.178 −0.036	−0.036

五跨梁

荷载图	跨内最大弯矩			支座弯矩				剪力					
	M_1	M_2	M_3	M_B	M_C	M_D	M_E	V_A	V_{Bl} V_{Br}	V_{Cl} V_{Cr}	V_{Dl} V_{Dr}	V_{El} V_{Er}	V_F
A B C D E F; l l l l l; b	0.078	0.033	0.046	−0.105	−0.079	−0.079	−0.105	0.394	−0.606 0.526	−0.474 0.500	−0.500 0.474	−0.526 0.606	−0.394
M_1 M_2 M_3 M_4 M_5; b	0.100		0.085	−0.053	−0.040	−0.040	−0.053	0.447	−0.553 0.013	0.013 0.500	−0.500 −0.013	−0.013 0.553	−0.447
b		0.079		−0.053	−0.040	−0.040	−0.053	−0.053	−0.053 0.513	−0.487 0	0 0.487	−0.513 0.053	0.053
b	0.073	②0.059 0.078		−0.119	−0.022	−0.044	−0.051	0.380	−0.620 0.598	−0.402 −0.023	−0.023 0.493	−0.507 0.052	0.052
b	①— 0.098	0.055	0.064	−0.035	−0.111	−0.020	−0.057	0.035	0.035 0.424	0.576 0.591	−0.409 −0.037	−0.037 0.557	−0.443
b	0.094			−0.067	0.018	−0.005	0.001	0.433	0.567 0.085	0.085 0.023	0.023 0.006	0.006 −0.001	0.001

续表

荷载图	跨内最大弯矩			支座弯矩				剪力					
	M_1	M_2	M_3	M_B	M_C	M_D	M_E	V_A	V_{Bl} V_{Br}	V_{Cl} V_{Cr}	V_{Dl} V_{Dr}	V_{El} V_{Er}	V_F
		0.074		−0.049	−0.054	0.014	−0.004	0.019	−0.049 0.495	−0.505 0.068	0.068 −0.018	−0.018 0.004	0.004
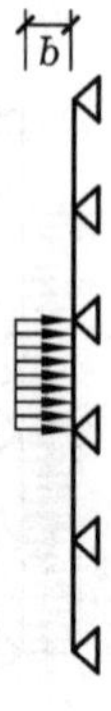			0.072	0.013	0.053	0.053	0.013	0.013	0.013 −0.066	−0.066 0.500	−0.500 0.066	0.066 −0.013	0.013
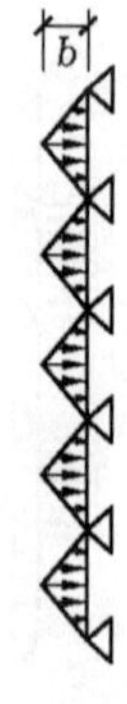	0.053	0.026	0.034	−0.066	−0.049	0.049	−0.066	0.184	−0.316 0.266	−0.234 0.250	−0.250 0.234	−0.266 0.316	0.184
	0.067		0.059	−0.033	−0.025	−0.025	0.033	0.217	0.283 0.008	0.008 0.250	−0.250 −0.008	−0.008 0.283	0.217
		0.055		−0.033	−0.025	−0.025	−0.033	0.033	−0.033 0.258	−0.242 0	0 0.242	−0.258 0.033	0.033
	0.049	②0.041 0.053		−0.075	−0.014	−0.028	−0.032	0.175	0.325 0.311	−0.189 −0.014	−0.014 0.246	−0.255 0.032	0.032

续表

荷载图	跨内最大弯矩			支座弯矩				剪力					
	M_1	M_2	M_3	M_B	M_C	M_D	M_E	V_A	V_{Bl} V_{Br}	V_{Cl} V_{Cr}	V_{Dl} V_{Dr}	V_{El} V_{Er}	V_F
b	①— 0.066	0.039	0.044	−0.022	−0.070	−0.013	−0.036	−0.022	−0.022 0.202	−0.298 0.307	−0.193 −0.023	−0.023 0.286	−0.214
b	0.063			−0.042	0.011	−0.003	0.001	0.208	−0.292 0.053	0.053 −0.014	−0.014 0.004	0.004 −0.001	−0.001
b		0.051		−0.031	−0.034	0.009	−0.002	−0.031	−0.031 0.247	−0.253 0.043	0.043 −0.011	−0.011 0.002	0.002
b			0.050	0.008	−0.033	−0.033	0.008	0.008	0.008 −0.041	−0.041 0.250	−0.250 0.041	0.041 −0.008	−0.008
F F F F F	0.171	0.112	0.132	−0.158	−0.118	−0.118	−0.158	0.342	−0.658 0.540	−0.460 0.500	−0.500 0.460	−0.540 0.658	−0.342
AFB CFD EFF	0.211		0.191	−0.079	−0.059	−0.059	−0.079	0.421	−0.579 0.020	0.020 0.500	−0.500 −0.020	−0.020 0.579	−0.421

续表

荷载图	跨内最大弯矩			支座弯矩				剪力					
	M_1	M_2	M_3	M_B	M_C	M_D	M_E	V_A	V_{Bl} V_{Br}	V_{Cl} V_{Cr}	V_{Dl} V_{Dr}	V_{El} V_{Er}	V_F
		0.181		−0.079	−0.059	−0.059	−0.079	−0.079	−0.079 0.520	−0.480 0	0 0.480	−0.520 0.079	0.079
	0.160	②0.144 0.178		−0.179	−0.032	−0.066	−0.077	0.321	−0.679 0.647	−0.353 −0.034	−0.034 0.489	−0.511 0.077	0.077
	①— 0.207	0.140	0.151	−0.052	−0.167	−0.031	−0.086	−0.052	−0.052 0.385	−0.615 0.637	−0.363 −0.056	−0.056 0.586	−0.414
	0.200			−0.100	0.027	−0.007	0.002	0.400	−0.600 0.127	0.127 −0.031	−0.034 0.009	0.009 −0.002	−0.002
		0.173		−0.073	−0.081	0.022	−0.005	−0.073	−0.073 0.493	−0.507 0.102	0.102 −0.027	−0.027 0.005	0.005
			0.171	0.020	−0.079	−0.079	0.020	0.020	0.020 −0.099	−0.099 0.500	−0.500 0.099	0.099 −0.020	−0.020
	0.240	0.100	0.122	−0.281	−0.211	−0.211	−0.281	0.719	−1.281 1.070	−0.930 1.000	−1.000 0.930	1.070 1.281	−0.719

续表

荷载图	跨内最大弯矩			支座弯矩				剪力					
	M_1	M_2	M_3	M_B	M_C	M_D	M_E	V_A	V_{Bl} V_{Br}	V_{Cl} V_{Cr}	V_{Dl} V_{Dr}	V_{El} V_{Er}	V_F
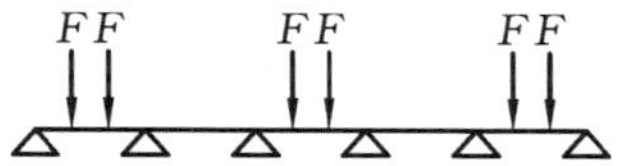	0.287		0.228	−0.140	−0.105	−0.105	−0.140	0.860	−1.140 0.035	0.035 1.000	1.000 −0.035	−0.035 1.140	−0.860
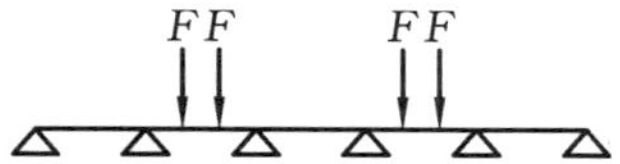		0.216		−0.140	−0.105	−0.105	−0.140	−0.140	−0.140 1.035	−0.965 0	0 0.965	−1.035 0.140	0.140
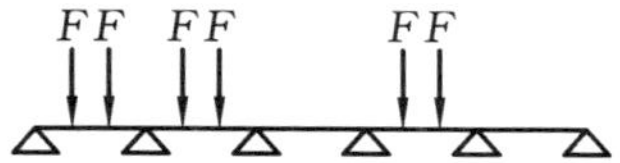	0.227	②0.189/0.209		−0.319	−0.057	−0.118	−0.137	0.681	−1.319 1.262	−0.738 −0.061	−0.061 0.981	−1.019 0.137	0.137
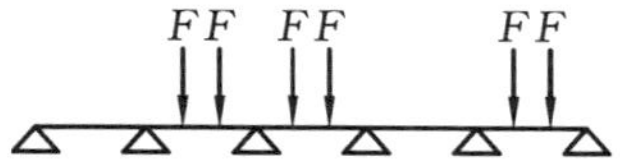	①—/0.282	0.172	0.198	−0.093	−0.297	−0.054	−0.153	−0.093	−0.093 0.796	−1.204 1.243	−0.757 −0.099	−0.099 1.153	−0.847
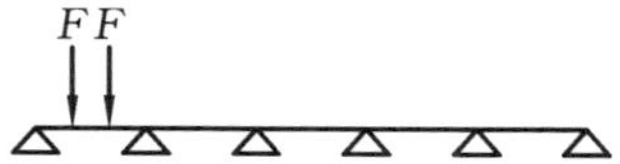	0.274			−0.179	0.048	−0.013	0.003	0.821	−1.179 0.227	0.227 −0.061	−0.061 0.016	0.016 −0.003	−0.003
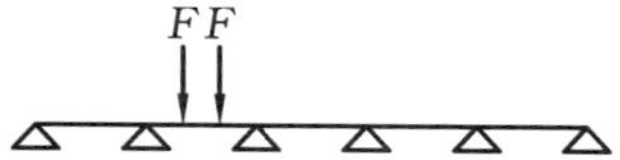		0.198		−0.131	−0.144	0.038	−0.010	−0.131	−0.131 0.987	−1.013 0.182	0.182 −0.048	−0.048 0.010	0.010
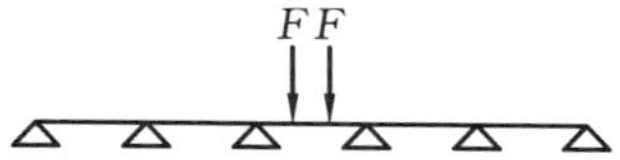			0.193	0.035	−0.140	−0.140	0.035	0.035	0.035 −0.175	−0.175 1.000	−1.000 0.175	0.175 −0.035	−0.035

注：①分子及分母分别为 M_1 及 M_5 的变矩系数；②分子及分母分别为 M_2 及 M_4 的弯矩系数。

附录 B 双向板按弹性分析的计算系数表

截面抗弯刚度的计算公式为

$$B_C=\frac{E_c h^3}{12(1-\nu)^2}$$

式中：E_c——混凝土弹性模量；

h——板厚；

ν——泊桑比，混凝土可取 $\nu=0.2$。

a_f、a_{fmax}分别为板中心点的挠度和最大挠度。

m_x、m_{xmax}分别为平行于 l_x 方向板中心点单位板宽内的弯矩和板跨内最大弯矩。

m_y、m_{ymax}分别为平行于 l_y 方向板中心点单位板宽内的弯矩和板跨内最大弯矩。

m'_x为固定边中点沿 l_y 方向单位板宽内的弯矩。

m'_y为固定边中点沿 l_x 方向单位板宽内的弯矩。

正负号的规定如下。

弯矩使板的受荷面受压时为正。

挠度的变位方向与荷载方向相同时为正。

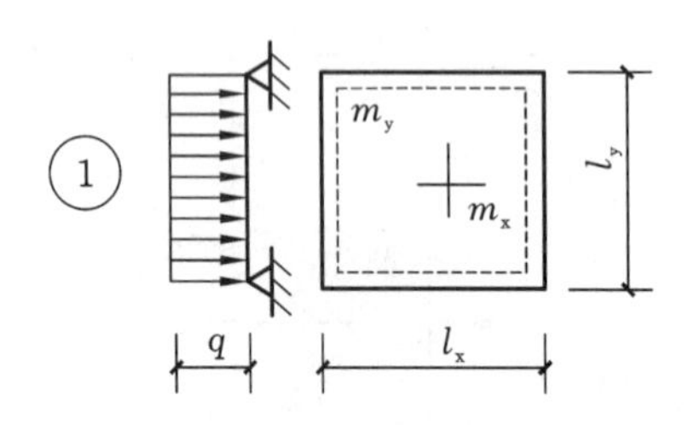

挠度＝表中系数×$\frac{ql^4}{B_C}$；

$\nu=0$，弯矩＝表中系数×ql^2。

式中的 l 取用 l_x 和 l_y 中的较小者。

l_x/l_y	a_f	m_x	m_y	l_x/l_y	a_f	m_x	m_y
0.50	0.010 13	0.096 5	0.017 4	0.80	0.006 03	0.056 1	0.033 4
0.55	0.009 40	0.089 2	0.021 0	0.85	0.005 47	0.050 6	0.034 8
0.60	0.008 67	0.082 0	0.024 2	0.90	0.004 96	0.045 6	0.035 8
0.65	0.007 96	0.075 0	0.027 1	0.95	0.004 49	0.041 0	0.036 4
0.70	0.007 27	0.068 3	0.029 6	1.00	0.004 06	0.036 8	0.036 8
0.75	0.006 63	0.062 0	0.031 7				

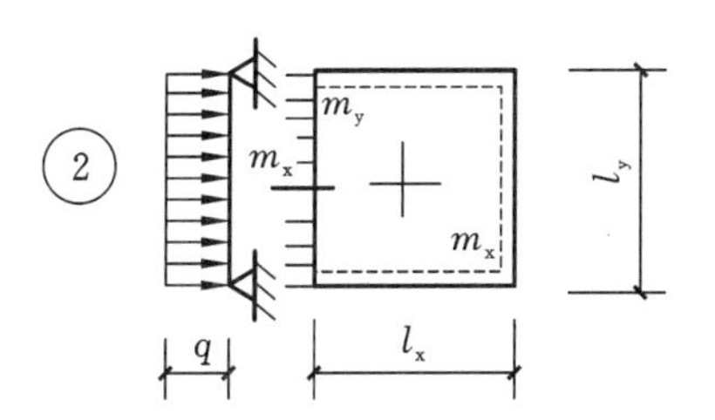

挠度＝表中系数×$\frac{ql^4}{B_C}$；

$\nu=0$，弯矩＝表中系数×ql^2。

式中的 l 取用 l_x 和 l_y 中的较小者。

l_x/l_y	l_y/l_x	a_f	a_{fmax}	m_x	m_{xmax}	m_y	m_{ymax}	m'_x
0.50		0.004 88	0.005 04	0.058 3	0.064 6	0.006 0	0.006 3	−0.121 2
0.55		0.004 71	0.004 92	0.056 3	0.061 8	0.008 1	0.008 7	−0.118 7
0.60		0.004 53	0.004 72	0.053 9	0.058 9	0.010 4	0.011 1	−0.115 8
0.65		0.004 32	0.004 48	0.051 3	0.055 9	0.012 6	0.013 3	−0.112 4
0.70		0.004 10	0.004 22	0.048 5	0.052 9	0.014 8	0.015 4	−0.108 7
0.75		0.003 88	0.003 99	0.045 7	0.049 6	0.016 8	0.017 4	−0.104 8
0.80		0.003 65	0.003 76	0.042 8	0.046 3	0.018 7	0.019 3	−0.100 7
0.85		0.003 43	0.003 52	0.040 0	0.043 1	0.020 4	0.021 1	−0.096 5
0.90		0.003 21	0.003 29	0.037 2	0.040 0	0.021 9	0.022 6	−0.092 2
0.95		0.002 99	0.003 06	0.034 5	0.036 9	0.023 2	0.023 9	−0.088 0
1.00	1.00	0.002 79	0.002 85	0.031 9	0.034 0	0.024 3	0.024 9	−0.083 9
	0.95	0.003 16	0.003 24	0.032 4	0.034 5	0.028 0	0.028 7	−0.088 2
	0.90	0.003 60	0.003 68	0.032 8	0.034 7	0.032 2	0.033 0	−0.092 6
	0.85	0.004 09	0.004 17	0.032 9	0.034 5	0.037 0	0.0373	−0.097 0
	0.80	0.004 64	0.004 73	0.032 6	0.034 3	0.042 4	0.043 3	−0.101 4
	0.75	0.005 26	0.005 36	0.031 9	0.033 5	0.048 5	0.049 4	−0.105 6
	0.70	0.005 95	0.006 05	0.030 8	0.032 3	0.055 3	0.056 2	−0.109 6
	0.65	0.006 70	0.006 80	0.029 1	0.030 6	0.062 7	0.063 7	−0.113 3
	0.60	0.007 52	0.007 62	0.026 8	0.028 9	0.070 7	0.071 7	−0.116 6
	0.55	0.008 38	0.008 48	0.023 9	0.027 1	0.079 2	0.080 1	−0.119 3
	0.50	0.009 27	0.009 35	0.020 5	0.024 9	0.088 0	0.088 8	−0.121 5

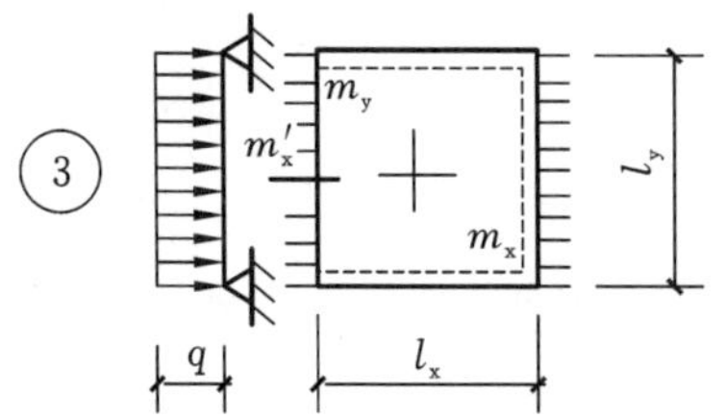

挠度＝表中系数$\times\frac{ql^4}{B_C}$；

$\nu=0$，弯矩＝表中系数$\times ql^2$。

式中的 l 取用 l_x 和 l_y 中的较小者。

l_x/l_y	l_y/l_x	a_f	m_x	m_y	m'_x
0.50		0.002 61	0.041 6	0.001 7	−0.084 3
0.55		0.002 59	0.041 0	0.002 8	−0.084 0
0.60		0.002 55	0.040 2	0.004 2	−0.083 4
0.65		0.002 50	0.039 2	0.005 7	−0.082 6
0.70		0.002 43	0.037 9	0.007 2	−0.081 4
0.75		0.002 36	0.036 6	0.008 8	−0.079 9
0.80		0.002 28	0.035 1	0.010 3	−0.078 2
0.85		0.002 20	0.033 5	0.011 8	−0.076 3
0.90		0.002 11	0.031 9	0.013 3	−0.074 3
0.95		0.002 01	0.030 2	0.014 6	−0.072 1
1.00	1.00	0.001 92	0.028 5	0.015 8	−0.069 8
	0.95	0.002 23	0.029 6	0.018 9	−0.074 6
	0.90	0.002 60	0.030 6	0.022 4	−0.079 7
	0.85	0.003 03	0.031 4	0.026 6	−0.085 0
	0.80	0.003 54	0.031 9	0.031 6	−0.090 4
	0.75	0.004 13	0.032 1	0.037 4	−0.095 9
	0.70	0.004 82	0.031 8	0.044 1	−0.101 3
	0.65	0.005 60	0.030 8	0.051 8	−0.106 6
	0.60	0.006 47	0.029 2	0.060 4	−0.111 4
	0.55	0.007 43	0.026 7	0.069 8	−0.115 6
	0.50	0.008 44	0.023 4	0.079 8	−0.119 1

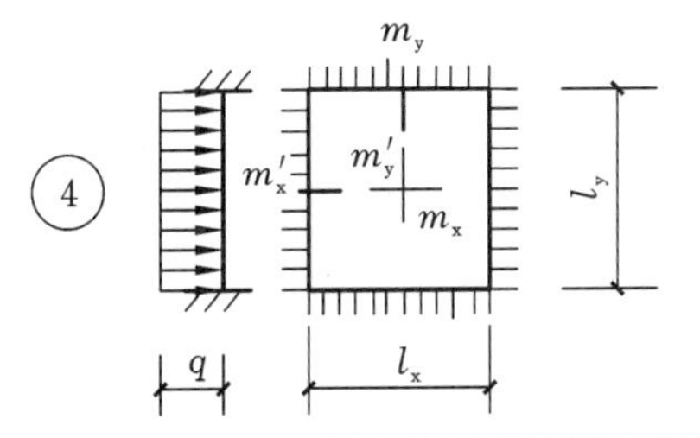

挠度＝表中系数×$\frac{ql^4}{B_C}$；

$\nu=0$，弯矩＝表中系数×ql^2。

式中的 l 取用 l_x 和 l_y 中的较小者。

l_x/l_y	a_f	m_x	m_y	m_x'	m_y'
0.50	0.002 53	0.040 0	0.003 8	−0.082 9	−0.057 0
0.55	0.002 46	0.038 5	0.005 6	−0.081 4	−0.057 1
0.60	0.002 36	0.036 7	0.007 6	−0.079 3	−0.057 1
0.65	0.002 24	0.034 5	0.009 5	−0.076 6	−0.057 1
0.70	0.002 11	0.032 1	0.011 3	−0.073 5	−0.056 9
0.75	0.001 97	0.029 6	0.013 0	−0.070 1	−0.056 5
0.80	0.001 82	0.027 1	0.014 4	−0.066 4	−0.055 9
0.85	0.001 68	0.024 6	0.015 6	−0.062 6	−0.055 1
0.90	0.001 53	0.022 1	0.016 5	−0.058 8	−0.054 1
0.95	0.001 40	0.019 8	0.017 2	−0.055 0	−0.052 8
1.00	0.001 27	0.017 6	0.017 6	−0.051 3	−0.051 3

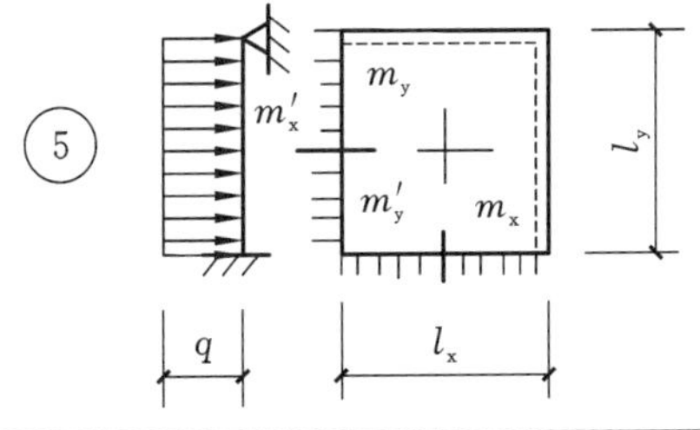

挠度＝表中系数×$\frac{ql^4}{B_C}$；

$\nu=0$，弯矩＝表中系数×ql^2。

式中的 l 取用 l_x 和 l_y 中的较小者。

l_x/l_y	a_f	a_{fmax}	m_x	m_{xmax}	m_y	m_{ymax}	m_x'	m_y'
0.50	0.004 68	0.004 71	0.055 9	0.056 2	0.007 9	0.013 5	−0.117 9	−0.078 6
0.55	0.004 45	0.004 54	0.052 9	0.053 0	0.010 4	0.015 3	−0.114 0	−0.078 5
0.60	0.004 19	0.004 29	0.049 6	0.049 8	0.012 9	0.016 9	−0.109 5	−0.078 2
0.65	0.003 91	0.003 99	0.046 1	0.046 5	0.015 1	0.018 3	−0.104 5	−0.077 7
0.70	0.003 63	0.003 68	0.042 6	0.043 2	0.017 2	0.019 5	−0.099 2	−0.077 0
0.75	0.003 35	0.003 40	0.039 0	0.039 6	0.018 9	0.020 6	−0.093 8	−0.076 0
0.80	0.003 08	0.003 13	0.035 6	0.036 1	0.020 4	0.021 8	−0.088 3	−0.074 8
0.85	0.002 81	0.002 86	0.032 2	0.032 8	0.021 5	0.022 9	−0.082 9	−0.073 3
0.90	0.002 56	0.002 61	0.029 1	0.029 7	0.022 4	0.023 8	−0.077 6	−0.071 6
0.95	0.002 32	0.002 37	0.026 1	0.026 7	0.023 0	0.024 4	−0.072 6	−0.069 8
1.00	0.002 10	0.002 15	0.023 4	0.024 0	0.023 4	0.024 9	−0.067 7	−0.067 7

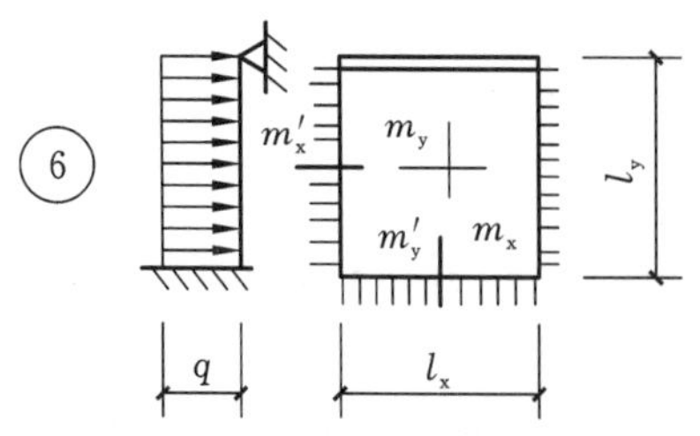

挠度=表中系数×$\frac{ql^4}{B_C}$；

$\nu=0$，弯矩=表中系数×ql^2。

式中的 l 取用 l_x 和 l_y 中的较小者。

l_x/l_y	l_y/l_x	a_f	a_{fmax}	m_x	m_{xmax}	m_y	m_{ymax}	m_x'	m_y'
0.50		0.002 57	0.002 58	0.040 8	0.040 9	0.002 8	0.008 9	−0.083 6	−0.056 9
0.55		0.002 52	0.002 55	0.039 8	0.039 9	0.004 2	0.009 3	−0.082 7	−0.057 0
0.60		0.002 45	0.002 49	0.038 4	0.038 6	0.005 9	0.010 5	−0.081 4	−0.057 1
0.65		0.002 37	0.002 40	0.036 8	0.037 1	0.007 6	0.011 6	−0.079 6	−0.057 2
0.70		0.002 27	0.002 29	0.035 0	0.035 4	0.009 3	0.012 7	−0.077 4	−0.057 2
0.75		0.002 16	0.002 19	0.033 1	0.033 5	0.010 9	0.013 7	−0.075 0	−0.057 2
0.80		0.002 05	0.002 08	0.031 0	0.031 4	0.012 4	0.014 7	−0.072 2	−0.057 0
0.85		0.001 93	0.001 96	0.028 9	0.029 3	0.013 8	0.015 5	−0.069 3	−0.056 7
0.90		0.001 81	0.001 84	0.026 8	0.027 3	0.015 9	0.016 3	−0.066 3	−0.056 3
0.95		0.001 69	0.001 72	0.024 7	0.025 2	0.016 0	0.017 2	−0.063 1	−0.055 8
1.00	1.00	0.001 57	0.001 60	0.022 7	0.023 1	0.016 8	0.018 0	−0.060 0	−0.055 0
	0.95	0.001 78	0.001 82	0.022 9	0.023 4	0.019 4	0.020 7	−0.062 9	−0.059 9
	0.90	0.002 01	0.002 06	0.022 8	0.023 4	0.022 3	0.023 8	−0.065 6	−0.065 3
	0.85	0.002 27	0.002 33	0.022 5	0.023 1	0.025 5	0.027 3	−0.068 3	−0.071 1
	0.80	0.002 56	0.002 62	0.021 9	0.022 4	0.029 0	0.031 1	−0.070 7	−0.077 2
	0.75	0.002 86	0.002 94	0.020 8	0.021 4	0.032 9	0.035 4	−0.072 9	−0.083 7
	0.70	0.003 19	0.003 27	0.019 4	0.020 0	0.037 0	0.040 0	−0.074 8	−0.090 3
	0.65	0.003 52	0.003 65	0.017 5	0.018 2	0.041 2	0.044 6	−0.076 2	−0.097 0
	0.60	0.003 86	0.004 03	0.015 3	0.016 0	0.045 4	0.049 3	−0.077 3	−0.103 3
	0.55	0.004 19	0.004 37	0.012 7	0.013 3	0.049 6	0.054 1	−0.078 0	−0.109 3
	0.50	0.004 49	0.004 63	0.009 9	0.010 3	0.053 4	0.058 8	−0.078 4	−0.114 6

附录C 钢材和连接的强度设计值

焊缝的强度设计值

焊接方法和焊条型号	构件钢材		对接焊缝强度设计值				角焊缝强度设计值	对接焊缝抗拉强度 f_u^w	角焊缝抗拉、抗压和抗剪强度 f_u^f
	牌号	厚度或直径/mm	抗压 f_c^w	焊缝质量为下列等级时，抗拉 f_t^w 一级、二级	焊缝质量为下列等级时，抗拉 f_t^w 三级	抗剪 f_v^w	抗拉、抗压和抗剪 f_f^w		
自动焊、半自动焊和E43型焊条手工焊	Q235	≤16	215	215	185	125	160	415	240
		>16，≤40	205	205	175	120			
		>40，≤100	200	200	170	115			
自动焊、半自动焊和E50、E55型焊条手工焊	Q345	≤16	305	305	260	175	200	480（E50）、540（E55）	280（E50）、315（E55）
		>16，≤40	295	295	250	170			
		>40，≤63	290	290	245	165			
		>63，≤80	280	280	240	160			
		>80，<100	270	270	230	155			
	Q390	≤16	345	345	295	200	200（E50）、220（E55）		
		>16，≤40	330	330	280	190			
		>40，≤63	310	310	265	180			
		>63，≤100	295	295	250	170			
自动焊、半自动焊和E55、E60型焊条手工焊	Q420	≤16	375	375	320	215	220（E55）、240（E60）	540（E55）、590（E60）	315（E55）、340（E60）
		>16，≤40	355	355	300	205			
		>40，≤63	320	320	270	185			
		>63，≤100	305	305	260	175			
自动焊、半自动焊和E55、E60型焊条手工焊	Q460	≤16	410	410	350	235	220（E55）、240（E60）	540（E55）、590（E60）	315（E55）、340（E60）
		>16，≤40	390	390	330	225			
		>40，≤63	355	355	300	205			
		>63，≤100	340	340	290	195			
自动焊、半自动焊和E50、E55型焊条手工焊	Q345GJ	>16，≤35	310	310	265	180	200	480（E50）、540（E55）	280（E50）、315（E55）
		>35，≤50	290	290	245	170			
		>50，≤100	285	285	240	165			

注：表中厚度系指计算点的钢材厚度，对轴心受拉和轴心受压构件系指截面中较厚板件的厚度。

螺栓连接的强度指标

单位：N/mm²

螺栓的性能等级、锚栓和构件钢材的牌号		强度设计值										高强度螺栓的抗拉强度 f_u^b
		普通螺栓						锚栓	承压型连接或网架用高强度螺栓			
		C 级螺栓			A 级、B 级螺栓							
		抗拉 f_t^b	抗剪 f_v^b	承压 f_c^b	抗拉 f_t^b	抗剪 f_v^b	承压 f_c^b	抗拉 f_t^a	抗拉 f_t^b	抗剪 f_v^b	承压 f_c^b	
普通螺栓	4.6 级、4.8 级	170	140									
	5.6 级				210	190						
	8.8 级				400	320						
锚栓	Q235							140				
	Q345							180				
	Q390							185				
承压型连接高强度螺栓	8.8 级								400	250		830
	10.9 级								500	310		1040
螺栓球节点用高强度螺栓	9.8 级								385			
	10.9 级								430			
构件钢材牌号	Q235			305			405				470	
	Q345			385			510				590	
	Q390			400			530				615	
	Q420			425			560				655	
	Q460			450			595				695	
	Q345GJ			400			530				615	

注：1.A 级螺栓用于 $d \leqslant 24$ mm 和 $L \leqslant 10d$ 或 $L \leqslant 150$ mm（按较小值）的螺栓；B 级螺栓用于 $d > 24$ mm 和 $L > 10d$ 或 $L > 150$ mm（按较小值）的螺栓；d 为公称直径，L 为螺栓公称长度。

2.A 级、B 级螺栓孔的精度和孔壁表面粗糙度，C 级螺栓孔的允许偏差和孔壁表面粗糙度，均应符合现行国家标准《钢结构工程施工质量验收规范》(GB 50205—2001)的要求。

3.用于螺栓球节点网架的高强度螺栓，M12～M36 为 10.9 级，M39～M64 为 9.8 级。

附录D 轴心受压构件的稳定系数

a类截面轴心受压构件的稳定系数 φ

$\lambda\sqrt{\frac{f_y}{235}}$	0	1	2	3	4	5	6	7	8	9
0	1.000	1.000	1.000	1.000	0.999	0.999	0.998	0.998	0.997	0.996
10	0.995	0.994	0.993	0.992	0.991	0.989	0.988	0.986	0.985	0.983
20	0.981	0.979	0.977	0.976	0.974	0.972	0.970	0.968	0.966	0.964
30	0.963	0.961	0.959	0.957	0.954	0.952	0.950	0.948	0.946	0.944
40	0.941	0.939	0.937	0.934	0.932	0.929	0.927	0.924	0.921	0.918
50	0.916	0.913	0.910	0.907	0.903	0.900	0.897	0.893	0.890	0.886
60	0.883	0.879	0.875	0.871	0.867	0.862	0.858	0.854	0.849	0.844
70	0.839	0.834	0.829	0.824	0.818	0.813	0.807	0.801	0.795	0.789
80	0.783	0.776	0.770	0.763	0.756	0.749	0.742	0.735	0.728	0.721
90	0.713	0.706	0.698	0.691	0.683	0.676	0.668	0.660	0.653	0.645
100	0.637	0.630	0.622	0.614	0.607	0.599	0.592	0.584	0.577	0.570
110	0.562	0.555	0.548	0.541	0.534	0.527	0.520	0.513	0.507	0.500
120	0.494	0.487	0.481	0.475	0.469	0.463	0.457	0.451	0.445	0.439
130	0.434	0.428	0.423	0.417	0.412	0.407	0.402	0.397	0.392	0.387
140	0.382	0.378	0.373	0.368	0.364	0.360	0.355	0.351	0.347	0.343
150	0.339	0.335	0.331	0.327	0.323	0.319	0.316	0.312	0.308	0.305
160	0.302	0.298	0.295	0.292	0.288	0.285	0.282	0.279	0.276	0.273
170	0.270	0.267	0.264	0.261	0.259	0.256	0.253	0.250	0.248	0.245
180	0.243	0.240	0.238	0.235	0.233	0.231	0.228	0.226	0.224	0.222
190	0.219	0.217	0.215	0.213	0.211	0.209	0.207	0.205	0.203	0.201
200	0.199	0.197	0.196	0.194	0.192	0.190	0.188	0.187	0.185	0.183
210	0.182	0.180	0.178	0.177	0.175	0.174	0.172	0.171	0.169	0.168
220	0.166	0.165	0.163	0.162	0.161	0.159	0.158	0.157	0.155	0.154
230	0.153	0.152	0.150	0.149	0.148	0.147	0.145	0.144	0.143	0.142
240	0.141	0.140	0.139	0.137	0.136	0.135	0.134	0.133	0.132	0.131

b类截面轴心受压构件的稳定系数 φ

$\lambda\sqrt{\frac{f_y}{235}}$	0	1	2	3	4	5	6	7	8	9
0	1.000	1.000	1.000	0.999	0.999	0.998	0.997	0.996	0.995	0.994
10	0.992	0.991	0.989	0.987	0.985	0.983	0.981	0.978	0.976	0.973
20	0.970	0.967	0.963	0.960	0.957	0.953	0.950	0.946	0.943	0.939
30	0.936	0.932	0.929	0.925	0.921	0.918	0.914	0.910	0.906	0.903
40	0.899	0.895	0.891	0.886	0.882	0.878	0.874	0.870	0.865	0.861
50	0.856	0.852	0.847	0.842	0.837	0.833	0.828	0.823	0.818	0.813
60	0.807	0.802	0.796	0.791	0.785	0.780	0.774	0.768	0.762	0.757
70	0.751	0.745	0.738	0.732	0.726	0.720	0.713	0.707	0.701	0.694
80	0.687	0.681	0.674	0.668	0.661	0.654	0.648	0.641	0.634	0.628
90	0.621	0.614	0.607	0.601	0.594	0.587	0.581	0.574	0.568	0.561
100	0.555	0.548	0.542	0.535	0.529	0.523	0.517	0.511	0.504	0.498
110	0.492	0.487	0.481	0.475	0.469	0.464	0.458	0.453	0.447	0.442
120	0.436	0.431	0.426	0.421	0.416	0.411	0.406	0.401	0.396	0.392
130	0.387	0.383	0.378	0.374	0.369	0.365	0.361	0.357	0.352	0.348
140	0.344	0.340	0.337	0.333	0.329	0.325	0.322	0.318	0.314	0.311
150	0.308	0.304	0.301	0.297	0.294	0.291	0.288	0.285	0.282	0.279
160	0.276	0.273	0.270	0.267	0.264	0.262	0.259	0.256	0.253	0.251
170	0.248	0.246	0.243	0.241	0.238	0.236	0.234	0.232	0.229	0.227
180	0.225	0.222	0.220	0.218	0.216	0.214	0.212	0.210	0.208	0.206
190	0.204	0.202	0.200	0.198	0.196	0.195	0.193	0.191	0.189	0.188
200	0.186	0.184	0.183	0.181	0.179	0.178	0.176	0.175	0.173	0.172
210	0.170	0.169	0.167	0.166	0.164	0.163	0.162	0.160	0.159	0.158
220	0.156	0.155	0.154	0.152	0.151	0.150	0.149	0.147	0.146	0.145
230	0.144	0.143	0.142	0.141	0.139	0.138	0.137	0.136	0.135	0.134
240	0.133	0.132	0.131	0.130	0.129	0.128	0.127	0.126	0.125	0.124
250	0.123									

c 类截面轴心受压构件的稳定系数 φ

$\lambda\sqrt{\frac{f_y}{235}}$	0	1	2	3	4	5	6	7	8	9
0	1.000	1.000	1.000	0.999	0.999	0.998	0.997	0.996	0.995	0.993
10	0.992	0.990	0.988	0.986	0.983	0.981	0.978	0.976	0.973	0.970
20	0.966	0.959	0.953	0.947	0.940	0.934	0.928	0.921	0.915	0.909
30	0.902	0.896	0.890	0.883	0.877	0.871	0.865	0.858	0.852	0.845
40	0.839	0.833	0.826	0.820	0.813	0.807	0.800	0.794	0.787	0.781
50	0.774	0.768	0.761	0.755	0.748	0.742	0.735	0.728	0.722	0.715
60	0.709	0.702	0.695	0.689	0.682	0.675	0.669	0.662	0.656	0.649
70	0.642	0.636	0.629	0.623	0.616	0.610	0.603	0.597	0.591	0.584
80	0.578	0.572	0.565	0.559	0.553	0.547	0.541	0.535	0.529	0.523
90	0.517	0.511	0.505	0.499	0.494	0.488	0.483	0.477	0.471	0.467
100	0.462	0.458	0.453	0.449	0.445	0.440	0.436	0.432	0.427	0.423
110	0.419	0.415	0.411	0.407	0.402	0.398	0.394	0.390	0.386	0.383
120	0.379	0.375	0.371	0.367	0.363	0.360	0.356	0.352	0.349	0.345
130	0.342	0.338	0.335	0.332	0.328	0.325	0.332	0.318	0.315	0.312
140	0.309	0.306	0.303	0.300	0.297	0.294	0.291	0.288	0.285	0.282
150	0.279	0.277	0.274	0.271	0.269	0.266	0.263	0.261	0.258	0.256
160	0.253	0.251	0.248	0.246	0.244	0.241	0.239	0.237	0.235	0.232
170	0.230	0.228	0.226	0.224	0.222	0.220	0.218	0.216	0.214	0.212
180	0.210	0.208	0.206	0.204	0.203	0.201	0.199	0.197	0.195	0.194
190	0.192	0.190	0.189	0.187	0.185	0.184	0.182	0.181	0.179	0.178
200	0.176	0.175	0.173	0.172	0.170	0.169	0.167	0.166	0.165	0.163
210	0.162	0.161	0.159	0.158	0.157	0.155	0.154	0.153	0.152	0.151
220	0.149	0.148	0.147	0.146	0.145	0.144	0.142	0.141	0.140	0.139
230	0.138	0.137	0.136	0.135	0.134	0.133	0.132	0.131	0.130	0.129
240	0.128	0.127	0.126	0.125	0.124	0.123	0.123	0.122	0.121	0.120
250	0.119									

d类截面轴心受压构件的稳定系数 φ

$\lambda\sqrt{\frac{f_y}{235}}$	0	1	2	3	4	5	6	7	8	9
0	1.000	1.000	0.999	0.999	0.998	0.996	0.994	0.992	0.990	0.987
10	0.984	0.981	0.978	0.974	0.969	0.965	0.960	0.955	0.949	0.944
20	0.937	0.927	0.918	0.909	0.900	0.891	0.883	0.874	0.865	0.857
30	0.848	0.840	0.831	0.823	0.815	0.807	0.798	0.790	0.782	0.774
40	0.766	0.758	0.751	0.743	0.735	0.727	0.720	0.712	0.705	0.697
50	0.690	0.682	0.675	0.668	0.660	0.653	0.646	0.639	0.632	0.625
60	0.618	0.611	0.605	0.598	0.591	0.585	0.578	0.571	0.565	0.559
70	0.552	0.546	0.540	0.534	0.528	0.521	0.516	0.510	0.504	0.498
80	0.492	0.487	0.481	0.476	0.470	0.465	0.459	0.454	0.449	0.444
90	0.439	0.434	0.429	0.424	0.419	0.414	0.409	0.405	0.401	0.397
100	0.393	0.390	0.386	0.383	0.380	0.376	0.373	0.369	0.366	0.363
110	0.359	0.356	0.353	0.350	0.346	0.343	C.340	0.337	0.334	0.331
120	0.328	0.325	0.322	0.319	0.316	0.313	0.310	0.307	0.304	0.301
130	0.298	0.296	0.293	0.290	0.288	0.285	0.282	0.280	0.277	0.275
140	0.272	0.270	0.267	0.265	0.262	0.260	0.257	0.255	0.253	0.250
150	0.248	0.246	0.244	0.242	0.239	0.237	0.235	0.233	0.231	0.229
160	0.227	0.225	0.223	0.221	0.219	0.217	0.215	0.213	0.211	0.210
170	0.208	0.206	0.204	0.202	0.201	0.199	0.197	0.196	0.194	0.192
180	0.191	0.189	0.187	0.186	0.184	0.183	0.181	0.180	0.178	0.177
190	0.175	0.174	0.173	0.171	0.170	0.168	0.167	0.166	0.164	0.163
200	0.162									

附录E 螺栓的有效直径和有效面积

螺栓的有效直径和有效面积

螺栓直径 d/mm	螺距 p/mm	螺栓有效直径 d_e/mm	螺栓有效面积 A_e/mm^2	螺栓直径 d/mm	螺距 p/mm	螺栓有效直径 d_e/mm	螺栓有效面积 A_e/mm^2
16	2	14.123 6	156.7	52	5	47.309 0	1758
18	2.5	15.654 5	192.5	56	5.5	50.839 9	2030
20	2.5	17.654 5	244.8	60	5.5	54.839 9	2362
22	2.5	19.654 5	303.4	64	6	58.370 8	2676
24	3	21.185 4	352.5	68	6	62.370 8	3055
27	3	24.185 4	459.4	72	6	66.370 8	3460
30	3.5	26.716 3	560.6	76	6	70.370 8	3889
33	3.5	29.716 3	693.6	80	6	74.370 8	4344
36	4	32.247 2	816.7	85	6	79.370 8	4948
39	4	35.247 2	975.8	90	6	84.370 8	5591
42	4.5	37.778 1	1121	95	6	89.370 8	6273
45	4.5	40.778 1	1306	100	6	94.370 8	6995
48	5	43.309 0	1473				

附录F 热轧等边角钢截面尺寸、截面面积、理论重量及截面特性

热轧等边角钢截面尺寸、截面面积、理论重量及截面特性

型号	截面尺寸/mm			截面面积/cm^2	理论重量/(kg/m)	外表面积/(m^2/m)	惯性矩/cm^4				惯性半径/cm			截面模数/cm^3			重心距离/cm
	b	d	r				I_x	I_{x1}	I_{x0}	I_{y0}	i_x	i_{x0}	i_{y0}	W_x	W_{x0}	W_{y0}	Z_0
2	20	3	3.5	1.132	0.89	0.078	0.40	0.81	0.63	0.17	0.59	0.75	0.39	0.29	0.45	0.20	0.60
		4		1.459	1.15	0.077	0.50	1.09	0.78	0.22	0.58	0.73	0.38	0.36	0.55	0.24	0.64
2.5	25	3		1.432	1.12	0.098	0.82	1.57	1.29	0.34	0.76	0.95	0.49	0.46	0.73	0.33	0.73
		4		1.859	1.46	0.097	1.03	2.11	1.62	0.43	0.74	0.93	0.48	0.59	0.92	0.40	0.76
3.0	30	3	4.5	1.749	1.37	0.117	1.46	2.71	2.31	0.61	0.91	1.15	0.59	0.68	1.09	0.51	0.85
		4		2.276	1.79	0.117	1.84	3.63	2.92	0.77	0.90	1.13	0.58	0.87	1.37	0.62	0.89
3.6	36	3		2.109	1.66	0.141	2.58	4.68	4.09	1.07	1.11	1.39	0.71	0.99	1.61	0.76	1.00
		4		2.756	2.16	0.141	3.29	6.25	5.22	1.37	1.09	1.38	0.70	1.28	2.05	0.93	1.04
		5		3.382	2.65	0.141	3.95	7.84	6.24	1.65	1.08	1.36	0.70	1.56	2.45	1.00	1.07
4	40	3	5	2.359	1.85	0.157	3.59	6.41	5.69	1.49	1.23	1.55	0.79	1.23	2.01	0.96	1.09
		4		3.086	2.42	0.157	4.60	8.56	7.29	1.91	1.22	1.54	0.79	1.60	2.58	1.19	1.13
		5		3.792	2.98	0.156	5.53	10.7	8.76	2.30	1.21	1.52	0.78	1.96	3.10	1.39	1.17
4.5	45	3		2.659	2.09	0.177	5.17	9.12	8.20	2.14	1.40	1.76	0.89	1.58	2.58	1.24	1.22
		4		3.486	2.74	0.177	6.65	12.2	10.6	2.75	1.38	1.74	0.89	2.05	3.32	1.54	1.26
		5		4.292	3.37	0.176	8.04	15.2	12.7	3.33	1.37	1.72	0.88	2.51	4.00	1.81	1.30
		6		5.077	3.99	0.176	9.33	18.4	14.8	3.89	1.36	1.70	0.80	2.95	4.64	2.06	1.33
5	50	3	5.5	2.971	2.33	0.197	7.18	12.5	11.4	2.98	1.55	1.96	1.00	1.96	3.22	1.57	1.34
		4		3.897	3.06	0.197	9.26	16.7	14.7	3.82	1.54	1.94	0.99	2.56	4.16	1.96	1.38
		5		4.803	3.77	0.196	11.2	20.9	17.8	4.64	1.53	1.92	0.98	3.13	5.03	2.31	1.42
		6		5.688	4.46	0.196	13.1	25.1	20.7	5.42	1.52	1.91	0.98	3.68	5.85	2.63	1.46
5.6	56	3	6	3.343	2.62	0.221	10.2	17.6	16.1	4.24	1.75	2.20	1.13	2.48	4.08	2.02	1.48
		4		4.390	3.45	0.220	13.2	23.4	20.9	5.46	1.73	2.18	1.11	3.24	5.28	2.52	1.53
		5		5.415	4.25	0.220	16.0	29.3	25.4	6.61	1.72	2.17	1.10	3.97	6.42	2.98	1.57
		6		6.420	5.04	0.220	18.7	35.3	29.7	7.73	1.71	2.15	1.10	4.68	7.49	3.40	1.61
		7		7.404	5.81	0.219	21.2	41.2	33.6	8.82	1.69	2.13	1.09	5.36	8.49	3.80	1.64
		8		8.367	6.57	0.219	23.6	47.2	37.4	9.89	1.68	2.11	1.09	6.03	9.44	4.16	1.68

续表

型号	截面尺寸/mm			截面面积/cm^2	理论重量/(kg/m)	外表面积/(m^2/m)	惯性矩/cm^4				惯性半径/cm			截面模数/cm^3			重心距离/cm
	b	d	r				I_x	I_{x1}	I_{x0}	I_{y0}	i_x	i_{x0}	i_{y0}	W_x	W_{x0}	W_{y0}	Z_0
6	60	5	6.5	5.829	4.58	0.236	19.9	36.1	31.6	8.21	1.85	2.33	1.19	4.59	7.44	3.48	1.67
		6		6.914	5.43	0.235	23.4	43.3	36.9	9.60	1.83	2.31	1.18	5.41	8.70	3.98	1.70
		7		7.977	6.26	0.235	26.4	50.7	41.9	11.0	1.82	2.29	1.17	6.21	9.88	4.45	1.74
		8		9.020	7.08	0.235	29.5	58.0	46.7	12.3	1.81	2.27	1.17	6.98	11.0	4.88	1.78
6.3	63	4	7	4.978	3.91	0.248	19.0	33.4	30.2	7.89	1.96	2.46	1.26	4.13	6.78	3.29	1.70
		5		6.143	4.82	0.248	23.2	41.7	36.8	9.57	1.94	2.45	1.25	5.08	8.25	3.90	1.74
		6		7.288	5.72	0.247	27.1	50.1	43.0	11.2	1.93	2.43	1.24	6.00	9.66	4.46	1.78
		7		8.412	6.60	0.247	30.9	58.6	49.0	12.8	1.92	2.41	1.23	6.88	11.0	4.98	1.82
		8		9.515	7.47	0.247	34.5	67.1	54.6	14.3	1.90	2.40	1.23	7.75	12.3	5.47	1.85
		10		11.66	9.15	0.246	41.1	84.3	64.9	17.3	1.88	2.36	1.22	9.39	14.6	6.36	1.93
7	70	4	8	5.570	4.37	0.275	26.4	45.7	41.8	11.0	2.18	2.74	1.40	5.14	8.44	4.17	1.86
		5		6.876	5.40	0.275	32.2	57.2	51.1	13.3	2.16	2.73	1.39	6.32	10.3	4.95	1.91
		6		8.160	6.41	0.275	37.8	68.7	59.9	15.6	2.15	2.71	1.38	7.48	12.1	5.67	1.95
		7		9.424	7.40	0.275	43.1	80.3	68.4	17.8	2.14	2.69	1.38	8.59	13.8	6.34	1.99
		8		10.67	8.37	0.274	48.2	91.9	76.4	20.0	2.12	2.68	1.37	9.68	15.4	6.98	2.03
7.5	75	5	9	7.412	5.82	0.295	40.0	70.6	63.3	16.6	2.33	2.92	1.50	7.32	11.9	5.77	2.04
		6		8.797	6.91	0.294	47.0	84.6	74.4	19.5	2.31	2.90	1.49	8.64	14.0	6.67	2.07
		7		10.16	7.98	0.294	53.6	98.7	85.0	22.2	2.30	2.89	1.48	9.93	16.0	7.44	2.11
		8		11.50	9.03	0.294	60.0	113	95.1	24.9	2.28	2.88	1.47	11.2	17.9	8.19	2.15
		9		12.83	10.1	0.294	66.1	127	105	27.5	2.27	2.86	1.46	12.4	19.8	8.89	2.18
		10		14.13	11.1	0.293	72.0	142	114	30.1	2.26	2.84	1.46	13.6	21.5	9.56	2.22
8	80	5		7.912	6.21	0.315	48.8	85.4	77.3	20.3	2.48	3.13	1.60	8.34	13.7	6.66	2.15
		6		9.397	7.38	0.314	57.4	103	91.0	23.7	2.47	3.11	1.59	9.87	16.1	7.65	2.19
		7		10.86	8.53	0.314	65.6	120	104	27.1	2.46	3.10	1.58	11.4	18.4	8.58	2.23
		8		12.30	9.66	0.314	73.5	137	117	30.4	2.44	3.08	1.57	12.8	20.6	9.46	2.27
		9		13.73	10.8	0.314	81.1	154	129	33.6	2.43	3.06	1.56	14.3	22.7	10.3	2.31
		10		15.13	11.9	0.313	88.4	172	140	36.8	2.42	3.04	1.56	15.6	24.8	11.1	2.35
9	90	6	10	10.64	8.35	0.354	82.8	146	131	34.3	2.79	3.51	1.80	12.6	20.6	9.95	2.44
		7		12.30	9.66	0.354	94.8	170	150	39.2	2.78	3.50	1.78	14.5	23.6	11.2	2.48
		8		13.94	10.9	0.353	106	195	169	44.0	2.76	3.48	1.78	16.4	26.6	12.4	2.52
		9		15.57	12.2	0.353	118	219	187	48.7	2.75	3.46	1.77	18.3	29.4	13.5	2.56
		10		17.17	13.5	0.353	129	244	204	53.3	2.74	3.45	1.76	20.1	32.0	14.5	2.59
		12		20.31	15.9	0.352	149	294	236	62.2	2.71	3.41	1.75	23.6	37.1	16.5	2.67

续表

型号	截面尺寸/mm			截面面积/cm^2	理论重量/(kg/m)	外表面积/(m^2/m)	惯性矩/cm^4				惯性半径/cm			截面模数/cm^3			重心距离/cm
	b	d	r				I_x	I_{x1}	I_{x0}	I_{y0}	i_x	i_{x0}	i_{y0}	W_x	W_{x0}	W_{y0}	Z_0
10	100	6	12	11.93	9.37	0.393	115	200	182	47.9	3.10	3.90	2.00	15.7	25.7	12.7	2.67
		7		13.80	10.8	0.393	132	234	209	54.7	3.09	3.89	1.99	18.1	29.6	14.3	2.71
		8		15.64	12.3	0.393	148	267	235	61.4	3.08	3.88	1.98	20.5	33.2	15.8	2.76
		9		17.46	13.7	0.392	164	300	260	68.0	3.07	3.86	1.97	22.8	36.8	17.2	2.80
		10		19.26	15.1	0.392	180	334	285	74.4	3.05	3.84	1.96	25.1	40.3	18.5	2.84
		12		22.80	17.9	0.391	209	402	331	86.8	3.03	3.81	1.95	29.5	46.8	21.1	2.91
		14		26.26	20.6	0.391	237	471	374	99.0	3.00	3.77	1.94	33.7	52.9	23.4	2.99
		16		29.63	23.3	0.390	263	540	414	111	2.98	3.74	1.94	37.8	58.6	25.6	3.06
11	110	7	12	15.20	11.9	0.433	177	311	281	73.4	3.41	4.30	2.20	22.1	36.1	17.5	2.96
		8		17.24	13.5	0.433	199	355	316	82.4	3.40	4.28	2.19	25.0	40.7	19.4	3.01
		10		21.26	16.7	0.432	242	445	384	100	3.38	4.25	2.17	30.6	49.4	22.9	3.09
		12		25.20	19.8	0.431	283	535	448	117	3.35	4.22	2.15	36.1	57.6	26.2	3.16
		14		29.06	22.8	0.431	321	625	508	133	3.32	4.18	2.14	41.3	65.3	29.1	3.24
12.5	125	8	14	19.75	15.5	0.492	297	521	471	123	3.88	4.88	2.50	32.5	53.3	25.9	3.37
		10		24.37	19.1	0.491	362	652	574	149	3.85	4.85	2.48	40.0	64.9	30.6	3.45
		12		28.91	22.7	0.491	423	783	671	175	3.83	4.82	2.46	41.2	76.0	35.0	3.53
		14		33.37	26.2	0.490	482	916	764	200	3.80	4.78	2.45	54.2	86.4	39.1	3.61
		16		37.74	29.6	0.489	537	1050	851	224	3.77	4.75	2.43	60.9	96.3	43.0	3.68
14	140	10		27.37	21.5	0.551	515	915	817	212	4.34	5.46	2.78	50.6	82.6	39.2	3.82
		12		32.51	25.5	0.551	604	1100	959	249	4.31	5.43	2.76	59.8	96.9	45.0	3.90
		14		37.57	29.5	0.550	689	1280	1090	284	4.28	5.40	2.75	68.8	110	50.5	3.98
		16		42.54	33.4	0.549	770	1470	1220	319	4.26	5.36	2.74	77.5	123	55.6	4.06
15	150	8		23.75	18.6	0.592	521	900	827	215	4.69	5.90	3.01	47.4	78.0	38.1	3.99
		10		29.37	23.1	0.591	638	1130	1010	262	4.66	5.87	2.99	58.4	95.5	45.5	4.08
		12		34.91	27.4	0.591	749	1350	1190	308	4.63	5.84	2.97	69.0	112	52.4	4.15
		14		40.37	31.7	0.590	856	1580	1360	352	4.60	5.80	2.95	79.5	128	58.8	4.23
		15		43.06	33.8	0.590	907	1690	1440	374	4.59	5.78	2.95	84.6	136	61.9	4.27
		16		45.74	35.9	0.589	958	1810	1520	395	4.58	5.77	2.94	89.6	143	64.9	4.31

续表

型号	截面尺寸/mm			截面面积/cm²	理论重量/(kg/m)	外表面积/(m²/m)	惯性矩/cm⁴				惯性半径/cm			截面模数/cm³			重心距离/cm
	b	d	r				I_x	I_{x1}	I_{x0}	I_{y0}	i_x	i_{x0}	i_{y0}	W_x	W_{x0}	W_{y0}	Z_0
16	160	10	16	31.50	24.7	0.630	780	1370	1240	322	4.98	6.27	3.20	66.7	109	52.8	4.31
		12		37.44	29.4	0.630	917	1640	1460	377	4.95	6.24	3.18	79.0	129	60.7	4.39
		14		43.30	34.0	0.629	1050	1910	1670	432	4.92	6.20	3.16	91.0	147	68.2	4.47
		16		49.07	38.5	0.629	1180	2190	1870	485	4.89	6.17	3.14	103	165	75.3	4.55
18	180	12		42.24	33.2	0.710	1320	2330	2100	543	5.59	7.05	3.58	101	165	78.4	4.89
		14		48.90	38.4	0.709	1510	2720	2410	622	5.56	7.02	3.56	116	189	88.4	4.97
		16		55.47	43.5	0.709	1700	3120	2700	699	5.54	6.98	3.55	131	212	97.8	5.05
		18		61.96	48.6	0.708	1880	3500	2990	762	5.50	6.94	3.51	146	235	105	5.13
20	200	14	18	54.64	42.9	0.788	2100	3730	3340	864	6.20	7.82	3.98	145	236	112	5.46
		16		62.01	48.7	0.788	2370	4270	3760	971	6.18	7.79	3.96	164	266	124	5.54
		18		69.30	54.4	0.787	2620	4810	4160	1080	6.15	7.75	3.94	182	294	136	5.62
		20		76.51	60.1	0.787	2870	5350	4550	1180	6.12	7.72	3.93	200	322	147	5.69
		24		90.66	71.2	0.785	3340	6460	5290	1380	6.07	7.64	3.90	236	374	167	5.87
22	220	16	21	68.67	53.9	0.866	3190	5680	5060	1310	6.81	8.59	4.37	200	326	154	6.03
		18		76.75	60.3	0.866	3540	6400	5620	1450	6.79	8.55	4.35	223	361	168	6.11
		20		84.76	66.5	0.865	3870	7110	6150	1590	6.76	8.52	4.34	245	395	182	6.18
		22		92.68	72.8	0.865	4200	7830	6670	1730	6.73	8.48	4.32	267	429	195	6.26
		24		100.5	78.9	0.864	4520	8550	7170	1870	6.71	8.45	4.31	289	461	208	6.33
		26		108.3	85.0	0.864	4830	9280	7690	2000	6.68	8.41	4.30	310	492	221	6.41
25	250	18	24	87.84	69.0	0.985	5270	9380	8370	2170	7.75	9.76	4.97	290	473	224	6.84
		20		97.05	76.2	0.984	5780	10 400	9180	2380	7.72	9.73	4.95	320	519	243	6.92
		22		106.2	83.3	0.983	6280	11 500	9970	2580	7.69	9.69	4.93	349	564	261	7.00
		24		115.2	90.4	0.983	6770	12 500	10 700	2790	7.67	9.66	4.92	378	608	278	7.07
		26		124.2	97.5	0.982	7240	13 600	11 500	2980	7.64	9.62	4.90	406	650	295	7.15
		28		133.0	104	0.982	7700	14 600	12 200	3180	7.61	9.58	4.89	433	691	311	7.22
		30		141.8	111	0.981	8160	15 700	12 900	3380	7.58	9.55	4.88	461	731	327	7.30
		32		150.5	118	0.981	8600	16 800	13 600	3570	7.56	9.51	4.87	488	770	342	7.37
		35		163.4	128	0.980	9240	18 400	14 600	3850	7.52	9.46	4.86	527	827	364	7.48

注：截面图中的 $r_1=1/3d$ 及表中 r 的数据用于孔型设计，不作为交货条件。

附录G 热轧不等边角钢截面尺寸、截面面积、理论重量及截面特性

热轧不等边角钢截面尺寸、截面面积、理论重量及截面特性

型号	截面尺寸/mm				截面面积/cm²	理论重量/(kg/m)	外表面积/(m²/m)	惯性矩/cm⁴					惯性半径/cm			截面模数/cm³			tanα	重心距离/cm	
	B	b	d	r				I_x	I_{x1}	I_y	I_{y1}	I_u	i_x	i_y	i_u	W_x	W_y	W_u		X_0	Y_0
2.5/1.6	25	16	3	3.5	1.162	0.91	0.080	0.70	1.56	0.22	0.43	0.14	0.78	0.44	0.34	0.43	0.19	0.16	0.392	0.42	0.86
			4		1.499	1.18	0.079	0.88	2.09	0.27	0.59	0.17	0.77	0.43	0.34	0.55	0.24	0.20	0.381	0.46	0.90
3.2/2	32	20	3		1.492	1.17	0.102	1.53	3.27	0.46	0.82	0.28	1.01	0.55	0.43	0.72	0.30	0.25	0.382	0.49	1.08
			4		1.939	1.52	0.101	1.93	4.37	0.57	1.12	0.35	1.00	0.54	0.42	0.93	0.39	0.32	0.374	0.53	1.12
4/2.5	40	25	3	4	1.890	1.48	0.127	3.08	5.39	0.93	1.59	0.56	1.28	0.70	0.54	1.15	0.49	0.40	0.385	0.59	1.32
			4		2.467	1.94	0.127	3.93	8.53	1.18	2.14	0.71	1.36	0.69	0.54	1.49	0.63	0.52	0.381	0.63	1.37
4.5/2.8	45	28	3	5	2.149	1.69	0.143	4.45	9.10	1.34	2.23	0.80	1.44	0.79	0.61	1.47	0.62	0.51	0.383	0.64	1.47
			4		2.806	2.20	0.143	5.69	12.1	1.70	3.00	1.02	1.42	0.78	0.60	1.91	0.80	0.66	0.380	0.68	1.51
5/3.2	50	32	3	5.5	2.431	1.91	0.161	6.24	12.5	2.02	3.31	1.20	1.60	0.91	0.70	1.84	0.82	0.68	0.404	0.73	1.60
			4		3.177	2.49	0.160	8.02	16.7	2.58	4.45	1.53	1.59	0.90	0.69	2.39	1.06	0.87	0.402	0.77	1.65
5.6/3.6	56	36	3	6	2.743	2.15	0.181	8.88	17.5	2.92	4.70	1.73	1.80	1.03	0.79	2.32	1.05	0.87	0.408	0.80	1.78
			4		3.590	2.82	0.180	11.5	23.4	3.76	6.33	2.23	1.79	1.02	0.79	3.03	1.37	1.13	0.408	0.85	1.82
			5		4.415	3.47	0.180	13.9	29.3	4.49	7.94	2.67	1.77	1.01	0.78	3.71	1.65	1.36	0.404	0.88	1.87

续表

型号	截面尺寸/mm				截面面积/cm^2	理论重量/(kg/m)	外表面积/(m^2/m)	惯性矩/cm^4					惯性半径/cm			截面模数/cm^3			tanα	重心距离/cm	
	B	b	d	r				I_x	I_{x1}	I_y	I_{y1}	I_u	i_x	i_y	i_u	W_x	W_y	W_u		X_0	Y_0
6.3/4	63	40	4	7	4.058	3.19	0.202	16.5	33.3	5.23	8.63	3.12	2.02	1.14	0.88	3.87	1.70	1.40	0.398	0.92	2.04
			5		4.993	3.92	0.202	20.0	41.6	6.31	10.9	3.76	2.00	1.12	0.87	4.74	2.07	1.71	0.396	0.95	2.08
			6		5.908	4.64	0.201	23.4	50.0	7.29	13.1	4.34	1.96	1.11	0.86	5.59	2.43	1.99	0.393	0.99	2.12
			7		6.802	5.34	0.201	26.5	58.1	8.24	15.5	4.97	1.98	1.10	0.86	6.40	2.78	2.29	0.389	1.03	2.15
7/4.5	70	45	4	7.5	4.553	3.57	0.226	23.2	45.9	7.55	12.3	4.40	2.26	1.29	0.98	4.86	2.17	1.77	0.410	1.02	2.24
			5		5.609	4.40	0.225	28.0	57.1	9.13	15.4	5.40	2.23	1.28	0.98	5.92	2.65	2.19	0.407	1.06	2.28
			6		6.644	5.22	0.225	32.5	68.4	10.6	18.6	6.35	2.21	1.26	0.98	6.95	3.12	2.59	0.404	1.09	2.32
			7		7.658	6.01	0.225	37.2	80.0	12.0	21.8	7.16	2.20	1.25	0.97	8.03	3.57	2.94	0.402	1.13	2.36
7.5/5	75	50	5	8	6.126	4.81	0.245	34.9	70.0	12.6	21.0	7.41	2.39	1.44	1.10	6.83	3.30	2.74	0.435	1.17	2.40
			6		7.260	5.70	0.245	41.1	84.3	14.7	25.4	8.54	2.38	1.42	1.08	8.12	3.88	3.19	0.435	1.21	2.44
			8		9.467	7.43	0.244	52.4	113	18.5	34.2	10.9	2.35	1.40	1.07	10.5	4.99	4.10	0.429	1.29	2.52
			10		11.59	9.10	0.244	62.7	141	22.0	43.4	13.1	2.33	1.38	1.06	12.8	6.04	4.99	0.423	1.36	2.60
8/5	80	50	5		6.376	5.00	0.255	42.0	85.2	12.8	21.1	7.66	2.56	1.42	1.10	7.78	3.32	2.74	0.388	1.14	2.60
			6		7.560	5.93	0.255	49.5	103	15.0	25.4	8.85	2.56	1.41	1.08	9.25	3.91	3.20	0.387	1.18	2.65
			7		8.724	6.85	0.255	56.2	119	17.0	29.8	10.2	2.54	1.39	1.08	10.6	4.48	3.70	0.384	1.21	2.69
			8		9.867	7.75	0.254	62.8	136	18.9	34.3	11.4	2.52	1.38	1.07	11.9	5.03	4.16	0.381	1.25	2.73
9/5.6	90	56	5	9	7.212	5.66	0.287	60.5	121	18.3	29.5	11.0	2.90	1.59	1.23	9.92	4.21	3.49	0.385	1.25	2.91
			6		8.557	6.72	0.286	71.0	146	21.4	35.6	12.9	2.88	1.58	1.23	11.7	4.96	4.13	0.384	1.29	2.95
			7		9.881	7.76	0.286	81.0	170	24.4	41.7	14.7	2.86	1.57	1.22	13.5	5.70	4.72	0.382	1.33	3.00
			8		11.18	8.78	0.286	91.0	194	27.2	47.9	16.3	2.85	1.56	1.21	15.3	6.41	5.29	0.380	1.36	3.04

续表

型号	截面尺寸/mm				截面面积/cm²	理论重量/(kg/m)	外表面积/(m²/m)	惯性矩/cm⁴					惯性半径/cm			截面模数/cm³			tanα	重心距离/cm	
	B	b	d	r				I_x	I_{x1}	I_y	I_{y1}	I_u	i_x	i_y	i_u	W_x	W_y	W_u		X_0	Y_0
10/6.3	100	63	6	10	9.618	7.55	0.320	99.1	200	30.9	50.5	18.4	3.21	1.79	1.38	14.6	6.35	5.25	0.394	1.43	3.24
			7		11.11	8.72	0.320	113	233	35.3	59.1	21.0	3.20	1.78	1.38	16.9	7.29	6.02	0.394	1.47	3.28
			8		12.58	9.88	0.319	127	266	39.4	67.9	23.5	3.18	1.77	1.37	19.1	8.21	6.78	0.391	1.50	3.32
			10		15.47	12.1	0.319	154	333	47.1	85.7	28.3	3.15	1.74	1.35	23.3	9.98	8.24	0.387	1.58	3.40
10/8	100	80	6	10	10.64	8.35	0.354	107	200	61.2	103	31.7	3.17	2.40	1.72	15.2	10.2	8.37	0.627	1.97	2.95
			7		12.30	9.66	0.354	123	233	70.1	120	36.2	3.16	2.39	1.72	17.5	11.7	9.60	0.626	2.01	3.00
			8		13.94	10.9	0.353	138	267	78.6	137	40.6	3.14	2.37	1.71	19.8	13.2	10.8	0.625	2.05	3.04
			10		17.17	13.5	0.353	167	334	94.7	172	49.1	3.12	2.35	1.69	24.2	16.1	13.1	0.622	2.13	3.12
11/7	110	70	6	10	10.64	8.35	0.354	133	266	42.9	69.1	25.4	3.54	2.01	1.54	17.9	7.90	6.53	0.403	1.57	3.53
			7		12.30	9.66	0.354	153	310	49.0	80.8	29.0	3.53	2.00	1.53	20.6	9.09	7.50	0.402	1.61	3.57
			8		13.94	10.9	0.353	172	354	54.9	92.7	32.5	3.51	1.98	1.53	23.3	10.3	8.45	0.401	1.65	3.62
			10		17.17	13.5	0.353	208	443	65.9	117	39.2	3.48	1.96	1.51	28.5	12.5	10.3	0.397	1.72	3.70
12.5/8	125	80	7	11	14.10	11.1	0.403	228	455	74.4	120	43.8	4.02	2.30	1.76	26.9	12.0	9.92	0.408	1.80	4.01
			8		15.99	12.6	0.403	257	520	83.5	138	49.2	4.01	2.28	1.75	30.4	13.6	11.2	0.407	1.84	4.06
			10		19.71	15.5	0.402	312	650	101	173	59.5	3.98	2.26	1.74	37.3	16.6	13.6	0.404	1.92	4.14
			12		23.35	18.3	0.402	364	780	117	210	69.4	3.95	2.24	1.72	44.0	19.4	16.0	0.400	2.00	4.22
14/9	140	90	8	12	18.04	14.2	0.453	366	731	121	196	70.8	4.50	2.59	1.98	38.5	17.3	14.3	0.411	2.04	4.50
			10		22.26	17.5	0.452	446	913	140	246	85.8	4.47	2.56	1.96	47.3	21.2	17.5	0.409	2.12	4.58
			12		26.40	20.7	0.451	522	1100	170	297	100	4.44	2.54	1.95	55.9	25.0	20.5	0.406	2.19	4.66
			14		30.46	23.9	0.451	594	1280	192	349	114	4.42	2.51	1.94	64.2	28.5	23.5	0.403	2.27	4.74

续表

型号	截面尺寸/mm				截面面积/cm²	理论重量/(kg/m)	外表面积/(m²/m)	惯性矩/cm⁴					惯性半径/cm			截面模数/cm³			tanα	重心距离/cm	
	B	b	d	r				I_x	I_{x1}	I_y	I_{y1}	I_u	i_x	i_y	i_u	W_x	W_y	W_u		X_0	Y_0
15/9	150	90	8	12	18.84	14.8	0.473	442	898	123	196	74.1	4.84	2.55	1.98	43.9	17.5	14.5	0.364	1.97	4.92
			10		23.26	18.3	0.472	539	1120	149	246	89.9	4.81	2.53	1.97	54.0	21.4	17.7	0.362	2.05	5.01
			12		27.60	21.7	0.471	632	1350	173	297	105	4.79	2.50	1.95	63.8	25.1	20.8	0.359	2.12	5.09
			14		31.86	25.0	0.471	721	1570	196	350	120	4.76	2.48	1.94	73.3	28.8	23.8	0.356	2.20	5.17
			15		33.95	26.7	0.471	764	1680	207	376	127	4.74	2.47	1.93	78.0	30.5	25.3	0.354	2.24	5.21
			16		36.03	28.3	0.470	806	1800	217	403	134	4.73	2.45	1.93	82.6	32.3	26.8	0.352	2.27	5.25
16/10	160	100	10	13	25.32	19.9	0.512	669	1360	205	337	122	5.14	2.85	2.19	62.1	26.6	21.9	0.390	2.28	5.24
			12		30.05	23.6	0.511	785	1640	239	406	142	5.11	2.82	2.17	73.5	31.3	25.8	0.388	2.36	5.32
			14		34.71	27.2	0.510	896	1910	271	476	162	5.08	2.80	2.16	84.6	35.8	29.6	0.385	2.43	5.40
			16		39.28	30.8	0.510	1000	2180	302	548	183	5.05	2.77	2.16	95.3	40.2	33.4	0.382	2.51	5.48
18/11	180	110	10	14	28.37	22.3	0.571	956	1940	278	447	167	5.80	3.13	2.42	79.0	32.5	26.9	0.376	2.44	5.89
			12		33.71	26.5	0.571	1120	2330	325	539	195	5.78	3.10	2.40	93.5	38.3	31.7	0.374	2.52	5.98
			14		38.97	30.6	0.570	1.290	2720	370	632	222	5.75	3.08	2.39	108	44.0	36.3	0.372	2.59	6.06
			16		44.14	34.6	0.569	1440	3110	412	726	249	5.72	3.06	2.38	122	49.4	40.9	0.369	2.67	6.14
20/12.5	200	125	12		37.91	29.8	0.641	1.570	3190	483	788	286	6.44	3.57	2.74	117	50.0	41.2	0.392	2.83	6.54
			14		43.87	34.4	0.640	1800	3730	551	922	327	6.41	3.54	2.73	135	57.4	47.3	0.390	2.91	6.62
			16		49.74	39.0	0.639	2020	4260	615	1060	366	6.38	3.52	2.71	152	64.9	53.3	0.388	2.99	6.70
			18		55.53	43.6	0.639	2240	4790	677	1200	405	6.35	3.49	2.70	169	71.7	59.2	0.385	3.06	6.78

注：截面图中的 $r_1=1/3d$ 及表中 r 的数据用于孔型设计，不作为交货条件。

附录 H 热轧工字钢截面尺寸、截面面积、理论重量及截面特性

热轧工字钢截面尺寸、截面面积、理论重量及截面特性

型号	截面尺寸/mm						截面面积/cm^2	理论重量/(kg/m)	外表面积/(m^2/m)	惯性矩/cm^4		惯性半径/cm		截面模数/cm^3	
	h	b	d	t	r	r_1				I_x	I_y	i_x	i_y	W_x	W_y
10	100	68	4.5	7.6	6.5	3.3	14.33	11.3	0.432	245	33.0	4.14	1.52	49.0	9.72
12	120	74	5.0	8.4	7.0	3.5	17.80	14.0	0.493	436	46.9	4.95	1.62	72.7	12.7
12.6	126	74	5.0	8.4	7.0	3.5	18.10	14.2	0.505	488	46.9	5.20	1.61	77.5	12.7
14	140	80	5.5	9.1	7.5	3.8	21.50	16.9	0.553	712	64.4	5.76	1.73	102	16.1
16	160	88	6.0	9.9	8.0	4.0	26.11	20.5	0.621	1130	93.1	6.58	1.89	141	21.2
18	180	94	6.5	10.7	8.5	4.3	30.74	24.1	0.681	1660	122	7.36	2.00	185	26.0
20a	200	100	7.0	11.4	9.0	4.5	35.55	27.9	0.742	2370	158	8.15	2.12	237	31.5
20b		102	9.0				39.55	31.1	0.746	2500	169	7.96	2.06	250	33.1
22a	220	110	7.5	12.3	9.5	4.8	42.10	33.1	0.817	3400	225	8.99	2.31	309	40.9
22b		112	9.5				46.50	36.5	0.821	3570	239	8.78	2.27	325	42.7
24a	240	116	8.0	13.0	10.0	5.0	47.71	37.5	0.878	4570	280	9.77	2.42	381	48.4
24b		118	10.0				52.51	41.2	0.882	4800	297	9.57	2.38	400	50.4
25a	250	116	8.0				48.51	38.1	0.898	5020	280	10.2	2.40	402	48.3
25b		118	10.0				53.51	42.0	0.902	5280	309	9.94	2.40	423	52.4
27a	270	122	8.5	13.7	10.5	5.3	54.52	42.8	0.958	6550	345	10.9	2.51	485	56.6
27b		124	10.5				59.92	47.0	0.962	6870	366	10.7	2.47	509	58.9
28a	280	122	8.5				55.37	43.5	0.978	7110	345	11.3	2.50	508	56.6
28b		124	10.5				60.97	47.9	0.982	7480	379	11.1	2.49	534	61.2
30a	300	126	9.0	14.4	11.0	5.5	61.22	48.1	1.031	8950	400	12.1	2.55	597	63.5
30b		128	11.0				67.22	52.8	1.035	9400	422	11.8	2.50	627	65.9
30c		130	13.0				73.22	57.5	1.039	9850	445	11.6	2.46	657	68.5
32a	320	130	9.5	15.0	11.5	5.8	67.12	52.7	1.084	11 100	460	12.8	2.62	692	70.8
32b		132	11.5				73.52	57.7	1.088	11 600	502	12.6	2.61	726	76.0
32c		134	13.5				79.92	62.7	1.092	12 200	544	12.3	2.61	760	81.2

续表

型号	截面尺寸/mm						截面面积/cm^2	理论重量/(kg/m)	外表面积/(m^2/m)	惯性矩/cm^4		惯性半径/cm		截面模数/cm^3	
	h	b	d	t	r	r_1				I_x	I_y	i_x	i_y	W_x	W_y
36a	360	136	10.0	15.8	12.0	6.0	76.44	60.0	1.185	15 800	552	14.4	2.69	875	81.2
36b		138	12.0				83.64	65.7	1.189	16 500	582	14.1	2.64	919	84.3
36c		140	14.0				90.84	71.3	1.193	17 300	612	13.8	2.60	962	87.4
40a	400	142	10.5	16.5	12.5	6.3	86.07	67.6	1.285	21 700	660	15.9	2.77	1090	93.2
40b		144	12.5				94.07	73.8	1.289	22 800	692	15.6	2.71	1140	96.2
40c		146	14.5				102.1	80.1	1.293	23 900	727	15.2	2.65	1190	99.6
45a	450	150	11.5	18.0	13.5	6.8	102.4	80.4	1.411	32 200	855	17.7	2.89	1430	114
45b		152	13.5				111.4	87.4	1.415	33 800	894	17.4	2.84	1500	118
45c		154	15.5				120.4	94.5	1.419	35 300	938	17.1	2.79	1570	122
50a	500	158	12.0	20.0	14.0	7.0	119.2	93.6	1.539	46 500	1120	19.7	3.07	1860	142
50b		160	14.0				129.2	101	1.543	48 600	1170	19.4	3.01	1940	146
50c		162	16.0				139.2	109	1.547	50 600	1220	19.0	2.96	2080	151
55a	550	166	12.5	21.0	14.5	7.3	134.1	105	1.667	62 900	1370	21.6	3.19	2290	164
55b		168	14.5				145.1	114	1.671	65 600	1420	21.2	3.14	2390	170
55c		170	16.5				156.1	123	1.675	68 400	1480	20.9	3.08	2490	175
56a	560	166	12.5				135.4	106	1.687	65 600	1370	22.0	3.18	2340	165
56b		168	14.5				146.6	115	1.691	68 500	1490	21.6	3.16	2450	174
56c		170	16.5				157.8	124	1.695	71 400	1560	21.3	3.16	2550	183
63a	630	176	13.0	22.0	15.0	7.5	154.6	121	1.862	93 900	1700	24.5	3.31	2980	193
63b		178	15.0				167.2	131	1.866	98 100	1810	24.2	3.29	3160	204
63c		180	17.0				179.8	141	1.870	102 000	1920	23.8	3.27	3300	214

注：表中 r、r_1 的数据用于孔型设计，不作为交货条件。

附录 I 热轧槽钢截面尺寸、截面面积、理论重量及截面特性

热轧槽钢截面尺寸、截面面积、理论重量及截面特性

型号	截面尺寸/mm						截面面积/cm²	理论重量/(kg/m)	外表面积/(m²/m)	惯性矩/cm⁴			惯性半径/cm		截面模数/cm³		重心距离/cm
	h	b	d	t	r	r_1				I_x	I_y	I_{y1}	i_x	i_y	W_x	W_y	Z_0
5	50	37	4.5	7.0	7.0	3.5	6.925	5.44	0.226	26.0	8.30	20.9	1.94	1.10	10.4	3.55	1.35
6.3	63	40	4.8	7.5	7.5	3.8	8.446	6.63	0.262	50.8	11.9	28.4	2.45	1.19	16.1	4.50	1.36
6.5	65	40	4.3	7.5	7.5	3.8	8.292	6.51	0.267	55.2	12.0	28.3	2.54	1.19	17.0	4.59	1.38
8	80	43	5.0	8.0	8.0	4.0	10.24	8.04	0.307	101	16.6	37.4	3.15	1.27	25.3	5.79	1.43
10	100	48	5.3	8.5	8.5	4.2	12.74	10.0	0.365	198	25.6	54.9	3.95	1.41	39.7	7.80	1.52
12	120	53	5.5	9.0	9.0	4.5	15.36	12.1	0.423	346	37.4	77.7	4.75	1.56	57.7	10.2	1.62
12.6	126	53	5.5	9.0	9.0	4.5	15.69	12.3	0.435	391	38.0	77.1	4.95	1.57	62.1	10.2	1.59
14a	140	58	6.0	9.5	9.5	4.8	18.51	14.5	0.480	564	53.2	107	5.52	1.70	80.5	13.0	1.71
14b		60	8.0				21.31	16.7	0.484	609	61.1	121	5.35	1.69	87.1	14.1	1.67
16a	160	63	6.5	10.0	10.0	5.0	21.95	17.2	0.538	866	73.3	144	6.28	1.83	108	16.3	1.80
16b		65	8.5				25.15	19.8	0.542	935	83.4	161	6.10	1.82	117	17.6	1.75
18a	180	68	7.0	10.5	10.5	5.2	25.69	20.2	0.596	1270	98.6	190	7.04	1.96	141	20.0	1.88
18b		70	9.0				29.29	23.0	0.600	1370	111	210	6.84	1.95	152	21.5	1.84
20a	200	73	7.0	11.0	11.0	5.5	28.83	22.6	0.654	1780	128	244	7.86	2.11	178	24.2	2.01
20b		75	9.0				32.83	25.8	0.658	1910	144	268	7.64	2.09	191	25.9	1.95
22a	220	77	7.0	11.5	11.5	5.8	31.83	25.0	0.709	2390	158	298	8.67	2.23	218	28.2	2.10
22b		79	9.0				36.23	28.5	0.713	2570	176	326	8.42	2.21	234	30.1	2.03
24a	240	78	7.0	12.0	12.0	6.0	34.21	26.9	0.752	3050	174	325	9.45	2.25	254	30.5	2.10
24b		80	9.0				39.01	30.6	0.756	3280	194	355	9.17	2.23	274	32.5	2.03
24c		82	11.0				43.81	34.4	0.760	3510	213	388	8.96	2.21	293	34.4	2.00
25a	250	78	7.0				34.91	27.4	0.722	3370	176	322	9.82	2.24	270	30.6	2.07
25b		80	9.0				39.91	31.3	0.776	3530	196	353	9.41	2.22	282	32.7	1.98
25c		82	11.0				44.91	35.3	0.780	3690	218	384	9.07	2.21	295	35.9	1.92

续表

型号	截面尺寸/mm						截面面积/cm^2	理论重量/(kg/m)	外表面积/(m^2/m)	惯性矩/cm^4			惯性半径/cm		截面模数/cm^3		重心距离/cm
	h	b	d	t	r	r_1				I_x	I_y	I_{y1}	i_x	i_y	W_x	W_y	Z_0
27a		82	7.5				39.27	30.8	0.826	4360	216	393	10.5	2.34	323	35.5	2.13
27b	270	84	9.5				44.67	35.1	0.830	4690	239	428	10.3	2.31	347	37.7	2.06
27c		86	11.5	12.5	12.5	6.2	50.07	39.3	0.834	5020	261	467	10.1	2.28	372	39.8	2.03
28a		82	7.5				40.02	31.4	0.846	4760	218	388	10.9	2.33	340	35.7	2.10
28b	280	84	9.5				45.62	35.8	0.850	5130	242	428	10.6	2.30	366	37.9	2.02
28c		86	11.5				51.22	40.2	0.854	5500	268	463	10.4	2.29	393	40.3	1.95
30a		85	7.5				43.89	34.5	0.897	6050	260	467	11.7	2.43	403	41.1	2.17
30b	300	87	9.5	13.5	13.5	6.8	49.89	39.2	0.901	6500	289	515	11.4	2.41	433	44.0	2.13
30c		89	11.5				55.89	43.9	0.905	6950	316	560	11.2	2.38	463	46.4	2.09
32a		88	8.0				48.50	38.1	0.947	7600	305	552	12.5	2.50	475	46.5	2.24
32b	320	90	10.0	14.0	14.0	7.0	54.90	43.1	0.951	8140	336	593	12.2	2.47	509	49.2	2.16
32c		92	12.0				61.30	48.1	0.955	8690	374	643	11.9	2.47	543	52.6	2.09
36a		96	9.0				60.89	47.8	1.053	11 900	455	818	14.0	2.73	660	63.5	2.44
36b	360	98	11.0	16.0	16.0	8.0	68.09	53.5	1.057	12 700	497	880	13.6	2.70	703	66.9	2.37
36c		100	13.0				75.29	59.1	1.061	13 400	536	948	13.4	2.67	746	70.0	2.34
40a		100	10.5				75.04	58.9	1.144	17 600	592	1070	15.3	2.81	879	78.8	2.49
40b	400	102	12.5	18.0	18.0	9.0	83.04	65.2	1.148	18 600	640	1140	15.0	2.78	932	82.5	2.44
40c		104	14.5				91.04	71.5	1.152	19 700	688	1220	14.7	2.75	986	86.2	2.42

注：表中 r、r_1 的数据用于孔型设计，不作为交货条件。

附录J　热轧 H 型钢和剖分 T 型钢截面尺寸、截面面积、理论重量及截面特性

热轧 H 型钢截面尺寸、截面面积、理论重量及截面特性

类别	型号(高度×宽度)/(mm×mm)	截面尺寸/mm					截面面积/cm^2	理论重量/(kg/m)	表面积/(m^2/m)	惯性矩/cm^4		惯性半径/cm		截面模数/cm^3	
		H	B	t_1	t_2	r				I_x	I_y	i_x	i_y	W_x	W_y
HW	100×100	100	100	6	8	8	21.58	16.9	0.574	378	134	4.18	2.48	75.6	26.7
	125×125	125	125	6.5	9	8	30.00	23.6	0.723	839	293	5.28	3.12	134	46.9
	150×150	150	150	7	10	8	39.64	31.1	0.872	1620	563	6.39	3.76	216	75.1
	175×175	175	175	7.5	11	13	51.42	40.4	1.01	2900	984	7.50	4.37	331	112
	200×200	200	200	8	12	13	63.53	49.9	1.16	4720	1600	8.61	5.02	472	160
		*200	204	12	12	13	71.53	56.2	1.17	4980	1700	8.34	4.87	498	167
	250×250	*244	252	11	11	13	81.31	63.8	1.45	8700	2940	10.3	6.01	713	233
		250	250	9	14	13	91.43	71.8	1.46	10 700	3650	10.8	6.31	860	292
		*250	255	14	14	13	103.9	81.6	1.47	11 400	3880	10.5	6.10	912	304
	300×300	*294	302	12	12	13	106.3	83.5	1.75	16 600	5510	12.5	7.20	1130	365
		300	300	10	15	13	118.5	93.0	1.76	20 200	6750	13.1	7.55	1350	450
		*300	305	15	15	13	133.5	105	1.77	21 300	7100	12.6	7.29	1420	466
	350×350	*338	351	13	13	13	133.3	105	2.03	27 700	9380	14.4	8.38	1640	534
		*344	348	10	16	13	144.0	113	2.04	32 800	11 200	15.1	8.83	1910	646
		*344	354	16	16	13	164.7	129	2.05	34 900	11 800	14.6	8.48	2030	669
		350	350	12	19	13	171.9	135	2.05	39 800	13 600	15.2	8.88	2280	776
		*350	357	19	19	13	196.4	154	2.07	42 300	14 400	14.7	8.57	2420	808
	400×400	*388	402	15	15	22	178.5	140	2.32	49 000	16 300	16.6	9.54	2520	809
		*394	398	11	18	22	186.8	147	2.32	56 100	18 900	17.3	10.1	2850	951
		*394	405	18	18	22	214.4	168	2.33	59 700	20 000	16.7	9.64	3030	985
		400	400	13	21	22	218.7	172	2.34	66 600	22 400	17.5	10.1	3330	1120
		*400	408	21	21	22	250.7	197	2.35	70 900	23 800	16.8	9.74	3540	1170
		*414	405	18	28	22	295.4	232	2.37	92 800	31 000	17.7	10.2	4480	1530
		*428	407	20	35	22	360.7	283	2.41	119 000	39 400	18.2	10.4	5570	1930
		*458	417	30	50	22	528.6	415	2.49	187 000	60 500	18.8	10.7	8170	2900
		*498	432	45	70	22	770.1	604	2.60	298 000	94 400	19.7	11.1	12 000	4370

续表

类别	型号(高度×宽度)/(mm×mm)	截面尺寸/mm					截面面积/cm^2	理论重量/(kg/m)	表面积/(m^2/m)	惯性矩/cm^4		惯性半径/cm		截面模数/cm^3	
		H	B	t_1	t_2	r				I_x	I_y	i_x	i_y	W_x	W_y
HW	500×500	*492	465	15	20	22	258.0	202	2.78	117 000	33 500	21.3	11.4	4770	1440
		*502	465	15	25	22	304.5	239	2.80	146 000	41 900	21.9	11.7	5810	1800
		*502	470	20	25	22	329.6	259	2.81	151 000	43 300	21.4	11.5	6020	1840
HM	150×100	148	100	6	9	8	26.34	20.7	0.670	1000	150	6.16	2.38	135	30.1
	200×150	194	150	6	9	8	38.10	29.9	0.962	2630	507	8.30	3.64	271	67.6
	250×175	244	175	7	11	13	55.49	43.6	1.15	6040	984	10.4	4.21	495	112
	300×200	294	200	8	12	13	71.05	55.8	1.35	11 100	1600	12.5	4.74	756	160
		*298	201	9	14	13	82.03	64.4	1.36	13 100	1.900	12.6	4.80	878	189
	350×250	340	250	9	14	13	99.53	78.1	1.64	21 200	3650	14.6	6.05	1250	292
	400×300	390	300	10	16	13	133.3	105	1.94	37 900	7200	16.9	7.35	1940	480
	450×300	440	300	11	18	13	153.9	121	2.04	54 700	8110	18.9	7.25	2490	540
	500×300	*482	300	11	15	13	141.2	111	2.12	58 300	6760	20.3	6.91	2420	450
		488	300	11	18	13	159.2	125	2.13	68 900	8110	20.8	7.13	2820	540
	550×300	*544	300	11	15	13	148.0	116	2.24	76 400	6760	22.7	6.75	2810	450
		*550	300	11	18	13	166.0	130	2.26	89 800	8110	23.3	6.98	3270	540
	600×300	*582	300	12	17	13	169.2	133	2.32	98 900	7660	24.2	6.72	3400	511
		588	300	12	20	13	187.2	147	2.33	114 000	9.010	24.7	6.93	3890	601
		*594	302	14	23	13	217.1	170	2.35	134 000	10 600	24.8	6.97	4500	700
HN	*100×50	100	50	5	7	8	11.84	9.30	0.376	187	14.8	3.97	1.11	37.5	5.91
	*125×60	125	60	6	8	8	16.68	13.1	0.464	409	29.1	4.95	1.32	65.4	9.71
	150×75	150	75	5	7	8	17.84	14.0	0.576	666	49.5	6.10	1.66	88.8	13.2
	175×90	175	90	5	8	8	22.89	18.0	0.686	1210	97.5	7.25	2.06	138	21.7
	200×100	*198	99	4.5	7	8	22.68	17.8	0.769	1540	113	8.24	2.23	156	22.9
		200	100	5.5	8	8	26.66	20.9	0.775	1810	134	8.22	2.23	181	26.7
	250×125	*248	124	5	8	8	31.98	25.1	0.968	3450	255	10.4	2.82	278	41.1
		250	125	6	9	8	36.96	29.0	0.974	3960	294	10.4	2.81	317	47.0
	300×150	*298	149	5.5	8	13	40.80	32.0	1.16	6320	442	12.4	3.29	424	59.3
		300	150	6.5	9	13	46.78	36.7	1.16	7210	508	12.4	3.29	481	67.7
	350×175	*346	174	6	9	13	52.45	41.2	1.35	11 000	791	14.5	3.88	638	91.0
		350	175	7	11	13	62.91	49.4	1.36	13 500	984	14.6	3.95	771	112
	400×150	400	150	8	13	13	70.37	55.2	1.36	18 600	734	16.3	3.22	929	97.8

续表

类别	型号(高度×宽度)/(mm×mm)	截面尺寸/mm					截面面积/cm²	理论重量/(kg/m)	表面积/(m²/m)	惯性矩/cm⁴		惯性半径/cm		截面模数/cm³	
		H	B	t_1	t_2	r				I_x	I_y	i_x	i_y	W_x	W_y
HN	400×200	*396	199	7	11	13	71.41	56.1	1.55	19 800	1450	16.6	4.50	999	145
		400	200	8	13	13	83.37	65.4	1.56	23 500	1740	16.8	4.56	1170	174
	450×150	*446	150	7	12	13	66.99	52.6	1.46	22 000	677	18.1	3.17	985	90.3
		450	151	8	14	13	77.49	60.8	1.47	25 700	806	18.2	3.22	1140	107
	450×200	*446	199	8	12	13	82.97	65.1	1.65	28 100	1580	18.4	4.36	1260	159
		450	200	9	14	13	95.43	74.9	1.66	32 900	1870	18.6	4.42	1460	187
	475×150	*470	150	7	13	13	71.53	56.2	1.50	26 200	733	19.1	3.20	1110	97.8
		*475	151.5	8.5	15.5	13	86.15	67.6	1.52	31 700	901	19.2	3.23	1330	119
		482	153.5	10.5	19	13	106.4	83.5	1.53	39 600	1150	19.3	3.28	1640	150
	500×150	*492	150	7	12	13	70.21	55.1	1.55	27 500	677	19.8	3.10	1120	90.3
		*500	152	9	16	13	92.21	72.4	1.57	37 000	940	20.0	3.19	1480	124
		504	153	10	18	13	103.3	81.1	1.58	41 900	1080	20.1	3.23	1660	141
	500×200	*496	199	9	14	13	99.29	77.9	1.75	40 800	1840	20.3	4.30	1650	185
		500	200	10	16	13	112.3	88.1	1.76	46 800	2140	20.4	4.36	1870	214
		*506	201	11	19	13	129.3	102	1.77	55 500	2580	20.7	4.46	2190	257
	550×200	*546	199	9	14	13	103.8	81.5	1.85	50 800	1840	22.1	4.21	1860	185
		550	200	10	16	13	117.3	92.0	1.86	58 200	2140	22.3	4.27	2120	214
	600×200	*596	199	10	15	13	117.8	92.4	1.95	66 600	1980	23.8	4.09	2240	199
		600	200	11	17	13	131.7	103	1.96	75 600	2270	24.0	4.15	2520	227
		*606	201	12	20	13	149.8	118	1.97	88 300	2720	24.3	4.25	2910	270
	625×200	*625	198.5	13.5	17.5	13	150.6	118	1.99	88 500	2300	24.2	3.90	2830	231
		630	200	15	20	13	170.0	133	2.01	101 000	2690	24.4	3.97	3220	268
		*638	202	17	24	13	198.7	156	2.03	122 000	3320	24.8	4.09	3820	329
	650×300	*646	299	12	18	18	183.6	144	2.43	131 000	8030	26.7	6.61	4080	537
		*650	300	13	20	18	202.1	159	2.44	146 000	9010	26.9	6.67	4500	601
		*654	301	14	22	18	220.6	173	2.45	161 000	10 000	27.4	6.81	4930	666
	700×300	*692	300	13	20	18	207.5	163	2.53	168 000	9020	28.5	6.59	4870	601
		700	300	13	24	18	231.5	182	2.54	197 000	10 800	29.2	6.83	5640	721
	750×300	*734	299	12	16	18	182.7	143	2.61	161 000	7140	29.7	6.25	4390	478
		*742	300	13	20	18	214.0	168	2.63	197 000	9020	30.4	6.49	5320	601
		*750	300	13	24	18	238.0	187	2.64	231 000	10 800	31.1	6.74	6150	721
		*758	303	16	28	18	284.8	224	2.67	276 000	13 000	31.1	6.75	7270	859

续表

类别	型号(高度×宽度)/(mm×mm)	截面尺寸/mm					截面面积/cm^2	理论重量/(kg/m)	表面积/(m^2/m)	惯性矩/cm^4		惯性半径/cm		截面模数/cm^3	
		H	B	t_1	t_2	r				I_x	I_y	i_x	i_y	W_x	W_y
HN	800×300	*792	300	14	22	18	239.5	188	2.73	248 000	9920	32.2	6.43	6270	661
		800	300	14	26	18	263.5	207	2.74	286 000	11 700	33.0	6.66	7160	781
	850×300	*834	298	14	19	18	227.5	179	2.80	251 000	8400	33.2	6.07	6020	564
		*842	299	15	23	18	259.7	204	2.82	298 000	10 300	33.9	6.28	7080	687
		*850	300	16	27	18	292.1	229	2.84	346 000	12 200	34.4	6.45	8140	812
		*858	301	17	31	18	324.7	255	2.86	395 000	14 100	34.9	6.59	9210	939
	900×300	*890	299	15	23	18	266.9	210	2.92	339 000	10 300	35.6	6.20	7610	687
		900	300	16	28	18	305.8	240	2.94	404 000	12 600	36.4	6.42	8990	842
		*912	302	18	34	18	360.1	283	2.97	491 000	15 700	36.9	6.59	10 800	1040
	1000×300	*970	297	16	21	18	276.0	217	3.07	393 000	9210	37.8	5.77	8110	620
		*980	298	17	26	18	315.5	248	3.09	472 000	11 500	38.7	6.04	9630	772
		*990	298	17	31	18	345.3	271	3.11	544. 000	13 700	39.7	6.30	11 000	921
		*1000	300	19	36	18	395.1	310	3.13	634 000	16 300	40.1	6.41	12 700	1080
		*1008	302	21	40	18	439.3	345	3.15	712 000	18 400	40.3	6.47	14 100	1220
HT	100×50	95	48	3.2	4.5	8	7.620	5.98	0.362	115	8.39	3.88	1.04	24.2	3.49
		97	49	4	5.5	8	9.370	7.36	0.368	143	10.9	3.91	1.07	29.6	4.45
	100×100	96	99	4.5	6	8	16.20	12.7	0.565	272	97.2	4.09	2.44	56.7	19.6
	125×60	118	58	3.2	4.5	8	9.250	7.26	0.448	218	14.7	4.85	1.26	37.0	5.08
		120	59	4	5.5	8	11.39	8.94	0.454	271	19.0	4.87	1.29	45.2	6.43
	125×125	119	123	4.5	6	8	20.12	15.8	0.707	532	186	5.14	3.04	89.5	30.3
	150×75	145	73	3.2	4.5	8	11.47	9.00	0.562	416	29.3	6.01	1.59	57.3	8.02
		147	74	4	5.5	8	14.12	11.1	0.568	516	37.3	6.04	1.62	70.2	10.1
	150×100	139	97	3.2	4.5	8	13.43	10.6	0.646	476	68.6	5.94	2.25	68.4	14.1
		142	99	4.5	6	8	18.27	14.3	0.657	654	97.2	5.98	2.30	92.1	19.6
	150×150	144	148	5	7	8	27.76	21.8	0.856	1090	378	6.25	3.69	151	51.1
		147	149	6	8.5	8	33.67	26.4	0.864	1350	469	6.32	3.73	183	63.0
	175×90	168	88	3.2	4.5	8	13.55	10.6	0.668	670	51.2	7.02	1.94	79.7	11.6
		171	89	4	6	8	17.58	13.8	0.676	894	70.7	7.13	2.00	105	15.9
	175×175	167	173	5	7	13	33.32	26.2	0.994	1780	605	7.30	4.26	213	69.9
		172	175	6.5	9.5	13	44.64	35.0	1.01	2470	850	7.43	4.36	287	97.1

续表

类别	型号(高度×宽度)/(mm×mm)	截面尺寸/mm					截面面积/cm^2	理论重量/(kg/m)	表面积/(m^2/m)	惯性矩/cm^4		惯性半径/cm		截面模数/cm^3	
		H	B	t_1	t_2	r				I_x	I_y	i_x	i_y	W_x	W_y
HT	200×100	193	98	3.2	4.5	8	15.25	12.0	0.758	994	70.7	8.07	2.15	103	14.4
		196	99	4	6	8	19.78	15.5	0.766	1320	97.2	8.18	2.21	135	19.6
	200×150	188	149	4.5	6	8	26.34	20.7	0.949	1730	331	8.09	3.54	184	44.4
	200×200	192	198	6	8	13	43.69	34.3	1.14	3060	1040	8.37	4.86	319	105
	250×125	244	124	4.5	6	8	25.86	20.3	0.961	2650	191	10.1	2.71	217	30.8
	250×175	238	173	4.5	8	13	39.12	30.7	1.14	4240	691	10.4	4.20	356	79.9
	300×150	294	148	4.5	6	13	31.90	25.0	1.15	4800	325	12.3	3.19	327	43.9
	300×200	286	198	6	8	13	49.33	38.7	1.33	7360	1040	12.2	4.58	515	105
	350×175	340	173	4.5	6	13	36.97	29.0	1.34	7490	518	14.2	3.74	441	59.9
	400×150	390	148	6	8	13	47.57	37.3	1.34	11 700	434	15.7	3.01	602	58.6
	400×200	390	198	6	8	13	55.57	43.6	1.54	14 700	1040	16.2	4.31	752	105

注:1.表中同一型号的产品的内侧尺寸高度一致。

2.表中截面面积计算公式为 $t_1(H-2t_2)+2Bt_2+0.858r^2$。

3.表中“*”表示的规格为市场非常用规格。

剖分 T 型钢截面尺寸、截面面积、理论重量及截面特性

类别	型号(高度×宽度)/(mm×mm)	截面尺寸/mm					截面面积/cm²	理论重量/(kg/m)	表面积/(m²/m)	惯性矩/cm⁴		惯性半径/cm		截面模数/cm³		重心 C_x /cm	对应 H 型钢系列型号
		h	B	t_1	t_2	r				I_x	I_y	i_x	i_y	W_x	W_y		
TW	50×100	50	100	6	8	8	10.79	8.47	0.293	16.1	66.8	1.22	2.48	4.02	13.4	1.00	100×100
	62.5×125	62.5	125	6.5	9	8	15.00	11.8	0.368	35.0	147	1.52	3.12	6.91	23.5	1.19	125×125
	75×150	75	150	7	10	8	19.82	15.6	0.443	66.4	282	1.82	3.76	10.8	37.5	1.37	150×150
	87.5×175	87.5	175	7.5	11	13	25.71	20.2	0.514	115	492	2.11	4.37	15.9	56.2	1.55	175×175
	100×200	100	200	8	12	13	31.76	24.9	0.589	184	801	2.40	5.02	22.3	80.1	1.73	200×200
		100	204	12	12	13	35.76	28.1	0.597	256	851	2.67	4.87	32.4	83.4	2.09	
	125×250	125	250	9	14	13	45.71	35.9	0.739	412	1820	3.00	6.31	39.5	146	2.08	250×250
		125	255	14	14	13	51.96	40.8	0.749	589	1940	3.36	6.10	59.4	152	2.58	
	150×300	147	302	12	12	13	53.16	41.7	0.887	857	2760	4.01	7.20	72.3	183	2.85	300×300
		150	300	10	15	13	59.22	46.5	0.889	798	3380	3.67	7.55	63.7	225	2.47	
		150	305	15	15	13	66.72	52.4	0.899	1110	3550	4.07	7.29	92.5	233	3.04	
	175×350	172	348	10	16	13	72.00	56.5	1.03	1230	5620	4.13	8.83	84.7	323	2.67	350×350
		175	350	12	19	13	85.94	67.5	1.04	1520	6790	4.20	8.88	104	388	2.87	
	200×400	194	402	15	15	22	89.22	70.0	1.17	2480	8130	5.27	9.54	158	404	3.70	400×400
		197	398	11	18	22	93.40	73.3	1.17	2050	9460	4.67	10.1	123	475	3.01	
		200	400	13	21	22	109.3	85.8	1.18	2480	11 200	4.75	10.1	147	560	3.21	
		200	408	21	21	22	125.3	98.4	1.2	3650	11 900	5.39	9.74	229	584	4.07	
		207	405	18	28	22	147.7	116	1.21	3620	15 500	4.95	10.2	213	766	3.68	
		214	407	20	35	22	180.3	142	1.22	4380	19 700	4.92	10.4	250	967	3.90	

续表

类别	型号(高度×宽度)/(mm×mm)	截面尺寸/mm					截面面积/cm^2	理论重量/(kg/m)	表面积/(m^2/m)	惯性矩/cm^4		惯性半径/cm		截面模数/cm^3		重心 C_x/cm	对应H型钢系列型号
		h	B	t_1	t_2	r				I_x	I_y	i_x	i_y	W_x	W_y		
TM	75×100	74	100	6	9	8	13.17	10.3	0.341	51.7	75.2	1.98	2.38	8.84	15.0	1.56	150×100
	100×150	97	150	6	9	8	19.05	15.0	0.487	124	253	2.55	3.64	15.8	33.8	1.80	200×150
	125×175	122	175	7	11	13	27.74	21.8	0.583	288	492	3.22	4.21	29.1	56.2	2.28	250×175
	150×200	147	200	8	12	13	35.52	27.9	0.683	571	801	4.00	4.74	48.2	80.1	2.85	300×200
		149	201	9	14	13	41.01	32.2	0.689	661	949	4.01	4.80	55.2	94.4	2.92	
	175×250	170	250	9	14	13	49.76	39.1	0.829	1020	1820	4.51	6.05	73.2	146	3.11	350×250
	200×300	195	300	10	16	13	66.62	52.3	0.979	1730	3600	5.09	7.35	108	240	3.43	400×300
	225×300	220	300	11	18	13	76.94	60.4	1.03	2680	4050	5.89	7.25	150	270	4.09	450×300
	250×300	241	300	11	15	13	70.58	55.4	1.07	3400	3380	6.93	6.91	178	225	5.00	500×300
		244	300	11	18	13	79.58	62.5	1.08	3610	4050	6.73	7.13	184	270	4.72	
	275×300	272	300	11	15	13	73.99	58.1	1.13	4790	3380	8.04	6.75	225	225	5.96	550×300
		275	300	11	18	13	82.99	65.2	1.14	5090	4050	7.82	6.98	232	270	5.59	
	300×300	291	300	12	17	13	84.60	66.4	1.17	6320	3830	8.64	6.72	280	255	6.51	600×300
		294	300	12	20	13	93.60	73.5	1.18	6680	4500	8.44	6.93	288	300	6.17	
		297	302	14	23	13	108.5	85.2	1.19	7890	5290	8.52	6.97	339	350	6.41	
TN	50×50	50	50	5	7	8	5.920	4.65	0.193	11.8	7.39	1.41	1.11	3.18	2.950	1.28	100×50
	62.5×60	62.5	60	6	8	8	8.340	6.55	0.238	27.5	14.6	1.81	1.32	5.96	4.85	1.64	125×60
	75×75	75	75	5	7	8	8.920	7.00	0.293	42.6	24.7	2.18	1.66	7.46	6.59	1.79	150×75
	87.5×90	85.5	89	4	6	8	8.790	6.90	0.342	53.7	35.3	2.47	2.00	8.02	7.94	1.86	175×90
		87.5	90	5	8	8	11.44	8.98	0.348	70.6	48.7	2.48	2.06	10.4	10.8	1.93	

续表

类别	型号(高度×宽度)/(mm×mm)	截面尺寸/mm					截面面积/cm^2	理论重量/(kg/m)	表面积/(m^2/m)	惯性矩/cm^4		惯性半径/cm		截面模数/cm^3		重心 C_x/cm	对应 H 型钢系列型号
		h	B	t_1	t_2	r				I_x	I_y	i_x	i_y	W_x	W_y		
TN	100×100	99	99	4.5	7	8	11.34	8.90	0.389	93.5	56.7	2.87	2.23	12.1	11.5	2.17	200×100
		100	100	5.5	8	8	13.33	10.5	0.393	114	66.9	2.92	2.23	14.8	13.4	2.31	
	125×125	124	124	5	8	8	15.99	12.6	0.489	207	127	3.59	2.82	21.3	20.5	2.66	250×125
		125	125	6	9	8	18.48	14.5	0.493	248	147	3.66	2.81	25.6	23.5	2.81	
	150×150	149	149	5.5	8	13	20.40	16.0	0.585	393	221	4.39	3.29	33.8	29.7	3.26	300×150
		150	150	6.5	9	13	23.39	18.4	0.589	464	254	4.45	3.29	40.0	33.8	3.41	
	175×175	173	174	6	9	13	26.22	20.6	0.683	679	396	5.08	3.88	50.0	45.5	3.72	350×175
		175	175	7	11	13	31.45	24.7	0.689	814	492	5.08	3.95	59.3	56.2	3.76	
	200×200	198	199	7	11	13	35.70	28.0	0.783	1190	723	5.77	4.50	76.4	72.7	4.20	400×200
		200	200	8	13	13	41.68	32.7	0.789	1390	868	5.78	4.56	88.6	86.8	4.26	
	225×150	223	150	7	12	13	33.49	26.3	0.735	1570	338	6.84	3.17	93.7	45.1	5.54	450×150
		225	151	8	14	13	38.74	30.4	0.741	1830	403	6.87	3.22	108	53.4	5.62	
	225×200	223	199	8	12	13	41.48	32.6	0.833	1870	789	6.71	4.36	109	79.3	5.15	450×200
		225	200	9	14	13	47.71	37.5	0.839	2150	935	6.71	4.42	124	93.5	5.19	
	237.5×150	235	150	7	13	13	35.76	28.1	0.759	1850	367	7.18	3.20	104	48.9	7.50	475×150
		237.5	151.5	8.5	15.5	13	43.07	33.8	0.767	2270	451	7.25	3.23	128	59.5	7.57	
		241	153.5	10.5	19	13	53.20	41.8	0.778	2860	575	7.33	3.28	160	75.0	7.67	
	250×150	246	150	7	12	13	35.10	27.6	0.781	2060	339	7.66	3.10	113	45.1	6.36	500×150
		250	152	9	16	13	46.10	36.2	0.793	2750	470	7.71	3.19	149	61.9	6.53	
		252	153	10	18	13	51.66	40.6	0.799	3100	540	7.74	3.23	167	70.5	6.62	

续表

类别	型号(高度×宽度)/(mm×mm)	截面尺寸/mm					截面面积/cm²	理论重量/(kg/m)	表面积/(m²/m)	惯性矩/cm⁴		惯性半径/cm		截面模数/cm³		重心 C_x/cm	对应 H 型钢系列型号
		h	B	t_1	t_2	r				I_x	I_y	i_x	i_y	W_x	W_y		
TN	250×200	248	199	9	14	13	49.64	39.0	0.883	2820	921	7.54	4.30	150	92.6	5.97	500×200
		250	200	10	16	13	56.12	44.1	0.889	3200	1070	7.54	4.36	169	107	6.03	
		253	201	11	19	13	64.65	50.8	0.897	3660	1290	7.52	4.46	189	128	6.00	
	275×200	273	199	9	14	13	51.89	40.7	0.933	3690	921	8.43	4.21	180	92.6	6.85	550×200
		275	200	10	16	13	58.62	46.0	0.939	4180	1070	8.44	4.27	203	107	6.89	
	300×200	298	199	10	15	13	58.87	46.2	0.983	5150	988	9.35	4.09	235	99.3	7.92	600×200
		300	200	11	17	13	65.85	51.7	0.989	5770	1140	9.35	4.15	262	114	7.95	
		303	201	12	20	13	74.88	58.8	0.997	6530	1360	9.33	4.25	291	135	7.88	
	312.5×200	312.5	198.5	13.5	17.5	13	75.28	59.1	1.01	7460	1150	9.95	3.90	338	116	9.15	625×200
		315	200	15	20	13	84.97	66.7	1.02	8470	1340	9.98	3.97	380	134	9.21	
		319	202	17	24	13	99.35	78.0	1.03	9960	1160	10.0	4.08	440	165	9.26	
	325×300	323	299	12	18	18	91.81	72.1	1.23	8570	4020	9.66	6.61	344	269	7.36	650×300
		325	300	13	20	18	101.0	79.3	1.23	9430	4510	9.66	6.67	376	300	7.40	
		327	301	14	22	18	110.3	86.59	1.24	10 300	5010	9.66	6.73	408	333	7.45	
	350×300	346	300	13	20	18	103.8	81.5	1.28	11 300	4510	10.4	6.59	424	301	8.09	700×300
		350	300	13	24	18	115.8	90.9	1.28	12 000	5410	10.2	6.83	438	361	7.63	
	400×300	396	300	14	22	18	119.8	94.0	1.38	17 600	4960	12.1	6.43	592	331	9.78	800×300
		400	300	14	26	18	131.8	103	1.38	18 700	5860	11.9	6.66	610	391	9.27	
	450×300	445	299	15	23	18	133.5	105	1.47	25 900	5140	13.9	6.20	789	344	11.7	900×300
		450	300	16	28	18	152.9	120	1.48	29 100	6320	13.8	6.42	865	421	11.4	
		456	302	18	34	18	180.0	141	1.50	34 100	7830	13.8	6.59	997	518	11.3	